站在巨人的肩上
**Standing on Shoulders of Giants**

**TURING**
图灵教育

iTuring.cn

站在巨人的肩上
Standing on Shoulders of Giants

**TURING**
图灵教育

iTuring.cn

TURING 图灵程序设计丛书

# iOS编程实战

〔美〕 Rob Napier　Mugunth Kumar　著

美团移动　译

人民邮电出版社

北　京

图书在版编目（CIP）数据

iOS编程实战 / （美）纳皮尔（Napier, R.），（美）
库玛（Kumar, M.）著；美团移动译. -- 北京：人民邮
电出版社，2014.9（2015.2 重印）
（图灵程序设计丛书）
ISBN 978-7-115-36803-4

Ⅰ. ①i… Ⅱ. ①纳… ②库… ③美… Ⅲ. ①移动终
端—应用程序—程序设计 Ⅳ. ①TN929.53

中国版本图书馆CIP数据核字(2014)第191743号

## 内 容 提 要

本书是最受开发者喜爱的 iOS 进阶图书。它包含大量代码示例，主线是围绕如何设计、编写和维护优秀的 iOS 应用。开发者可从本书学到大量关于设计模式、编写可重用代码以及语法与新框架的知识。

相对上一版，新版进行了大幅修订，新增 6 章阐述 iOS 7 新特性，并对大部分内容进行了更新，涵盖了 iOS 7 大部分新增特性，包括新的后台操作（第 11 章）、Core Bluetooth（第 13 章）、UIKit 动力学（第 19 章）以及 TextKit（第 21 章）。我们提供了如何处理新的扁平化 UI 的指南（第 2 章），还新增了一章开发者不太常见但相当实用的"小技巧"（第 3 章）。

本书适合 iOS 移动开发人员。

◆ 著　　　[美] Rob Napier　Mugunth Kumar
　　译　　　美团移动
　　责任编辑　朱　巍
　　责任印制　焦志炜
◆ 人民邮电出版社出版发行　　北京市丰台区成寿寺路11号
　　邮编　100164　电子邮件　315@ptpress.com.cn
　　网址　http://www.ptpress.com.cn
　　三河市海波印务有限公司印刷
◆ 开本：800×1000　1/16
　　印张：25.5
　　字数：603千字　　　　　　　2014年9月第1版
　　印数：3 501 – 5 000 册　　　2015 年 2 月河北第 2 次印刷
　　　　　著作权合同登记号　图字：01-2014-1133号

定价：79.00元
读者服务热线：(010)51095186转600　印装质量热线：(010)81055316
反盗版热线：(010)81055315
广告经营许可证：京崇工商广字第 0021 号

# 版 权 声 明

# 前　　言

从某种程度上说，iOS 7是从SDK随着iPhone OS 2发布到现在iOS发生过的最大的变化。人们在新闻和博客中讨论新的扁平化用户界面的各个方面，及其对应用开发者和用户的意义。可以说，从没有一次iOS的升级会使得这么多的开发者重新设计UI。

但是从另外的角度看，iOS 7几乎可以从iOS 6无缝升级。比起iOS 4在多任务上的变化，iOS 7只需要对应用做很小的改动，尤其是开发者使用标准UI或者完全自定义UI的情况。对于这两种极端情况，UI的变化要么是自动完成的，要么压根儿跟开发者没关系。

不过，对所有的开发者来说，iOS还是带来了变化。有很多管理后台操作的方法，但是后台运行的规则甚至比以前更严格了。UIKit动力学意味着更灵活的动画，不过实现起来不简单。TextKit为文本布局带来了令人难以置信的特性，也伴随着令人发疯的限制和bug。iOS 7是大杂烩，既有美好也有挫败。不过你得学习iOS 7，因为用户很快就会升级。

如果你准备好了去探索最新的苹果系统，准备好了挑战应用的极限，那么本书会助你一臂之力。

## 读者对象

这并不是一本入门书。其他一些书会教你Objective-C并一步步指导你学习Interface Builder。不过本书假定你已经拥有一些iOS开发经验。可能是自学的，或者上过培训班，没准已经有一个应用即将完工只是没有上架而已。对于此类读者，如果你打算学习更深入的内容、最佳实践以及作者源自真实工程的开发经验，那你就找对书了。

这本书并不是示例的简单堆砌，它包含大量代码，不过主线还是围绕如何设计、编写和维护优秀的iOS应用。本书不仅会教你怎么做，并且会剖析这样做的原因。你会学到很多关于设计模式、编写可重用代码以及语法与新框架的知识。

## 本书内容

iOS平台总是向前发展，本书也一样。书中大部分示例需要至少iOS 6才能运行，有些需要iOS 7。所有示例都启用了自动引用计数（ARC）、自动属性合成和对象字面量。除了很少几处外，本书不会讨论向后兼容。如果你的代码过于庞大，必须要向后兼容，你可能知道如何处理。本书主旨是通过最好的特性来创造最佳应用。

本书专注于iPhone 5、iPad 3和更新的型号。大部分主题对其他iOS设备也适用。第15章讲了如何处理平台间的差异。

# 新版内容

本版涵盖了 iOS 7 大部分的新增特性，包括新的后台操作（第 11 章）、Core Bluetooth（第 13 章）、UIKit 动力学（第 19 章）以及 TextKit（第 21 章）。我们提供了如何处理新的扁平化 UI 的指南（第 2 章），还新增了一章你可能不知道的"小技巧"（第 3 章）。

本书专注于 iOS 7 中最有价值的信息。前几版的有些章节被移到了网站上（iosptl.com）。读者可以在那里找到关于常见的 Objective-C 实践、定位服务、错误处理等内容的章节。

# 本书结构

iOS 提供了非常丰富的工具，既有 UIKit 这样的高层框架，也有 Core Text 这样的低层工具。有时候，同一个目标可以通过多种方式来达成。作为开发人员，如何找到最合适的工具呢？

本书既考虑了日常开发需求，也考虑了特定的用途，能够帮你作出正确的选择。学完本书，你会明白每个框架存在的价值、框架之间的相互关系，以及什么时候选用哪一个框架。最终，你会知道哪个框架最适合解决哪一类问题。

本书分四部分，从最常用的工具一直讲到最强大的工具。这一版新增的章会在前面用"新增"字样标识，而经过大范围更新的章会用"更新"字样标识。

## 第一部分：全新功能

如果你熟悉 iOS 6，这部分可以让你快速了解 iOS 7 的新特性。

- ❑ （新增）第 1 章"全新的系统"——iOS 7 增加了大量新特性，本章将带你快速概览有哪些内容。
- ❑ （新增）第 2 章"世界是平的：新的 UI 范式"——iOS 7 对 iOS 应用的外观和行为做了巨大的改变。本章将介绍迁移所需的新模式和设计语言。

## 第二部分：充分利用日常工具

作为一名 iOS 开发人员，你应该掌握很多常用工具，比如通知、表视图和动画图层。不过要想发挥它们的全部潜力，就要熟悉它们。在这一部分，我们将学到 Cocoa 开发的最佳实践。

- ❑ （新增）第 3 章"你可能不知道的"——即使你是一位有经验的开发者，你可能并不熟悉 Cocoa 的一些小特性和技巧。本章介绍作者根据多年 iOS 开发经验总结的最佳实践，以及 Cocoa 一些不那么常见的方面。
- ❑ （更新）第 4 章"故事板及自定义切换效果"——故事板仍然会使一些熟悉 nib 文件的开发人员感到费解。你在这里将会学到如何使用故事板来提升应用。
- ❑ （更新）第 5 章"掌握集合视图"——集合视图正在逐步替代表视图，成为开发人员偏爱的布局控件。即使对于表格类布局，集合视图也提供了极大的灵活性，要想开发出迷人的应用，你应该理解这一点。本章会教你如何掌握这一重要工具。
- ❑ （新增）第 6 章"使用自动布局"——如果 WWDC 2013 有什么核心的信息，那么一定是：使用自动布局。会议期间几乎所有的 UIKit 会话都在反复强调这一点。由于 Xcode 4 中诸多 Interface

Builder 问题，开发者可能尽量避免使用自动布局。Xcode 5 极大地改进了对自动布局的支持。不管你是喜欢使用约束，还是渴望回归 springs & struts，你都不该错过最新的自动布局。

❏ 第 7 章"更完善的自定义绘图"——很多新开发者都对自定义绘图退避三舍，但它却是快速创建美观用户界面的关键。这一章将探究 UIKit 和 Core Graphics 中有关绘图的功能，告诉大家怎么才能做到既快又美。

❏ 第 8 章"Core Animation"——iOS 设备对动画的支持是无与伦比的。借助强大的 GPU 和高度优化的 Core Animation，你可以创建直观又吸引人的界面。在这一章中，我们会介绍一些基础知识以及动画的原理。

❏ （更新）第 9 章"多任务"——多任务是许多应用程序的重要部分，这一章将介绍如何同时使用操作和 GCD 执行多任务。

## 第三部分：选择工具

❏ 第 10 章"创建（Core）Foundation 框架"——说到 iOS 中最强大的框架，你能想到的 Core 框架可能会有 Core Graphics、Core Animation、Core Text，但它们都是基于 Core Foundation 框架的。在这一章中，我们学习如何使用 Core Foundation 数据类型，以便充分利用 iOS 提供的功能。

❏ （更新）第 11 章"幕后制作：后台处理"——iOS 7 的后台处理又灵活了很多，但是，要想充分利用这些新变化，你得遵循一些新规则。本章带你深入学习新的 NSURLSession，以及如何最好地实现状态恢复。

❏ 第 12 章"使用 REST 服务"——基于 REST 的服务是现代应用程序的核心，这一章将教会你在 iOS 中最好地实现它们。

❏ （新增）第 13 章"充分利用蓝牙设备"——苹果一直在加强 iOS 与其他设备创建 ad hoc 网络的能力。这使得开发全新的应用成为可能：从更好的游戏到微定位服务，再到更方便的文件共享。加快创新，投入这个全新的市场吧！

❏ 第 14 章"通过安全服务巩固系统安全"——用户安全和保护隐私永远是第一位的。这一章会介绍如何通过钥匙串、证书和密码保护应用和用户数据不会被盗用。

❏ （更新）第 15 章"在多个苹果平台和设备及 64 位体系结构上运行应用"——iOS 家族人丁兴旺，不仅有了 iPod touch、iPhone、iPad、Apple TV，而且新机型仍会不断涌现。目前还无法一次编写随处运行。为了保证应用在任何平台上都表现卓越，本章将讨论如何基于硬件和平台调整应用。

❏ 第 16 章"国际化和本地化"——虽然你现在可能只想关注某个国家的市场，但让应用明天能够顺利走向世界也只需做一点点工作。本章会告诉你如何不影响当前开发，又能减少未来的麻烦和成本。

❏ 第 17 章"调试"——要是每个应用第一次就能完美运行该有多好。幸好，Xcode 和 LLDB 提供了很多能帮助你抓住狡猾 bug 的工具。你会学到很多高级的内容，了解实际开发中如何处理错误。

❏ （更新）第 18 章"性能调优"——高性能可以让应用脱颖而出。优化 CPU 和内存性能非常重要，不过你也需要优化电池以及网络使用。苹果公司提供了 Instruments 这个强大的工具来解决这些问题。你会学到如何使用 Instruments 来找到瓶颈，以及如何在找到问题后改善性能。

## 第四部分：超越极限

这一部分是全书最精彩的内容。你已经学到了基础知识，掌握了基本技能。现在该使用高级工具来超越极限了。这一部分将带你深入地了解 iOS。

- ❑ （新增）第 19 章 "近乎物理效果：UIKit 动力学"——苹果一直致力于让动态的动画界面更容易实现。UIKit 动力学是其最新杰作，为 UIKit 带来了 "类物理效果 "的引擎。这个工具很强大，同时要用好也很难。本章学习如何使用。
- ❑ （新增）第 20 章 "魔幻的自定义过渡"——WWDC 2013 最绚丽的演示程序就是关于自定义过渡效果的。忘了 "推入"，来学习如何创建动态和交互式的过度效果吧。
- ❑ （更新）第 21 章 "精妙的文本布局"——iOS 7 以文本为中心的 UI 需要在字体处理和文本布局的细节上投入大量精力。TextKit 带来了很多新特性，从动态字体到排除路径，还带来了 bug 和令人抓狂的限制。无论怎么处理文本，首先你得掌握属性化字符串。本章介绍这些强大的数据结构的方方面面，以及如何用 TextKit 充分利用这些数据结构。
- ❑ 第 22 章 "Cocoa 的大招：键值编码和观察"——苹果的许多强大框架都是依靠 KVO（Key-Value Observing）来维护性能和灵活性的。你会学到如何利用灵活性和 KVO 的速度，以及让它如此透明的诀窍。
- ❑ （新增）第 23 章 "超越队列：GCD 高级功能"——分派队列是非常强大的工具，已经成了很多应用的重要组成部分。但是除了队列以外，GCD 还有别的东西。本章介绍信号量、分派组还有非常强大的分派数据和分配 IO 这些工具。
- ❑ 第 24 章 "深度解析 Objective-C"——这一章致力于揭开 Objective-C 背后的秘密，包括如何使用 Ojective-C 运行时直接动态地修改类和方法、如何通过 Objective-C 函数调用 C 方法，以及如何通过系统来扩展程序。

以上各章可以跳读，除了需要 Core Foundation 数据对象（特别是 Core Graphics、Core Animation）的几章，其他章都是相互独立的。关于 Core Foundation 的内容，最终会归总到第 10 章 "创建 Core Foundation 框架"。

## 阅读条件

本书所有示例都是用 Mac OS X 10.8 上的 Xcode 5 以及 iOS 7 开发的。你需要一个苹果开发人员账户来访问大部分工具和文档，并且需要一个开发人员许可证来运行 iOS 设备上的应用程序。对此，请参考http://developer.apple.com/programs/ios并注册账号。

本书中大部分示例可以在 Xcode 5 的 iOS 模拟器中运行。使用 iOS 模拟器就不需要苹果开发人员许可证了。

## 苹果文档

苹果公司在自己的网站上和 Xcode 中提供了大量文档。这些文档的 URL 地址变动很频繁而且非常长。本书会使用标题而不是 URL 来引用这些文档。如果想在 Xcode 中寻找文档，请按下 Cmd-Option-? 快捷键或点击 Help→Documentation and API Reference。并在 Documentation Organizer 窗口中点击搜索图标，输入文档的标题，并从搜索结果中选择文档。可以参考图 0-1 中搜索 Coding Guidelines for Cocoa 的示例。

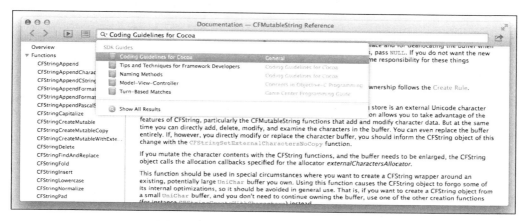

图 0-1　搜索 Coding Guidelines for Cocoa

　　如果想在苹果官方网站查找文档，可以访问http://developer.apple.com，点击 Member Center，并登录。选择 iOS Dev Center，并在搜索框中输入文档的标题。

　　在线文档与 Xcode 文档是相同的。你可能会接收到 iOS 和 Mac 两个平台的结果，请阅读 iOS 版。很多 iOS 文档是 Mac 版的副本，偶尔会包含 iOS 不支持的函数调用或常量。本书会告诉你哪些功能在 iOS 上能用。

# 源代码

　　在学习本书示例的时候，可以手工输入代码，也可以使用本书附带的源代码文件。本书所有的源代码可以在https://github.com/iosptl/ios7ptl或www.wiley.com/go/ptl/ios7programming上下载得到[1]。举个例子，下载之后，在第 21 章文件夹 SimpleLayout 工程的 CoreTextLabel.m 文件中可以看到如下代码：

CoreTextLabel.m（SimpleLayout）

```
- (id)initWithFrame:(CGRect)frame {
  if ((self = [super initWithFrame:frame])) {
    CGAffineTransform
    transform = CGAffineTransformMakeScale(1, -1);
    CGAffineTransformTranslate(transform,
                               0, -self.bounds.size.height);
    self.transform = transform;
    self.backgroundColor = [UIColor whiteColor];
  }
  return self;
}
```

---

　　① 也可以访问图灵社区本书页面（http://www.ituring.com.cn/book/1340）下载。——编者注

本书中有些代码片段并不完整，其目的只是为了辅助上下文说明问题。要想查看完整代码，可在本书同步网站下载（www.wiley.com/go/ptl/ios7programming）。

## 勘误

虽然我们已经尽了最大努力，但错误在所难免。有些可能是因为内容有变化，有些可能是输入错误，有些可能是我们理解上有偏差。为了确保代码与时俱进，请参考https://github.com/iosptl/ios7ptl上的最新版本，以及博客中的相关文章。任何问题都可以发送给 robnapier@gmail.com 或 contact@mk.sg。

# 目 录

# Part 1

第一部分

# 全新功能

**本 部 分 内 容**

# 第 1 章

# 全新的系统

1

iOS 7 为苹果设备带来了全新的用户界面，但是 iOS 7 在用户界面上的变化不仅仅是表面的。就像本书一样，iOS 7 是给用户和开发者双方都带来好处的一次大升级。本章我们从新的 UI 及其对应用的影响开始讨论，然后是各种 SDK 的附加功能，还有新的 IDE 和编译器 Xcode 5/LLVM 5。

iOS 7 也为 SDK 带来了大量全新的核心特性，能帮助应用脱颖而出。iOS 7 增加了两种新的技术，分别是 UIKit Dynamics 和 UIMotionEffects，它们能帮你实现用 Quarts Core 不好实现的动画。过去只有用故事板才能实现视图之间的自定义过渡效果，现在已经可以用在任意两个视图控制器之间的过渡上了。内置的日历和照片应用就是很好的例子，它们利用自定义过渡效果来完美地为用户提供其在应用中所处的位置。Text Kit 则是基于 Objective-C 的加强版 Core Text，且易于使用，可以说是最重要也最有意思的新增特性。SDK 还有其他的新增特性，举几个例子，Sprite Kit、Dynamic Text、更紧密的 MapKit 集成、针对所有应用的真正的多任务、更好的低功耗蓝牙支持。

新特性还不止这些，随着新的 SDK 特性而来的还有 Xcode 5，它是 iOS 7 的新 IDE，用 ARC 编译器完全重写过。Xcode 5 速度更快，不易崩溃，新的 IDE 还引入了新编译器 LLVM 5。

> 苹果再一次对平台做了巨大的改动，这是颠覆性的，会让本已拥挤不堪的 App Store 中的大部分应用都过时。对于很多应用来说，App Store 又成了一个可以闯出一番天地的市场，作为 iOS 开发者，大家的未来就如 2008 年 iOS SDK 刚发布时那么好。

现在我们深入理解一下这些新特性，从新的 UI 开始。

## 1.1  新的 UI

iOS 7 的 UI 改变巨大，不只是表面的。iOS 7 去除了 UI 元素的拟物效果，强化了真实世界的物理特性，比如运动模拟。

iOS 7 主要关注以下几个主题：依从、清晰和层次。内容要比外表重要。如今应用要尽量用全屏显示内容，过去的“镀层效果”变成了半透明，并且会以柔化、模糊的效果显示后面的内容。所有的工具栏、导航栏和状态栏也都变成了半透明状态。除了半透明，它们还会模糊并染上背后 UI 的颜色，从而给用户一种层次的感觉，如图 1-1 所示。

图 1-1　时钟应用的计时器选项卡周围的区域模糊显示了背后的黑色表盘

空间上的层次不只表现在工具栏、导航栏和状态栏的半透明效果，而是贯穿整个 UI。多任务栏的
home 键就是 iOS 7 的 UI 如何展现空间层次的绝佳例子。双击 home 键会看到应用的截屏和应用的图标，
不过这不重要，仔细看这里的动画效果：整个屏幕拉远后显示了其他所有正在运行的应用。点击某个
应用图标又会拉近到那个应用。日历应用也有动画来提供空间层次的感觉。从年视图进入月视图再到
日视图，该过程使用了精妙的过渡效果来强化空间层次的感觉。点击某个月份进入月视图，再在月视
图上点击年份就会拉远。类似地，点击应用图标启动应用会拉近，不像之前的 iOS 版本那样从屏幕中
央拉近，而是从应用图标的中心拉近。关闭应用则会产生相反的效果，会缩回图标而不是屏幕中央，
以便用户知道当前的状态。

新的通知中心、控制中心，甚至还有某些模态视图控制器（比如 iPod 的专辑列表视图控制器）也
用模糊效果来显示背后的东西。显示背后的东西能让用户知道自己在哪儿。

对于开发者来说，这些新变化中最有意思的是，在大部分情况下，如果使用 UIKit 来构建应用，
就不需要做额外的工作让这些特性生效。在第 2 章中你会更加了解 UIKit 的新特性以及如何为 iOS 7
设计应用。

## 1.2　UIKit Dynamics 和 Motion Effects

iOS 7 的 SDK 增加了能让开发者为用户界面加入运动拟真的类。任何符合 `UIDynamicItem` 协议
的对象都能加上运动拟真效果。从 iOS 7 开始，所有的 `UIView` 都符合这个协议，所以应用中的任何
`UIView` 的子类（包括 `UIControl`）都能加上运动拟真效果。

在 iOS 7 之前要实现像运动拟真一样的物理特性也是可能的，需要用到 `QuartsCore.framework`
里的动画方法。但是 iOS 7 的 UIKit 中的新 API 让这个任务变得非常简单。在 iOS 7 中实现拟真运动要
比使用 `QuartzCore.framework` 容易，因为前者采用声明式写法指定 UIKit 的动力学行为，把动力

学行为"附着"到 UIView（或其子类）上即可，而后者本质上是命令式写法。

为视图添加 UIDynamicAnimator 并为该视图的子视图附着以下动力学行为之一——UIA-ttachmentBehavior、UICollisionBehavior、UIGravityBehavior、UIPushBehavior、UISnapBehavior，即可实现运动拟真。这些行为类暴露的属性可以用来自定义行为以及微调行为，动力学动画类会搞定剩下的事情。之前说过，实际编码过程更多是声明式的，而不是命令式的。只要告诉 UIDynamicAnimator 你所需要的，它就会帮你乖乖干活。

除了 UIView 以外，UICollectionViewLayoutAttributes 也符合 UIDynamicItem 协议。这意味着开发者也能把动力学行为附着到到集合视图单元上。一个很好的例子是内置的信息应用，上下滚动消息对话时能看到聊天气泡之间有逼真的碰撞运动效果。信息应用已经不用表格视图了，而是用集合视图和附着在其单元之上的动力学行为。

UIMotionEffect 是 iOS 7 中增加的又一个类，它能帮助开发者为用户界面加上运动拟真。使用 UIKit Dynamics 能基于程序实现的物理效果实现运动拟真。用 UIMotionEffect 则能基于设备的运动实现运动拟真。凡是能够通过 CAAnimation 实现动画的都能用 UIMotionEffect 实现。CAAnimation 的动画是时间的函数，而 UIMotionEffect 的动画则是设备运动的函数。

第 19 章会进一步介绍 UIKit Dynamics 和 UIMotionEffect。第 5 章则讲到了如何用 UIKit Dynamics 来在集合视图上实现类似于信息应用的效果。

## 1.3    自定义过渡效果

在 iOS 7 之前，自定义过渡效果只能在用故事板创建用户界面时才能使用。通常的做法是创建一个 UIStoryboardSegue 的子类，覆盖 perform 方法来实现过渡。iOS 7 把这个概念带到了一个新的高度，允许任何用 pushViewController:animated: 方法推入的视图控制器都能使用自定义过渡效果。这通过实现 UIViewControllerAnimatedTransitioning 协议就可以做到。

在第 20 章中，我们将学习如何用传统方法 UIStoryboardSegue 和新方法 UIViewController-AnimatedTransitioning 创建过渡效果。

## 1.4    新的多任务模式

从 iOS 4 到 iOS 6，只有某些类别的应用可以在后台运行，比如需要及时得知用户位置变动的基于地理位置的应用，或者需要串流并在后台播放音乐的音乐播放器应用。但是不同于桌面版本，应用并不是真正在后台运行，而是将自己注册为周期性启动以在后台获取内容。iOS 7 为 UIBackgroundMode 键引入了一个新值 fetch 来支持这种模式。

还有一种有意思的新东西是远程通知（remote-notification）的后台模式，能让应用在接收到远程通知（推送通知）时下载或获取新数据。

第 9 章会详细讨论新的多任务模式。

此外，bluetooth-central 和 bluetooth-peripheral 后台模式现在支持一种新技术，叫做状态保存和恢复，它跟 UIKit 中的同名技术类似。蓝牙相关的多任务模式会在第 13 章讲到。

## 1.5 Text Kit

Text Kit 是基于 Core Text 构建的快速现代 Unicode 文本布局引擎。Core Text 严重依赖于 `Core-Foundation.framework`，而 Text Kit 则更现代，使用的是 `Foundation.framework` 中的类。这也意味着与 Core Text 不同，Text Kit 对 ARC（自动引用计数）比较友好。在 iOS 7 之前，大部分渲染文本的 UIKit 组件（比如说 `UILabel`、`UITextView` 和 `UITextField`）都用到了 WebKit。苹果重写了这些类，并在 Text Kit 的基础上构建 WebKit，这意味着 Text Kit 成了 UIKit 中的一等公民，开发者能够而且也应该使用 Text Kit 做所有的文本渲染。Text Kit 以三个类（`NSTextStorage`、`NSLayout-Manager` 和 `NSTextContainer`）为中心，还有对 `NSAttributedString` 的扩展。Text Kit 本身没有独立的框架，相关的类和扩展方法添加到了 `UIKit.framework` 和 `Foundation.framework` 中。你会在第 21 章了解到 Text Kit 的相关知识。

## 1.6 动态字体

在 iOS 7 中，用户可以设置文本大小，几乎所有的内置应用都会遵守这个设置，并且会基于用户的偏好改变文本大小。注意增大文本不总是会让字体的磅数变大。如果设置的文本大小可能会让渲染的小磅数文本难以辨认，iOS 7 会自动加粗文本。在应用中加入动态字体的支持，就能根据 iOS 的设置应用中的设置来动态改变文本大小。iOS 7 的动态字体有一个缺点：不支持自定义字体。你会在第 21 章了解到动态字体的相关知识。

## 1.7 MapKit 集成

iOS 7 更加紧密地集成了苹果地图，现在 `MKMapView` 对象可以显示 3D 地图了，如果你是地图供应商，同样可以用 `MKMapView` 控件，不过可以提供自己的地图块来替换内置的地图块。此外，地图供应商还能用 `MKDirections` 在不退出应用的情况下在地图上显示路线。

## 1.8 SpriteKit

SpriteKit 是苹果对 cocos2d 和 box2d 的回应。SpriteKit 提供了干净的 OpenGL 封装，跟 `QuartzCore.framework` 非常类似。`QuartzCore.framework` 主要用来做 UI 动画，而 SpriteKit 则更多是服务于模拟 3D（也就是 2.5D）的游戏制作。本书不会讲述 SpriteKit。

## 1.9 LLVM 5

iOS 7 的另一个重大变化是 Xcode 5 和新的 LLVM 5 编译器。LLVM 5 提供了用户可见的特性和性能特性。LLVM 5 提供了生成 armv7s 和 arm64 指令集的完整支持，这意味着只要用 LLVM 5 重新编译应用，应用就可以在 iPhone 5s 和最新的 iPad Air 上运行得更快。

在 C++ 这边，LLVM 5 现在完全支持 C++11 标准，还用新的 libc++ 库代替了旧的 gnuc++ 库。

在 Objective-C 这边，LLVM 5 增加了新的编译器警告，默认打开了几项已有的警告。比如说，编译器会提醒无用代码——那些没有任何地方会调用的代码。

可以说，最大的变化是把枚举量变成了一等公民。枚举量是类型，现在如果试图把一种枚举量转换为另外一种，LLVM 5 会发出警告。

LLVM 还能检测到正在使用的选择器是否在当前作用域中进行了声明，如果没有，LLVM 5 会发出警告。

## 对Objective-C语言的加强

今年 Objective-C 语言有两个主要的加强，那就是模块和自动引用计数的变化。

### 1. 模块

苹果引入了模块，用来代替#import 语句。C/C++已经用了三四十年的#import 语句，在引入第三方库或框架时很好用。过去几年来，C/C++应用程序在变大，#import 语句开始出现复杂的编译问题。每个.m 文件都可能因为几行 import 语句就引入几千行代码，而且在这些 import 语句中，有些会在很多文件中重复出现，比如说#import <UIKit/UIKit.h>和#import <Foundation/Foundation.h>。

问题在于每次修改一个文件，编译器都需要编译那个文件，连带这个文件引入的代码。很明显这会让编译时间变成 O(S×H)，这里 S 是源代码文件数，而 H 是引入的头文件数。为了避免这个问题，一些有经验的开发者曾经尝试在头文件中写前向声明而在实现文件中用 import 语句，然后把常用的头文件加入预编译头文件中。这种方法在一定程度上解决了该问题，减少了一些编译时间。但是有时候在预编译头文件中加入不那么常用的头文件会造成命名空间污染，而一个写得很差的框架（定义类和宏时没有用前缀）可能会被另外一个写得很差的框架里的类覆盖。

为了解决这些问题，苹果引入了模块。模块在语义上把框架和 import 语句封装到了代码中，而不是把框架的内容复制粘贴到代码中。

模块可以把编译复杂度从 O(S×H)降低到 O(S+H)，这意味着无论导入一个模块多少次，都只会编译一次。也就是说 S 个源文件和 H 个头文件会编译（S+H）次而不是（S×H）次。事实上，H 个头文件会预编译到动态库 dylib 中，并且会自动链接，这样就能把编译时间从 O(S×H)降低到 O(S)。

只有最新的 Xcode 5 和 LLVM 5 编译器支持模块，更重要的是，只有最新的 iOS 7 SDK 才支持模块。如果你的工程必须支持 iOS 6，那就只能再等等。使用模块导入内置库时，编译速度会有很大提升，尤其是大型工程。所有用 Xcode 5 创建的新工程都默认使用模块。用 Xcode 5 打开一个已有工程时，可以在 Build Settings 选项卡下打开模块支持，如图 1-2 所示。

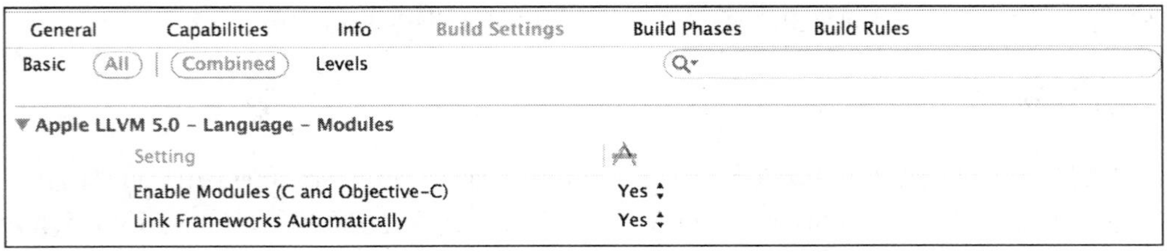

| General | Capabilities | Info | Build Settings | Build Phases | Build Rules |
|---|---|---|---|---|---|
| Basic (All) \| (Combined)  Levels | | | Q | | |
| ▼ Apple LLVM 5.0 – Language – Modules | | | | | |
| Setting | | | 🄰 | | |
| Enable Modules (C and Objective-C) | | | Yes ⬍ | | |
| Link Frameworks Automatically | | | Yes ⬍ | | |

图 1-2　Xcode 5 中 LLVM 5 的模块支持

模块还省去了在工程中显式地链接框架的麻烦，以前需要在工程设置的 Build Phases 选项卡中添加框架才可以做到。不过这个版本的 Xcode/LLVM 只对内置库提供模块支持。这一点可能会在不久的将来改变（就是 iOS 8）。

### 2. ARC 的改进

LLVM 5 有了更好的循环引用检测，而且也能预测一个弱变量会不会在被块捕获之前变为空。不过更有意思的是 ARC 和 Core Foundation 类的整合。在 LLVM 前面的版本中，编译器规定必须用桥接转换，即使对象的所有权没有变化。有了 LLVM 5，这种情况会变成自动的。这意味着如果没有所有权变化，就无需再在 Core Foundation 对象和对应的 Foundation 对象之间用桥接转换了。

第 20 章会详细解释 Core Foundation 和 ARC 的改进。

## 1.10  Xcode 5

Xcode 4 是苹果很有野心的项目。2011 年，苹果完全抛弃了 Xcode 3 时代独立的 Xcode 和 Interface Builder 这个已经存在了近 10 年的组件，把编辑 Interface Builder 文件的功能集成到了 Xcode 中。不过，Xcode 4 运行缓慢，还经常崩溃，在一些 WWDC 的讲座上也发生过这类情况。

Xcode 4 性能差的主要原因是它使用旧的 GCC 编译器，而且用了垃圾回收（而不是 ARC）。Xcode 5 在面向用户上的变化很少，但是从头开始的。它是用 LLVM 5 编译的，用 ARC 重写过，这意味着它的内存使用更高效，在的机器上运行更快。

### 1.10.1  nib文件格式的变化

Xcode 5 的一个主要变化是引入了一种更易读的新 nib 文件格式。格式仍然是 XML，但是对人类更友好。这意味着作为开发者，解决 XIB 文件中的合并冲突会容易得多。

不过新文件格式和旧版 Xcode 不兼容，但是大部分情况下这都不会是问题。确保团队中所有开发者都用最新的 Xcode。Xcode 4.6 无法打开新的文件格式。

### 1.10.2  源代码控制集成

Xcode 5 现在支持合并和切换 Git 分支。Xcode 5 还能在不离开 IDE 的情况下从远程仓库推送和拉取提交。这意味着开发者可以在 Xcode 以外花费更少的时间（无论是终端还是第三方的 Git 客户端），而把更多的精力放在 Xcode 中。

### 1.10.3  自动配置

Xcode 4 已经集成了 iOS 开发者账号，允许开发者自动创建和下载授权文件。Xcode 5 把这种集成带到了更高的层次上，开发者可以使用 Apple ID 登录 Xcode。Xcode 5 会自动获取开发者合作的团队，并把它们连接到 Xcode。开发者甚至可以把一个团队指定给一个项目，Xcode 会自动在开发者网站上创建必需的授权文件。

Xcode 5 新增了一种特性叫 capabilities，能让开发者在 Xcode 中设置高级的苹果特性，比如打开应用内购买、iCloud 或者 Game Center。Xcode 现在会根据新的 App ID 自动下载必需的授权文件，如果有必要的话甚至会更新 Info.plist 文件。

### 1.10.4　对调试导航面板的改进

Xcode 的调试导航面板现在可以在 Xcode 中就显示实时的应用程序内存、CPU 使用以及电量消耗。不再需要频繁地启动 Instruments 来测量应用的性能。调试导航面板还允许开发者从 Xcode 中启动以 CPU 或内存检测工具运行的 Instruments。图 1-3 和图 1-4 显示了 Xcode 5 中的 CPU 和内存报告功能。

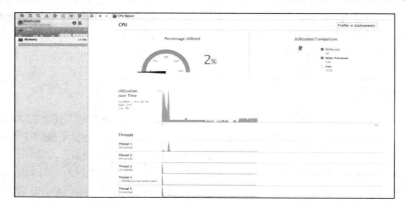

图 1-3　Xcode 5 的调试导航面板中显示的当前运行应用的 CPU 使用

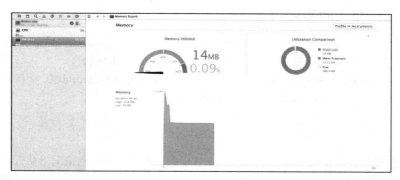

图 1-4　Xcode 5 的调试导航面板中显示的当前运行应用的内存使用

### 1.10.5　文档浏览器

Xcode 5 有了全新的支持选项卡浏览的文档浏览器，开发者可以为文档页添加书签（不幸的是文档书签不支持 iCloud 同步）。目录现在是在文档内容外面用一个单独的选项卡显示的。

> Dash 是一个第三方应用程序，要比 Xcode 5 的文档浏览器好很多，也快很多。它在 Mac App Store 中是免费的，强烈推荐读者下载。Dash 能自动找到 Xcode 安装的文档，也能提供第三方文档，比如 cocos2d。

### 1.10.6　Asset Catalog

Asset Catalog 提供了一种新的方式来为应用中的图片分组。Asset Catalog 包含图片集（应用中用到的图片和资源）、应用图标和启动图。这些启动图、应用图标和图片集会基于设计它们所针对的设备来分组。

Asset Catalog 是一个 Xcode 的特性，所以就算应用需要支持 iOS 6 也能使用。在 iOS 6 上，Xcode 会确保 UIImage 的 imageNamed:方法会返回 catalog 中的正确图片。在 iOS 7 上，Xcode 5 会把 Asset Catalog 编译成运行时二进制文件（.car 文件），能减少应用下载的时间。

Asset Catalog 还提供了一种创建可拉伸图片的方法，能让开发者在图片中指定可拉伸的区域。开发者要做的只是在 Asset Catalog 中选择一张图片，在图片顶部点击 Start Slicing 按钮，调整切片区域来指定可拉伸的区域。可以选择只垂直拉伸、只水平拉伸或者两个方向都拉伸。

不过，用 Asset Catalog 创建可拉伸区域（见图 1-5）只能在以 iOS 7 及后续版本为部署目标的工程中使用。

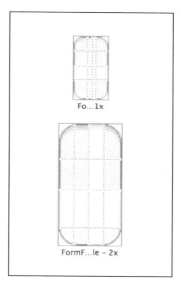

图 1-5　在 Asset Catalog 的图片集中创建可拉伸区域

## 1.10.7　测试导航面板

Xcode 5 让编写单元测试用例成了一等公民。在 Xcode 5 中创建的所有新工程都会自动包含新的测试框架 XCTest.framework，用来代替 OCUnit（SenTestingKit.framework）。Xcode 5 中还是带 SenTestingKit.framework，Xcode 5 有一个选项可以自动把 OCUnit 的测试用例转换为 XCTest。这么做的好处在于可以方便地用 xcodebuild 这样的命令行工具做测试。除了前一个版本的 Xcode 中已有的 7 种导航面板，Xcode 还增加了一个新的导航面板叫测试导航面板。测试导航面板可以显示开发者编写的测试用例的执行情况。

可以创建一种新断点，用来在测试失败的时候停止程序执行，如图 1-6 所示。这种断点可以在断点导航面板中添加。

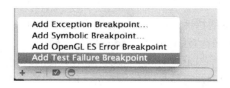

图 1-6    添加测试失败断点

### 1.10.8    持续集成

Xcode 5 通过 Xcode 服务（在 OS X Mavericks 服务器上运行）支持持续集成。开发者现在可以创建自动执行"每次提交都运行静态分析"或者"在每晚 12 点编译产品"等操作的机器人。

这类机器人运行在 OS X Mavericks 服务器上，开发者在客户端的测试导航面板中就能看到结果。

Xcode 5 没有原生的 Jenkins 支持，Jenkins 是普遍使用的持续集成工具。开发者仍然需要手动捣鼓命令行、shell 脚本，甚至是提交后的钩子。Xcode 5 也不支持 OS X Mountain Lion 服务器的持续集成。不过，用 Xcode 5 和 OS X Mavericks 有个小小的好处，诸如断点测试等代码问题会出现在客户端的测试导航面板中。

### 1.10.9    Auto Layout改进

Xcode 5 改进了开发者使用 Auto Layout 的工作流。最大的变化是 Xcode 不会自动添加 Auto Layout 约束条件。开发者必须亲自动手让 Xcode 为我们添加约束条件，开发者也能删除 Xcode 添加的约束条件。如果删除的约束条件会导致布局歧义，Xcode 会发出警告。如果不能同时满足几个约束条件，Xcode 也会发出警告。Auto Layout 和 Xcode 5 的变化无法用一节内容描述清楚，所以我们为此添加了一整章的内容，也就是第 6 章。

### 1.10.10    iOS模拟器

现在 iOS 模拟器支持 iCloud 了，而且在 iOS 模拟器中运行的应用可以访问 iCloud 的数据了。不过 iOS 模拟器不再支持低功耗蓝牙的模拟。（关于蓝牙的支持详见第 13 章。）

## 1.11    其他

除了 LLVM 编译器、Xcode IDE 这些新东西，iOS 7 也加强了 `UIActivityViewController` 来

支持用 AirDrop 与附近的设备共享数据。一种称为 Multipeer Connectivity 的类似的技术，能让开发者在不需要热点的情况下就连接附近的设备并发送任意数据。Multipeer Connectivity 还能在附近设备用点对点 WiFi 网络的方式连接着别的 WiFi 热点的情况下与其连接。

## 1.12 小结

呼！好多变化。前面说过 iOS 7 是 iOS 诞生以来最大的升级，对于用户和开发者来说都是大事。

iOS 的升级速率一直要比竞争对手快很多。在写作本书时，根据各大网站的统计，iOS 7 已经占据了市场上 70%以上的设备，而 iOS 6 只占不到 20%。事实上，iOS 7 在发布的第一周就被 30%以上的设备接纳了。

如果在 App Store 上已经有了应用，那可以考虑把它当做只针对 iOS 7 的新应用重写，然后和旧版应用一起卖。当大量用户升级到 iOS 7 之后，就可以把旧版应用从 App Store 下架了。对最终用户来说，有很多杀手锏的特性，比如全新的用户界面、iTunes Radio、Air Drop 以及更强的多任务，都会加快他们升级系统。所以，为什么还要等呢？让我们从下一章全新的 UI 范例开始 iOS 7 之旅吧。

## 1.13 扩展阅读

### 1. 苹果文档

下面的文档位于 iOS Developer Library（https://developer.apple.com/library/ios/navigation/index.html）中，通过 Xcode Documentation and API Reference 也可以找到。

- ❑ *What's New in iOS 7*
- ❑ *What's New in Xcode*
- ❑ *Xcode Continuous Integration Guide*
- ❑ *iOS 7 UI Transition Guide*（TP40013174 1.0.43）
- ❑ *Assets Catalog Help*

### 2. WWDC 讲座

下面的讲座视频可以在 developer.apple.com 找到。

- ❑ WWDC 2013 "Session 400: What's new in Xcode 5"
- ❑ WWDC 2013 "Session 402: What is new in the LLVM compiler"
- ❑ WWDC 2013 "Session 403: From Zero to App Store using Xcode 5"
- ❑ WWDC 2013 "Session 406: Taking control of Auto Layout in Xcode 5"
- ❑ WWDC 2013 "Session 409: Testing in Xcode 5"
- ❑ WWDC 2013 "Session 412: Continuous integration with Xcode 5"

# 第 2 章

# 世界是平的：新的 UI 范式

iOS 7 给苹果设备带来了全新的用户界面（UI）。iOS 7 在 UI 上的变化是自其诞生以来最大的。iOS 7 专注于三个重要的特点：清晰、依从和层次。理解这三个特点很重要，因为这有助于设计跟原生的系统内置应用一样的应用。

本章将介绍 iOS 7 引入的一些重要变化以及如何让应用使用这些新特性。前半章展示开发者应该了解的重要的 UI 范式，利用这些范式可以使应用更上一层楼。后半章展示如何把已有的 iOS 6 应用迁移到 iOS 7 上，并且需要的话，也可以保持向后兼容性。

## 2.1 清晰、依从和层次

清晰（clarity）很简单，就是对用户来说表达的意思是清晰的。大部分 iOS 用户会抓住一些碎片时间使用应用，他们会打开 Facebook，查看通知或者新闻订阅，发布状态更新或照片，然后关闭应用。至少在 iPhone 上，很少有应用是用户长时间使用的。事实上统计表明，对于大部分应用，用户每次只会用 80 秒左右。这意味着开发者必须在极短的时间内把信息传递给用户，因此应该把最重要的信息清晰地展示在屏幕上。举个例子，如果开发天气应用，温度和天气状况是用户最感兴趣的两块信息，要把 UI 设计得足够简洁，让用户不需要在视野范围内寻找就能直接看到。

依从（deference）是说操作系统不会提供和应用的 UI 竞争的 UI，相反，它依从于应用及其内容。这意味着每个应用都会有独一无二的外观和体验。在 iOS 7 之前，应用的 UI 是用户看到的在系统提供的导航栏和工具栏内部的东西，镀层效果、不规则边框和渐变色被依从于其背后内容的半透明栏取代。操作系统的默认应用依从于内容，而 UI 在大部分情况下只起辅助作用。

为 iOS 7 设计的应用应该具有层次（depth）的概念。控件和内容应该处于不同的层，从 home screen 开始就是这样，视差效果给人感觉图标是浮在最上面的一层上，模态化的警告框也有类似效果。通知中心和控制中心也有层次，它们用的是模糊和半透明而不是视差效果。

## 2.2 动画、动画、动画

使用 iOS 7 后开发者发现的第一件事可能就是应用的视觉拟真（拟物）没有了。阴影很不明显，几乎看不出来，抛光按钮完全消失了。真实世界的拟物元素，比如备忘录（iPhone）和通讯录（iPad）的人造革，也都不见了。

最重要的是，应用程序窗口默认就是全屏的，状态栏现在是半透明的，浮在应用程序窗口的上方。

注意，直到 iOS 6，应用程序的全屏和状态栏的半透明一直都只是可选的。在 iOS 6 中，必须把导航栏的 `translucent` 属性设置为 YES，并且把视图控制器的 `wantsFullScreenLayout` 设置为 YES 才行。在 iOS 7 中所有的窗口默认都是这么设置的。

尽管视觉拟真没有了，iOS 7 强化了运动拟真。运动拟真的强化从锁屏开始。试着拖动摄像头按钮把锁屏界面"提起来"，然后从屏幕中间"掉下来"，你会看到锁屏界面会在碰到屏幕底部时弹起来。现在再试着把锁屏界面往屏幕底部推一下来"撞击"，你会看到弹得更厉害了，就跟真实世界的物体撞到表面一样。所以，拟物并没有完全从 iOS 7 中消失，之前版本的 iOS 强调视觉拟物，而 iOS 7 更加重视物理拟物。

> iOS 7 仍然是拟物的，只不过不是强调视觉拟物而是物理拟物，屏幕上的物体遵从物理定律，其行为类似于真实世界的物体。

## 2.2.1 UIKit Dynamics

在应用中实现物理特性很简单，iOS 7 引入了一个新类 `UIDynamicAnimator`，用来模拟真实世界的物理定律。开发者可以创建一个 `UIDynamicAnimator` 对象并将其添加到视图上，这个视图通常是视图控制器的根视图，在 UIKit Dynamics 上下文中通常也被称为引用视图，引用视图的子视图现在就会基于其关联的行为遵从物理定律。

行为可以通过声明定义并添加到视图。事实上，任何遵从 `UIDynamicItem` 协议的对象都可以添加行为。`UIView` 及其子类（包括 `UIControl`）遵从这个协议，这意味着屏幕上可见的任何东西几乎都可以关联一种行为。

这里还有一件有意思的事情，`UICollectionViewLayoutAttributes` 遵从 `UIDynamicItem` 协议，这样可以让集合视图的元素有动力学行为。默认的信息应用就是一个例子。

## 2.2.2 UIMotionEffect

物理拟物还没完。主屏幕上的视差效果，警告框好像浮动在视图上方的效果，Safari 新的切换选项卡 UI 在倾斜设备时会显示"更多"内容，这些都是真实行为的模拟。用 `UIMotionEffect` 很容易就能为应用添加这类特性。iOS 7 中的一个新类 `UIInterpolatingMotionEffect`，能让开发者不费吹灰之力就添加这类效果。可以把 `UIMotionEffect` 理解为跟 CAanimation 类似。CAanimation 会对其所属的层做动画，`UIMotionEffect` 会对其所属的视图做动画。CAanimation 的动画是时间的函数，`UIMotionEffect` 的动画则是设备动作的函数。我们会在第 19 章详细介绍 UIKit Dynamics 和 UIMotionEffect。

> CAanimation 动画是时间的函数，`UIMotionEffect` 是设备动作的函数。

## 2.3    着色

UIView 有了一个新属性，叫做 `tintColor`，可以给应用着色。所有作为其他视图的子视图存在的 UI 元素都会在未设置 `tintColor` 的情况下使用父视图的 `tintColor`。这意味着给应用程序的窗口设置 `tintColor` 就可以得到全局的着色。

这里要注意的很重要的一点是当模态化视图出现时，iOS 7 会将其背后所有的 UI 元素变模糊。如果开发者有一个自定义视图，并且用了父视图的 `tintColor` 来做一些自定义渲染，就要覆盖 `tintColorDidChange` 方法来更新变化。

也可以在 Xcode 的故事板编辑器的 File inspector 面板中设置 `tintColor`。

## 2.4    用半透明实现层次和上下文

UIKit Dynamics 和 UIMotionEffect 能帮助用户理解应用中的空间深度。iOS 7 中还有一个强化空间深度概念的特性是在大部分模态化窗口上统一使用了模糊和半透明效果。控制中心和通知中心用一种精细的方式模糊了背景，以便用户能知道背后是什么。

iOS 7 通过直接读取显存来实现这种效果。遗憾的是，iOS 7 没有提供 SDK 来让开发者轻松实现这种效果，可能是出于安全上的考虑。比如说，无法这么做：

```
self.view.blurRadius = 50.0f;
self.view.saturationDelta = 2.0f;
```

不过，有一个 WWDC 讲座中的示例代码有 `UIImage` 的分类，UIImage+ImageEffects（本书的示例代码中有）允许实现这种效果，尽管这种方法很难用也不直观。但是你想超越极限，这也是你阅读本书的原因，不是吗？所以，在自己的应用中实现这种效果吧。

现在要展示如何创建一个看起来像通知中心或者控制中心背景的图层。首先创建一个单视图应用，挑一张漂亮的背景图加上，再添加一个按钮。接下来写一个按钮动作处理方法，弹出一个会将后面的背景模糊的视图。

捷径（或者说投机取巧）是创建一个不可见的 UIToolbar 并使用它的图层，而不是创建新图层。不过这种技巧很容易失效，所以不推荐。更好的办法是用 iOS 7 新的 UIScreenshotting 接口截屏，切割截屏图片，为其添加模糊效果，并把模糊的图片作为弹出视图的背景。

来看看代码：

### 用 UIImage+ImageEffects 创建模糊的弹出层（SCTViewController.m）

```
// 创建图层
self.layer = [CALayer layer];
self.layer.frame = CGRectMake(80, 100, 160, 160);
[self.view.layer addSublayer:self.layer];

// 截屏
float scale = [UIScreen mainScreen].scale;
```

```
UIGraphicsBeginImageContextWithOptions(self.view.frame.size, YES, scale);
[self.view drawViewHierarchyInRect:self.view.frame afterScreenUpdates:NO];
__block UIImage *image = UIGraphicsGetImageFromCurrentImageContext();
UIGraphicsEndImageContext();

// 裁剪截图
CGImageRef imageRef = CGImageCreateWithImageInRect(image.CGImage,
    CGRectMake(self.layer.frame.origin.x * scale,
               self.layer.frame.origin.y * scale,
               self.layer.frame.size.width * scale,
               self.layer.frame.size.height * scale));
image = [UIImage imageWithCGImage:imageRef];

// 添加效果
image = [image applyBlurWithRadius:50.0f
                         tintColor:
[UIColor colorWithRed:0 green:1 blue:0 alpha:0.1]
            saturationDeltaFactor:2
                         maskImage:nil];
// 放到新建的图层上
self.layer.contents = (__bridge id)(image.CGImage);
```

applyBlurWithRadius:tintColor:saturationDeltaFactor:maskImage:方法位于 UII-mage+ImageEffects 分类中，包括分类在内的完整代码可以从本书网站上下载。

图 2-1 显示了代码运行的效果。

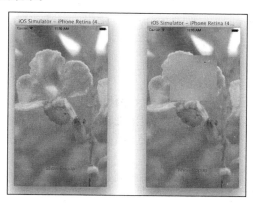

图 2-1　应用在 iOS 7 中运行时弹出视图前后的截屏

## 2.5　动态字体

在 iOS 7 中，用户可以设置文字大小。内置的邮件、日历以及其他大部分应用都会按照这个设置动态改变文字大小。注意增大文字大小并不总是能让字体的磅数变大。当文字大小设置的值可能会让小号字体无法辨认时，iOS 7 会自动加粗文字。为应用增加动态字体支持后，还可以在设置应用中动态改变文字大小。不过，iOS 7 的动态字体有一个缺点：在写作本章时，还不支持自定义字体。第 21 章会介绍动态字体。

## 2.6   自定义过渡效果

iOS 7 的另一个新特性是苹果在大部分内置应用中尽量减少了屏幕切换的使用。打开日历应用，点击一个日期，日期视图以自定义的过渡动画效果从月视图中出现。类似地，创建新事件时，改变事件的开始和结束时间也是用动画实现自定义过渡。注意，这个动画在之前版本的 iOS 中是导航控制器的默认推入页面操作动画。还有一个例子是照片应用中的照片选项卡，万年不变的相机胶卷被一个使用自定义过渡在年度视图、精选视图、时刻视图和单张照片视图之间切换的集合视图替代了。iOS 7 新的 UI 范式强调让用户知道自己在哪里，而不是让他们迷失在推入的无数视图控制器中。大部分情况下，这些动画都用自定义过渡实现，如图 2-2 所示。

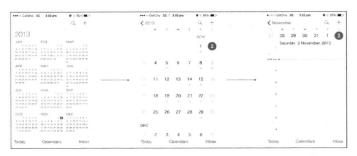

图 2-2   日历应用的屏幕，显示使用自定义过渡的屏幕

为 iOS 7 设计应用时，要认真考虑使用自定义过渡是否对于让用户知道自己在哪儿有所帮助。iOS 7 SDK 增加了接口，能毫无困难地实现这些动画。

### 自定义过渡类型

iOS 7 的 SDK 支持两类自定义过渡：自定义视图控制器过渡和交互式视图控制器过渡。自定义视图控制器过渡之前也能实现，要用到故事板和自定义联线。交互式视图控制器过渡则让用户利用手势（通常是拖动）控制过渡的过程（从开始到结束）。因此当用户拖动或快速滑动手指时，会从一个视图控制器过渡到另一个。

当过渡是时间的函数时，通常是自定义视图控制器过渡，是手势识别器的参数或类似事件的函数时，通常是交互式视图控制器过渡。

比如，可以认为导航控制器的推入过渡（就像 iOS 6 那样）是一种自定义视图控制器过渡，而 UIPage-VieworControlelr 则是交互式视图控制器过渡。使用 UIPageViewController 在视图之间翻页时，过渡跟时间无关，页面的过渡跟着手指的移动走，所以这是交互式视图控制器过渡。而 UINavigation-Controller 过渡（在 iOS 6 中）在一段时间内发生，所以这类过渡是自定义视图控制器过渡。

iOS 7 SDK 允许开发者自定义几乎任何类型的过渡：视图控制器的 presentation 和 dismissal、UINavigationController 的推入和弹出过渡、UITabbarController 的过渡（UITabbar-Controller 默认不对视图控制器做动画），甚至是集合视图的布局变化过渡。

自定义视图控制器过渡比交互式视图控制器过渡更易使用。本章会展示如何创建自定义视图控制器过渡。交互式视图控制器过渡相对较难使用，第 20 章会介绍这个主题。

## 2.7　把应用过渡（迁移）到 iOS 7

到目前为止，本章介绍了 iOS 7 中引入的主要 UI 范式并实现了其中一种：模糊效果。在本节中，我们会展示如何把应用从 iOS 6 过渡到 iOS 7。

你已经知道了，iOS 7 的 UI 和之前的版本大不相同。因此，你得了解大量的 API 变化。可能的话，完全放弃对 iOS 6 的支持，因为 iOS 7 的升级率要比 iOS 6 高得多。不过，如果业务需要支持 iOS 6，继续阅读下一节，我们会展示如何在不牺牲 iOS 6 的情况下支持 iOS 7。

### 2.7.1　UIKit变化

在 iOS 7 中，几乎所有的 UI 元素都发生了变化。按钮没有边框，开关和分段控件变小了，滑块和进度条变细了。如果使用自动布局，大部分变化都不会对你有什么影响。如果没有使用自动布局，那么是时候把 nib 文件升级到自动布局了。如果不使用自动布局，那么在 3.5 寸和 4 寸设备上支持 iOS 6 和 iOS 7 就需要写大量的布局代码。

如果你之前一直不想使用自动布局，那么现在必须开始学习了。Xcode 5 中的自动布局要比 Xcode 4.x 中的好用得多，本书第 6 章会更为详细地讲解自动布局。

### 2.7.2　自定义设计

一般来说大部分应用都会用自定义设计图来做应用皮肤，开发者需要仔细考虑如何设计。原因是 iOS 7 的设计是非常“平”的，视觉拟物削弱了很多。这么做是因为在 iPhone 4 之前，几乎所有的屏幕（手机/PC/Mac）像素密度都介于 70 ppi ~ 160 ppi（每英寸像素数）。iPhone 4 的视网膜屏将像素密度增加到了 320 ppi。这个像素密度接近健康人眼所能接受的最高程度，再多就是人眼接受不到的多余数据了。这也是印刷业采用 300 ppi 的原因。

印刷业不需要模拟抛光发亮的按钮、不规则边框、渐变或者艺术字体。你什么时候见过广告牌或者杂志封面的图上加上人造抛光或者发亮的效果？没有。为什么？因为不需要。（有些杂志有光泽，但那是真的光泽。）事实上，软件设计师利用抛光、发亮按钮来让他们的设计在（当时的）低分辨率（70 ppi ~ 160 ppi）屏幕上看起来比较好看。

而 iPhone 4 屏幕的像素密度达到了接近高印刷质量的杂志的程度，为 UI 添加光泽和发光效果就没有必要了。这就是 Twitterrific 5、LetterPress 和 Clear（代办事项应用）甚至在苹果之前就大量减少了界面效果的原因。Windows Phone 7 界面从第一天开始就没有抛光、发亮或者阴影。

今天，除了 iPad mini，苹果在 2011 年和 2012 年间发布的几乎所有 iOS 设备都采用了视网膜屏。扁平化设计是未来。给 UI 设计光泽在 iOS 7 中看起来就过时了。

如果用了抛光或是发亮按钮，你就得重新设计 UI 了。问问自己，这个 UI 在杂志上打印出来会是什么样子的。你得像印刷业的设计师那样考虑问题，而不是软件业的设计师。

### 2.7.3　支持iOS 6

写向后兼容 iOS 6 的代码要比以前难，因为 iOS 7 是其诞生以来的一次大升级。如果你的应用需要支持 iOS 6，首先让 iOS 6 的应用跟 iOS 7 的外观类似，这意味着并非要在 iOS 7 中用扁平按钮却在

iOS 6 中用抛光按钮，而是把 iOS 6 的按钮也变扁平。首先改变 iOS 6 版本的设计，使其看起来像 iOS 7 版本。对结果满意后，再添加 iOS 7 独有的特性。

### 1. 应用图标

iOS 7 使用的图标大小和 iOS 6 不同，对于 iPhone 应用是 120×120，对于 iPad 应用是 152×152。你得为应用更换这些略大的图标，避免使用抛光或者发亮，"Icon already includes gloss effects (UIPrerenderedIcon)"这个设置在 iOS 7 下不起作用，可能最终会废弃。

### 2. 启动图

启动图现在应该是 480 点高（对于 iPhone 5 来说是 568）。iOS 7 中启动图会渲染在状态栏下面，如果你用的启动图太短，屏幕底部会出现黑边。

### 3. 状态栏

iOS 7 中的状态栏是半透明的，会将其背后的内容模糊。在 iOS 6 版本的应用中，应该用抛光不那么多的设计图（甚至完全没有光泽）确保状态栏是扁平的。在 iOS 7 中，视图控制器会延伸到全屏，位于状态栏下面。在 iOS 6 版本的应用中，可以把状态栏的样式改为 `UIStatusBarStyleBlack-Translucent` 来模拟这种行为。

### 4. 导航栏

iOS 7 中的导航栏默认也是半透明的，而且没有阴影，底部边界倒是有一条细线。可以考虑为 iOS 6 版本的应用添加类似的效果来取代阴影。

在 iOS 6 中，设置 `tintColor` 会改变导航栏的颜色，要在 iOS 7 中得到同样的效果，需要设置 `barTintColor`。导航栏上的返回按钮也变了，以前是带边框的按钮，现在则是箭头和文字。记住，就算是默认按钮也不带边框了，而且 `UIButtonTypeRoundedRect` 也废弃了。在 iOS 6 版本的应用中，可以用导航栏的外观代理协议（appearance proxy protocol）来自定义返回按钮，并为返回按钮设置类似于 iOS 7 版本的图片。

导航栏的背景图通常是 320×44，有时候开发者可能会用略高的带阴影的导航栏。在 iOS 7 中，导航栏的背景图延伸到了状态栏下方，而不是像 iOS 6 那样在视图控制器上方。避免使用高于 44 点的导航栏背景图。你可能得重新设计背景图并且考虑用别的办法添加阴影。iOS 6 为 `UINavigationBar` 引入了 `shadowImage` 属性，可以用这个属性设置导航栏阴影。

### 5. 工具栏

工具栏也是半透明的，不过更重要的是工具栏上的按钮没有边框。如果按钮不多于 3 个，可以考虑用文本按钮而不是图片按钮。比如 iOS 7 的音乐应用中的正在播放页面用文本按钮表示重复、随机和创建（如图 2-3 所示）。

图 2-3　iOS 7 中控制按钮的截图

### 6. 视图控制器

在 iOS 7 中，所有视图控制器都是全屏布局的。可以在 iOS 7 中支持新布局，在 iOS 6 中保留旧布局，但是应用看起来会有点过时。要拥抱变化，在 iOS 6 版本中用全屏布局。将视图控制器的 `wants-`

FullscreenLayout 属性设置成 YES 就可以在 iOS 6 中实现这一点。注意，这个属性在 iOS 7 中废弃了，而且在 iOS 7 中将这个属性设置成 NO 的行为是未定义的。

在 iOS 7 中也可以使用不透明的条栏，这可以通过 Interface Builder 的选项控制视图在半透明/不透明条栏下方的样子，如图 2-4 所示。

图 2-4　Interface Builder 中将视图延伸到半透明条栏下方的选项

Interface Builder 的 nib 文件中还有 Top Layout Guide 和 Bottom Layout Guide（只有打开自动布局才有），也可以用这些引导点设置约束条件。所以开发者可以让按钮总是离 Top Layout Guide50 个点。

### 7. 表格视图控制器

表格视图控制器，尤其是分组表格视图样式，不再有内嵌效果了。分割线变成了内嵌的，从图片开始，到屏幕边缘结束。单元分割线变细了，颜色也变浅了。

section 头颜色也变浅了，而且是纯色，不再是渐变色了。在 iOS 7 版本的应用中可以给 section-IndexBackgroundColor 设置值来改变颜色。在 iOS 6 中，只能在 tableView:viewForHeaderIn-Section:委托方法中返回外观和 iOS 7 版本类似的视图。

还有一个重要的变化是选择样式。iOS 6 提供了两种样式：蓝色和灰色。用内置样式时，文本的前景色会从黑色变成白色。在 iOS 7 中不会这样，高亮色只是一种浅灰色，覆盖 UITableViewCell 子类的 setSelected:animated:和 setHighlighted:animated:可以模拟这种行为。

默认的滑动删除手势以前是从左向右滑，现在是从右向左滑。如果开发者正考虑在表格视图单元中用从右向左滑的手势来显示菜单或做一个动作，就得考虑用别的方法来实现了。

### 8. 拖动手势

iOS 7 默认在所有应用中使用两种拖动手势，第一种是 UIScreenEdgePanGestureRecognizer，

在导航控制器中，从屏幕边缘滑动可以让用户回到上一个视图。这个行为是默认的。如果你在使用像 Facebook 的旧版应用那样的汉堡菜单（俗称侧滑菜单或者侧滑面板），就得考虑关掉显示菜单的手势。事实上，随着 iOS 7 的发布，Facebook 完全抛弃了汉堡菜单，采用了选项卡栏。第二种手势是从屏幕底部拖动的手势，可以显示控制中心。如果你的应用使用了类似的手势来调用某个功能，就得重新设计界面了。

#### 9. 警告框和操作列表

警告框和操作列表总是使用系统的默认样式，除非开发者创建自己的。如果有自定义的警告框，可以考虑加入 UIMotionEffect 以便让其看起来像是浮在视图控制器上方。在 iOS 6 中建立层次概念要靠阴影，而在 iOS 7 中则用运动效果。在 iOS 6 中模拟运动效果很难。除非愿意花费时间和精力，否则就在 iOS 6 中保留 UI 元素的阴影吧。

## 2.8　小结

本章介绍了新的 UI 范式，还有新设计背后的深层次原因，并且深入讲解了 iOS 7 中不同的 UI 相关的技术。最后，我们介绍了如何将应用迁移到 iOS 7，并且（可选地）维持向后兼容性。要做到写出在 iOS 6 和 iOS 7 上都能工作的代码并且外观在两个系统上看起来都很好是很难的（至少是相对而言）。如果业务允许你投入时间和资源，那就做吧。否则，把精力集中在 iOS 7 每个可能的功能上，让应用脱颖而出。

iOS 7 为开发者提供了在 App Store 大获成功的机遇，举几个例子：iOS 7 专用的待办事项应用，iOS 7 专用的 Twitter 客户端，iOS 7 专用的日历应用。理解了 iOS 7 的 UI 范式，是时候大干一把了。

## 2.9　扩展阅读

#### 1. 苹果文档

下面的文档位于 iOS Developer Library（https://developer.apple.com/library/ios/navigation/index.html）中，通过 Xcode Documentation and API Reference 也可以找到。

❏ *What's New in iOS 7*

#### 2. WWDC 讲座

❏ WWDC 2013，"Session 226: Implementing Engaging UI on iOS"

❏ WWDC 2013，"Session 218: Custom Transitions Using View Controllers"

❏ WWDC 2013，"Session 201: Building User Interfaces for iOS 7"

❏ WWDC 2013，"Session 208: What's New in iOS User Interface Design"

❏ WWDC 2013，"Session 225: Best Practices for Great iOS UI Design"

# *Part 2*

# 充分利用日常工具

## 本部分内容

# 第 3 章

# 你可能不知道的

如果你在阅读本书，说明你可能已经掌握好 iOS 的基础了，但是有一些小功能和实践，很多开发者可能经过多年的开发还不熟悉。本章将介绍一部分技巧和窍门，它们都足够重要，但是又比较小，不足以独立成章，还有一些最佳实践，能让代码更健壮、更易维护。

## 3.1 命名最佳实践

纵观整个 iOS，命名约定非常重要。在下面几节中，你将了解如何正确命名不同的东西，以及命名如此重要的原因。

### 3.1.1 自动变量

Cocoa 是动态类型语言，开发者很容易就会对手头的对象类型感到迷糊。容器（数组、字典等）没有关联的类型，因此开发者经常会不小心写出下面这样的代码：

```
NSArray *dates = @[@"1/1/2000"];
NSDate *firstDate = [dates firstObject];
```

这段代码能编译，而且不会有警告，但是在使用 `firstDate` 时，很可能就会因为未知选择器异常而崩溃。这个错误的根源在于把一个字符串数组叫做 `dates`。这个数组应该叫 `dateStrings`，否则就应该容纳 `NSDate` 对象。这类谨慎的命名可以减少很多让人头疼的问题。

### 3.1.2 方法

方法的名字应该清晰地表明它接受的参数类型和返回值的类型。比如，下面这个方法就会让人迷惑：

```
- (void)add;    //会让人迷惑
```

看起来 add 应该有一个参数，但实际上没有。它只是加上某个默认对象？

下面这样命名就清晰很多：

```
- (void)addEmptyRecord;
- (void)addRecord:(Record *)record;
```

很明显 addRecord:接受一个 Record 参数，如果可能产生误解，对象的类型应该和名字匹配。比如，下面这个例子就是常见的错误：

```
- (void)setURL:(NSString *)URL;    //错误
```

这里有错误是因为命名为 `setURL:`的方法应该接受 NSURL 作为参数,而不是 NSString。如果你需要字符串,就应该明确指出:

```
- (void)setURLString:(NSString *)string;
- (void)setURL:(NSURL *)URL;
```

不要滥用这个规则,对于某些类型很显然的变量就不要添加类型信息了。属性命名为 `name` 比 `nameString` 好,只要你的系统中没有 Name 类就会让读代码的人困惑。

方法命名也有跟内存管理和键值编码(KVC,在第 22 章详细讨论)相关的规则。尽管自动引用计数(ARC)的出现使得一些规则不那么重要了,但是命名不正确的方法在 ARC 代码和非 ARC 代码(包括苹果框架中的非 ARC 代码)交互时可能会产生很难查的 bug。

方法的命名应该用驼峰命名法,第一个字母小写。

如果方法用 `alloc`、`new`、`copy` 或者 `mutableCopy` 开头,那么调用者拥有返回的对象(也就是说,对象的引用计数会净增加 1,调用者必须负责释放)。有一个属性命名为 `newRecord` 就可能导致问题,改名为 `nextRecord` 或类似的东西。

`get` 开头的方法应该返回一个值的引用,比如:

```
- (void)getPerson:(Person **)person;
```

不要用 `get` 前缀作为属性访问方法的一部分,`name` 属性的获取应该是`-name`。

## 3.2　属性和实例变量最佳实践

属性应该表示对象的状态,获取方法不应该有外部副作用(可以有缓存等内部副作用,但是对于调用者来说应该不可见),一般来说,获取方法的调用应该高效,当然也不应该阻塞调用者。

避免直接访问实例变量,要用存取器,一会儿我会讲到例外情况,但是首先讲讲为什么要用存取器。

在有 ARC 之前,造成 bug 的一大常见因素就是直接访问实例变量。开发者会忘记正确保留或释放实例变量,于是程序会产生内存泄漏或崩溃。因为 ARC 会自动管理保留和释放,有些开发者会认为这条规则不重要了,但是还有其他原因要用存取器。

❏ 键值观察——使用存取器最重要的原因可能是属性会被观察,如果不用存取器,开发者可能需要在每次修改属性的实例变量时调用`willChangeValueForKey:`和`didChangeValueForKey:`。存取器会自动调用这些方法。

❏ 副作用——开发者自身或者某个子类会在设置方法中引入副作用,可能是发出通知或在 NSUndoManager 中注册了事件,除非必要,不要绕开这些副作用。类似地,开发者或者子类可能会在获取方法中增加缓存,而直接访问实例变量会绕开缓存。

❏ 惰性初始化——如果属性是惰性初始化的,必须用存取器使其正确释放。

❏ 锁——如果为属性引入锁来管理多线程代码,直接访问实例变量会破坏锁并可能使程序崩溃。

❏ 一致性——有的人可能会说,只有我们在确定基于前面提到的原因而需要用存取器时才用存取器。但是这样会让代码难以维护。更好的做法是怀疑每次实例变量的直接访问并解释原因,而不是要一直记得哪些实例变量需要用存取器哪些不需要。这样会让代码易于阅读、评审和维护。在 Objective-C 中,存取器(尤其是自动合成的存取器)经过了高度优化,带来的好处对得起那点开销。

话虽这么说，还是有些地方不应该用存取器。

□ 在存取器内部。显然，在存取器内部不能用存取器本身。一般来说，也不要在获取方法中使用设置方法（有些情况下会发生死循环）。存取器应该访问自己的实例变量。

□ dealloc。ARC 极大减少了需要写 dealloc 的地方，不过有时候还是会用到。最好不要在 dealloc 中调用外部对象。对象可能处于不一致的状态，而且观察者收到属性变化的多个通知也可能会迷惑，而实际上真实含义是对象正在被销毁。

□ 初始化。类似于 dealloc，在初始化过程中，对象可能处于不一致状态，在这个阶段一般不应该触发通知或者有别的副作用。这里通常也是初始化只读变量的地方，比如 NSMutable Array。这样能避免把属性声明为 readwrite，从而只有开发者本人能进行初始化。

Objective-C 对存取器做了高度优化，为可维护性和灵活性提供了重要的特性。通过存取器访问属性，即便这个属性是开发者自己的，这可以作为一条一般规则。

## 3.3  分类

分类允许在运行时为已有的类添加方法。任何类，就算是苹果提供的 Cocoa 类，也可以用分类扩展，而且这些方法对于类的所有对象都可用。声明分类很简单，看起来就像声明类接口，只是分类的名字在括号中：

```
@interface NSMutableString (PTLCapitalize)
- (void)ptl_capitalize;
@end
```

PTLCapitalize 是分类的名字，注意，这里没有声明实例变量。分类无法声明实例变量，也无法合成属性（其实本质是一样的）。3.4 节会讲到如何添加分类数据。分类可以声明属性是因为属性声明只是方法声明的一种方式，只是不能合成属性，因为那样会创建实例变量。PTLCapitalize 分类不需要 ptl_capitalize 方法在任何地方有实际的实现。如果没有实现 ptl_capitalize，而调用者试图调用它的话，系统会抛出异常。这里编译器不会保护你。如果要实现的话，按照惯例看起来可能是这样的：

```
@implementation NSMutableString (PTLCapitalize)
- (void)ptl_capitalize {
  [self setString:[self capitalizedString]];
}
@end
```

说"按照惯例"是因为这个方法不一定要在分类实现中定义，分类实现也不一定要用和分类接口相同的名字。不过，如果你提供了一个名为 PTLCapitalize 的@implementation 语法块，就必须实现名为 PTLCapitalize 的@interface 语法块中的方法。

从技术上讲，分类可以覆盖方法，但是这么做很危险，我们不推荐。如果两个分类实现了同样的方法，实际用哪一个是未定义的。如果一个类因为维护的原因被分成了分类，开发者编写的覆盖方法会变成未定义行为，这是一类追踪起来会让人发疯的 bug。此外，用这个特性会让代码难以理解。分类覆盖方法也无法调用原方法。要调试的话，推荐方法混写，第 24 章会讲到。

为避免碰撞，分类方法前面应该加上前缀，后面跟上下划线，就像 ptl_capitalize 例子中那样。Cocoa 一般不会这样嵌入下划线，但是在这种情况下，这么做要比其他写法清晰。

分类的一个不错的用法是为已有的类提供实用方法。要做到这一点，推荐用原类名 + 扩展名来命名头文件和实现文件。比方说，可以在 NSDate 上创建一个 PTLExtensions：

**NSDate+PTLExtensions.h**

```
@interface NSDate (PTLExtensions)
- (NSTimeInterval)ptl_timeIntervalUntilNow;
@end
```

**NSDate+PTLExtensions.m**

```
@implementation NSDate (PTLExtensions)
- (NSTimeInterval)ptl_timeIntervalUntilNow {
  return -[self timeIntervalSinceNow];
}
@end
```

如果只有几个实用方法，把它们放在一个诸如名为 PTLExtensions（或者你的代码所用的任何前缀）的单个分类中比较方便。这样做可以很容易地把你最喜欢的扩展放在每个工程中。当然，这会造成代码膨胀，所以在决定要把多少代码扔进"实用"分类时要小心。Objective-C 无法像 C 或 C++ 那样高效地做无用代码删除。

## +load

分类是在运行时附着到类上的。定义分类的库可能是动态加载的，所以分类可能会在很晚的时候被添加进来。（尽管开发者无法自己在 iOS 中写动态加载库，但是系统库（包括分类）是动态加载的。）Objective-C 提供了一个叫做+load 的钩子方法，当分类第一次附着时会运行。就跟+initialize 一样，开发者可以用这个方法实现分类相关的设置，比如初始化静态变量。无法在分类中安全地使用+initialize 是因为主类可能已经实现了。如果多个分类都实现了+initialize，哪个会运行是未定义的。

希望你能问出这个明显的问题："如果分类不能用+initialize 方法，因为这样可能跟其他分类冲突，那么多个分类都实现+load 会怎么样？"这是 Objective-C 运行时少有的神奇部分。+load 方法是运行时的特殊情况，每个分类都可以实现，而且每个实现都会运行。运行顺序没有保证，你也不应该手动调用+load。

无论分类是静态加载还是动态加载的，+load 都会被调用。调用发生在分类被添加到运行时环境中时，通常是在程序启动而 main 被调用前，不过也可能晚得多。

类也可以有自己的+load 方法（不在分类中定义），而且在类被添加到运行时环境中时会运行。这种方法很少用到，除非动态添加类。

不需要像+initialize 方法那样保护+load 方法不被多次调用，系统只会给实际实现了+load 的类发送+load 消息，因此不会像+initialize 那样收到来自子类的调用。每个+load 方法只会被调用一次。不应该调用[super load]。

## 3.4    关联引用

关联引用允许开发者为任何对象附着键值数据。这种能力有很多用法，一种常见用法是让分类为属性添加方法。

考虑 Person 类这个例子，假设你要用分类添加一个新属性，叫做 emailAddress。可能其他程序也用到了 Person，有时候需要电子邮箱地址，有时候不需要，分类就是很好的解决方案，可以避免在不需要的时候开销。或者 Person 不是你的，而维护者没有为你添加这个属性。不管哪种情况，你要怎么解决这个问题呢？首先，这里有基本的 Person 类：

```
@interface Person : NSObject
@property (nonatomic, readwrite, copy) NSString *name;
@end

@implementation Person
@end
```

现在在分类中用关联引用添加一个新属性 emailAddress：

```
#import <objc/runtime.h>
@interface Person (EmailAddress)
@property (nonatomic, readwrite, copy) NSString *emailAddress;
@end

@implementation Person (EmailAddress)

static char emailAddressKey;

- (NSString *)emailAddress {
  return objc_getAssociatedObject(self, &emailAddressKey);
}

- (void)setEmailAddress:(NSString *)emailAddress {
  objc_setAssociatedObject(self, &emailAddressKey,
                           emailAddress,
                           OBJC_ASSOCIATION_COPY);
}
@end
```

注意，关联引用基于键的内存地址，而不是值的。emailAddressKey 中存着什么并不重要，只要是唯一的不变的地址就可以。这也是一般会用未赋值的 static char 变量作为键的原因。

关联引用有良好的内存管理，能根据传递给 objc_setAssociatedObject 的参数正确处理 copy、assign 和 retain 等语义。当相关对象被销毁时关联引用会被释放。这个事实意味着可以用关联引用来追踪另一个对象何时被销毁。比如：

```
const char kWatcherKey;

@interface Watcher : NSObject
@end

#import <objc/runtime.h>
```

```
@implementation Watcher
- (void)dealloc {
  NSLog(@"HEY! The thing I was watching is going away!");
}
@end
...
NSObject *something = [NSObject new];
objc_setAssociatedObject(something, &kWatcherKey, [Watcher new],
                         OBJC_ASSOCIATION_RETAIN);
```

这种技术对调试很有用，不过也可以用做非调试目的，比如执行清理工作。

关联引用是给警告框或控件附着相关对象的好办法。比如说，你可以给警告框附着一个"表示对象"，如下代码所示。这段代码在本章的示例代码中有。

ViewController.m ( AssocRef )

```
id interestingObject = ...;
UIAlertView *alert = [[UIAlertView alloc]
                        initWithTitle:@"Alert" message:nil
                        delegate:self
                        cancelButtonTitle:@"OK"
                        otherButtonTitles:nil];
objc_setAssociatedObject(alert, &kRepresentedObject,
                         interestingObject,
                         OBJC_ASSOCIATION_RETAIN_NONATOMIC);
[alert show];
```

现在，如果警告框被关闭，你就能知道原因了：

```
- (void)alertView:(UIAlertView *)alertView
clickedButtonAtIndex:(NSInteger)buttonIndex {
  UIButton *sender = objc_getAssociatedObject(alertView,
                                              &kRepresentedObject);
  self.buttonLabel.text = [[sender titleLabel] text];
}
```

很多程序用调用者的实例变量处理这种任务，但是关联引用清晰得多，也简单得多。对熟悉 Mac 开发的人来说，这段代码类似于 representedObject，但是更灵活。

关联引用的一个局限( 或者其他任何通过分类添加数据的方法 )是无法集成 encodeWithCoder:，所以很难通过分类序列化对象。

## 3.5 弱引用容器

常见的 Cocoa 容器有 NSArray、NSSet 和 NSDictionary，对大部分使用场景来说都很好，但是在某些情况下并不适用。NSArray 和 NSSet 会保留保存其中的对象，NSDictionary 不光保留值，还要复制键。通常这些行为就是你所需要的，但是对某些问题来说这么做是和你对着干。幸好从 iOS 6 开始有了新的容器类：NSPointerArray、NSHashTable 和 NSMapTable，在苹果文档中统称为指针容器类( pointer collection class )，有时候配置为使用 NSPointerFunctions 类。

NSPointerArray 类似于 NSArray，NSHashTable 类似于 NSSet，NSMapTable 类似于

NSDictionary。这些新容器类都可以配置为持有弱引用、非对象的指针或者其他罕见情形。NSPointerArray 还有一个好处是可以存储 NULL 值，这也是 NSArray 的常见问题。

> 苹果关于指针容器类的文档通常会参考垃圾回收，因为这些类最初是为 10.5 的垃圾回收开发的。现在这些类兼容 ARC 弱引用。这一点在主类参考文档中通常写得没那么清楚，但是 NSPointerFunctions 类的参考文档中有说明。

指针容器类支持扩展，可以配置为使用 NSPointerFunctions 对象，但是大部分情况下将 NSPointerFunctionsOptions 标志位传递给-initWithOptions:会更简单。大部分情况下，比如 +weakObjectsPointerArray，有自己的快捷构造函数。

更多信息可以查阅对应的类参考文档，以及容器编程主题，还有 NSHipster 的"NSHashTable & NSMapTable"这篇文章（nshipster.com）。

## 3.6  NSCache

使用弱引用容器最常见的理由是实现缓存。但是很多时候可以用 Foundation 的缓存对象 NSCache 代替。多数情况下，其用法就跟 NSDictionary 一样，可以调用 objectForKey:、setObject:forKey: 和 removeObjectForKey:。

NSCache 的一些特性被低估了，比如其多线程安全性。开发者可以在任何线程上不加锁地修改 NSCache。NSCache 还被设计为能与符合 <NSDiscardableContent> 协议的对象整合。<NSDiscardableContent>最常见的类型是 NSPurgeableData。通过调用 beginContentAccess 和 endContentAccess，开发者能控制何时丢弃对象是安全的。这不仅能在应用运行的时候提供自动缓存管理，甚至在应用暂停时也有用。通常，在内存吃紧且内存警告没有释放足够内存的情况下，iOS 开始杀掉暂停的后台应用，这时应用不会收到委托消息，会被杀掉。但如果用了 NSPurgeableData，iOS 会替你释放内存，即使应用处于暂停状态。

更多信息可以查阅 Xcode 文档中 NSCache、<NSDiscardableContent>和 NSPurgeableData 参考文档。

## 3.7  NSURLComponents

有时候苹果会很低调地添加有趣的类。在 iOS 7 中，苹果添加了 NSURLComponents，它没有类参考文档。在 iOS 7 发布说明的"What's New in iOS 7"一节中有提到，但是你得阅读 NSURL.h 才能看到其文档。

NSURLComponents 可以很方便地把 URL 分成几个部分，比如：

```
NSString *URLString =
  @"http://en.wikipedia.org/wiki/Special:Search?search=ios";
NSURLComponents *components = [NSURLComponents
  componentsWithString:URLString];
NSString *host = components.host;
```

也可以用 `NSURLComponents` 创建或修改 URL：

```
components.host = @"es.wikipedia.org";
NSURL *esURL = [components URL];
```

在 iOS 7 中，NSURL.h 添加了一些有用的分类来处理 URL。比方说，可以用`[NSCharacterSet URLPathAllowedCharacterSet]` 得到允许在路径中出现的字符集合。NSURL.h 还添加了 `[NSString stringByAddingPercentEncodingWithAllowedCharacters:]`，允许开发者控制使用百分号编码的字符，而以前只能用 Core Foundation 的 `CFURLCreateStringByReplacingPercent-Escapes` 做这件事。

在 NSURL.h 中搜索 7_0 可以找到所有的新方法及其文档。

## 3.8　`CFStringTransform`

`CFStringTransform` 是那种一旦你发现它，就无法相信以前竟然不知道其存在的函数。它可以把字符串变得容易标准化（normalization）、索引和搜索。比如说，它可以使用 `kCFStringTransform-StripCombiningMarks` 选项删除重音符号：

```
CFMutableStringRef string = CFStringCreateMutableCopy(NULL, 0,
                        CFSTR("Schläger"));
CFStringTransform(string, NULL, kCFStringTransformStripCombiningMarks, false);
... => string is now "Schlager"
CFRelease(string);
```

`CFStringTransform` 更为强大的功能是处理非拉丁书写系统，比如阿拉伯文或中文。它能把很多书写系统转换为拉丁字母，使得标准化变得很容易。比如，可以像这样把汉字转换为拉丁字母：

```
CFMutableStringRef string = CFStringCreateMutableCopy(NULL, 0,
                            CFSTR("你好"));
CFStringTransform(string, NULL, kCFStringTransformToLatin, false);
... => string is now "nǐ  hào"
CFStringTransform(string, NULL, kCFStringTransformStripCombiningMarks, false);
... => string is now "ni hao"
CFRelease(string);
```

注意这里用到的选项就是 `kCFStringTransformToLatin`，不需要源语言。通过它可以转换几乎任何字符串，而不需要知道其语言。`CFStringTransform` 还能把拉丁字母变成其他的书写系统，比如阿拉伯文、韩文、希伯来文和泰文。

### 日文中的汉字

汉字总会被音译为普通话发音，即使出现在其他书写系统中。对日文来说比较棘手，因为日文字符串中可能出现汉字。比如"白い月"这个日文短语的三个字符中，第一个和最后一个会被音译为普通话发音（bái 和 yuè），而中间的字符会被音译为日语发音（i），这样会产生无意义的字符串 báii yuè。

尽管 `CFStringTransform` 能够处理平假名和片假名，但是无法处理日文中的汉字。如果需要音译复杂的日文文本，可以参考 00StevenG 的 "NSString Japanese"（https://github.com/00StevenG/NSString-Japanese）一文，它能处理汉字、罗马字还有平假名和片假名。

> NSString-Japanese 基于 CFStringTokenizer，使用比较复杂，但是转换过程中能更加智能地处理语言。

更多信息见developer.apple.com上的 CFMutableString 和 CFStringTokenizer 的参考文档。

## 3.9  `instancetype`

Objective-C 一直以来在子类继承上有些小问题。考虑下面的情形：

```
@interface Foo : NSObject
+ (Foo *)fooWithInt:(int)x;
@end

@interface SpecialFoo : Foo
@end
...
SpecialFoo *sf = [SpecialFoo fooWithInt:1];
```

这段代码会产生警告：Incompatible pointer types initializing 'SpecialFoo *' with an expression of type'Foo *'。问题在于 fooWithInt 返回的是 Foo 对象，编译器不知道真正返回的其实是更具体的类（SpecialFoo），这是常见问题。考虑[NSMutableArray array]，如果返回的是 NSArray，编译器不可能让你把它赋值给子类（NSMutableArray）而不产生警告。

这个问题有几种解决方案。首先，可以尝试像这样重载 fooWithInt: 方法：

```
@interface SpecialFoo : Foo
+ (SpecialFoo *)fooWithInt:(int)x;
@end

@implementation SpecialFoo
+ (SpecialFoo *)fooWithInt:(int)x {
  return (SpecialFoo *)[super fooWithInt:x];
}
```

这种方法有用，但是不方便。只是为了增加类型转换，你得覆盖很多方法。也可以让调用者这样做类型转换：

```
SpecialFoo *sf = (SpecialFoo *)[SpecialFoo fooWithInt:1];
```

这种方法对 SpecialFoo 来说是方便了，但是对调用者却不方便。添加大量的类型转换也会让类型检查失效，从而更容易出错。

最常见的解决方案是让返回值变成 id：

```
@interface Foo : NSObject
+ (id)fooWithInt:(int)x;
@end

@interface SpecialFoo : Foo
@end
...
SpecialFoo *sf = [SpecialFoo fooWithInt:1];
```

这种方法很方便，但是也会略过类型检查。不过直到最近，在所有可用的方法中，它是最佳选择。这也是为什么大部分 Cocoa 的构造方法都返回 id 的原因。

Cocoa 有非常一致的命名实践。任何以 init 开头的方法都应该返回所在类类型的对象。编译器不能强制执行这一点吗？答案是能，而且最新版的 Clang 实现了。所以如果有一个返回 id 的 initWithFoo:方法，编译器假设其返回类型是对象的类，如果类型不匹配就会产生警告。

对于 init 方法来说这种自动转换很有效，但是这个例子是一个快捷构造方法+fooWithInt:。编译器在这种情况下有用吗？有用，但是不能自动实现。快捷构造方法的命名约定没有 init 方法那么强。SpecialFoo 可能会有+fooWithInt:specialThing:这么一个快捷构造方法。编译器无法从命名自动推断出这种情况下是否应该返回 SpecialFoo，所以也就不会介入。相反，Clang 增加了新类型 instancetype。作为返回值，instancetype 表示"当前类"。所以可以这样声明方法：

```
@interface Foo : NSObject
+ (instancetype)fooWithInt:(int)x;
@end

@interface SpecialFoo : Foo
@end
...
SpecialFoo *sf = [SpecialFoo fooWithInt:1];
```

为保持一致性，init 方法和快捷构造方法的返回类型最好都用 instancetype。

## 3.10 Base64 和百分号编码

Cocoa 一直需要方便的 Base64 编解码。Base64 是很多 Web 协议标准，而且当你需要在字符串中存储任意数据时会很有用。

在 iOS 7 中，NSData 有新方法可以在 Base64 和 NSData 之间相互转换，比如 initWithBase64-EncodedString:options:和 base64EncodedStringWithOptions:。

百分号编码对 Web 协议也很重要，尤其是 URL。现在可以用[NSString stringByRemoving-PercentEncoding]来解码百分号编码的字符串。尽管一直可以用 stringByAddingPercentEscapes-UsingEncoding:来百分号编码字符串，但 iOS 7 新增了 stringByAddingPercentEncodingWith-AllowedCharacters:，允许开发者控制需要百分号编码的字符。

## 3.11 -[NSArray firstObject]

这是个很小的变化，但这里必须提到，因为我们已经等了这么久：这么多年来开发者都是实现自己的分类来获取数组的第一个对象，现在苹果终于添加了 firstObject。就像 lastObject，如果数组为空，firstObject 返回 nil，而不会像 objectAtIndex:0 那样崩溃。

## 3.12 小结

Cocoa 由来已久，充满了传统和约定。Cocoa 也是一直在进化的、开发活跃的框架。本章介绍了一些最佳实践，经过了多年 Objective-C 开发的沉淀。我们讲到了如何为类、方法和变量起最好的名字，还有如何使用不那么常用的特性最好，比如关联引用以及 NSURLComponents 这样的新特性。就算是有经验的开发者，也能收获一些 Cocoa 技巧，学到一些以前不知道的东西。

# 3.13　扩展阅读

### 1. 苹果文档

下面的文档位于 iOS Developer Library（https://developer.apple.com/library/ios/navigation/）中，通过 Xcode Documentation and API Reference 也可以找到。

- ❑ *CFMutableString Reference*
- ❑ *CFStringTokenizer Reference*
- ❑ *Collections Programming Topics*
- ❑ *Collections Programming Topics, "Pointer Function Options"*
- ❑ *Programming with Objective-C*

### 2. 其他资源

- ❑ Thompson, Matt. NSHipster. Matt Thompson 的博客每周更新一些很少有人知道的 Cocoa 特性，很棒。

  nshipster.com

- ❑ 00StevenG. NSString-Japanese. 如果要标准化日文文本，这是很有用的分类，可以处理多个书写系统的复杂性。

  https://github.com/00StevenG/NSString-Japanese

# 第 4 章

# 故事板及自定义切换效果

在 iOS 5 以前，界面元素和视图都是在 Interface Builder（IB）中创建，然后保存到 nib 文件中。故事板（storyboard）是创建用户界面的一种新方式，除了创建界面元素，我们还可以指定这些界面之间的导航方式（称为联线，segue）。在此之前，这只能通过代码来实现。我们可以将故事板当成由联线连接的所有视图控制器构成的图，而联线指定了它们之间的切换方式。

故事板的优势远不止这些。它还能让程序员在没有数据源的情况下轻松创建静态表视图。有多少次你想创建一个不跟真实数据源绑定的表视图（比如说，显示一列选项而不是数据的表）而未能如愿呢？最常用到这种方式的地方就是应用的设置页面。故事板还能帮助合作开发人员和客户理解应用的完整工作流。

故事板并不完美，在我看来，它有一些明显的不足之处。本章后面会演示如何避开这些不足，更好地使用故事板。

> 故事板是构建用户交互界面的趋势。如果到现在为止你还在逃避使用故事板，那么正是学习的好时机了。事实上在用新工程模板创建工程时，Xcode 5 甚至都没有提供关闭故事板的选项。

本章开头介绍如何使用故事板，以及如何使用故事板来完成用 nib 文件完成的事情（比如跟控制器进行通信）。4.1.4 节中的"静态表"讲解如何创建没有数据源的静态表视图。最后我们会探索故事板最有趣的一面——编写自定义动画。尽管这些看起来很炫的切换动画听起来很复杂，但苹果已经将这些动画的实现过程变得非常简单了。

## 4.1 初识故事板

可以在新工程中使用故事板，或者将它加到还没有使用故事板的现有工程中。对于现有工程，添加故事板的方式与添加新文件的方式相同。4.1.1 节详细介绍了如何实例化故事板中的视图控制器。

对新工程来说，在 Xcode 4.5 中使用新工程模板并选择使用默认的 Use Storyboard 选项即可创建故事板，如图 4-1 所示。在 Xcode 5 中已经找不到这个选项了。事实上，Xcode 5 默认打开了 Use Storyboard 选项，这使得从应用中删除故事板变得更加困难了。

使用故事板创建新工程时，应用的 info.plist 键中含有一个名为 UIMainStoryboardFile 的键。这个键取代了 iOS 5 以前使用的 NSMainNibFile。如果应用的主窗口是从 nib 文件而不是从故事板中加载的，可以继续使用 NSMainNibFile。不过，不能在同一个应用中同时使用 UIMainStoryboard-
File 和 NSMainNibFile。UIMainStoryboardFile 会占先，而 NSMainNibFile 中指定的 nib 文
件永远不会被加载。

图 4-1　Xcode 4.5 中的 New Project Template 显示了 Use Storyboard 选项

> 应用程序可以在单个文件中存储完整的故事板，IB 会自动将它构建到已优化加载过程的不同
> 文件中。简单地说，在使用故事板时无需考虑加载时间或性能方面的问题。

### 4.1.1　实例化故事板

设置 UIMainStoryboardFile 后，编译器会自动生成对其进行实例化的代码，并将它作为应用
的启动窗口加载。如果将故事板添加到现有应用中，需要通过编程实现。故事板中实例化视图控制器
的方法定义在 UIStoryboard 类中。

要显示故事板中指定的视图控制器，需要用如下方法加载故事板：

```
+ storyboardWithName:bundle:
```

### 4.1.2　加载故事板中的视图控制器

加载故事板中的视图控制器跟加载 nib 的方法类似，有了 UIStoryboard 对象，可以用如下方法
实例化视图控制器：

```
- instantiateInitialViewController
- instantiateViewControllerWithIdentifier:
```

### 4.1.3　联线

联线（segue）是故事板文件中定义的切换效果。UIKit 提供了两种默认的切换风格：Push 和 Modal。

它们的行为与 iOS 5 中使用的 `pushViewController:animated:completion:`和 `presentView-Controller:animated:completion` 方法类似。除此之外，我们可以创建自定义联线，创建新的视图控制器之间的切换效果。这会在 4.2 节学习。

在故事板文件中，将视图控制器上的特定事件与其他视图控制器连接来可以创建联线。可以从按钮拖放到视图控制器上，从手势识别器对象拖放到视图控制器上，等等。IB 创建了它们之间的联线，而我们可以选择该联线，并使用特性查看器面板修改其切换风格。

如果选择的是自定义切换风格，特性查看器面板还允许我们设置自定义的类。可以将联线当做连接动作和切换效果的东西。触发联线的动作可以是按钮点击事件、静态表视图上的行选择事件、识别的手势，甚至是音频事件。编译器会自动生成必要的代码，从而在绑定到联线的事件发生时执行联线。

联线执行时会在源视图控制器中调用 `prepareForSegue:sender:`方法，并将一个 `UIStory-boardSegue` 类型的对象传给该方法。可以覆盖这个方法将数据传给目标视图控制器。下一节会详细介绍具体做法。

当一个视图控制器执行多个联线时，每个联线都会调用同样的 `prepareForSegue:sender:`方法。为了标识执行过的联线，需要用联线标识符检查已执行的联线是否是想执行的，并相应地传递数据。依照防御性编程实践，建议总是执行这项检查，即使视图控制器只执行了一个联线。这会保证后面添加新联线时，应用继续运行，而不会崩溃。

### 1. 传递数据

在 iOS 5 中，使用故事板会自动实例化视图控制器并将它们呈现给用户。这里我们可以覆盖 `prepareForSegue:sender:`方法来填充数据。覆盖此方法可以拿到指向目标视图控制器的指针，并在其中设置初始值。

该框架会调用我们前面用过的方法，比如 `viewDidLoad`、`initWithCoder:`和 `NSObject` 的 `awakeFromNib` 方法，也就是说，我们可以继续像以前不用故事板时那样编写视图控制器的初始化代码。

### 2. 返回数据

借助故事板，可以将数据传回父视图控制器，就跟使用 nib 文件或手动编写用户界面完全一样。用户在模态表单中创建或输入的数据可以通过委托或块返回给父视图控制器。唯一的区别是，在父视图控制器中必须将 `prepareForSeque:sender:`方法中的委托设为 `self`。

### 3. 实例化其他视图控制器

`UIViewController` 有一个 `storyboard` 属性，可以保留一个指向故事板对象（`UIStoryBoard`）的指针，故事板对象负责实例化视图控制器。如果视图控制器是手动创建或是在 nib 文件中创建的，那么这个属性会设成 `nil`。有了这个回引用，我们可以在故事板视图控制器中实例化任何其他视图控制器。这需要使用视图控制器标识符来实现。下面的 `UIStoryBoard` 中的方法允许使用视图控制器的标识符来实例化它：

```
- instantiateViewControllerWithIdentifier:
```

不过，我们仍然可以在故事板中保留没有通过联线跟任何其他视图控制器连接的视图控制器，但它们都能被实例化和使用。

### 4. 手动进行联线

虽然故事板能够基于动作自动触发联线，但有些情况下仍然需要通过编程实现联线。我们可能需要这么做来处理不能由故事板文件处理的动作。要进行联线，需要调用该视图控制器的 `perform-SegueWithIdentifier:sender:` 方法。手动进行联线时，可以在发送者参数中传递调用者和上下文对象。稍后，这个发送者参数会被发送给 `prepareForSegue:sender:` 方法。

**5. 展开联线**

最开始，故事板允许实例化视图控制器并通过导航切换。iOS 6 在 `UIViewController` 中引入了一些方法，从而允许展开联线。通过展开联线，我们可以实现方法来回退到之前的视图，而不用创建额外的视图控制器。

在视图控制器中实现 `IBAction` 方法（接收 `UIStoryboardSegue` 对象作为参数）可以添加展开联线功能。如下所示：

```
-(IBAction)unwindMethod:(UIStoryboardSegue*)sender {
}
```

现在可以将视图控制器中的事件跟它的 `Exit` 对象连接起来。Xcode 会自动遍历故事板中所有可能的展开事件（所有能够接收将 `UIStoryboardSegue` 对象作为参数的 `IBAction` 方法），并允许连接到它们，如图 4-2 所示。

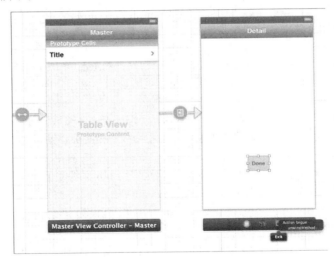

图 4-2　将表视图连接到 IBAction 来展开联线

## 4.1.4　使用故事板来实现表视图

使用故事板的一个重要优势是能直接从 IB 中创建静态表。借助故事板可以构建两种类型的表视图：不需要特殊类提供数据源的静态表，含有绑定模型中数据的原型单元格（类似于 iOS 4 中的自定义表视图单元格）的表。

**1. 静态表**

拖拽一个表并选择它，然后在特性查看器中选择 Static Cells，即可在故事板中创建静态表，如图 4-3 所示。

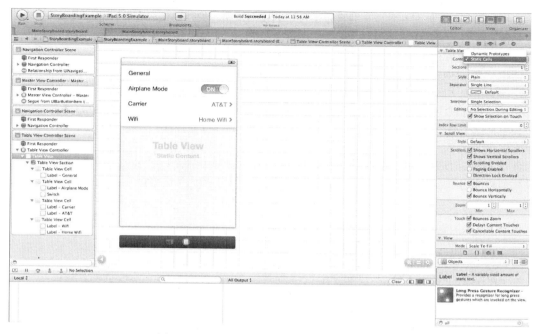

图 4-3 展示如何创建静态表视图的故事板

　　静态单元格适用于创建设置页面（或不包含来自 Core Data 模型、Web 服务或任何类似数据源内容的页面），比如苹果的设置应用。

　　只能为 `UITableViewController` 生成的表视图创建静态单元格，作为 `UIViewController` 视图的子视图添加的表视图无法创建。

### 2. 原型单元格

　　原型单元格跟自定义表视图单元格类似，不过不是在单独的 nib 文件中创建原型单元格，然后再在数据源方法 `cellForRowAtIndexPath:` 中加载它们，而是在 IB 的故事板上创建，并且只要在数据源方法上设置一下数据就好了。

　　应该使用自定义的标识符来标识所有的原型单元格，这样能够确保表视图单元格的各种排列方式正常工作。如果故事板中的原型单元格没有单元格标识符，Xcode 会发出警告。

## 4.2 自定义切换效果

　　故事板的另一个优势是可以让我们轻松地为视图控制器创建自定义切换效果。

　　在进行联线时，根据开发者在故事板中设定的切换风格，编译器生成有关代码以通知或推送到目标控制器。我们会看到 iOS 原生支持两种切换风格：Push 和 Modal。还有第三种，那就是 Custom。选择 Custom，可以提供自己处理自定义切换效果的 UIStoryboardSegue 子类。

　　创建一个 UIStoryboardSegue 子类并覆盖 perform 方法。在 perform 方法中，拿到指向源视图控制器的主视图图层的指针，然后实现自定义切换动画（使用 Core Animation）。一旦动画完成，就可以推送到目标视图控制器（可以从联线对象中获得一个指向该控制器的指针），就这么简单！

　　为解释这个概念，我们来演示一下如何创建切换效果，该示例会在主视图被按下时，将详情视图显示在屏幕的底部。

　　使用 Master-Details 模板创建一个新应用程序，然后打开 MainStoryboard。点击唯一的联线，将其类型修改为 Custom。添加一个 UIStoryboardSegue 子类，并覆盖它的 perform 方法，如下代码所示。

### 使用故事板的联线创建自定义切换（CustomSegue.m）

```
- (void) perform {

  UIViewController *src = (UIViewController *)self.sourceViewController;
  UIViewController *dest = (UIViewController *)self.destinationViewController;

  CGRect f = src.view.frame;
  CGRect originalSourceRect = src.view.frame;
  f.origin.y = f.size.height;

  [UIView animateWithDuration:0.3 animations:^{
    src.view.frame = f;

  } completion:^(BOOL finished){
    src.view.alpha = 0;
    dest.view.frame = f;
    dest.view.alpha = 0.0f;
    [[src.view superview] addSubview:dest.view];
    [UIView animateWithDuration:0.3 animations:^{

      dest.view.frame = originalSourceRect;
      dest.view.alpha = 1.0f;
    } completion:^(BOOL finished) {

      [dest.view removeFromSuperview];
      src.view.alpha = 1.0f;
      [src.navigationController pushViewController:dest animated:NO];
    }];
  }];
}
```

　　这就搞定了。可以用源视图控制器和目标视图控制器的图层指针来实现各种疯狂的想法。Justin Mecham 在 GitHub 上开源了 Doorway 切换效果（https://github.com/jsmecham/DoorwaySegue），非常棒。也可以通过操作源视图控制器和目标视图控制器的图层指针创建自己的切换效果。有了联线，创建自定义切换效果简单多了。

iOS 7 引入了更为复杂的 API，用于自定义切换、集合视图布局切换和交互式切换效果，如导航控制器的通用出栈手势。我们会专门安排一章内容来介绍这个主题。第 20 章会详细讲解自定义切换效果。

## 4.2.1 优点

使用故事板时，合作开发人员（以及客户）很容易理解应用的工作流。合作开发人员不用逐个查看诸多的 nib 文件并交叉引用实例化代码来理解应用的工作流。他们只需打开故事板文件就能看到整个工作流。单纯这一点就足以成为使用故事板的理由了。

## 4.2.2 白璧微瑕——合并冲突

故事板还有另外一个比较令开发团队抓狂的问题。Xcode 中的默认应用模板只为整个应用提供了一个故事板。这意味着如果两个开发人员同时处理 UI，将无法避免合并冲突。由于故事板内部采用的是自动生成的 XML，这些合并冲突很难解决。即使有了新的 XML 文件格式来降低合并冲突，故事板还是经常深陷冲突状态。

解决这个问题最简单的方法是从一开始就避免冲突。建议将故事板拆分成多个文件，每个文件仅针对某个用例。大多数情况下，一个开发人员在一段时间内只会处理一个用例，这样造成合并冲突的几率就小一些。

如果是一个 Twitter 客户端，基于用例的故事板可以分为 Login.Storyboard、Tweets.Storyboard、Settings.Storyboard 和 Profile.Storyboard。应该使用多个故事板来解决合并冲突问题，从而保留使用故事板的优雅性，而不是将故事板拆分为多个 nib 文件。如前所述，开发 Login 模块的人不太可能同时开发 Tweets 模块。

## 4.3 小结

本章介绍了故事板和使用故事板实现自定义切换效果的方法。我们还学习了如何使用（iOS 6 中引入的）展开联线，以及在应用中使用故事板的利弊。最后介绍了如何使用外观代理协议来自定义 UI。

## 4.4 扩展阅读

### 1. 苹果文档

下面的文档位于 iOS Developer Library（https://developer.apple.com/library/ios/navigation/index.html）中，通过 Xcode Documentation and API Reference 也可以找到。

❑ *What's New in iOS*
❑ *TableView Programming Guide*
❑ *TableViewSuite*
❑ *UIViewController Programming Guide*

## 2. WWDC 讲座

下面的讲座视频可以在developer.apple.com中找到。

❑ WWDC 2011，"Session 309: Introducing Interface Builder Storyboarding"

❑ WWDC 2012，"Session 407: Adopting Storybaords in Your App"

## 3. 其他资源

❑ normego / EGOTableViewPullRefresh

　　https://github.com/enormego/EGOTableViewPullRefresh

❑ jsmecham / DoorwaySegue

　　https://github.com/jsmecham/DoorwaySegue

# 第 5 章

# 掌握集合视图

在 iOS 6 发布前，开发人员都习惯使用 UITableView 来展示几乎所有类型的数据集合。虽然苹果公司在照片应用中使用过很长时间（从第一代 iPhone 算起）类似集合视图的 UI，但第三方开发人员无法使用它。我们可以利用第三方框架（比如 three20），或者干脆自己来做集合列表。大部分情况下都没有问题，不过实现在添加或删除各项数据时的动画效果以及类似封面浏览（cover flow）效果的自定义布局都很困难。iOS 6 为 iOS 引入了全新的控制器，用来显示数据集合。集合视图控制器是与表格视图控制器类似的全新 UI 框架。本章将简略介绍集合视图，以及使用集合视图显示数据。

## 5.1 集合视图

iOS 6 引入了一个新的控制器 UICollectionViewController。集合视图提供了一个更优雅的方法，可以把各项数据显示在栅格中，这与以往的 UIKit 不同。Mac OS X SDK 中也有集合视图（NSCollectionView），但 iOS 6 的集合视图（UICollectionView）与 Mac 的有很大区别。事实上，iOS 6 的 UICollectionViewController/UICollectionView 与 UITableViewController/UITableView 非常相似，如果你知道如何使用 UITableViewController，那么使用 UICollectionViewController 一定会很容易。

本章会为你解释需要了解的类，而且会使用一个在集合视图中显示图片目录的应用作为示例。在此过程中，我们会比较 UICollectionViewController 与你很熟悉的 UITableViewController。（通过对比的方式进行学习可以加深印象。）

### 5.1.1 类与协议

本节讲解一些重要的类与协议，它们是你在实现集合视图时必须知道的。

#### 1. UICollectionViewController

第一个（也是最重要的）类是 UICollectionViewController。这个类的功能与 UITableView-Controller 类似。它负责管理集合视图、存储所需的数据，并且能处理数据源与委托协议。

#### 2. UICollectionViewCell

它与上一章的 UITableViewCell 很像。你通常并不需要创建 UICollectionViewCell，可以调用 dequeueCellWithReuseIdentifier:indxPath:方法从集合视图中获取。集合视图行为上有些像故事板中的表格视图。你可以在 Interface Builder（这次是 UICollectionView 对象）里创建 UICollectionViewCell 类型（就好是以表格视图单元为原型）。每个 UICollectionViewCell 都

需要一个单元识别符( CellIdentifier ),否则会出现编译器警告。UICollectionViewController 使用这个单元识别符将单元加入列和移出列。UICollectionViewCell 还可以维护与更新自身的选中与高亮状态。本章后面介绍如何操作。

以下代码展示了如何获得 UICollectionViewCell:

```
MKPhotoCell *cell = (MKPhotoCell*)
[collectionView dequeueReusableCellWithReuseIdentifier:
@"MKPhotoCell" forIndexPath:indexPath];
```

这段代码取自本章稍后的一个示例。

> 如果没有使用故事板,可以在 collectionView 中调用 registerClass:forCellWith-ReuseIdentifier:以注册 nib 文件。

### 3. UICollectionViewDataSource

猜到了吗,它与 UITableViewDataSource 方法类似。数据源协议拥有需要在 UICollection-ViewController 的子类中实现的方法。第一个示例中将会实现几个数据源方法,以便在集合视图中显示图片。

### 4. UICollectionViewDelegate

要在集合视图中处理选中或高亮事件,就得实现委托协议中的方法。此外,UICollection-ViewCell 也可以显示剪切/复制/粘贴等上下文菜单。这些方法的处理程序也会被传到委托中。

### 5. UICollectionViewDelegateFlowLayout

除了前面的类,你还需要学习并理解 UICollectionViewDelegateFlowLayout 协议,它能让你做到高级布局定制,5.2 节会讲到怎么做。

## 5.1.2　示例

首先在 Xcode 中创建一个单视图应用。第一步是将 iPad 选作目标设备并点击 Next(下一步)按钮,然后再选择想要保存到的位置。

### 1. 编辑故事板

打开 MainStoryboard.storyboard 文件并删除其中唯一的视图控制器。从对象库中拖出一个 UICollectionViewController 类。确保这个控制器被设置为故事板的初始视图控制器。

现在,在工程中打开唯一的视图控制器的头文件。将基类从 UIViewController 改成 UICollectionViewController,并实现 UICollectionViewDataSource 与 UICollectionViewDelegate 协议。回到故事板,将集合视图控制器的类类型( class type )改成 MKViewController ( 或者使用任意其他类前缀 )。

构建并运行应用。iOS 模拟器中会出现一个黑色的屏幕。

> 我们也可以使用一个空白的应用程序模板并在其中添加里面是集合视图的故事板。不过这样就需要修改 App Delegate 和你的 Info.plist 文件,因为 Xcode 的空白应用程序模板并不使用故事板。

### 2. 添加集合视图单元

看到这样的结果并不能使你满足，对吧？我们来给它加点料吧。首先，添加一个 `UICollection-VieWCell` 的子类。在示例代码中，我给它取名为 `MKPhotoCell`。打开你的故事板并在集合视图控制器中选择唯一的集合视图单元。将它的类更改为 `MKPhotoCell`。如图 5-1 所示。

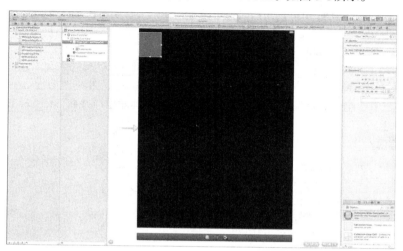

图 5-1 Xcode 展示了拥有集合视图以及原型集合视图单元的故事板

在 Utilities（实用工具）窗格打开 Attributes Inspector（属性查看面板，第四个选项卡）并将标识符（identifier）设置为 `MKPhotoCell`。这一步非常重要。后面的代码将会使用这个标识符来出列（dequeue）单元。添加一个空白的 `UIView` 作为集合视图单元的子视图，并且把背景色改为红色（这样容易看）。

### 3. 实现数据源方法

使用以下代码来实现数据源方法：

```
-(NSInteger)numberOfSectionsInCollectionView:(UICollectionView *)
  collectionView {

  return 1;
}

- (NSInteger)collectionView:(UICollectionView *)
collectionView numberOfItemsInSection:(NSInteger)section {

  return 100;
}

// 返回的单元格必须通过调用
// -dequeueReusableCellWithReuseIdentifier:forIndexPath:方法来获取
- (UICollectionViewCell *)collectionView:(UICollectionView *)
  collectionView cellForItemAtIndexPath:(NSIndexPath *)indexPath {

  MKPhotoCell *cell = (MKPhotoCell*)
```

5

```
[collectionView dequeueReusableCellWithReuseIdentifier:@"MKPhotoCell"
forIndexPath:indexPath];
    return cell;
}
```

现在构建并运行应用。你将会看到有 100 个单元的栅格，每一个单元都是红色的。很神奇吧，总共只写了几行代码。当你旋转 iPad 到横向时会更惊奇：栅格会自动旋转并对齐。

### 4. 使用示例图片

现在可以用一些更加有趣的东西来替换这些红色的子视图。比如，这里我们要显示某个目录中的图片。把一些图片（大约 50 张）复制到你的工程中去。可以通过示例代码来利用这些图片。

移除在上一节中添加的红色子视图，并添加一个 UIImageView 和一个 UILabel 到 UIColle-ctionViewCell 中。在 UICollectionViewCell 子类中添加输出口并在 Interface Builder 中将其连接到合适的对象上。

### 5. 准备数据源

实现方法是遍历目录中的文件。把它添加到集合视图控制器子类的 viewDidLoad 方法中。你可以在示例代码的 MKViewController 类中找到它。

```
self.photosList = [[NSFileManager defaultManager]
    contentsOfDirectoryAtPath:[self photosDirectory] error:nil];
```

然后，定义 photosDirectory 方法：

```
-(NSString*) photosDirectory {
  return [[[NSBundle mainBundle] resourcePath]
  stringByAppendingPathComponent:@"Photos"];
}
```

现在，更新数据源方法，使其返回这些信息数据。上一节的代码返回的是一个区和 100 个项。将数值 100 改成你在这一节中所添加的图片数量，也就是 photoList 数组的大小。

UICollectionViewDataSource **方法**（MKViewController.m）

```
- (UICollectionViewCell *)collectionView:(UICollectionView *)
    collectionView cellForItemAtIndexPath:(NSIndexPath *)indexPath {

  MKPhotoCell *cell = (MKPhotoCell*) [collectionView
  dequeueReusableCellWithReuseIdentifier:@"MKPhotoCell"
  forIndexPath:indexPath];

  NSString *photoName = [self.photosList objectAtIndex:indexPath.row];
  NSString *photoFilePath = [[self photosDirectory]
   stringByAppendingPathComponent:photoName];
  cell.nameLabel.text =[photoName stringByDeletingPathExtension];
  UIImage *image = [UIImage imageWithContentsOfFile:photoFilePath];
  UIGraphicsBeginImageContext(CGSizeMake(128.0f, 128.0f));
  [image drawInRect:CGRectMake(0, 0, 128.0f, 128.0f)];
  cell.photoView.image = UIGraphicsGetImageFromCurrentImageContext();
  UIGraphicsEndImageContext();

  return cell;
}
```

现在构建并运行应用，你将会看到图片整齐地按照行列排列。不过要注意，应用程序在
`collectionView:cellForItemAtIndexPath:` 方法中通过文件创建 `UIImage` 视图会影响性能。

### 6. 优化性能

可以通过使用后台 GCD 队列来创建图片，并且可以选择缓存它们以提高性能。这两种方法在示
例代码中都已经实现了。如果想要深入了解 GCD，请阅读第 23 章。

### 7. 支持横屏与竖屏图片

前面的示例非常好，不过仍需改善。无论横屏和竖屏图片都是被压成 128×128 像素显示的，看起
来有一些像素化。下一个任务就是创建两个单元，一个用来显示横屏图片，另一个用来显示竖屏图片。
因为横屏与竖屏图片只是图片方向不一样，所以你并不需要额外添加 `UICollectionViewCell` 子类。

在故事板中创建另一个 `UICollectionViewCell` 并将它的类更改为 `MKPhotoCell`。改变图片
视图的大小以适应竖屏，之前旧的单元方向则是横屏。你可以为横屏单元使用 180×120 大小，为竖
屏单元使用 120×180 大小。更改它们的 `CellIdentifier`，比如改成 `MKPhotoCellLandscape` 和
`MKPhotoCellPortrait` 这样的。之后你将根据图片大小来选择使用其中某一个单元。

> 我们也能用 `UICollectionViewDelegateFlowLayout` 的方法 `collectionView:layout:`
> `sizeForItemAtIndexPath:` 并返回图片大小，但是在运行时动态改变图片大小会很耗时，所以笔
> 者建议对不同的屏幕方向用不同的单元。如果物件大小完全随机的话，`UICollectionView-`
> `DelegateFlowLayout` 协议的委托方法会比较有用。

完成之后的故事板看起来应该如图 5-2 所示。

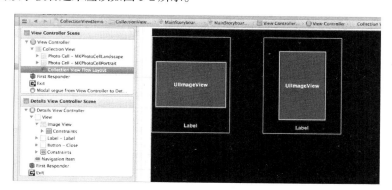

图 5-2　故事板显示了两个单元，一个是针对横屏的，另一个是针对竖屏的

### 8. 判定方向

现在必须根据图片的方向来决定使用哪一个单元。可以通过创建 `UIImage` 然后读取它的 `size` 属性
来获取图片的方向。如果图片的宽度大于高度，则是横向图片；否则就是竖向图片。如果在
`collectionView:cellForItemAtIndexPath:` 方法中进行计算的话，滚动速度肯定会受影响。示例代
码在视图加载时预先计算了图片大小并将得出的结果存储到了一个独立的数组中，这些都是在后台 GCD
队列中完成的。以下代码清单展示了修改后的 `collectionView:cellForItemAtIndexPath:` 方法。

**MKViewController.m 中的** `collectionView:cellForItemAtIndexPath:`**方法**

```objc
- (UICollectionViewCell *)collectionView:(UICollectionView *)
    collectionView cellForItemAtIndexPath:(NSIndexPath *)indexPath {

    static NSString *CellIdentifierLandscape = @"MKPhotoCellLandscape";
    static NSString *CellIdentifierPortrait = @"MKPhotoCellPortrait";

    int orientation = [[self.photoOrientation objectAtIndex:
        indexPath.row] integerValue];

    MKPhotoCell *cell = (MKPhotoCell*)
        [collectionView dequeueReusableCellWithReuseIdentifier:
                                orientation == PhotoOrientationLandscape ?
                                CellIdentifierLandscape:CellIdentifierPortrait
                                forIndexPath:indexPath];

    NSString *photoName = [self.photosList objectAtIndex:indexPath.row];
    NSString *photoFilePath = [[self photosDirectory]
        stringByAppendingPathComponent:photoName];
    cell.nameLabel.text =[photoName stringByDeletingPathExtension];

    __block UIImage* thumbImage = [self.photosCache objectForKey:photoName];
    cell.photoView.image = thumbImage;

    if(!thumbImage) {
        dispatch_async(dispatch_get_global_queue
        (DISPATCH_QUEUE_PRIORITY_HIGH, 0), ^{

            UIImage *image = [UIImage imageWithContentsOfFile:photoFilePath];
            if(orientation == PhotoOrientationPortrait) {
                UIGraphicsBeginImageContext(CGSizeMake(180.0f, 120.0f));
                [image drawInRect:CGRectMake(0, 0, 120.0f, 180.0f)];
                thumbImage = UIGraphicsGetImageFromCurrentImageContext();
                UIGraphicsEndImageContext();
            } else {

                UIGraphicsBeginImageContext(CGSizeMake(120.0f, 180.0f));
                [image drawInRect:CGRectMake(0, 0, 180.0f, 120.0f)];
                thumbImage = UIGraphicsGetImageFromCurrentImageContext();
                UIGraphicsEndImageContext();
            }

            dispatch_async(dispatch_get_main_queue(), ^{

                [self.photosCache setObject:thumbImage forKey:photoName];
                cell.photoView.image = thumbImage;
            });
        });
    }

    return cell;
}
```

这样就完成了数据源方法。不过，事情还没完，还有委托方法需要实现。委托方法会告诉你哪个集合视图被点击了，并且会以另一种独立的格式表显示出来。

### 9. 在单元中添加一个被选择的状态

首先，在单元中添加一个 selectedBackgroundView 视图：

```
-(void) awakeFromNib {

    self.selectedBackgroundView = [[UIView alloc] initWithFrame:self.frame];
    self.selectedBackgroundView.backgroundColor = [UIColor colorWithWhite:0.3
    alpha:0.5];

    [super awakeFromNib];
}
```

现在，实现以下三个委托方法并在委托询问当前集合视图能否选择（高亮）时返回 YES。

**MKViewController.m 中的 UICollectionViewDelegate 方法**

```
- (BOOL)collectionView:(UICollectionView *)collectionView
    shouldHighlightItemAtIndexPath:(NSIndexPath *)indexPath {

    return YES;
}

- (BOOL)collectionView:(UICollectionView *)collectionView
    shouldSelectItemAtIndexPath:(NSIndexPath *)indexPath {

    return YES;
}
```

现在构建并运行应用。点击一张图片，你将会看到它被选中，如图 5-3 所示。

### 10. 在集合视图单元中处理点击事件

这很简单。现在，在你点击某一项后会显示一个详细视图。在故事板中创建一个详情控制器。在控制器子类中添加必需的输出口（一个 UIImageView 和一个 UILabel）以及一个属性——用来传递从集合视图发来的要显示的图片。

现在，通过按住 Ctrl 键并点击集合视图控制器创建一个 segue，并将其拖到详情控制器上。

选择 segue 并设置它的标识符为其他名字，比如 MainSegue。还要把样式改成"modal"，将外观改为"Form Sheet"。可以保留默认的切换效果，也可以把它改成任何你喜欢的风格。

实现最后一个委托方法——collectionView:didSelectItemAtIndexPath:，如下所示：

**MKViewController.m 中的 collectionView:didSelectItemAtIndexPath:**

```
-(void) collectionView:(UICollectionView *)collectionView
    didSelectItemAtIndexPath:(NSIndexPath *)indexPath {

    [self performSegueWithIdentifier:@"MainSegue" sender:indexPath];
}
```

图 5-3　显示图片被选中的 iOS 模拟器屏幕截图

实现 `prepareForSegue` 方法：

**MKViewController.m 中的** `prepareForSegue` **方法**

```
-(void) prepareForSegue:(UIStoryboardSegue *)segue sender:(id)sender {

  NSIndexPath *selectedIndexPath = sender;
  NSString *photoName = [self.photosList
  objectAtIndex:selectedIndexPath.row];

  MKDetailsViewController *controller = segue.destinationViewController;
  controller.photoPath = [[self photosDirectory]
    stringByAppendingPathComponent:photoName];
}
```

构建并运行应用，之后点击某张图片。你将会看到 Details（详情）视图展示了你所点击的图片。
这样就完成了委托方法。等等，还没结束！还可以为集合视图添加多个区并设计它们的视图与背
景。现在，来看看如何实现。

### 11. 添加"头部"与"尾部"

好吧，集合视图并不称呼它们为头部与尾部。当打开 `UICollectionViewDataSource` 头文件，
你可能不会看到任何可以用来添加这些元素的方法。集合视图称这些视图为补充视图（**supplementary**

view ), 有两种补充视图: UICollectionElementKindSectionHeader 和 UICollectionElement-KindSectionFooter。

　　如果开发者要编写自定义布局,可以支持自己的补充视图。在故事板中添加补充视图,方法是选择 CollectionView 并启用 "Section Header" 或 "Section Footer",从对象浏览器拖动 UICollection ReusableView 到集合视图中。接下来重要的一步是设置补充视图的标识符。选择新拖入的 UICollectionReusableView 并在 Utilities 面板中设置标识符。

　　接下来,向 UICollectionViewController 子类添加方法 (其实就一个方法):

### 提供尾部的集合视图数据源方法

```
- (UICollectionReusableView *)collectionView:(UICollectionView
  *)collectionView
        viewForSupplementaryElementOfKind:(NSString *)kind
                             atIndexPath:(NSIndexPath *)indexPath {

  static NSString *SupplementaryViewIdentifier =
  @"SupplementaryViewIdentifier";

  return [collectionView dequeueReusableSupplementaryViewOfKind:
  UICollectionElementKindSectionFooter
  withReuseIdentifier:SupplementaryViewIdentifier
  forIndexPath:indexPath];
}
```

　　在数据源方法中创建头部并将其返回的方式与表格视图的略有些不同。集合视图控制器也会为补充视图添加出列 ( dequeue ) 支持。

## 5.2　用集合视图自定义布局实现高级定制

　　集合视图与表格视图最重要的区别就是集合视图并不知道如何进行布局。它把布局机制委托给了 UICollectionViewLayout 子类。默认的布局方式是 UICollectionViewFlowLayout 类提供的流式布局 ( flow layout )。这个类允许你通过 UICollectionViewDelegateFlowLayout 协议调整各种设置。举个例子,你可以把 scrollDirection 属性由 vertical ( 默认值 ) 改为 horizontal 并立即得到一个水平滚动的集合视图。

　　UICollectionViewLayout 最重要的一部分就是子类,你可以创建自己的自定义布局。比方说 CoverFlowLayout。UICollectionViewFlowLayout 是由苹果公司提供的默认子类。因为这个原因,集合视图称 "头部" 与 "尾部" 为补充视图。如果使用内置的流式布局,就是头部了。如果使用的是一个自定义布局 ( 比如封面浏览布局 ),就是其他东西了。

　　集合视图非常强大,因为布局处理是独立于类的,这意味着你可以看到大量自定义 UI 组件,包括类似 springboard 的主题、自定义的主屏幕界面、像封面浏览 ( Cover Flow ) 等视觉效果丰富的布局、石工布局等。在下面几节中,我们会展示如何使用 UICollectionViewLayout 的子类还有用集合视图创建石工布局。

## 5.2.1　石工布局

石工布局（masonry layout）是指集合视图中的物件模仿石灰浆墙。尽管石头可能大小不一，整个墙却仍然是正方形或者长方形。在石工布局中，物件大小（通常是高度）可以不同，但是"布局引擎"会计算位置并把物件像石灰浆墙那样布局。石工布局最早是 Pinterest 在用，不过现在很多网站都在用了。常用来在二维空间中平铺大量物件。

图 5-4 中右侧就是一个石工布局的示例。UICollectionViewDelegateFlowLayout 协议有一个 collectionView:layout:sizeForItemAtIndexPath: 方法，通常情况下如果物件大小不同，你就需要实现这个方法。但是这种做法会导致默认的集合视图看起来像图 5-4 那样。默认布局会计算一行中所有物件的最大高度，然后开始布局下一行物件，这样所有物件都会至少占据最大高度 + 上一行的空白。

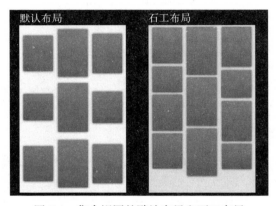

图 5-4　集合视图的默认布局和石工布局

图 5-4 中，两幅图的第一排物件高度差不多分别是 110、150 和 135（单位为点，下同），而第二排分别是 85、145 和 90。默认布局会这样放置每个块：首先计算两排的最大高度，这种情况下，第一排的最大高度是 150，第二排是 145，假设空白是 10，第二排的物件会放在高度介于 160（150+10 空白）和 305（160+145，145 是最高的物件）之间的位置。默认集合视图的流式布局会把物件垂直居中。第一个物件高度是 85，所以会放在第二排高度的垂直中央，也就是 145，这样会多出来 60 的空白，顶部和底部各 30。第二个物件的高度是 145，所以没有多余的空白。第三个物件的高度是 90，就会多出 55 的空白，顶部和底部各 27.5。这些空白让布局看起来很乱。

要像图 5-4 中左图那样布局，你得手动计算集合视图中所有物件的位置，可以通过实现 UICollectionViewLayout 子类来做到这一点。也可以通过继承 UICollectionViewFlowLayout 来实现自定义布局，但是这种情况下，继承 UICollectionViewLayout 更简单。要实现封面浏览那样的自定义布局，就可以从 UICollectionViewFlowLayout 开始。

现在通过一个例子演示如何做到。首先，像上个例子那样创建一个基于集合视图的应用，显示 100 个同样大小的单元。本章前面的第一个例子已经介绍了如何设置。

做完第一步之后，会得到类似图 5-5 的输出。

图 5-5 实现同样大小单元的集合视图

现在随机改变物件大小（高度），可以通过实现 `UICollectionViewDelegateFlowLayout` 方法做到，如下所示：

### 用流式布局委托方法改变物件大小

```
- (CGSize)collectionView:(UICollectionView *)collectionView
  layout:(UICollectionViewLayout*)collectionViewLayout
  sizeForItemAtIndexPath:(NSIndexPath *)indexPath {

  CGFloat randomHeight = 100 + (arc4random() % 140);
  return CGSizeMake(100, randomHeight); // 介于 100 到 240 像素高
}
```

实现这个方法后，输出看起来会像图 5-6 这样。

图 5-6　显示随机大小单元的集合视图

现在创建一个 `UICollectionViewLayout` 的子类并添加到工程中，假设叫做 `MKMasonryViewLayout` 吧。本例将展示要想布局看起来跟图 5-7 一样，需要写多少代码。

布局子类有两个主要职责，首先是计算集合视图中每个物件的边框，其次是计算集合视图整个内容的大小。计算完边框后再计算内容大小就很简单了。这两个职责通过下面的方法实现。所有的自定义布局都通过修改布局属性实现。在这种情况下，需要修改下面这个布局属性的边框。

### 布局子类要覆盖的方法

```
-(void) prepareLayout;
- (NSArray *)layoutAttributesForElementsInRect:(CGRect)rect;
-(CGSize) collectionViewContentSize;
```

具体方式是计算所有物件的边框并缓存在某处。第一个方法 `prepareLayout` 会在集合视图开始布局过程之前被调用。在这个方法中，要计算边框。这种情况下，引入变量 `numberOfColumns` 和 `interItemSpacing`。

图 5-7　以石工布局展示高度随机的单元的集合视图

在本例中，物件的宽度由这两个变量决定。物件的高度则应该是由数据源提供的一个变量，可以写一个协议实现，这里的示例代码中叫做 MKMasonryViewLayoutDelegate。在委托中，写一个 collectionView:layout:heightForItemAtIndexPath:协议方法。

> 如果要遵循苹果的布局委托命名约定，就应该叫 MKMasonryViewDelegateLayout。不过对于本例来说，这样命名好像不太好。

现在有了计算边框的值了，这里的逻辑很直观，物件的 x 和 width 值基于变量 numberOfColumns 和 interItemSpacing 计算。

### 计算物件宽度

```
CGFloat fullWidth = self.collectionView.frame.size.width;
CGFloat availableSpaceExcludingPadding = fullWidth - (self.interItemSpacing
```

```
    * (self.numberOfColumns + 1));
        CGFloat itemWidth = availableSpaceExcludingPadding /
        self.numberOfColumns;
```

### 计算物件原点的 x

```
    CGFloat x = self.interItemSpacing + (self.interItemSpacing + itemWidth) *
    currentColumn;
```

通过调用刚才写的协议方法来得到高度，再加上这一列中前面所有物件的高度来得到原点的 y。
这里用了 lastYValueForColumn 字典来维护布局中所有列的高度。

### 计算物件原点的 y

```
    CGFloat y = [self.lastYValueForColumn[@(currentColumn)] doubleValue];
    CGFloat height = [((id<MKMasonryViewLayoutDelegate>)self.collectionView.delegate)
                        collectionView:self.collectionView
                        layout:self
                        heightForItemAtIndexPath:indexPath];
    itemAttributes.frame = CGRectMake(x, y, itemWidth, height);
    y+= height;
    y += self.interItemSpacing;
    self.lastYValueForColumn[@(currentColumn)] = @(y);
```

开始先从字典 lastYValueForColumn 中获取原点的 y 值，初始值是 0，然后给 y 加上高度和
interItemSpacing 再保存到 lastYValueForColumn 中。在下一个循环中，这个值又被读出来，
然后下一个物件就被放置到纵坐标为 y 的位置。

计算完成之后，保存到 layoutInfo 字典中。在下一个方法 layoutAttributesForElements-
InRect: 中会用到 layoutInfo。当集合视图滚动时，系统会调用这个方法并传递可见的矩形区域。
用 CGRectIntersectsRect 方法可以把位于这个区域中的物件筛选出来，然后返回一个装有这些物
件的数组。这种方式用如下代码实现：

### 计算给定矩形区域中的物件

```
    - (NSArray *)layoutAttributesForElementsInRect:(CGRect)rect {

      NSMutableArray *allAttributes =
    [NSMutableArray arrayWithCapacity:self.layoutInfo.count];

      [self.layoutInfo enumerateKeysAndObjectsUsingBlock:
    ^(NSIndexPath *indexPath,
    UICollectionViewLayoutAttributes *attributes,
                                                BOOL *stop) {

        if (CGRectIntersectsRect(rect, attributes.frame)) {
          [allAttributes addObject:attributes];
        }
      }];
      return allAttributes;
    }
```

接下来也是最后一个任务是计算集合视图的内容大小。原点的 `y` 值已经存在 `lastYValue-ForColumn` 字典中，如果没有下一个物件的话那么下一个纵坐标就是这一列的高度。这意味着 `self.lastYValueForColumn[@0]` 就是第一列的高度，`self.lastYValueForColumn[@1]` 就是第二列的高度，以此类推。这些值中最大的就是集合视图的内容大小。下面的代码片段说明了如何计算。

**计算集合视图的 `contentSize`**

```
-(CGSize) collectionViewContentSize {

NSUInteger currentColumn = 0;
CGFloat maxHeight = 0;
do {
  CGFloat height = [self.lastYValueForColumn[@(currentColumn)]
  doubleValue];
  if(height > maxHeight)
    maxHeight = height;
  currentColumn ++;
} while (currentColumn < self.numberOfColumns);

return CGSizeMake(self.collectionView.frame.size.width, maxHeight);
}
```

完整代码可以在本书配套网站上找到，在 MKMasonryViewLayout.m 文件中。

不难，是吧？在本例中，我们修改了布局属性的 `frame`，其实也能修改 `center`、`size`、`transform3D`、`bounds`、`transform`、`alpha`、`zIndex` 和 `hidden`。用 `transform` 和 `transform3D` 可以创建封面浏览那样的布局。下一节演示如何实现这种布局。

## 5.2.2　封面浏览布局

苹果第一次引入封面浏览布局是在 iTunes 中。尽管 iOS 和 Mac 上的 iTunes 完全移除了封面浏览，但是 Finder 还在使用（Mac OS X 10.9 中）。

创建封面浏览布局比上一种布局简单。这次我们从继承 `UICollectionViewFlowLayout` 开始。封面浏览布局可以看成物件的 `transform3D` 会变的水平流式布局。事实上，在自定义的布局方法中，这就是我们要做的事情，修改 `transform3D` 属性（还有 `zIndex` 和 `alpha`），然后把图片沿着 y 轴旋转。

对这个布局来说，你不需要事先计算好或者像上例那样缓存边框。在 `layoutAttributesFor-ElementsInRect:` 方法中做这件事情更快也更容易。

我们需要更新集合视图中的每个可见物件的 `transform3D`。旋转的角度随着离中心的距离而按比例增加。也就说，如果物件在中间，其旋转角度为 0。角度随着离中心的距离从 0 到 M_PI_4($\pi/4$) 变化。下面的代码片段中加粗的部分说明了如何使用 `transform3D` 属性。

**封面浏览布局（MKCoverFlowLayout.m）**

```
-(NSArray*)layoutAttributesForElementsInRect:(CGRect)rect
```

```
{
  NSArray* array = [super layoutAttributesForElementsInRect:rect];
  CGRect visibleRect;
  visibleRect.origin = self.collectionView.contentOffset;
  visibleRect.size = self.collectionView.bounds.size;
  float collectionViewHalfFrame = self.collectionView.frame.size.width/2.0f;

  for (UICollectionViewLayoutAttributes* attributes in array) {
    if (CGRectIntersectsRect(attributes.frame, rect)) {
      CGFloat distance = CGRectGetMidX(visibleRect) - attributes.center.x;
      CGFloat normalizedDistance = distance / collectionViewHalfFrame;
      if (ABS(distance) < collectionViewHalfFrame) {
        CGFloat zoom = 1 + ZOOM_FACTOR*(1 - ABS(normalizedDistance));
        CATransform3D rotationAndPerspectiveTransform =
        CATransform3DIdentity;
        rotationAndPerspectiveTransform.m34 = 1.0 / -500;
        rotationAndPerspectiveTransform =
        CATransform3DRotate(rotationAndPerspectiveTransform,
        (normalizedDistance) * M_PI_4, 0.0f, 1.0f, 0.0f);
        CATransform3D zoomTransform = CATransform3DMakeScale(zoom, zoom,
        1.0);
        attributes.transform3D = CATransform3DConcat(zoomTransform,
        rotationAndPerspectiveTransform);
        attributes.zIndex = ABS(normalizedDistance) * 10.0f;
        CGFloat alpha = (1 - ABS(normalizedDistance)) + 0.1;
        if(alpha > 1.0f) alpha = 1.0f;
        attributes.alpha = alpha;
      } else {

        attributes.alpha = 0.0f;
      }
    }
  }
  return array;
}
```

完整的代码可以在本书网站上找到，在 MKCoverFlowLayout.m 文件中。

## 5.3    小结

本章介绍了强大的控制器类，能够用来写出革命性的控件和布局。不像表格视图，集合视图可以通过委托来控制布局。光凭这一点，我们就有充分的理由在应用中使用集合视图而不是表格视图了。

## 5.4    扩展阅读

### 1. 苹果文档

下面的文档位于 iOS Developer Library（https://developer.apple.com/library/ios/navigation/index.html）中，

通过 Xcode Documentation and API Reference 也可以找到。

❑ *UICollectionViewController Class Reference*
❑ *UICollectionViewLayout Class Reference*
❑ *Cocoa Auto Layout Guide*

## 2. WWDC 讲座

下面的讲座视频可以在developer.apple.com找到。

❑ WWDC 2012, "Session 205: Introducing Collection Views"
❑ WWDC 2012, "Session 219: Advanced Collection Views and Building Custom Layouts"
❑ WWDC 2012, "Session 202: Introduction to Auto Layout for iOS and OS X"
❑ WWDC 2012, "Session 228: Best Practices for Mastering Auto Layout"
❑ WWDC 2012, "Session 232: Auto Layout by Example"

第 6 章

# 使用自动布局

Cocoa 自动布局是 2012 年在 Mac OS X SDK 中引入的功能。苹果公司有一个悠久的历史，就是在 Mac SDK 上测试新的 SDK 功能并在第二年将其带到 iOS 中。Cocoa 自动布局是在 iOS 6 中登台亮相的。

自动布局是一种基于约束的布局（constraint-based layout）引擎，它可以根据开发者在对象上设定的约束自动调整大小与位置。在 iOS 6 之前使用的布局模型是 "springs & struts" 模型。虽然大部分情况下运行很有效率，但旋转时仍然需要写代码来为子视图进行自定义布局。此外，由于自动布局是基于约束而不是基于框架的，开发者可以根据内容自动设置 UI 元素的大小。这意味着将 UI 切换成新的语言也会更简单。比如说，德文比较长，英文单词 pen 在德文中是 Kugelschreiber。自动布局可以自动让标签变大以便装下更长的文本。在 6.3.3 节中会讲到如何用自动布局实现这一点。用自动布局也可以省去为每种语言创建一个 nib 文件的麻烦。

对于苹果公司引入的新技术，你可以在整个应用中使用，或者只在一部分功能中使用，或者只在新编写的代码中使用。对于 iOS 5 的 ARC 转换和故事板，我们就采用了以上策略。而在 iOS 6 和 iOS 7 中，对应的便是自动布局了。你可以移植一个已有的应用使其完全支持自动布局，也可以只用它改进部分 UI 元素，还可以只进行局部转换。

直到 2012 年底，还有一部分开发者在支持 iOS 5。iOS 5 不支持自动布局，所以大部分开发者都没有去学自动布局。而在 iOS 6 中使用自动布局的优势不大，但到了 iOS 7，几乎所有内置控件的度量都变了。视图高了 20 点，因为现在所有的视图默认都是全屏的。UISegmentedControl 比以前细了很多，UISlider 也是。iOS 7 中 UISwitch 的宽度也更窄了，等等。最好不要在不使用自动布局的情况下支持 iOS 6 和 iOS 7。即使迁移到自动布局要重写所有代码，也应该去做，因为最终很多千篇一律的布局代码都可以删掉了。而且，在 Xcode 5 中使用自动布局更容易了。本章将介绍自动布局，目的是为你介绍基于约束的布局引擎和 Xcode 5 中的自动布局。

## 6.1　Xcode 4 的自动布局

有个好消息：如果你之前在 Xcode 4 中用过自动布局，现在可以忘掉了。事实上，本书的上一版甚至没有讲到 Xcode 4 中的自动布局，当时我们建议用可视格式化语言来做自动布局。可视格式化语言也不是没有缺陷，它对代码重构非常不友好。如果重命名或重构了一个 IBOutlet，布局会完全乱掉。这次是时候了，有了 Xcode 5，我们可以完全忘掉可视格式化语言。要掌握 Xcode 5 中的自动布局，就得从头开始。

## 6.2 了解自动布局

如果你对 springs & struts 方法的使用很"熟练",从自动布局的角度进行思考可能会有些困难。不过对于一个 iOS 新手,自动布局可能会很简单。我的第一个建议是"忘掉"springs & struts 方法。

为什么要这么说?人类的大脑是一个会联想的机器。在布局 UI 元素的时候,开发者的心理模型(或者设计师的心理模型)是根据视觉上的约束进行"思考"的。这不只是在设计用户界面时会发生,当我们在客厅摆放家具、在停车场停车、在墙壁上挂相框时也会这样。事实上,在使用旧的 springs & struts 方法进行 UI 布局时,我们就会思考 springs & struts 是怎么做的,而写出的代码便无法进行自动布局了。有了自动布局,你就可以通过视觉上的约束来表现想法。自动布局也能让你表达视图之间的约束条件,而旧的 springs & struts 方法只允许指定视图及其父视图之间的关系。可以表达兄弟视图之间的约束条件会让创建有意义的布局更简单。

以下是设计师经常会说的话:
- ❑ "把按钮放在底部向上 10 像素的位置";
- ❑ "这些标签之间的间距要相等";
- ❑ "图片要始终水平居中";
- ❑ "按钮与图片之间的距离要始终为 100 像素";
- ❑ "按钮的高度至少要为 44 像素";
- ❑ ……

在自动布局出现之前,开发者要手动将这些设计准则转换成自动调整掩码约束,要在 layoutSubviews 方法中编写布局代码。而有了自动布局功能以后,大部分约束可以自然地表现出来。

举个例子,像"这些标签之间的间距要相等"这样的约束是无法用 springs & struts 的方法实现的。必须编写布局代码来计算子视图的大小位置并计算所有标签的大小与位置。而"这些标签"意味着约束与在同一视图(不是父视图,而是同级的视图)中的其他标签相关。

## 6.3 Xcode 5 中自动布局的新特性

Xcode 5 中的自动布局是全新的,整个工作流都完全不同,也要好用很多。在 Xcode 5 中使用自动布局时第一个引人注目的变化是 Xcode 5 不会自动添加约束,除非你明确地要求 Xcode 添加。如果在 Xcode 4 中打开自动布局,IDE 会把自动调整掩码翻译为自动布局约束条件。在 Xcode 5 中,这个行为发生在运行时。在 Interface Builder 中不会有任何自动添加的约束。当第一次手动添加约束时,Xcode 5 会把视图的 translatesAutoresizingMaskIntoConstraints 关掉。

在 Xcode 4 中,每添加一个约束,IDE 会添加额外的约束来防止布局 bug,甚至还没把约束添加完就有了,这也是 Xcode 4 的自动布局最遭人诟病的地方。相反,Xcode 5 让开发者控制布局,不会自动添加约束。如果添加的约束不够定义布局,Xcode 5 的故事板或者 Interface Builder 的编译器会生成警告,还会给出修复建议,这样比 Xcode 4 好多了!最重要的是,在 Xcode 5 中,如果没有添加任何约束,IDE 会自动在运行时添加固定的位置和大小约束。

现在来试一下 Xcode 5 的自动布局。先在 Xcode 中创建一个单视图应用程序。把视图控制器的 simulated metrics size 从 Retina 4-inch Full Screen 改为 Retina 3.5-inch Full Screen。然后在视图中添加一

个日期选择器，并放到视图底部。现在不要添加任何约束。故事板看起来应该类似于图 6-1。

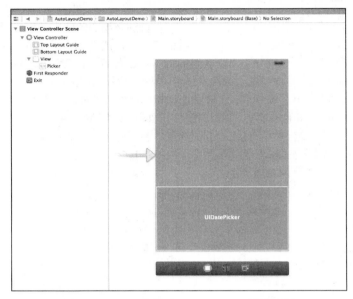

图 6-1    Xcode 中显示 UIDatePicker 的故事板

现在在 4 寸设备或模拟器上运行程序，结果类似图 6-2。

图 6-2    日期选择器在 3.5 寸模拟器上运行

注意屏幕底部和日期选择器之间 88 像素的空白，这显然不是我们要的。

而如果把视图控制器的 simulated metrics size 设置为 4 寸全屏但是在 3.5 寸设备上运行的话，日期选择器底部的 88 像素会在视图外面，这八成也不是我们要的。

### 6.3.1　在Xcode 5 中使用自动布局

可以用自动布局来解决这个布局问题。在 Xcode 5 中，打开 Interface Builder 文件或故事板后，可以看到四个新的菜单按钮，如图 6-3 所示。

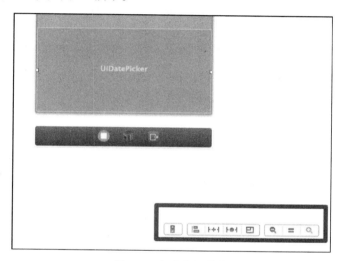

图 6-3　自动布局菜单

第一个按钮可以用来添加对齐约束，第二个可以添加标准约束，比如相对于其他视图的大小和位置，第三个可以让 Xcode 5 自动生成约束，或者基于约束把子视图的边框更新到正确的位置，最后一个可以用来设置哪些类会继承这些约束。默认情况下，Siblings and Ancestors 和 Descendants 都是选中状态。这里推荐把 Silbings 和 Ancestors 留空。如果选中的话，对齐视图中的子视图会变得很困难，子视图的原点固定，当你试图设置子视图的大小时，祖先试图会跟着变，这样很烦人。在创建布局时会用到其他三个菜单按钮。

现在可以添加一些约束让日期选择器靠着视图底部，这里需要用到第二个菜单按钮。点击按钮并通过点击 I 形梁来添加三个约束，如图 6-4 所示。

这里表面上看跟 springs & struts 方法差不多，主要的区别在于这个面板会把约束添加为相对于最近的邻居而不是父视图。添加这些约束之后，无论屏幕分辨率是多少，日期选择器都会对齐到屏幕底部。

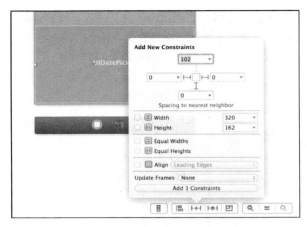

图 6-4    添加新约束的弹出框

## 6.3.2    固有尺寸

iOS 中大部分控件元素都有固有尺寸。要理解这个大小如何影响自动布局约束，把日期选择器替换为文本视图，然后添加和日期选择器相同的约束，你会看到一个错误和一个警告，如图 6-5 所示。

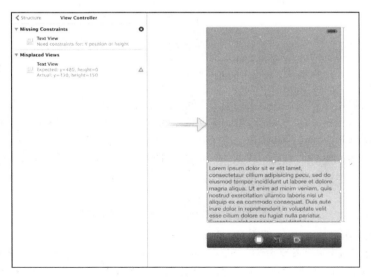

图 6-5    Xcode 中错误放置的视图

错误指出视图少了一个约束，应该有文本视图的 y 坐标或者高度约束。注意在用日期选择器时不会有这个问题。原因是像日期选择器这样的控件有固有尺寸。事实上，如果你选择日期选择器并打开尺寸查看面板（size inspector），你会发现高度无法修改。自动布局会把高度作为一个约束。但是对于文本视图，我们必须明确地提供高度（或者 y 坐标）。

现在选择第二个菜单按钮并添加高度约束，如图 6-6 所示。

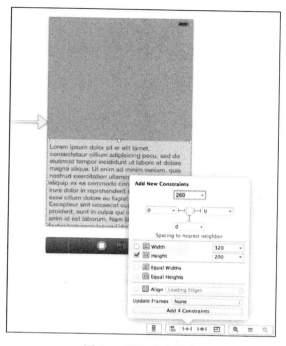

图 6-6　添加高度约束

诸如日期选择器、滑块、进度条、活动指示器视图、分段控件和开关等都有固有尺寸。

### 6.3.3　固有尺寸和本地化

`UILabel`（还有 `UIButton`）的固有尺寸很有意思。固有尺寸反映了其内容，标题越长，标签的固有尺寸越宽，这种特性搭配自动布局能更容易创建可以根据不同语言的内容自动调整尺寸的按钮和标签。

### 6.3.4　设计时和运行时布局

Xcode 5 不会自动添加约束（除非明确要求）。相反，如果添加的约束不能无歧义地描述布局，Xcode 5 会显示一系列警告或者错误，而且会高亮布局中的歧义。大部分情况下，任何会导致用户界面错误布局的情况都会产生警告，并且运行时崩溃（主要由带歧义的约束造成）会被视为错误。设计时（即设计阶段，相对运行时而言）有问题的控件会用黄色实线框框起来，运行时有问题的控件则用红色虚线框框起来。

现在在视图中添加一个标签，将其放到(20, 200, 280, 21)，把标签文本设置为 Welcome to Xcode 5。现在点击第二个菜单按钮添加一个约束，把距离左邻居的空白设置为 20。你的文档看起来应该像图 6-7 那样。只添加了一个约束，显然这不足以无歧义地描述布局。Xcode 5 会显示一个警告和一个错误。警告显示标签放置错误，因为约束不足以定义布局；错误指出 y 坐标没有约束。

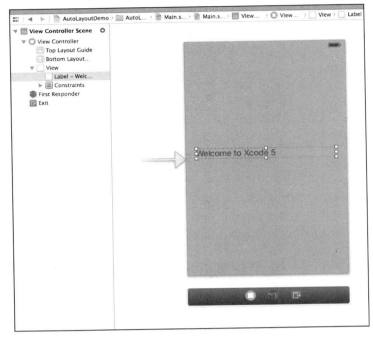

图 6-7   Xcode 高亮显示设计时和运行时的布局问题

现在你看一下控件的高亮状态，会看到黄色的实线框和红色的虚线框。黄色框突出了有问题的控件，显示其在设计时的大小和位置，红色框则显示其在运行时的大小和位置。在这个例子中，标签有固有尺寸，也就是正好显示整个文本而不用截断所需的大小。这就是红色框高亮的部分。在某些其他情况下，会有多个带歧义的约束，红色框会显示运行时控件的最终大小和位置。

继续添加一些约束来固定标签到右边和顶部最近邻居的空白。这样就能修复布局问题。

> 不要手动添加两个缺失的约束，点击第三个菜单按钮，选择 Add Missing Constrains 来让 Xcode 自动添加。

## 6.3.5   自动更新边框

下一步是把所有添加到标签的约束删除，然后点击第一个菜单按钮并添加 Horizon Center in Container 和 Vertical Center in Container 约束。现在文档看起来应该跟图 6-8 一样。你还是能看到红色框显示这个标签在运行时的布局，还有一条带有数字的黄线。在本例中，这个数字是 29.5。这个数字告诉你标签的 y 坐标在运行时会高出 29.5 点。当某个视图位置不对时就会出现这种高亮显示。要解决该例中的布局问题，应该打开尺寸查看面板并把视图放到自动布局的红色框所建议的边框中。点击第三个菜单按钮并选择 Update Frames 也能达到同样的效果。

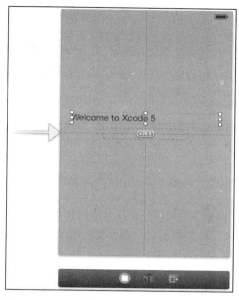

图 6-8　Xcode 中标签的设计和运行时的布局

## 6.3.6　顶部和底部布局引导

在 iOS 7 中，每个视图控制器都有两个属性，叫做 `topLayoutGuide` 和 `bottomLayoutGuide`。Xcode 5 将其显示为 Interface Builder 文档中的对象。你也可以把视图相对于这两个属性对齐。前面我们把视图对齐到容器视图的顶部或底部边缘了，现在可以分别对齐到 `topLayoutGuide` 和 `bottomLayoutGuide`。这么做的好处是，如果存在状态栏和底部选项卡栏，这些标记可以包含它们的高度，这样可以基于约束自动对齐控件，并且分别考虑到状态栏、导航栏和选项卡栏的高度。如果你的应用必须同时运行在 iOS 6 和 iOS 7 上，这些标记的好处会更重要。因为在 iOS 7 上，尽管也有状态栏、导航栏和选项卡栏，但是跟 iOS 6 不一样的是，这些条栏都是半透明的，视图控制器会延伸到这些条栏下方。视图控制器延伸到半透明条栏下方会导致其大小在 iOS 6 和 iOS 7 上不一样。

## 6.3.7　辅助编辑器中的布局预览

Xcode 5 的辅助编辑器也能预览用户界面，可以模拟 iOS 6 设备或者 iOS 7 设备，以及竖屏和横屏。只要打开辅助编辑器，点击顶层路径式导航栏菜单的第一个按钮，选择 Preview，就能在辅助编辑器面板中看到用户界面预览。预览面板会随着文档的修改而实时更新。

## 6.3.8　在设计时调试自动布局

Xcode 5 调试自动布局比以前容易很多，以前只能在各种设备上运行应用然后等着崩溃。Xcode 5 允许开发者在设计时可视化地处理这些崩溃。光这一点就是工作流上的巨大改进了。

自动布局有两类主要问题，第一类发生在约束集不足以定义所有可能的屏幕方向/尺寸下的布局时。第二类则是太多约束导致至少在一种屏幕方向下会产生冲突时发生的。

第一类问题大体可以分成两种，边框歧义和视图摆放错误。当你没有添加约束来无歧义地确定视图在运行时的位置和大小时就会产生边框歧义。视图摆放错误则是边框歧义的副作用。设计时视图的大小和位置可能和运行时的大小和位置不匹配，这时 Xcode 会警告视图摆放错误。通常添加必要的约束就能解决这个问题。

顾名思义，约束冲突发生在添加的约束互相之间会产生冲突时，这个时候，自动布局引擎会试图在运行时破坏约束（并且会打印一条消息列出被破坏的约束）并布局，如果失败就会产生运行时崩溃。约束冲突是仅有的无法在设计时发现的布局错误。在大部分情况下，约束都是在某种屏幕方向下冲突的，可能你添加的约束在竖屏的情况下工作良好，到了横屏情况下却互相冲突了。比如限制表格视图的高度为 480 点的约束在 3.5 寸设备上看起来没问题，但是在 4 寸设备上运行时表格视图下方到屏幕底部之间会有 88 点的区域是空白的。当你把设备从竖屏转到横屏时（无论是 3.5 寸还是 4 寸）自动布局引擎会抛出错误。在横屏模式下，屏幕高度限制在 320 点，把表格视图的高度约束在 480 点会产生冲突。

大部分在 Xcode 4 中使用自动布局的开发者为安全起见都会倾向于添加多余的约束，在 Xcode 5 中就没必要了。事实上，这些多余的约束是 Xcode 5 中自动布局运行时崩溃的主要原因。

在 6.3.13 节，你会看到如何处理自动布局运行时崩溃以及如何调试布局。

### 6.3.9　在自动布局中使用滚动视图

滚动视图通过改变边界的原点来滚动其内容。在使用自动布局时把滚动视图的左边、顶部、底部和右边固定在边缘时，其实是把内容视图的边缘固定了。这意味着即使滚动视图的 contentSize 要比边框大，由于约束的存在，改变边界不会有任何效果。要让这个特性能和自动布局协同工作，得把滚动视图添加到另一个视图中并把滚动视图固定到容器视图的父视图的边缘上。

或者也可以把 translatesAutoResizingMasksToConstraints 属性设置为 NO。

### 6.3.10　使用自动布局和边框

在使用自动布局的情况下，子视图的边框无法改变。就算调用 setFrame 方法也不会有效果。自动布局引擎对于子视图的大小和位置有最终的决定权。如果你需要在运行时改变边框（比如创建一个需要这么做的自定义 UI），那就得用 NSLayoutConstraint 的常数参数而不是直接修改边框。

### 6.3.11　可视格式化语言

本节来学习可视格式化语言（Visual Format Language），以及如何通过这个语言编写代码来对 UI 进行布局，而且是以自动布局的方法，不需要计算它们的位置并重新定位。目前你已经使用过 Interface Builder 来布局子视图。如果你要使用代码来创建并对 UI 进行布局，可视格式化语言会很有帮助。

向一个视图添加布局约束很容易。创建一个 NSLayoutConstraint 实例并将其作为约束添加到视图中。可以使用可视格式化语言或类方法来创建一个 NSLayoutConstraint 实例。

### 向视图中添加约束

```
[self.view addConstraint:
 [NSLayoutConstraint constraintWithItem:self.myLabel
                              attribute:NSLayoutAttributeRight
                              relatedBy:NSLayoutRelationEqual
                                 toItem:self.myButton
                              attribute:NSLayoutAttributeLeft
                             multiplier:10.0
                               constant:100.0]];
```

### 使用可视格式化语言添加约束

```
NSDictionary *viewsDictionary = NSDictionaryOfVariableBindings(self.
myLabel,self.myButton);
NSArray *constraints = [NSLayoutConstraint
                        constraintsWithVisualFormat:@"[myLabel]-100-
                        [myButton]"
                        options:0 metrics:nil
                        views:viewsDictionary];
[self.view addConstrints:constraints];
```

第二个方法更具有表现力并且允许开发者使用 ASCII Art 风格来指定约束。上面这个示例创建了一个约束并确保标签与按钮之间的距离总是 100 像素。以下代码则是用可视格式化语言来指定这一约束的方式:

```
[myLabel]-100-[myButton]
```

这很简单,现在来看看更复杂的例子。可视格式化语言很强大并且很有表现力,和正则表达式很像,但更易读。可以使用以下语句将标签和按钮连接到父视图:

```
|-[myLabel]-100-[myButton]-|
```

可以向按钮添加以下内嵌的约束:

```
|-[myLabel]-100-[myButton (>=30)]-|
```

这个约束将会确保 myButton 按钮在任何方向上都至少有 30 像素。
甚至可以给同一个按钮添加多个约束:

```
|-[myLabel]-100-[myButton (>=30, <=50)]-|
```

这个约束确保 myButton 按钮在任何方向上都至少有 30 像素,但不会超过 50 像素。
假如像这样添加有问题的约束:

```
|-[myLabel]-100-[myButton (>=30, ==50)]-|
```

自动布局会尝试忽略这种有问题的约束。不过要是 UI 布局无法无歧义地表现出来,自动布局就会崩溃。接下来几节介绍两种调错方法。

## 6.3.12  可视格式化语言的缺点

如果你不喜欢 Interface Builder 和故事板,那么可视格式化语言很适合你。然而,因为这个语言依赖于 Objective-C 的运行时来创建约束（因为插口名字是写在字符串中的），一旦重构 IBOutlet 就会带来严重的困难和不明原因的崩溃。

以前我们建议用可视格式化语言，但那是因为 Xcode 4 的 bug 实在太多，工作流很难用。有了 Xcode 5，强烈建议不要再用可视格式化语言。如果之后重构插口的话会很不直观，也影响生产力。

### 6.3.13　调试布局错误

当自动布局抛出异常，我们会在控制台看到一些像下面这样的文字。用单视图模版创建一个 iPhone 应用，为主视图添加表格视图作为子视图。然后添加五个约束条件，如图 6-9 所示。

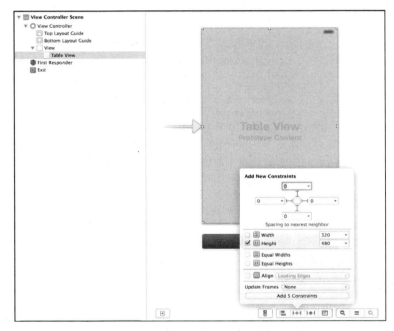

图 6-9　用 Xcode 添加新约束条件

这里的高度约束是多余的，当设备处于竖屏时看不出问题，但是一旦把设备切换到横屏，就会在控制台看到类似于下面的警告：

```
Unable to simultaneously satisfy constraints.
Probably at least one of the constraints in the following list is one you
don't want. Try this: (1) look at each constraint and try to figure out
which you don't expect; (2) find the code that added the unwanted constraint
or constraints and fix it. (Note: If you're seeing
NSAutoresizingMaskLayoutConstraints that you don't understand, refer to the
documentation for the UIView property
translatesAutoresizingMaskIntoConstraints)
(
    "<NSLayoutConstraint:0x8a8ee10 V:[UITableView:0xb1edc00(480)]>",
    "<NSLayoutConstraint:0x8a93730 V:|-(0)-
```

```
[UITableView:0xb1edc00]   (Names: '|':UIView:0x8a8f840 )>",
     "<NSLayoutConstraint:0x8a93790 V:[UITableView:0xb1edc00]-
(0)-[_UILayoutGuide:0x8a93270]>",
     "<_UILayoutSupportConstraint:0x8a7c3e0
V:[_UILayoutGuide:0x8a93270(0)]>",
     "<_UILayoutSupportConstraint:0x8a93870
_UILayoutGuide:0x8a93270.bottom == UIView:0x8a8f840.bottom>",
     "<NSAutoresizingMaskLayoutConstraint:0x8e94cb0 h=--& v=--&
H:[UIView:0x8a8f840(320)]>"
)

Will attempt to recover by breaking constraint
<NSLayoutConstraint:0x8a8ee10 V:[UITableView:0xb1edc00(480)]>

Break on objc_exception_throw to catch this in the debugger.
The methods in the UIConstraintBasedLayoutDebugging category
on UIView listed in <UIKit/UIView.h> may also be helpful.
```

控制台日志会列出自动布局的约束。在前面的例子中，约束是图片至少要 480 像素高。设备在竖屏模式下，布局引擎对 UI 的布局能够符合所有约束。但旋转到横屏模式后，它就会崩溃。因为在横屏模式下 iPhone 的高度根本不够约束的要求。这个日志也说明它会试图打破约束恢复正常。

## 6.4 小结

本章介绍了一种表示布局的强大方式，即约束条件。在 iOS 6 中只需处理多种屏幕尺寸，到了 iOS 7，开发者需要处理多种屏幕尺寸和多种操作系统。

比如当视图在导航控制器中时，在运行 iOS 6 的 3.5 寸设备上其高度是 416 点，4 寸设备上是 504点，而在 iOS 7 中，状态栏和导航栏的高度不会影响容器中的视图大小，视图会延伸到这些半透明的条栏下面。这意味着同样的视图在 3.5 寸设备上是 480 点，在 4 寸设备上是 568 点。这样就相当于要适配 4 种屏幕尺寸。自动布局是唯一的出路，是布局的未来。在练习上个把月后，你就能理解自动布局的强大之处了，到时候再也不需要手动写布局代码了。

## 6.5 扩展阅读

### 1. 苹果文档
下面的文档位于 iOS Developer Library（https://developer.apple.com/library/ios/navigation/index.html）中，通过 Xcode Documentation and API Reference 也可以找到。

❑ *Cocoa Auto Layout Programming Guide*
（注意这个指南中大部分代码示例都是 Mac 应用程序，但是应该没什么问题，任何布局代码，只要是在 Xcode 5 种编写和设计的，也应该能在 iOS 上运行。）

❑ *Technical Note TN2154: UIScrollView And Autolayout*
❑ https://developer.apple.com/library/ios/technotes/tn2154/_index.html

### 2. WWDC 讲座
下面的讲座视频可在 developer.apple.com 上找到。

- ❑ WWDC 2012，"Session 202: Introduction to Auto Layout for iOS and OS X"
- ❑ WWDC 2012，"Session 205: Introducing Collection Views"
- ❑ WWDC 2012，"Session 219: Advanced Collection Views and Building Custom Layouts"
- ❑ WWDC 2012，"Session 228: Best Practices for Mastering Auto Layout"
- ❑ WWDC 2012，"Session 232: Auto Layout by Example"
- ❑ WWDC 2013，"Session 405: Interface Builder Core Concepts"
- ❑ WWDC 2013，"Session 406: Taking Control of Auto Layout in Xcode 5"

## 第 7 章
# 更完善的自定义绘图

用户想要美观、引人注目且直观的界面，这就是开发者要实现的。无论有多么强大的功能，如果界面看起来很粗陋，应用就很难畅销。这关乎的不仅仅是颜色和动画。一个真正美观且优雅的用户界面是以用户为中心的应用的关键组成部分。让用户高兴是创建优秀应用的关键。

为了创建一个具有优秀用户界面的应用，开发者需要的一个工具就是自定义绘图。在本章中，我们会学习 iOS 中的绘制机制，并重点关注灵活性与性能。本章不会涉及 iOS 的 UI 设计。想要了解如何设计 iOS 界面，可以先看看苹果公司 iOS 开发者文档中的 *iOS Human Interface Guideline* 以及 *iOS Application Programming Guide*。

本章会介绍一些 iOS 的绘图系统，其中主要是 UIKit 和 Core Graphics。学完本章，你就会对 UIKit 的绘图周期、绘图坐标系统，以及图形的内容、路径以及变形有深刻的理解。你将知道如何通过正确的视图设置、缓存、像素对齐以及图层应用来优化绘图速度，还可以使用预渲染图形避免应用程序过于膨胀。

使用正确的工具可以实现美观、引人注目并且直观的界面，同时保证高性能、低内存占用和精简的应用大小。

## 7.1　iOS 的不同绘图系统

iOS 主要的绘图系统有 UIKit、Core Graphics( Quartz )、Core Animation、Core Image 和 OpenGL ES，每一个都能针对不同类型的问题起作用。

❑ UIKit 这是最高级的界面，是 Objective-C 中唯一的界面。它能用于轻松地访问布局、组成、绘图、字体、图片、动画等。可以通过 `UI` 前缀来识别 UIKit 元素，比如 `UIView` 和 `UIBezierPath`。UIKit 也扩展 `NSString` 来利用方法( 比如 `drawInRect:withAttributes:` )简化文本绘制。

❑ Core Graphics ( 也称 Quartz 2D ) UIKit 下的主要绘图系统，频繁用于绘制自定义视图。Core Graphics 跟 `UIView` 和 UIKit 其他部分高度集成。Core Graphics 数据结构和函数可以通过 `CG` 前缀来识别。

❑ Core Animation 提供了强大的 2D 与 3D 动画服务。它也与 `UIView` 高度集成。第 8 章会详细介绍 Core Animation。

❑ Core Image 最早在 iOS 5 中出现的 Mac 技术。Core Image 提供了非常快的图片过滤方式，比如切图、锐化、扭曲和其他你能想象的变形效果。

❑ OpenGL ES 主要用来编写高性能游戏( 尤其是 3D 游戏)，OpenGL ES 是 OpenGL 绘图语言的子集。对于 iOS 的其他应用来说，Core Animation 通常是更好的选择。OpenGL ES 在多个平台可兼容。有关 OpenGL ES 的讨论超出了本书的范畴，很多不错的图书都详细讲解了这个主题。

## 7.2　UIKit 和视图绘图周期

如果要改变视图的大小或显示，画一条线，或者改变一个对象的颜色，这些改变在屏幕上不会立刻显示出来。有时，这会让编写如下不恰当代码的开发人员感到迷惑：

```
progressView.hidden = NO; //这一行什么也不做
[self doSomethingTimeConsuming];
progressView.hidden = YES;
```

第一行（progressView.hidden = NO）实际上根本没有作用，理解这一点很重要。这行代码不会使进度视图在执行耗时操作的时候显示出来。无论这个方法运行多久，都不会看到视图显示出来。图 7-1 展示了在绘图循环中实际会发生的步骤。

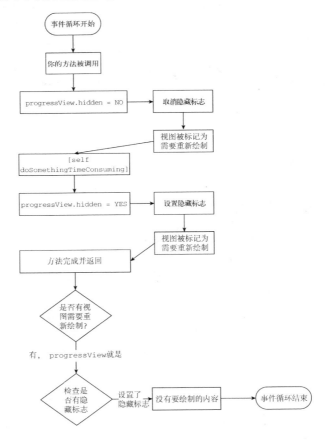

图 7-1　Cocoa 的绘图周期是如何运作的

　　所有的绘制都发生在主线程，只要代码运行在主线程，就没有东西可以绘制。这就是不要在主线程中执行长时间运行操作的一个原因。这不仅会阻碍绘制更新，还会阻碍事件处理（比如响应触摸事件）。只要代码运行在主线程上，应用对于用户其实就是"功能挂起来的"。如果主线程例程返回足够快，这些变化根本就察觉不到。

　　你可能会想："那我就在后台线程运行我的绘图指令。"通常是无法做到这一点的，因为对于当前的 UIKit 上下文来说绘图不是线程安全的。任何在后台线程修改视图的尝试都会导致未定义的行为，包括绘制出错或崩溃。（阅读 7.5.2 节可以了解更多有关如何在后台绘图的信息。）

　　这个行为并不是需要解决的问题。绘图事件实质是 iOS 在有限的硬件上渲染复杂绘图的功能。你将会在本章看到，UIKit 中很多东西都要避免不必要的绘图，这是最开始步骤中的一个环节。

　　那么，要如何开始和停止一个长时间运行操作的活动指示器呢？可以采用调度（dispatch）或执行队列来将耗时的任务放入后台，同时创建如下在主线程中进行 UIKit 调用的代码。

**ViewController.m（TimeConsuming）**

```
- (IBAction)doSomething:(id)sender {
  [sender setEnabled:NO];
  [self.activity startAnimating];

  dispatch_queue_t bgQueue = dispatch_get_global_queue(
                          DISPATCH_QUEUE_PRIORITY_DEFAULT, 0);

  dispatch_async(bgQueue, ^{
    [self somethingTimeConsuming];

    dispatch_async(dispatch_get_main_queue(), ^{
      [self.activity stopAnimating];
      [sender setEnabled:YES];
    });
  });
}
```

　　调用 IBAction 后，便可以创建活动指示器的动画效果。然后，将对 somethingTimeConsuming 的调用放入默认的后台调度队列。完成后，可以把对 stopAnimating 的调度放入主调度队列。调度和执行队列会在第 9 章中详细介绍。

　　简而言之，我们得出以下结论。

　　❑ iOS 在运行循环（run loop）中整合所有的绘图请求，并一次将它们绘制出来。

　　❑ 不能在主线程中进行复杂的处理。

　　❑ 不能在主线程之外的主视图上下文中绘制。开发者需要检查每个 UIKit 方法以确保它没有主线程需求。只要不是在主视图上下文中绘制，一些 UIKit 方法是可以在后台线程中使用的。

## 7.3　视图绘制与视图布局

　　UIView 将子视图的布局（"重新排列"）从绘图（"显示"）中独立出来。这对于最大程度地优化性能很重要，因为布局的成本通常要比绘制低。布局之所以成本低，是因为 UIView 的缓存通过 GPU 优化的位图进行绘图操作。使用 GPU，可以使这些位图的移动、显示、隐藏、旋转，甚至变形和合并的成本都非常低。

如果对一个视图调用 `setNeedsDisplay` 方法，它就被标记为"需要刷新的"，并且会在下一次绘图周期中重新绘制。除非视图的内容真的会发生变化，否则请不要调用它。大部分 UIKit 视图会在其数据发生变化时自动管理重绘操作，因此除了自定义的视图，一般并不需要调用 `setNeedsDisplay` 方法。

旋转设备或滚动视图后，子视图需要重新排列，这时 UIKit 会调用 `setNeedsLayout` 方法，也就是对于会发生变化的视图逐次调用 `layoutSubviews` 方法。覆盖 `layoutSubviews` 的话，就可以让应用在设备旋转或视图滚动时更加流畅。不必重绘就能重新排列子视图的位置，还可以根据设备方向显示或隐藏视图。如果数据改变后只需要进行布局更新（而非绘制），则可以调用 `setNeedsLayout` 方法。

## 7.4　自定义视图绘制

视图可以通过子视图、图层或实现 `drawRect:` 方法来表现内容。通常来说，如果实现了 `drawRect:` 方法，最好就不要再混用图层与子视图了，即使这样做合法且有时还很有帮助。大部分自定义绘图都是用 UIKit 或 Core Graphics 实现的，虽然 OpenGL ES 更加易于集成。

2D 绘图一般可以拆分成以下几个操作：

- ❏ 线条
- ❏ 路径（填充或轮廓形状）
- ❏ 文本
- ❏ 图片
- ❏ 渐变

2D 绘图并不能操作单独的像素，因为像素是依赖于目标的。可以从位图上下文中读取它，但无法使用 UIKit 或 Core Graphics 函数来直接作用于它。

UIKit 和 Core Graphics 都使用 "painter" 绘图模型。这意味着每个命令都是依次绘制并在事件循环中在上一次的绘图上叠加内容。在这个模型中顺序是非常重要的，必须从底层开始向上绘制。每次调用 `drawRect:` 方法，都要对所有需要的区域进行绘制。在调用 `drawRect:` 方法时，绘图"画布"并不受到保护。

### 7.4.1　通过UIKit绘图

在 iPad 出现之前，大部分自定义绘图只能使用 Core Graphics，因为使用 UIKit 并不能绘制任意形状。在 iPhone OS 3.2 系统中，苹果公司添加了 `UIBezierPath` 并使其更易于通过 Objective-C 绘制。UIKit 依然缺乏对线条、渐变、阴影以及一些高级特性（比如控制反锯齿和精确颜色管理）的支持。即便如此，UIKit 如今却是一个非常方便实现大部分常见自定义绘图需要的方式。

绘制矩形最简单的方法是使用 `UIRectFrame` 或 `UIRectFill`，如以下代码所示：

```
- (void)drawRect:(CGRect)rect {
  [[UIColor redColor] setFill];
  UIRectFill(CGRectMake(10, 10, 100, 100));
}
```

需要注意，我们首先通过-[UIColor setFill]设置画笔颜色。绘图在调用 drawRect:之前会在系统提供的图形上下文中完成。这个上下文含有大量信息，包括画笔颜色、填充颜色、文本颜色、字体、形状等。同一时间内只有一只画笔和一只填充笔，它们的颜色可以绘制任何东西。7.4.8 节会讲解如何保存和恢复上下文，目前只需要了解绘图命令是依赖于顺序的，其中包括更改画笔的命令。

> 提供给 drawRect:方法的图形上下文是特殊的视图图形上下文。还有其他类型的图形上下文，包括 PDF 以及位图上下文。所有这些都使用同样的绘制技术，不过视图图形上下文是针对屏幕上的绘制进行过优化的。

## 7.4.2　路径

UIKit 包含了很多要比它的矩形绘制函数功能强大的绘图命令。它可以通过 UIBezierPath 绘制任意曲线和线条。贝塞尔曲线是使用了一些触点的线条或曲线的数学表示方式。一般情况下，开发者并不需要担心自己的数学水平，因为 UIBezierPath 拥有处理大部分常见路径（线条、弧线、矩形或圆角矩形、椭圆）的简单方法。通过这些路径可以快速绘制大部分 UI 元素形状。以下代码是一个简单的形状缩放填充视图的示例，如图 7-2 所示。之后的示例中会使用多种方法来绘制它。

图 7-2　FlowerView 的输出

**FlowerView.m（Paths）**

```
- (void)drawRect:(CGRect)rect {
    CGSize size = self.bounds.size;
    CGFloat margin = 10;
    CGFloat radius = rintf(MIN(size.height - margin,
                              size.width - margin) / 4);
```

```
    CGFloat xOffset, yOffset;
    CGFloat offset = rintf((size.height - size.width) / 2);
    if (offset > 0) {
      xOffset = rint(margin / 2);
      yOffset = offset;
    }
    else {
      xOffset = -offset;
      yOffset = rint(margin / 2);
    }

    [[UIColor redColor] setFill];
    UIBezierPath *path = [UIBezierPath bezierPath];
    [path addArcWithCenter:CGPointMake(radius * 2 + xOffset,
                                       radius + yOffset)
                    radius:radius
                startAngle:-M_PI
                  endAngle:0
                 clockwise:YES];
    [path addArcWithCenter:CGPointMake(radius * 3 + xOffset,
                                       radius * 2 + yOffset)
                    radius:radius
                startAngle:-M_PI_2
                  endAngle:M_PI_2
                 clockwise:YES];
    [path addArcWithCenter:CGPointMake(radius * 2 + xOffset,
                                       radius * 3 + yOffset)
                    radius:radius
                startAngle:0
                  endAngle:M_PI
                 clockwise:YES];
    [path addArcWithCenter:CGPointMake(radius + xOffset,
                                       radius * 2 + yOffset)
                    radius:radius
                startAngle:M_PI_2
                  endAngle:-M_PI_2
                 clockwise:YES];
    [path closePath];
    [path fill];
  }
```

FlowerView 创建了由一系列弧线组成的路径，并用红色进行填充。创建路径并不会导致绘制任何内容。UIBezierPath 只是一系列的弧线，就好像 NSString 是一系列的字符。只有调用了 fill，弧线才会被绘制在当前上下文中。

请注意 M_PI（π）以及 M_PI_2（π/2）常量的使用。弧线是由弧度表示的，因此 π 以及它的分数很重要。math.h 定义了很多这样的常量，我们可以直接使用而不必再计算出来。弧线使用顺时针角度，认为 0 弧度指向右边，π/2 弧度指向下方，π（或者-π）指向左边，而-π/2 弧度指向上方。如果你愿意的话，也可以使用 3π/2 来表示向上，不过笔者认为-M_PI_2 比 3*M_PI_2 更易于理解。如果弧度让你头疼的话，可以创建这个函数：

```
CGFloat RadiansFromDegrees(CGFloat d) {
  return d * M_PI / 180;
}
```

个人认为习惯使用弧度要比做数学计算好多了，不过如果你需要特殊的角度，那么使用角度会更简单一些。

在计算 radius 和 offset 时，可以使用 rintf（四舍五入）来确保点对齐（这样就会像素对齐）。这可以帮助你改善性能并避免出现模糊的边缘。所以大部分情况下都会如你所愿，不过万一某条弧线碰到了线条，它会导致差一错误。通常最好的办法是移动线条以便所有的值都是整数，就像下一节中讨论的那样。

### 7.4.3　理解坐标系

坐标、点和像素之间的微妙转换也可能降低绘制性能，导致线条和文字模糊。观察以下代码：

```
CGContextSetLineWidth(context, 3.);

// 绘制从坐标{10, 100}到{200, 100}的 3 像素宽水平线条
CGContextMoveToPoint(context, 10., 100.);
CGContextAddLineToPoint(context, 200., 100.);
CGContextStrokePath(context);

// 绘制从坐标{10, 105.5}到{200, 105.5}的 3 像素宽水平线条
CGContextMoveToPoint(context, 10., 105.5);
CGContextAddLineToPoint(context, 200., 105.5);
CGContextStrokePath(context);
```

图 7-3 展示了这个程序在非视网膜屏幕上的输出结果，这里放大了图片，可以更清晰地看出区别。

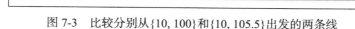

图 7-3　比较分别从{10, 100}和{10, 105.5}出发的两条线

从{10, 100}到{200, 100}的线条要比从{10, 105.5}到{200, 105.5}的线条模糊很多，原因就在于 iOS 对坐标系的解读方式。

构造一个 CGPath 时，便是使用了所谓的几何坐标系。这与数学中使用的坐标系是一样的，以两条网格线的交点来表示零坐标点。你无法绘制出真正的几何点或几何线条，因为它们都是无限小和无限细的。iOS 绘制中必须将这些几何对象转换成像素坐标。这是一个可以指定颜色的 2D 网格。像素是设备能控制的最小显示区域单位，来看图 7-4。

调用 CGContextStrokePath，iOS 会让线条沿路径居中。理想情况下，线条有 3 像素宽，从 y = 98.5 到 y = 101.5，如图 7-5 所示。

但是，这个线条仍不能绘制。每个像素必须有唯一的颜色，线条顶部和底部的像素有两种颜色。一半是画笔颜色，一半是背景颜色。iOS 通过取两个颜色的平均值解决了这个问题。同样的技术也用在了反锯齿上，如图 7-6 所示。

在屏幕上，线条看起来会有些模糊。解决这个问题的方法就是将水平或垂直的线条移动到半个点的位置，这样当 iOS 将线条居中时，边缘刚好就是像素的边界。或者可以让线条更粗一些。

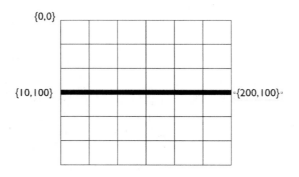

图 7-4　展示从{10, 100}到{200, 100}的几何线条

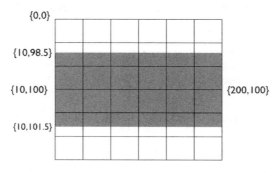

图 7-5　理想的 3 像素宽线条

使用非整型宽度的线条，或者坐标系不是整型和半整型时，也可能遇到这个问题。让 iOS 绘制小数像素时都有可能导致模糊。

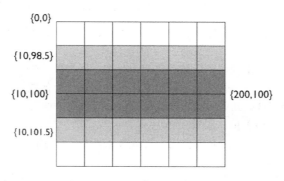

图 7-6　反锯齿的 3 像素宽线条

填充工具与画笔不一样。画笔的线条是中心对齐路径的，而填充颜色是基于路径的。如果填充从{10, 100}到{200, 103}的矩形，每个像素都会被正确填充，如图 7-7 所示。

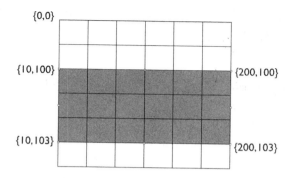

图 7-7　填充从 {10, 100} 到 {200, 103} 的矩形

目前的讨论视点与像素相同。而在视网膜屏幕上，它们就不一样了。iPhone 4 的每个点有 4 个像素，缩放比例为 2。这样事情就有了一些微妙的变化，而且通常是情况更好了。因为 Core Graphics 与 UIKit 的坐标都是用点表示的，所有整数宽度的线条都以偶数个像素来表示了。比如说，如果需要 1 个点宽的画笔，实际上就是一个 2 像素宽的画笔。绘制这条线，iOS 需要填充路径两边的像素。这样就会是整数的像素，因此不需要反锯齿处理。当然，如果使用的坐标系不是整数或半整数的，依然有可能遇到模糊的情况。

在视网膜屏幕上并不需要偏移半个点的位置，不过这不会有影响。若是要支持非视网膜显示屏，便需要对水平或垂直线条使用半个点的位移。

只能对水平或垂直线条使用这些方法。斜线与曲线应该进行反锯齿处理以便不会出现缺口，没有必要为它们进行偏移操作。

### 7.4.4　重新调整大小以及内容模式

回到 7.4.2 节讲到的 FlowerView 视图，如果你如图 7-8 这样旋转设备，将会看到扭曲了的视图，即便代码可以调整视图的大小。

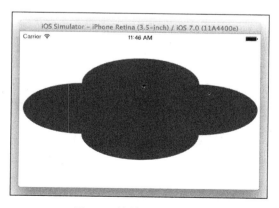

图 7-8　旋转 FlowerView

iOS 通过为视图拍摄快照并调整它以适应新的大小来优化绘图。没有调用 drawRect:方法。属性 contentMode 决定了如何调整视图。默认的 UIViewContentModeScaleToFill 会缩放图片以填充新的视图大小，在需要时改变宽高比例。这就是形状扭曲的原因。

> 在 iOS 7 中，旋转操作后通常会重新绘制视图，即使开发者并未要求。在旧版本的 iOS 中，默认情况下，旋转后不会重新绘制视图。

有很多方法可以自动调整视图。你可以不重新调整其大小就四处移动它，或者用多种保持或修改宽高比的方法来缩放它。关键是要确保所使用的模式精确匹配新方向上的 drawRect:方法。否则，视图将会"跳过"下一次重新绘制。只要 drawRect:在绘图时不考虑它的 bounds，一般就不会有问题。在 FlowerView 中，使用 bounds 来决定形状的大小，因此很难正确实现自动调整。

如果可以的话，请使用自动模式，因为它们可以提高性能。如果不行的话，可以在大小改变时通过 UIViewContentModeRedraw 让系统调用 drawRect:方法，如以下代码所示：

```
- (void)awakeFromNib {
    self.contentMode = UIViewContentModeRedraw;
}
```

## 7.4.5  变形

iOS 平台使用了可以快速进行矩阵运算的优秀的 GPU。如果将绘图计算转换成矩阵运算，就可以发挥 GPU 的能力并获取卓越的性能。变形（transform）就是一种矩阵运算。

iOS 有两种变形：仿射与 3D。UIView 只能处理仿射变形，因此我们目前只讨论它。仿射变形可以用矩阵运算来表现旋转、缩放、剪切以及平移。这些变形如图 7-9 所示。

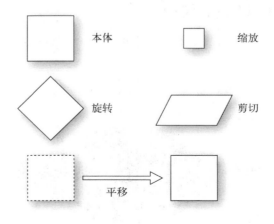

图 7-9　仿射变形

可以使用任意数量的矩阵运算组成一个 3×3 的变形矩阵。iOS 拥有支持旋转、缩放以及平移的函数。如果要进行剪切，则必须自己来写矩阵。（可以参考 7.7 节的扩展阅读，使用 Jeff LaMarche 提供

的 `CGAffineTransformMakeShear` 来做到。）

　　变形可以大大简化代码并提升它的速度。很多时候，在坐标系空间中围绕原点进行绘制然后对绘图进行缩放、旋转、平移更简单，也更方便。比如说，`FlowerView` 包括了大量这样的代码：

```
CGPointMake(radius * 2 + xOffset, radius + yOffset)
```

　　这里包括太多的输入与运算，你的大脑里要清楚记忆很多东西。如果简单地把图形绘制在一个 4×4 的格子中会怎样？来看图 7-10。

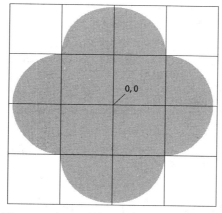

图 7-10　在 4×4 的格子中绘制 FlowerView

　　现在所有重要的点都是像{0,1}或{1,0}这样简单的坐标。以下代码展示了如何使用这个变形来进行绘制。将高亮区域的代码与前面 `FlowerView` 的代码比较一下。

**FlowerTransformView.m（Transforms）**

```
static inline CGAffineTransform
CGAffineTransformMakeScaleTranslate(CGFloat sx, CGFloat sy,
                                    CGFloat dx, CGFloat dy) {
    return CGAffineTransformMake(sx, 0.f, 0.f, sy, dx, dy);
}

- (void)drawRect:(CGRect)rect {
    CGSize size = self.bounds.size;
    CGFloat margin = 10;

    [[UIColor redColor] set];
    UIBezierPath *path = [UIBezierPath bezierPath];
    [path addArcWithCenter:CGPointMake(0, -1)
                    radius:1
                startAngle:-M_PI
                  endAngle:0
                 clockwise:YES];
    [path addArcWithCenter:CGPointMake(1, 0)
                    radius:1
                startAngle:-M_PI_2
                  endAngle:M_PI_2
```

```
                            clockwise:YES];
        [path addArcWithCenter:CGPointMake(0, 1)
                        radius:1
                    startAngle:0
                      endAngle:M_PI
                     clockwise:YES];
        [path addArcWithCenter:CGPointMake(-1, 0)
                        radius:1
                    startAngle:M_PI_2
                      endAngle:-M_PI_2
                     clockwise:YES];
        [path closePath];

        CGFloat scale = floorf((MIN(size.height, size.width)
                                - margin) / 4);

        CGAffineTransform transform;
        transform = CGAffineTransformMakeScaleTranslate(scale,
                                                        scale,
                                                    size.width/2,
                                                    size.height/2);
        [path applyTransform:transform];
        [path fill];
    }
```

构建完路径后,就设计一个把它移到视图坐标空间中的变形。将它缩小到你想要的倍数(除以 4),并平移到了视图的中心。实用函数 CGAffineTransformMakeScaleTranslate 不仅仅用于提速(虽然它确实较快)。这样做更易于正确地使用变形,如果你一次一步地创建变形,则所有步骤都会对后续步骤有影响。先缩放再平移与先平移再缩放并不一样。如果一次就能构建出矩阵的话,就不需要担心了。

这个技术可以用来以各种角度绘制复杂的形状。比方说,绘制一个指向右上角的箭头,一般先画一条指向右边的箭头再旋转它会更容易。

可以选择使用 applyTransform:对路径进行变形,或通过设置 transform 属性对整个视图进行变形。它们根据不同情况各有优劣,不过我通常更喜欢在实际练习中对路径进行变形。修改视图的 transform 会使 frame 与 bounds 的结果更难被理解,因此尽可能避免使用它。在下一节中你会看到,还可以对当前上下文进行变形,有时这种方法最好用。

## 7.4.6　通过Core Graphics进行绘制

Core Graphics,有时称为 Quartz 2D 或简称为 Quartz,它是 iOS 的主要绘图系统。提供了目标独立(destination-independent)的绘图,因此开发者可以使用相同的命令在屏幕、图层、位图、PDF 或打印机上绘制。任何以 CG 作为前缀的东西都是 Core Graphics 框架的一部分。图 7-11 和以下代码提供了一个简单的滚动图形示例。

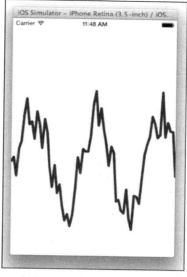

图 7-11　简单的滚动图形

### GraphView.m (Graph)

```objc
@interface GraphView ()
@property (nonatomic, readwrite, strong) NSMutableArray *values;
@property (nonatomic, readwrite, strong) dispatch_source_t timer;
@end

@implementation GraphView

const CGFloat kXScale = 5.0;
const CGFloat kYScale = 100.0;

static inline CGAffineTransform
CGAffineTransformMakeScaleTranslate(CGFloat sx, CGFloat sy,
    CGFloat dx, CGFloat dy) {
  return CGAffineTransformMake(sx, 0.f, 0.f, sy, dx, dy);
}

- (void)awakeFromNib {
  [self setContentMode:UIViewContentModeRight];
  self.values = [NSMutableArray array];

  __weak id weakSelf = self;
  double delayInSeconds = 0.25;
  self.timer =
      dispatch_source_create(DISPATCH_SOURCE_TYPE_TIMER, 0, 0,
          dispatch_get_main_queue());
  dispatch_source_set_timer(
      self.timer, dispatch_walltime(NULL, 0),
      (unsigned)(delayInSeconds * NSEC_PER_SEC), 0);
```

```
  dispatch_source_set_event_handler(self.timer, ^{
    [weakSelf updateValues];
  });
  dispatch_resume(self.timer);
}

- (void)updateValues {
  double nextValue = sin(CFAbsoluteTimeGetCurrent())
      + ((double)rand()/(double)RAND_MAX);
  [self.values addObject:
      [NSNumber numberWithDouble:nextValue]];
  CGSize size = self.bounds.size;
  CGFloat maxDimension = MAX(size.height, size.width);
  NSUInteger maxValues =
      (NSUInteger)floorl(maxDimension / kXScale);

  if ([self.values count] > maxValues) {
    [self.values removeObjectsInRange:
        NSMakeRange(0, [self.values count] - maxValues)];
  }

  [self setNeedsDisplay];
}

- (void)dealloc {
  dispatch_source_cancel(_timer);
}

- (void)drawRect:(CGRect)rect {
  if ([self.values count] == 0) {
    return;
  }

  CGContextRef ctx = UIGraphicsGetCurrentContext();
  CGContextSetStrokeColorWithColor(ctx,
                                   [[UIColor redColor] CGColor]);
  CGContextSetLineJoin(ctx, kCGLineJoinRound);
  CGContextSetLineWidth(ctx, 5);

  CGMutablePathRef path = CGPathCreateMutable();

  CGFloat yOffset = self.bounds.size.height / 2;
  CGAffineTransform transform =
      CGAffineTransformMakeScaleTranslate(kXScale, kYScale,
                                          0, yOffset);

  CGFloat y = [[self.values objectAtIndex:0] floatValue];
  CGPathMoveToPoint(path, &transform, 0, y);

  for (NSUInteger x = 1; x < [self.values count]; ++x) {
    y = [[self.values objectAtIndex:x] floatValue];
    CGPathAddLineToPoint(path, &transform, x, y);
  }
```

```
        CGContextAddPath(ctx, path);
        CGPathRelease(path);
        CGContextStrokePath(ctx);
    }
    @end
```

每过 0.25 秒，这个代码便会在数据的末尾添加一个新的数字，并移除前面的一个旧数字。然后，它通过 `setNeedsDisplay` 将视图标记为需要重绘的。绘图代码设置了很多 `UIBezierPath` 不支持的高级线条绘图选项，并且创建了一个包含所有线条的路径 `CGPath`。最后，它将路径变形以适应视图、添加路径到上下文中，并把它绘制出来。

> Core Graphics 使用 Core Foundation 内存管理规则。Core Foundation 对象需要手动保留与释放，即便启用了 ARC。注意 `CGPathRelease` 的使用。想要知道更多的细节，请参阅第 27 章。

你可能想要在这里缓存 `CGPath`，以便不必每次都计算。这个想法很好，不过在这个例子中，它没用。除非视图因数据发生变化而需要重绘，否则 iOS 不会调用 `drawRect:` 方法。当数据变更后，需要算出一条新的路径。在这里，缓存旧的路径只会增加代码复杂度，浪费内存。

### 7.4.7  混用UIKit与Core Graphics

在 `drawRect:` 方法中，UIKit 与 Core Graphics 可以无异常地混用，不过在 `drawRect:` 方法之外，你可能会发现使用 Core Graphics 绘制的东西会上下颠倒。UIKit 遵循 ULO（Upper-Left Origin，左上角为原点）的坐标系统，而 Core Graphics 默认使用 LLO（Lower-Left Origin，左下角为原点）的坐标系统。只要使用在 `drawRect:` 方法中通过 `UIGraphicsGetCurrentContext` 返回的上下文，那么一切就正常了，因为这个上下文是已经翻转过的。不过，如果使用 `CGBitmapContextCreate` 这样的函数创建自己的上下文，它会以左下角为原点。可以进行反向计算或者反转上下文：

```
        CGContextTranslateCTM(ctx, 0.0f, height);
        CGContextScaleCTM(ctx, 1.0f, -1.0f);
```

这段代码平移了上下文的高度并使用一个负数比例进行反转。如果想让 UIKit 适应 Core Graphics，变形则应该反过来：

```
        CGContextScaleCTM(ctx, 1.0f, -1.0f);
        CGContextTranslateCTM(ctx, 0.0f, -height);
```

先翻转，然后再平移。

### 7.4.8  管理图形上下文

在调用 `drawRect:` 方法之前，绘图系统创建了一个图形上下文（`CGContext`）。上下文包括大量信息，比如画笔颜色、文本颜色、当前字体、变形等。有时你可能想要修改上下文并使其恢复原样。举个例子，你现在有一个使用特定颜色绘制特定形状的函数。由于系统只有一只画笔，因此在更改颜色后，就会影响调用函数的结果。为了避免这个副作用，可以使用 `CGContextSaveGState` 和 `CGContextRestoreGState` 将上下文入栈和出栈。

请不要与看起来相似的 `UIGraphicsPushContext` 和 `UIGraphicsPopContext` 混淆。它们做的并不是同一件事。`CGContextSaveGState` 记录上下文的当前状态。`UIGraphicsPushContext` 更改当前上下文。以下是 `CGContextSaveGState` 的示例。

```
[[UIColor redColor] setFill];
CGContextSaveGState(UIGraphicsGetCurrentContext());
[[UIColor blackColor] setFill];
CGContextRestoreGState(UIGraphicsGetCurrentContext());
UIRectFill(CGRectMake(10, 10, 100, 100)); // 红
```

这段代码设置了画笔的颜色为红色并保存了上下文。之后它将把画笔颜色改成黑色并恢复上下文。这样当你绘图的时候，画笔又会变成红色了。

以下代码展示了一个常见的错误。

```
[[UIColor redColor] setStroke];
//下一行不对
UIGraphicsPushContext(UIGraphicsGetCurrentContext());
[[UIColor blackColor] setStroke];
UIGraphicsPopContext();
UIRectFill(CGRectMake(10, 10, 100, 100)); //黑
```

在这个示例中，画笔颜色设置为了红色，并且上下文切换为当前毫无用处的上下文。然后更改画笔的颜色为黑色，接着通过出栈使上下文回到原始状态（实际上等于什么都没做）。这时候会绘制一个黑色的矩形，这绝对不是你想要的。

使用 `UIGraphicsPushContext` 并不能保存上下文的当前状态（画笔颜色、线条宽度等），而是完全切换上下文。假设你正在当前视图上下文中绘制什么东西，这时想要在位图上下文中绘制完全不同的东西。如果要使用 UIKit 来进行任意绘图，你会希望保存当前的 UIKit 上下文，包括所有已经绘制的内容，接着切换到一个全新的绘图上下文中。这就是 `UIGraphicsPushContext` 的功能。创建完位图后，再将你的旧上下文出栈。而这就是 `UIGraphicsPopContext` 的功能。这种情况只会在要使用 UIKit 在新的位图上下文中绘图时才会发生。只要你使用的是 Core Graphics 函数，就不需要去执行上下文入栈和出栈，因为 Core Graphics 函数将上下文视作参数。

这是极其有用的常见操作。因为其常用性，苹果公司为其创建了一个叫做 UIGraphicsBegin-ImageContext 的快捷方式。它负责将旧的上下文入栈、为新上下文分配内存、创建新的上下文、翻转坐标系统，并使其作为当前上下文使用。它替你完成了大部分的工作。

以下是创建一张图片并使用 `UIGraphicsBeginImageContext` 返回它的示例。最终结果如图 7-12 所示。

**MYView.m (Drawing)**

```
- (UIImage *)reverseImageForText:(NSString *)text {
  const size_t kImageWidth = 200;
  const size_t kImageHeight = 200;
  CGImageRef textImage = NULL;
  UIFont *font = [UIFont preferredFontForTextStyle:UIFontTextStyleHeadline];
  UIColor *color = [UIColor redColor];

  UIGraphicsBeginImageContext(CGSizeMake(kImageWidth,
                                         kImageHeight));
```

```
[text drawInRect:CGRectMake(0, 0, kImageWidth, kImageHeight)
  withAttributes:@{
                    NSFontAttributeName: font,
                    NSForegroundColorAttributeName: color
                  }];

textImage =
    UIGraphicsGetImageFromCurrentImageContext().CGImage;

UIGraphicsEndImageContext();

return [UIImage imageWithCGImage:textImage
                          scale:1.0
                    orientation:UIImageOrientationUpMirrored];
}
```

图 7-12　使用 reverseImageForText 方法绘制文字

# 7.5　优化 UIView 绘制

　　UIView 及其子类是高度优化的，可以的话，请尽量使用它们，而不要使用自定义绘图。举个例子，相比花一个下午的时间用在 Core Graphics 上做各种各样的事，使用 UIImageView 的代码速度更快且占用较少的内存。接下来，我们来了解使用 UIView 绘图时需要注意的一些事情。

## 7.5.1　避免绘图

　　最快的绘图方式就是根本不绘制。iOS 竭尽全力避免调用 drawRect: 方法。它缓存了视图的图像并可在开发者不介入的情况下移动、旋转并缩放它。使用一个合适的 `contentMode`，系统在旋转或重新调整大小以调整视图时就不需要调用 `drawRect:` 方法。导致 `drawRect:` 方法运行的最常见的情况就是调用了 `setNeedsDisplay`。请避免调用不必要的 `setNeedsDisplay` 方法。记住，`setNeedsDisplay` 只是标记视图需要重绘。在单个事件循环中调用多次 `setNeedsDisplay`，实际上并不会比调用一次的情况成本更高，所以不需要精简调用的次数。iOS 会替你做很多事。

### 7.5.2　缓存与后台绘制

如果需要在绘图时做很多计算，请尽量利用缓存。在最低级别，你可以缓存需要的原始数据，这样就不必每次获取了。除此之外，你可以缓存像 `CGFont` 或 `CGGradient` 这样的对象，以便一次就能生成。使用这种方式缓存字体和渐变会很有帮助，因为我们经常需要重用它们。

> 尽管缓存小对象很有用，但对于缓存图片要特别谨慎。图片绘制到屏幕上或者位图上下文中时，系统会为其创建一个完全解码的表示。每个像素 4 字节，内存占用会飞速增加。`UIImage` 有时候会在内存紧张时把位图表示清除，但是你自己绘制到位图上下文中的图片就无法这么处理了。很多情况下，特别是视网膜屏的 iPad 上，重绘比缓存好一些。

这些缓存与预计算很多都可以在后台完成。你可能听说过，绘图只能在主线程上进行，不过这并非完全正确。有一些 UIKit 函数必须在主线程上调用，例如 `UIGraphicsBeginImageContext`，不过开发者可以自由地在任意线程上使用 `CGBitmapCreateContext` 创建 `CGBitmapContext` 对象并在里面绘图。从 iOS 4 开始，便可以在后台线程中使用像 `drawAtPoint:` 这样的 UIKit 绘图方法，不过你需要在自己的 `CGContext` 中绘图，而不是主视图图形上下文（即通过 `UIGraphicsGet-CurrentContext` 返回的）中。而且，你应该只在单个线程上访问特定的 `CGContext`。

### 7.5.3　自定义绘图与预渲染

管理复杂的绘图有两种主要方法：利用 `CGPath` 和 `CGGradient` 通过编码来绘制任意图像，或者在 Adobe Photoshop 等图形程序中对其进行预渲染并作为图片展示出来。如果有设计部门且要使用特别复杂的可视元素，Photoshop 恐怕是唯一的选择了。

然而，预渲染有大量缺点。首先，它引入了对各种分辨率的依赖。开发者可能需要管理各种版本的图片，或针对 iPad 和 iPhone 的各种图片。这样就使工作量更为复杂，并使产品膨胀。这样一来，开发者就很难做出细微的改变，并且如果每个更改都要涉及美工人员，那么就会受困于各种具体的元素大小和颜色。很多美工仍然不擅长绘制可拉伸的图片，或以最佳方式提供图片使之适用于 iOS 系统。

苹果公司最初鼓励开发人员进行预渲染，因为早期的 iPhone 计算渐变的速度不够快。从 iPhone 3GS 开始，这个问题就没那么明显了，每代产品都令自定义绘图更加引人注目。

目前，推荐开发者在代码量合适的情况下尽量进行自定义绘图。这主要适用于像按钮这样的小元素。若使用了预渲染绘图，建议保持文件的"简洁"并在代码中进行加工。比如说，开发者可能会用一张图片作为按钮的背景，并在代码中处理它的圆角与阴影。这样的话，每当开发者想要做出细微的调整，就不需要重新渲染背景了。

折中的办法是使用 PaintCode 和 Opacity 等工具的 Core Graphics 代码自动生成功能。不过这些工具也不是万能的。通常，生成的代码并不理想，还需要修改，如果重新生成代码的话还会增加工作流的复杂度。因此建议开发者在进行大量 UI 设计时研究一下这类工具。请参考 7.7 节的网页链接，其中有这些工具的相关信息。

## 7.5.4  像素对齐与模糊文本

一个易引起微妙绘图问题的极常见的原因就是像素不对齐。如果要 Core Graphics 在某个没有对齐像素的点进行绘制，它将执行 7.4.3 节中所说的反锯齿。这意味着它在某个像素上绘制一部分信息而在另一个像素上绘制另一部分信息，给人一种线条是在两者之间的错觉。这种感觉使绘图看起来很平滑，但也模糊。反锯齿也会占用一些处理时间，所以会拖慢绘图。始终确保绘图是像素对齐的，就可以避开这个问题了。

在视网膜屏幕出现之前，像素对齐意味着整型坐标系。自 iOS 4 起，坐标系开始基于点而不是像素。在当前的视网膜屏幕上每个点为两个像素，因此半点(1.5, 2.5)也是像素对齐的。在未来，可能还会有 4 个或更多像素的点，而且不同设备之间可能也会有差异。即便如此，最简单的办法就是确保使用整型坐标，除非对像素级精度要求特别高。

通常，图形中心会影响像素对齐。因此，center 属性会带来麻烦。如果将中心设置为一个整型坐标，原点就可能出现不对齐。尤其要注意文本对齐的情况，特别是 UILabel。图 7-13 展示了这个问题。这种小细节在纸质书上很难看出来，所以可利用本章相关在线文件中的 BlurryText 程序来验证一下。

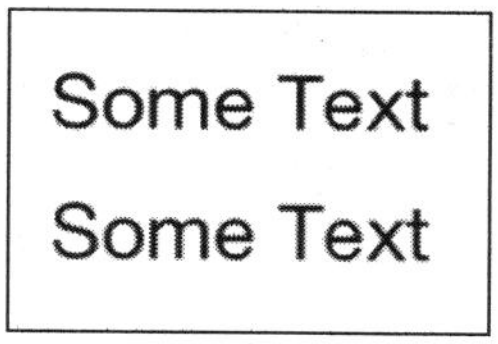

图 7-13  文本顶部像素对齐而底部没有对齐

有两种解决办法。首先，字体大小为奇数（比如 13 而不是 12）一般可以正确对齐。如果习惯使用奇数字号的字体，通常就可以避免这个问题。要确定避免了这个问题，需要确保通过 setFrame:（不是 setCenter:）方法或像 setAlignedCenter:这样的 UIVIew 分类设置图形为整型的：

```
- (void)setAlignedCenter:(CGPoint)center {
  self.center = center;
  self.frame = CGRectIntegral(self.frame);
}
```

因为 setAlignedCenter:实际上要设置两次大小，所以不是最快的解决方案，不过就应对大部分问题来说，这已经足够简单、快速了。CGRectIntegral()返回可以包住给定矩形的最小整型矩形大小。

随着非视网膜屏幕的设备逐渐被淘汰，只要将 center 设置为整型坐标，模糊文字的问题会越来越少。不过，目前它仍然不容忽视。

### 7.5.5　透明、不透明与隐藏

视图有三个看似有关但实际无关的属性：alpha（透明）、opaque（不透明）和 hidden（隐藏）。
alpha 属性决定了视图会通过像素显示多少信息。alpha 设为 1 意味着所有的视图信息都在像素
上表现出来（"着色"），而 alpha 设为 0 意味着没有视图信息能在像素上显示出来。记住，在 iPhone
屏幕上没有东西是真正透明的。如果将整个屏幕设置为透明的像素，用户不会看到电路板或地面。说
到底，它只是关于如何绘制像素的问题。因此，只要升高或降低 alpha 值，便改变了视图（以及"下
方"视图）的显示程度。

是否将视图标记为 opaque 并不会实际升高或降低它的透明度。绘图系统可以使用 opaque 进行
优化。将视图标记为 opaque，便是向绘图系统"许诺"即将绘制的每一个像素都要使用全不透明的
颜色。这便允许绘图系统忽略被覆盖在下面的视图，这样可以改善性能，尤其是在进行变形时。开发
者应该尽量将试图标记为 opaque，尤其是像 UITableViewCell 这样可以滚动的视图。不过，如果
视图中有特定的透明区域，或者并不绘制矩形的所有像素，设置 opaque 会导致不可预测的结果。设
置一个非透明 backgroundColor 属性可以确保绘制所有像素。

与 opaque 紧密相关的是 clearsContextBeforeDrawing。它的默认值是 YES，而且会在调用
drawRect: 之前将上下文设为透明黑底。这会避免视图中的任何垃圾数据。这种操作非常快，不过如
果打算绘制每一个像素，将其设置为 NO 可能会更好一些。

最后，hidden 代表视图根本不会被绘制，它通常等同于 alpha 设置为 0。因为 hidden 属性不
能产生动画效果，所以通常还是以动画模拟 alpha 到值 0 的方法隐藏视图。

隐藏和透明视图并不接收触摸事件。文档中关于透明的内容并不多，不过在实践中笔者发现它是
一个值小于 0.1 的 alpha。不要依赖于某个特定的值，重点是"接近透明"通常被当做全透明来对待。
不能通过设置非常低的 alpha 来创建"透明覆盖层"，从而捕捉触摸事件。

可以创建一个透明视图并通过设置它的 alpha 为 1、opaque 为 NO 且 backgroundColor 为 nil
或[UIColor clearColor]，来接收触摸事件。如果用于碰撞检测（hit detection），拥有透明背景的
视图仍然被认为是可视的。

## 7.6　小结

iOS 拥有非常丰富的绘图工具。本章着重介绍 Core Graphics 和它的 Objective-C 框架——UIKit。
现在，你应该能很好地理解系统的交互方式以及如何优化 iOS 绘图了。

第 8 章会讨论 Core Animation，它将让你的界面"动"起来。此外，第 8 章还会讲解 CALayer，
它是在 UIView 和 CGLayer 之外添加的一个功能强大的图层对象，无论是否添加动画效果，它都是
一个强大的绘图工具。第 19 章会更为深入，展示如何为视图添加类似物理效果的动画。

iOS 5 中添加了 Core Image 以调整图片。对于高级 3D 图形和纹理绘制，iOS 也有着越来越多的
OpenGL ES 支持。OpenGL ES 的内容足矣写成一本书，这里不会阐述，不过读者可以在苹果公司的
*OpenGL ES Programing Guide for iOS* 中找到有用的内容。（参见 7.7 节。）

## 7.7 扩展阅读

### 1. 苹果文档

下面的文档位于 iOS Developer Library（https://developer.apple.com/library/ios/navigation/index.html）中，通过 Xcode Documentation and API Reference 也可以找到。

- *Drawing and Printing Guide for iOS*
- *iOS Human Interface Guidelines*
- *iOS App Programming Guide*
- *OpenGL ES Programming Guide for iOS*
- *Quartz 2D Programming Guide*
- *Technical Q&A QA1708: Improving Image Drawing Performance on iOS*
- *View Programming Guide for iOS*

### 2. 其他资源

- LaMarche, Jeff. "iPhone Development."

  Jeff 有很多文章都深刻讲解了如何使用 `CGAffineTransform`。

  iphonedevelopment.blogspot.com/search/label/CGAffineTransform

- PaintCode，非常简单的矢量编辑器，它可以导出 Core Graphics 代码，尤其适用于一般 UI 元素。

  www.paintcodeapp.com

- Opacity，更加强大的矢量编辑器，可以导出 Core Graphics 代码，并可以用来生成更多的矢量绘图。

  likethought.com/opacity

7

# Core Animation

iPhone 已经让动画成为移动体验的重要组成部分，比如视图滑入滑出、应用程序放大和缩小、页面 "飞入" 书签列表。动画不仅给人以美的享受，而且也能让用户了解发生了或将要发生什么。当视图从右向左滑入时，你会很自然地按左向按钮来回到之前状态。当你创建了一个书签，然后它 "飞入" 工具栏，你便很清楚可以在哪儿找回书签。这些微妙的提示是让用户界面直观而又有吸引力的关键。为了辅助实现这些动画功能，iOS 设备都配有强大的 GPU 和一些用于轻松操作 GPU 的框架。

本章介绍 iOS 中两种主要的动画系统：视图动画和 Core Animation 框架。你将了解如何使用 Core Animation 图层进行绘制及如何在二维或三维中移动图层。CALayer 很容易实现一些常见的修饰效果，比如圆角、彩色边框和阴影，而且使用起来非常简单。你还会学习如何创建自定义的自动动画，包括为自己的属性添加动画效果。最后，Core Animation 与性能密不可分，因此你要知道如何在多线程应用程序中管理图层。

本章着重讲解如何在视图编程中实现动画。这些框架可以很好地支持大部分非游戏的 iOS 应用。游戏开发不在本书探讨范围之内，而且它通常最好采用内置的框架（例如 OpenGL ES）或第三方框架（如 Cocos2D）。欲了解更多关于 OpenGL ES 的信息，参见 https://developer.apple.com/devcenter/ios/resources/opengl-es/。关于 Cocos2D 的详细内容参见 cocos2d-iphone.org。

## 8.1 视图动画

UIView 提供了丰富的动画功能，这些功能使用简单且进行了很好的优化。最为常见的动画可以用 +animateWithDuration:animations: 和相关方法处理。你可以使用 UIView 为 frame、bounds、center、transform、alpha、backgroundColor 以及 contentStretch 添加动画效果。大部分情况下，我们是为 frame、center、transform 和 alpha 使用动画效果。

你很可能熟悉基本的视图动画，所以本节只涉及高级动画，然后进一步讨论基于图层的绘图和动画。

我们先从一个非常简单的动画开始：点击视图会有小球落下。CircleView 程序会在屏幕内绘制一个小圆。以下代码可以创建动画效果，如图 8-1 所示。

**ViewAnimationViewController.m（ViewAnimation）**

```
- (void)viewDidLoad {
  [super viewDidLoad];
  self.circleView = [[CircleView alloc] initWithFrame:
                     CGRectMake(0, 0, 20, 20)];
  self.circleView.center = CGPointMake(100, 20);
```

```
    [[self view] addSubview:self.circleView];

    UITapGestureRecognizer *g;
    g = [[UITapGestureRecognizer alloc]
        initWithTarget:self
        action:@selector(dropAnimate)];
    [[self view] addGestureRecognizer:g];
}


...


- (void)dropAnimate {
    [UIView animateWithDuration:3 animations:^{
        self.circleView.center = CGPointMake(100, 300);
    }];
}
```

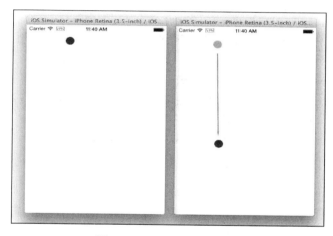

图 8-1　CircleView 动画

　　这是一种基于视图的最简单的动画，涉及大部分常见问题，尤其是通过动画变换大小、位置以及不透明度。它也常用于作出缩放、旋转或平移的变形（transform）动画效果。相对不太常见的用法是对 backgroundColor 和 contentStretch 添加动画效果。改变背景颜色的动画在 HUD（Head Up Display，平视显示器）式界面中尤其有用，可以在近乎透明与近乎不透明的背景间变换。这比单纯改变 alpha（透明度）的动画效果更好。

　　连续动画（chaining animation）也很简单，如以下代码所示：

```
- (void)dropAnimate {
    [UIView
    animateWithDuration:3 animations:^{
        self.circleView.center = CGPointMake(100, 300);
    }
    completion:^(BOOL finished){
        [UIView animateWithDuration:1 animations:^{
            self.circleView.center = CGPointMake(250, 300);
```

```
      }];
    }];
  }
```

现在小球会落下然后移到右边。不过，这段代码有个小问题。如果你在动画中触摸屏幕，小球就会先跳向左下方然后以动画效果移到右边。你可能并不希望出现这种情况。问题在于每次触摸屏幕，代码都会执行。如果动画还在进行中，这就会取消动画，而且 completion 代码块会按照 finished==NO 的条件运行。稍后你会看到如何解决这个问题。

## 8.2　管理用户交互

上一节提到的问题是由用户体验设计上的失误造成的，不应该允许用户在上一个动画命令执行时发送新的命令。有时你希望这么做，但这里并非如此。只要创建响应用户输入的动画，就需要考虑这种情况。

视图动画中默认自动停止响应用户交互。因此，当小球正在掉落时，触摸它并不会生成任何事件。但在这个示例中，触摸主视图会引发动画。有两种解决办法。一是可以更改用户界面，以便触摸小球引发动画：

```
[self.circleView addGestureRecognizer:g];
```

另一个办法是在小球还处在动画中时忽略触摸事件。以下代码展示了如何在手势识别器回调中禁用 UIGestureRecognizer，并在动画结束时重新启用。

```
- (void)dropAnimate:(UIGestureRecognizer *)recognizer {
  [UIView
   animateWithDuration:3 animations:^{
     recognizer.enabled = NO;
     self.circleView.center = CGPointMake(100, 300);
   }
   completion:^(BOOL finished){
     [UIView
      animateWithDuration:1 animations:^{
        self.circleView.center = CGPointMake(250, 300);
      }
      completion:^(BOOL finished){
        recognizer.enabled = YES;
      }];
   }];
}
```

这种方式很好，因为它将对视图的其余副作用最小化了，不过你可能想要在动画进行时对视图禁用所有用户交互。这种情况下，你可以使用 self.view.userInteractionEnbaled 替换 recognizer.enabled。

## 8.3　图层绘制

视图动画非常强大，你应该尽量使用，尤其是在做基本布局动画时。它们还提供了少量常见的过渡效果，相关内容参见 https://developer.apple.com/library/ios/#documentation/WindowsViews/Conceptual/

ViewPG_iPhoneOS/Introduction/Introduction.html 中的 "Animations" 部分。这里有很多极棒的工具可以满足你的基本需求。

　　然而这里的内容绝不限于满足基本需求，而且要知道视图动画有很多限制。动画的基本单元是 UIView，它是非常重量级的对象，所以不能多用。UIView 也不支持三维布局（一些基本的 z 轴次序除外），所以你无法创建类似封面浏览效果的动画。为了让 UI 看起来更酷，需要使用 Core Animation。

　　Core Animation 提供了多种工具，有些即便你不打算使用动画也很有用。Core Animation 中最基础也最重要的部分就是 CALayer。本节会讲解如何使用 CALayer 绘制没有动画的内容。本章后面会讲解包含动画的相关部分。

　　CALayer 在很多方面都与 UIView 非常相似。它拥有位置、大小、变形和内容。你可以用自定义的代码（通常会用到 Core Graphics）来覆盖绘制方法以绘制定制内容。图层的层级关系与视图的非常接近。你可能会问：为什么还要有分离的对象？

　　最重要的答案是 UIView 是一个相当重量级的对象，它管理绘制与事件处理（尤其是触摸事件）。CALayer 完全关乎绘制。事实上，UIView 依靠 CALayer 来管理绘制，这样两者就能协作得很好。

　　每个 UIView 都有一个 CALayer 用于绘制。而且每个 CALayer 都可以拥有子图层，就像每个 UIView 都可以拥有子视图一样。图 8-2 展示了它们的层级关系。

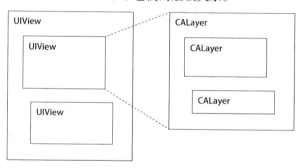

图 8-2　视图和图层的层级关系

　　图层会在它的 contents 属性（即 CGImage，参考本节后面的注解）中绘制任意东西。你需要负责进行设置，这里有多种方法可用。最简单的一种方法是直接分配，如以下代码（详见 8.3.1 节）：

```
UIImage *image = ...;
CALayer *layer = ...;
layer.contents = (id)[image CGImage];
```

　　如果你没有直接设置 contents 属性，Core Animation 会按照以下顺序通过 CALayer 和委托方法来创建它。

　　(1) [CALayer setNeedsDisplay]：你的代码需要调用它。它会将图层标记为需要重绘的，要求通过列表中的步骤来更新 contents。除非调用了 setNeedsDisplay 方法，否则 contents 属性永远都不会被更新（即便它是 nil）。

　　(2) [CALayer displayIfNeeded]：绘图系统会在需要时自动调用它。如果图层被通过调用 setNeedsDisplay 标记为需要重绘的，绘图系统就会接着执行后续步骤。

　　(3) [CALayer display]：displayIfNeeded 方法会在合适的时候调用它。开发者不应该直接调用它，如果实现了委托方法，默认实现会调用 displayLayer: 委托方法。否则，display 方法会调用 drawInContext: 方法。可以在子类中覆盖 display 方法以直接设置 contents 属性。

（4）[delegate displayLayer:]：默认的 [CALayer display] 会在方法实现这个方法时调用它。它的任务是设置 contents。如果实现了这个方法（即使没有什么操作），后面就不会运行自定义的绘制代码。

（5）[CALayer drawInContext:]：默认的 display 方法会创建一个视图图形上下文并将其传递给 drawInContext: 方法。它与 [UIView drawRect:] 方法相似，但不会自动设置 UIKit 上下文。为了使用 UIKit 来绘图，你需要调用 UIGraphicsPushContext() 方法指定接收到的上下文为当前上下文。否则，它只会使用 Core Graphics 在接收到的上下文中绘图。默认的 display 方法获取最终的上下文，创建一个 CGImage（参考后面的注解）并将其分配给 contents。默认的 [CALayer drawInContext:] 会在方法已实现时调用 [delegate drawLayer:inContext:]。否则，就不执行任何操作。注意，你可以直接调用这个方法。欲了解为什么要直接调用这个方法，参见 8.3.4 节。

（6）[delegate drawLayer:inContext:]：如果实现了这个方法，默认的 drawInContext: 会调用这个方法以更新上下文，从而使 display 方法可以创建 CGImage。

如你所见，有多种方法可以设置图层的内容。可以直接调用 setContent: 方法，也可以通过实现 display 或 displayLayer: 方法做到，还可以实现 drawInContext: 或 drawLayer:inContext: 方法。本节接下来将分别讨论各种方法。

绘图系统几乎不会像 UIView 一样经常自动更新内容。比如说，UIView 在屏幕上第一次出现时会对自身进行绘制，而 CALayer 则不会。使用 setNeedsDisplay 方法标记 UIView 为需要重绘的，这样就可以自动绘制所有子视图了。使用 setNeedsDisplay 方法标记 CALayer 为需要重绘的则并不会对子图层产生影响。需要记住的是：UIView 默认会在它认为你需要的时候绘制，而 CALayer 默认只会在你明确要求时绘制。CALayer 是很底层的对象，它经过了优化，除非开发者明确要求，否则它不会浪费时间执行任何操作。

> contents 属性通常是一个 CGImage，但并非总是如此。如果你使用了自定义绘图，Core Animation 将会使用私有类 CABackingStorage 来设置 contents。可以使用 CGImage 或其他图层的 contents 来设置当前图层的 contents 属性。

## 8.3.1  直接设置内容

如果手边有图片，那提供内容图片（如以下代码所示）是最简单的解决方法。

**LayersViewController.m（Layers）**

```
#import <QuartzCore/QuartzCore.h>
...
  UIImage *image = [UIImage imageNamed:@"pushing"];
  self.view.layer.contentsScale = [[UIScreen mainScreen] scale];
  self.view.layer.contentsGravity = kCAGravityCenter;
  self.view.layer.contents = (id)[image CGImage];
```

> 必须导入 QuartzCore.h 并链接 QuartzCore.framework 才能使用 Core Animation。这点太容易被忘记了!

需要使用强制转换符 __bridge id,因为 contents 是以 id 类型定义的,不过实际上是要赋值为 CGImageRef 类型的。为了确保能兼容 ARC,需要强制转换。常见的错误是在这里传递 UIImage 而不是 CGImageRef。虽然不会遇到编译器错误或运行时错误,但是视图将会是空白。

contents 内容默认填充视图,即便它会扭曲图片。正如 UIView 中的 contentMode 和 contentStretch,你可以通过 contentsCenter 和 contentsGravity 设置 CALayer 以不同的方式对其图片进行缩放。

## 8.3.2 实现 **display** 方法

display 和 displayLayer:方法的任务是把 contents 属性设置为合适的 CGImage。你可以用任何方式做到这一点。默认的实现会创建一个 CGContext,并将其传递给 drawInContext:方法,绘制结果在 CGImage 上,然后赋值给 contents。一般覆盖方法的原因是图层有多种状态并且都有各自的图片。按钮通常就是这样的。通过文件束(bundle)加载、用 Core Graphics 绘制或其他方法都可以。

到底是创建 CALayer 的子类还是使用委托这完全取决于个人喜好和是否方便。UIView 包含一个图层,而且它必须是该图层的委托。根据我的经验,最好不要将 UIView 作为任何子图层的委托。这样做会让 UIView 在执行某些复制子图层的操作(比如过渡)时出现无限死循环。因此,你可以在 UIView 中实现 displayLayer:方法来管理它的图层,或者将其他对象作为子图层的委托。

在我们来看,在 UIView 中实现 displayLayer:方法意义不大。如果你的视图内容只是一些图片,一般建议使用 UIImageView 或一个 UIButton,这种方式比使用手工加载图层内容的自定义 UIView 要好一些。UIImageView 针对图片显示进行过高度优化。UIButton 擅长根据状态进行图片切换,并且拥有很多优秀的用户界面机制,而要重制这些机制是很麻烦的事。不要在 Core Animation 中彻底改造 UIKit!UIKit 的默认功能恐怕比你实现的要好。

更有意义的可能就是将 UIViewController 作为图层的委托,尤其是在没有创建 UIView 的子类时。如果你的需求很简单的话,这样可以避免使用其他对象和子类。只是,请不要让你的 UIViewController 太过复杂。

## 8.3.3 自定义绘图

与 UIView 类似,也可以完全让 CALayer 实现自定义绘图。一般可以使用 Core Graphics 来绘制,不过使用 UIGraphicsPushContext 方法的话,也可以通过 UIKit 做到。

> 关于如何使用 Core Graphics 和 UIKit 进行绘图,参见第 7 章。

使用 drawInContext:方法是设置 contents 的另一种方法。它是通过 display 方法调用的,而 display 方法只有当你通过 setNeedsDisplay 方法明确标记图层为需要重绘时被调用。与直接

设置 `contents` 的方法相比，这里的优势在于 `display` 会自动创建适用于图层的 `CGContext`。特别是坐标系统的翻转。（参考第 8 章中关于 Core Graphics 与翻转坐标系统的内容。）以下代码展示了如何实现委托方法 `drawLayer:inContext:`，以便在图层顶端通过 UIKit 绘制字符串“Pushing The Limits”。因为 Core Animation 不会设置 UIKit 图形上下文的内容，所以你需要在调用 UIKit 方法之前调用 `UIGraphicsPushContext` 方法，并在代码结束之前调用 `UIGraphicsPopContext` 方法。

**DelegateView.m（Layers）**

```
- (id)initWithFrame:(CGRect)frame {
    self = [super initWithFrame:frame];
    if (self) {
      [self.layer setNeedsDisplay];
      [self.layer setContentsScale:[[UIScreen mainScreen] scale]];
    }
    return self;
}

- (void)drawLayer:(CALayer *)layer inContext:(CGContextRef)ctx {
  UIGraphicsPushContext(ctx);
  [[UIColor whiteColor] set];
  UIRectFill(layer.bounds);

  UIFont *font = [UIFont preferredFontForTextStyle:UIFontTextStyleHeadline];
  UIColor *color = [UIColor blackColor];

  NSMutableParagraphStyle *style = [NSMutableParagraphStyle new];
  [style setAlignment:NSTextAlignmentCenter];

  NSDictionary *attribs = @{NSFontAttributeName: font,
                            NSForegroundColorAttributeName: color,
                            NSParagraphStyleAttributeName: style};

  NSAttributedString *
  text = [[NSAttributedString alloc] initWithString:@"Pushing The Limits"
                                         attributes:attribs];

  [text drawInRect:CGRectInset([layer bounds], 10, 100)];
  UIGraphicsPopContext();
}
```

请注意在 `initWithFrame:` 方法中对 `setNeedsDisplay` 的调用。之前说过，图层在屏幕上显示时不能自动重绘自身。需要使用 `setNeedsDisplay` 方法将其标记为需重绘的。

相对于使用 `backgroundColor` 属性，你可能也注意到了背景的手动绘制。这是特意为之。当使用 `drawLayer:inContext:` 进行自定义绘图时，大部分自动图层设置（比如 `backgroundColor` 和 `cornerRadius`）会被忽略。`drawLayer:inContext:` 中完成的任务就是绘制图层所需的内容。这种方式不像在 UIView 中时那样有帮助。如果你想要同时实现自定义绘图与圆角效果等图层效果，可以在子图层上进行自定义绘图并在父图层上使用圆角。

### 8.3.4 在自己的上下文中绘图

与[UIView drawRect:]不同，你完全可以调用[CALayer drawInContext:]方法。只需要生成一个上下文并将其传递进去，这样便于捕捉图层内容到位图或 PDF，然后你就可以保存或打印它了。如果想要拼合图层的话，像这样调用drawInContext:会很有帮助，因为如果你想要的只是位图，直接使用contents就可以了。

drawInContext:只在当前图层绘制（不包括其任何子图层）。要绘制图层及其子图层，可以使用renderInContext:方法，它可以捕捉图层当前动画的状态。renderInContext:使用当前渲染的状态（由 Core Animation 内部管理），因此它不会调用drawInContext:方法。

> 如果是绘制视图层级结构的内容，可以看一下 UIView 的 UISnapshotting，特别是 drawView-HierarchyAtRect:，如果只是为了截取某个视图的话用这个方法会很快。

## 8.4 移动对象

可以在图层中绘图之后，再想一想如何使用图层来创建动画？

图层默认就是可以实现动画的。事实上，我们需要通过少量工作阻止动画执行。参考一下下面的示例。

**LayerAnimationViewController.m（LayerAnimation）**

```
- (void)viewDidLoad {
  [super viewDidLoad];
  CALayer *squareLayer = [CALayer layer];
  squareLayer.backgroundColor = [[UIColor redColor] CGColor];
  squareLayer.frame = CGRectMake(100, 100, 20, 20);
  [self.view.layer addSublayer:squareLayer];

  UIView *squareView = [UIView new];
  squareView.backgroundColor = [UIColor blueColor];
  squareView.frame = CGRectMake(200, 100, 20, 20);
  [self.view addSubview:squareView];

  [self.view addGestureRecognizer:
   [[UITapGestureRecognizer alloc]
     initWithTarget:self
     action:@selector(drop:)]];
}

- (void)drop:(UIGestureRecognizer *)recognizer {
  NSArray *layers = self.view.layer.sublayers;
  CALayer *layer = [layers objectAtIndex:0];
  [layer setPosition:CGPointMake(200, 250)];

  NSArray *views = self.view.subviews;
```

```
    UIView *view = [views objectAtIndex:0];
    [view setCenter:CGPointMake(100, 250)];
}
```

这段代码绘制了一个小型的红色子图层和一个小型的蓝色子视图。点击视图时，它们都会移动。视图会立刻蹦到新的位置上。图层动画持续稍大于 1/4 秒。很快，不过不像视图那样迅速。

CALayer 隐式为所有支持动画的属性添加动画。你可以通过禁用动作来阻止动画：

```
[CATransaction setDisableActions:YES];
```

我们会在 8.7 节中详细讨论动作。

disableAction 方法的名字取得很不好。因为它的前面是一个动词，你也许希望它能有一个额外效果（比如禁用操作），而不只是返回属性的当前值。它应该是 actionDisabled（或和 userInteractionEnabled 的命名方式类似，使用 actionsEnabled）。苹果公司可能最后纠正这点，因为其他一些属性也有名称问题。与此同时，请确保在想要更改属性值时调用 setDisable-Actions:方法。在空（void）上下文中调用[CATransaction disableActions]并不会引发警告或错误。

## 8.4.1  隐式动画

你现在已经知道所有的动画基础知识了。只需要设置图层属性，图层就会以默认方式执行动画。不过，要是你不喜欢默认设定呢？比方说，你可能想要更改动画的持续时间。那么首先你需要理解事务（transaction）。

通常在更改图层属性时，你会想要它们也具备动画效果。如果下一个属性的更改会影响当前属性的更改，你不会想要花过多的渲染时间计算后者更改时的动画。比方说，opacity 和 backgroundColor 是相互影响的属性，它们都能决定最终显示的像素颜色，因此渲染器需要在计算中间值时了解两个动画。

Core Animation 把属性的更改绑定到了原子事务（CATransaction）。当你首次在一个包含运行循环的线程上修改一个图层时，系统会为你创建一个隐式 CATransaction。（如果这句话勾起了你的兴趣，请参考 8.9 节。）在运行循环中，所有的图层修改都被收集起来，当运行循环结束时，所有的修改都提交给图层树（layer tree）。

如果想要修改动画属性，需要对当前事务进行更改。以下代码将当前事务的持续时间由原来的 0.25 秒更改成了 2 秒：

```
[CATransaction setAnimationDuration:2.0];
```

也可以使用[CATransaction setCompletionBlock:]设置一个完成代码块（completion block），在当前事务完成动画后运行。可以使用这种方式链接多个动画。

虽然运行循环会自动创建一个事务，但你还是可以通过[CATransaction begin]和[CATransaction commit]创建自己的显式事务。这样，你便可为动画的不同部分指定不同的持续时间或者禁用事件循环中某一部分的动画。

8.7 节中有更多实现和扩展隐式动画的内容。

## 8.4.2　显式动画

隐式动画确实非常强大，而且也方便，不过有时你需要更多的控制。这就需要用到 CAAnimation 了。使用 CAAnimation 可以管理重复动画、准确控制时间和步调，并能设定图层过渡。隐式动画是通过 CAAnimation 实现的，因此所有可以在隐式动画中做到的事情都能在显式动画里做到。

最基本的动画是 CABasicAnimation，它添加了一个使用时间函数的属性，如以下代码所示：

```
CABasicAnimation *anim = [CABasicAnimation
                          animationWithKeyPath:@"opacity"];
anim.fromValue = @1.0;
anim.toValue = @0.0;
anim.autoreverses = YES;
anim.repeatCount = INFINITY;
anim.duration = 2.0;
[layer addAnimation:anim forKey:@"anim"];
```

它会一直每隔两秒重复绘制一次图层，将不透明度从 1 一直改到 0。如果你想停止这个动画，请将它移除：

```
[layer removeAnimationForKey:@"anim"];
```

动画有它的 key（关键帧）、fromValue（起始值）、toValue（目标值）、timingFunction（时间函数）、duration（持续时间）以及其他一些配置选项。它的工作原理是创建图层的多个副本，发送 setValue:forKey: 消息到副本，然后显示。它会捕捉生成的 contents 并将其显示出来。

如果图层中有自定义的属性，你可能会注意到它们在动画运行中没有被正确设置。这是因为图层被复制了。我们会在 8.8 节中讨论这些内容。

顾名思义，CABasicAnimation 就是一个基本的动画。虽然很容易设置和使用，但不是很灵活。如果你想更多地控制动画，可以使用 CAKeyframeAnimation。主要的区别在于不是给出 fromValue 和 toValue，而是可以利用路径或点序列实现动画，并为每个动画片段单独计时。要了解更精彩的示例，请参考这里：https://developer.apple.com/library/mac/#documentation/Cocoa/Conceptual/Animation_Types_Timing/Introduction/Introduction.html。它们的技术难度并不大，主要的创造性工作就是寻找合适的路径与时间。

## 8.4.3　模型与表示

动画中的一个常见问题就是麻烦的"闪回"（jump back）。错误如下：

```
CABasicAnimation *fade;
fade = [CABasicAnimation animationWithKeyPath:@"opacity"];
fade.duration = 1;
```

```
fade.fromValue = @1.0;
fade.toValue = @0.0;
[circleLayer addAnimation:fade forKey:@"fade"];
```

这段代码会让圆圈淡出大约 1 秒钟，之后突然出现。要了解突然出现的原因，需要明了模型层与表示层的区别。

模型层是由"真正"CALayer 对象的属性定义的。前面的代码没有任何地方修改 circleLayer 本身。相反，CAAnimation 创建了 circleLayer 的副本并对其进行修改，使其变成表示层。它们大致表示会在屏幕上显示什么内容。从技术上讲还存在一个渲染层，真正表示屏幕上要显示的内容，不过它是 Core Animation 内部的功能，你很少会遇到它。

那么前面的代码中发生了什么？CAAnimation 修改了表示层，表示层将被绘制到屏幕，绘制完成后，所有的更改都会丢失并由模型层决定新状态。模型层没有改变，因此会恢复一开始的状态。解决方法是设置模型层，如下所示：

```
circleLayer.opacity = 0;
CABasicAnimation *fade;
fade = [CABasicAnimation animationWithKeyPath:@"opacity"];
...
[circleLayer addAnimation:fade forKey:@"fade"];
```

有时它能正常工作，但有时 setOpacity:中的隐式动画会与 animationWithKeyPath:的显式动画冲突。最好的解决办法是在执行显式动画时关闭隐式动画：

```
[CATransaction begin];
[CATransaction setDisableActions:YES];
circleLayer.opacity = 0;
CABasicAnimation *fade;
fade = [CABasicAnimation animationWithKeyPath:@"opacity"];
...
[circleLayer addAnimation:fade forKey:@"fade"];
[CATransaction commit];
```

> 有人推荐设置 removedOnCompletion 为 NO、fillMode 为 kCAFillModeBoth。这并不是好的解决办法。它本质上会让动画一直运行，这意味着模型层永远不会更新。如果你想要获取属性的值，得到的只会是模型的值，而不是真正绘制在屏幕上的内容。如果之后试着对属性应用隐式动画，它不会正常工作，因为 CAAnimation 仍然在运行。如果你通过其他名称相同的动画进行替换来移除动画，那么调用 removeAnimationForKey:或 removeAllAnimations 后就会获取旧值。而且，这样设置会浪费内存。

事情有点儿棘手了。因此，可能需要下面 CALayer 上的分类，它进行了全面封装，支持设置持续时间和延时。一般情况下我仍建议使用隐式动画，不过这里使用显式动画会更简单一些：

**CALayer+RNAnimation.m（LayerAnimation）**

```
@implementation CALayer (RNAnimations)
- (void)setValue:(id)value
```

```
      forKeyPath:(NSString *)keyPath
       duration:(CFTimeInterval)duration
          delay:(CFTimeInterval)delay
{
  [CATransaction begin];
  [CATransaction setDisableActions:YES];
  [self setValue:value forKeyPath:keyPath];

  CABasicAnimation *anim;
  anim = [CABasicAnimation animationWithKeyPath:keyPath];
  anim.duration = duration;
  anim.beginTime = CACurrentMediaTime() + delay;
  anim.fillMode = kCAFillModeBoth;
  anim.fromValue = [[self presentationLayer] valueForKey:keyPath];
  anim.toValue = value;
  [self addAnimation:anim forKey:keyPath];

  [CATransaction commit];
}
@end
```

## 8.4.4 关于定时

跟我们生活的宇宙一样，Core Animation 中的时间也是相对的。一秒时间并不一定就是一秒钟。与坐标一样，时间是可以缩放的。

CAAnimation 遵循 CAMediaTiming 协议，可以设置其 speed 属性来缩放它的时间跨度。因此，若要计算图层之间的时间，需要对它们进行转换，就像转换不同视图或图层中的点一样。

```
localPoint = [self convertPoint:remotePoint fromLayer:otherLayer];
localTime = [self convertTime:remotetime fromLayer:otherLayer];
```

这种情况并不常见，但在协调动画时会出现。你可能会使用其他图层的特定动画，在该动画要结束时便开始你自己的动画。

```
CAAnimation *otherAnim = [layer animationForKey:@"anim"];
CFTimeInterval finish = otherAnim.beginTime + otherAnim.duration;
myAnim.beginTime = [self convertTime:finish fromLayer:layer];
```

像这样设置 beginTime 是链接动画的不错方法，即使是硬编码时间而不询问其他图层。如果想要引用"当前时间"，可以使用 CACurrentMediaTime()。

这又会引发另一个问题。你的属性值现在是多少，动画什么时候开始？可以假设是 fromValue（起始值），但实际上并非如此。因为动画还没有开始，所以它是当前模型的值。一般来说，这个值是 toValue（目标值）。来看下面的动画：

```
[CATransaction begin];
anim = [CABasicAnimation animationWithKeyPath:@"opacity"];
anim.fromValue = @1.0;
anim.toValue = @0.5;
anim.duration = 5.0;
anim.beginTime = CACurrentMediaTime() + 3.0;
[layer addAnimation:anim forKey:@"fade"];
```

```
layer.opacity = 0.5;
[CATransaction commit];
```

前 3 秒动画不动。在这段时间内，默认属性的不透明度（opacity）会从 1.0 渐变成 0.5。然后动画开始，设置不透明度从它的起始值逐渐变成目标值。因此图层会在 0.25 秒时间内从 1.0 渐变成 0.5，3 秒之后，它就会跳回 1.0 并且在 5 秒内渐变为 0.5。几乎可以肯定，这并不是你想要的结果。

可以通过 fillMode 解决这个问题。默认的 kCAFillModeRemoved 意味着动画在执行前后不会对值有什么影响。在动画执行前后可以通过设置填充模式为 kCAFillModeBackwards、kCAFillModeForwards 或 kCAFillModeBoth 来更改为"恒定"值，结果如图 8-3 所示。

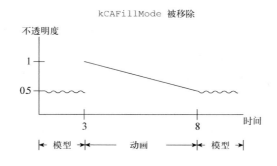

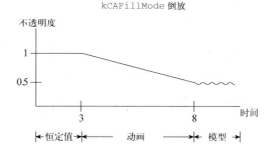

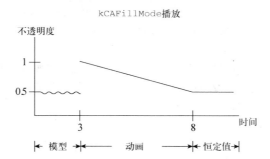

图 8-3　各种填充模式在媒体定时函数中的效果

大部分情况下，应该设置 fillMode 为 kCAFillModeBackwards 或 kCAFillModeBoth。

## 8.5 三维动画

第 7 章讨论了如何使用 `CGAffineTransform` 来使 `UIView` 绘图更有效率。这个技术限制你只能进行二维变形：平移、旋转、缩放和倾斜。而在图层中，可以通过添加视角来应用三维变形。这常称为 2.5D（而不是 3D），因为它不能让图层真正成为三维对象（与 OpenGL ES 不同）。不过，它确实能模拟出三维的运动效果。

旋转图层基于一个锚点进行。默认情况下，锚点位于图层中心，一般是{0.5, 0.5}。你可以将它移到图层中的任何位置，以便于围绕一条边或一个角旋转。锚点的度量以单位方形而不是点为参照。所以无论图层有多大，右下角的坐标都是{1.0, 1.0}。

下面是一个三维盒子的简单示例：

**BoxViewController.h（Box）**

```
@interface BoxViewController : UIViewController
@property (nonatomic, readwrite, strong) CALayer *topLayer;
@property (nonatomic, readwrite, strong) CALayer *bottomLayer;
@property (nonatomic, readwrite, strong) CALayer *leftLayer;
@property (nonatomic, readwrite, strong) CALayer *rightLayer;
@property (nonatomic, readwrite, strong) CALayer *frontLayer;
@property (nonatomic, readwrite, strong) CALayer *backLayer;
@end
```

**BoxViewController.m（Box）**

```
@implementation BoxViewController

const CGFloat kSize = 100.;
const CGFloat kPanScale = 1./100.;

- (CALayer *)layerWithColor:(UIColor *)color
                  transform:(CATransform3D)transform {
  CALayer *layer = [CALayer layer];
  layer.backgroundColor = [color CGColor];
  layer.bounds = CGRectMake(0, 0, kSize, kSize);
  layer.position = self.view.center;
  layer.transform = transform;
  [self.view.layer addSublayer:layer];
  return layer;
}

static CATransform3D MakePerspectiveTransform() {
  CATransform3D perspective = CATransform3DIdentity;
  perspective.m34 = -1./2000.;
  return perspective;
}

- (void)viewDidLoad {
  [super viewDidLoad];

  CATransform3D transform;
```

```
    transform = CATransform3DMakeTranslation(0, -kSize/2, 0);
    transform = CATransform3DRotate(transform, M_PI_2, 1.0, 0, 0);
    self.topLayer = [self layerWithColor:[UIColor redColor]
                             transform:transform];

    transform = CATransform3DMakeTranslation(0, kSize/2, 0);
    transform = CATransform3DRotate(transform, M_PI_2, 1.0, 0, 0);
    self.bottomLayer = [self layerWithColor:[UIColor greenColor]
                                transform:transform];

    transform = CATransform3DMakeTranslation(kSize/2, 0, 0);
    transform = CATransform3DRotate(transform, M_PI_2, 0, 1, 0);
    self.rightLayer = [self layerWithColor:[UIColor blueColor]
                               transform:transform];

    transform = CATransform3DMakeTranslation(-kSize/2, 0, 0);
    transform = CATransform3DRotate(transform, M_PI_2, 0, 1, 0);
    self.leftLayer = [self layerWithColor:[UIColor cyanColor]
                              transform:transform];

    transform = CATransform3DMakeTranslation(0, 0, -kSize/2);
    transform = CATransform3DRotate(transform, M_PI_2, 0, 0, 0);
    self.backLayer = [self layerWithColor:[UIColor yellowColor]
                              transform:transform];

    transform = CATransform3DMakeTranslation(0, 0, kSize/2);
    transform = CATransform3DRotate(transform, M_PI_2, 0, 0, 0);
    self.frontLayer = [self layerWithColor:[UIColor magentaColor]
                               transform:transform];

    self.view.layer.sublayerTransform = MakePerspectiveTransform();

    UIGestureRecognizer *g = [[UIPanGestureRecognizer alloc]
                              initWithTarget:self
                              action:@selector(pan:)];
    [self.view addGestureRecognizer:g];
}

- (void)pan:(UIPanGestureRecognizer *)recognizer {
    CGPoint translation = [recognizer translationInView:self.view];
    CATransform3D transform = MakePerspectiveTransform();
    transform = CATransform3DRotate(transform,
                                    kPanScale * translation.x,
                                    0, 1, 0);
    transform = CATransform3DRotate(transform,
                                    -kPanScale * translation.y,
                                    1, 0, 0);
    self.view.layer.sublayerTransform = transform;
}
@end
```

BoxViewController 展示了如何创建一个简单的方形并基于视角旋转。所有的图层都是使用
layerWithColor:transform:方法创建的。注意，所有的图层拥有相同的 position。它们只能把
方形经过平移和旋转的变形结果形状显示在屏幕上。

可以使用透视的 `sublayerTransform`（一个针对所有子图层但对当前图层无效的变形）。这里不会谈及数学，不过 3D 变形矩阵的 `m34` 位置应该设置为 `-1/EYE_DISTANCE`。大多数情况下，2000个单位就可以做得很好了，不过你可以通过"缩放摄像机"来调整。

还可以通过设置 `position` 和 `zPosition`（而不是平移）来构造方形，如以下代码所示。这对于某些开发人员来说可能更加直观。

**BoxTransformViewController.m（BoxTransform）**

```
- (CALayer *)layerAtX:(CGFloat)x y:(CGFloat)y z:(CGFloat)z
               color:(UIColor *)color
           transform:(CATransform3D)transform {
  CALayer *layer = [CALayer layer];
  layer.backgroundColor = [color CGColor];
  layer.bounds = CGRectMake(0, 0, kSize, kSize);
  layer.position = CGPointMake(x, y);
  layer.zPosition = z;
  layer.transform = transform;
  [self.contentLayer addSublayer:layer];
  return layer;
}

- (void)viewDidLoad {
  [super viewDidLoad];
  CATransformLayer *contentLayer = [CATransformLayer layer];
  contentLayer.frame = self.view.layer.bounds;
  CGSize size = contentLayer.bounds.size;
  contentLayer.transform =
    CATransform3DMakeTranslation(size.width/2, size.height/2, 0);
  [self.view.layer addSublayer:contentLayer];

  self.contentLayer = contentLayer;

  self.topLayer = [self layerAtX:0 y:-kSize/2 z:0
                          color:[UIColor redColor]
                      transform:MakeSideRotation(1, 0, 0)];
  ...
}

- (void)pan:(UIPanGestureRecognizer *)recognizer {
  CGPoint translation = [recognizer translationInView:self.view];
  CATransform3D transform = CATransform3DIdentity;
  transform = CATransform3DRotate(transform,
                                  kPanScale * translation.x,
                                  0, 1, 0);
  transform = CATransform3DRotate(transform,
                                  -kPanScale * translation.y,
                                  1, 0, 0);
  self.view.layer.sublayerTransform = transform;
}
```

你现在需要在其中插入 `CATransformLayer`。如果只使用 `CALayer`，那么 `zPosition` 只能用于计算图层显示顺序，而无法用来决定空间定位。这样会使盒形看起来是扁平的。`CATransformLayer`

支持 zPosition 并且不需要透视变形。

## 8.6　美化图层

CALayer 相对于 UIView 有一个主要优点，即便你工作在 2D 环境中，CALayer 也支持自动边框效果。比如说，CALayer 可以自动生成圆角、彩色边线以及阴影。所有这些都可应用动画效果，可以提供非常好的视觉效果。举个例子，你可在用户点击并释放图层时触发更改位置和阴影的动画效果。以下代码创建了如图 8-4 所示的图层。

DecorationViewController.m（Decoration）

```
CALayer *layer = [CALayer layer];
layer.frame = CGRectMake(100, 100, 100, 100);
layer.cornerRadius = 10;
layer.backgroundColor = [[UIColor redColor] CGColor];
layer.borderColor = [[UIColor blueColor] CGColor];
layer.borderWidth = 5;
layer.shadowOpacity = 0.5;
layer.shadowOffset = CGSizeMake(3.0, 3.0);
[self.view.layer addSublayer:layer];
```

图 8-4　有彩色、圆角和阴影的图层

## 8.7　用动作实现自动动画

隐式动画大多数情况下能达到你的要求，不过有时你还要配置它们。可以通过 CATransaction 关闭所有隐式动画，不过这只对当前事务（通常就是当前的运行循环）有效。如果要修改隐式动画的行为，尤其是想让它针对该图层一直保持这种行为，就需要配置图层的动作。这样，可以在创建图层时就配置动画，而不需要每次更改一个属性都应用一个显式动画。

图层动作会响应图层上的各种变化，比如添加或移除图层或者修改某个属性。例如，假设修改 position 属性，默认动作是执行动画 0.25 秒。在以下示例中，circleLayer 是一个在中间依据指定的 radius（半径）绘制红色圆圈的图层。

**ActionsViewController.m（Actions）**

```
CircleLayer *circleLayer = [CircleLayer new];
circleLayer.radius = 20;
circleLayer.frame = self.view.bounds;
[self.view.layer addSublayer:circleLayer];
...
circleLayer.position = CGPointMake(100, 100);
```

我们来修改它，以使更改位置时的动画一直是 2 秒：

```
CircleLayer *circleLayer = [CircleLayer new];
circleLayer.radius = 20;
circleLayer.frame = self.view.bounds;
[self.view.layer addSublayer:circleLayer];

CABasicAnimation *anim =
  [CABasicAnimation animationWithKeyPath:@"position"];
anim.duration = 2;
NSMutableDictionary *actions =
  [NSMutableDictionary dictionaryWithDictionary:
                                [circleLayer actions]];
actions[@"position"] = anim;
circleLayer.actions = actions;
...
circleLayer.position = CGPointMake(100, 100);
```

设置动作为 [NSNull null] 可以禁用这个属性的隐式动画。字典中不可以保存 nil，所以必须使用 NSNull 类。

在图层树中添加图层（kCAOnOrderIn）或移除图层（kCAOnOrderOut）时需要一些特殊的动作。举个例子，可以像这样创建一组变大同时淡入的动画：

```
CABasicAnimation *fadeAnim =
  [CABasicAnimation animationWithKeyPath:@"opacity"];
fadeAnim.fromValue = @0.4;
fadeAnim.toValue = @1.0;

CABasicAnimation *growAnim =
  [CABasicAnimation animationWithKeyPath:@"transform.scale"];
growAnim.fromValue = @0.8;
growAnim.toValue = @1.0;

CAAnimationGroup *groupAnim = [CAAnimationGroup animation];
groupAnim.animations = @[fadeAnim, growAnim];

  actions[kCAOnOrderIn] = groupAnim;
  circleLayer.actions = actions;
```

在图层替换时，动作对处理过渡（kCATransition）也非常重要。一般都是与 CATransition（一个特殊类型的 CAAnimation）一起使用。可以针对 contents 属性使用 CATransition 动作来创建特效，比如内容改变时的幻灯片放映效果。默认启用淡出效果。

## 8.8　为自定义属性添加动画

Core Animation 隐式地为很多图层属性添加动画，但 CALayer 子类的自定义属性呢，比如 CircleLayer 中的 radius 属性？默认情况下，radius 是没有动画的，而 contents 有（通过 CATransition）。因此，更改半径会导致圆形渐渐消失并出现新的圆形。这可能不是你想要的结果。你可能希望 radius 的动画效果像 position 一样。通过以下几步就可以实现：

**CircleLayer.m（Actions）**

```
@implementation CircleLayer
@dynamic radius;

- (id)init {
    self = [super init];
    if (self) {
        [self setNeedsDisplay];
    }

    return self;
}

- (void)drawInContext:(CGContextRef)ctx {
    CGContextSetFillColorWithColor(ctx,
                                   [[UIColor redColor] CGColor]);
    CGFloat radius = self.radius;
    CGRect rect;
    rect.size = CGSizeMake(radius, radius);
    rect.origin.x = (self.bounds.size.width - radius) / 2;
    rect.origin.y = (self.bounds.size.height - radius) / 2;
    CGContextAddEllipseInRect(ctx, rect);
    CGContextFillPath(ctx);
}

+ (BOOL)needsDisplayForKey:(NSString *)key {
    if ([key isEqualToString:@"radius"]) {
        return YES;
    }
    return [super needsDisplayForKey:key];
}

- (id < CAAction >)actionForKey:(NSString *)key {
    if ([self presentationLayer] != nil) {
        if ([key isEqualToString:@"radius"]) {
            CABasicAnimation *anim = [CABasicAnimation
                                      animationWithKeyPath:@"radius"];
            anim.fromValue = [[self presentationLayer]
```

```
                              valueForKey:@"radius"];
            return anim;
        }
    }

    return [super actionForKey:key];
}
@end
```

先来回顾一下基础知识。在 init 方法里调用 setNeedsDisplay，这样图层的 drawInContext: 会在第一次添加图层到图层树时被调用。覆盖 needsDisplayForKey: 方法，这样无论何时修改半径都可以自动重绘。

现在要修改动作了。我们实现了 actionForKey: 方法，以此返回一个在当前图层（presentation-Layer）中有半径起始值（fromValue）的动画。这意味如果动画中途变化，动画效果会更加平滑。

> 注意，这里使用@dynamic（而不是@synthesize）实现了 radius 属性。CALayer 在运行时对这个属性自动生成了存取方法，并且这些存取方法有重要的逻辑。关键是不要在 CALayer 中实现自定义的存取方法或是使用@synthesize 语句。

> 注意，文档中并没有@dynamic 的这种用法。

## 8.9　Core Animation 与线程

Core Animation 可以很好地适应线程。通常，可以在任意线程中修改 CALayer 属性，这点与 UIVIew 属性不同。可以在任何线程中调用 drawInContext: 方法。（不过特定的 CGContext 只能一次在一个线程上进行修改。）对 CALayer 属性的更改会使用 CATransaction 按事务分配到多个线程中进行处理。如果有一个运行循环的话，这个过程就会自动发生；如果没有运行循环，则需要定期调用 [CATransaction flush]。如果可能，应该在运行循环的线程中实现 Core Animaiton 动作来改善性能。

## 8.10　小结

Core Animation 是 iOS 中最为重要的框架之一。这么强大的引擎 API 接口却相当简单易用。不过这个框架还是有一些缺陷，有些东西仍然需要调整才行。（比如要用@dynamic 代替@synthesize 来实现属性。）如果没有正常运行，就需要进行调试了，因此了解它的工作原理至关重要。希望通过阅读本章，你已经有了足够的自信来创建诱人的动画效果了。

## 8.11　扩展阅读

### 1. 苹果文档

下面的文档位于 iOS Developer Library（https://developer.apple.com/library/ios/navigation/index.html）中，

通过 Xcode Documentation and API Reference 也可以找到。

- ❑ *Animation Types and Timing Programming Guide*
- ❑ *Core Animation Programming Guide*

**2. 其他资源**

- ❑ milen.me（Milen Dzhumerov），"CA's 3D Model"。这篇文章极好地概述了透明变形背后的数学原理，包括神奇的-1/2000。
- ❑ http://milen.me/technical/core-animation-3d-model

Cocoa With Love（Matt Gallagher），"Parametric acceleration curves in Core Animation"。这篇文章讲解了如何实现使用 `CAMediaTimingFunction` 无法实现的定时曲线，比如阻尼振荡和指数衰减。cocoawithlove.com/2008/09/parametric-acceleration-curves-in-core.html

# 第 9 章

# 多任务

*9*

曾经有一段时间（那时距离现在还不太久），处理器速度的提升对开发者来说就意味着更广阔的自由发挥空间。每一代新硬件都能使代码的运行速度更快，而且不需要任何额外的工作。所有不够高效的问题都会因为摩尔定律的魔力自然而然解决。但是那个时代已经结束了。处理器依然每年都会变得越来越强大，不是变得速度更快，而是变得具备更好的并行性。即便是非常小巧的移动设备，比如 iPhone，也拥有了多核 CPU。如果不在应用中使用多任务，就是对处理器强大能力的浪费。

本章主要介绍多任务最佳实践，以及用于处理多任务的主流 iOS 框架：运行循环（run loop）、线程（thread）、操作（operation），以及 GCD（Grand Central Dispatch）。如果熟悉其他平台基于线程的多任务，你会了解如何降低对显式线程的依赖，以及如何更好地使用 iOS 框架，那样可以不用线程或者是自动处理线程。

本章假设读者对操作队列和 GCD 具备最基本的了解，哪怕并没有在实际中用过。如果你从没听过这些名词，建议先阅读 *Concurrency Programming Guide*[①]。本章也假设读者了解块（block）的基本知识。如果对块不熟悉，应该先阅读 *Blocks Programming Topics*[②]。这些文档都可以在苹果开发者中心（developer.apple.com）或者 Xcode 的帮助系统中找到。

在 SimpleGCD、SimpleOperation 和 SimpleThread 工程中可以找到本章示例代码。

## 9.1 多任务和运行循环简介

多任务最基本的形式就是运行循环，多任务最早在 NeXTSTEP 上出现时使用的就是这种形式。在 OS X 10.6（苹果引入 Grand Central Dispatch）之前，运行循环是主要的多任务系统。

每个 Cocoa 应用程序都由一个处于阻塞状态的 do/while 循环驱动，当有事件发生时，就把事件分派给合适的监听器，如此反复直到循环停止。处理分派的对象就叫作运行循环（NSRunLoop）。

通常不需要理解运行循环的内部机制。这涉及 **Mach Port**、**Message Port**、CFRunLoopSourceRef 类型，还有其他很多神秘的东西。这些东西在通常的程序（甚至是非常复杂的程序）中都是极其罕见的。重要的是要明白运行循环其实就是一个大的 do/while 循环，它运行在某个线程中，从各种事件队列中取得事件（每次 1 个），然后把它分派给合适的监听器。这是 iOS 程序的核心。

如果调用 applicationWillResignActive: 方法（或者 IBAction 以及程序的任何入口点），

---

[①] 苹果官方的并行编程指南。——译者注
[②] 苹果官方的块编程文档。——译者注

那是因为某个事件触发了你实现的委托调用。这时运行循环会阻塞，调用返回后才能继续运行。主线程运行这些代码时，滚动视图无法滚动，按钮无法高亮，定时器也无法触发。整个 UI 都会被挂起，直到事件处理完成。编写代码时一定要牢记这些。

这并不是说所有的东西都在主运行循环上。每个线程都拥有自己的运行循环。与大部分的 `NSURLConnection` 网络处理一样，动画通常也在后台线程中运行。系统核心会运行一个共享的运行循环。

> 虽然每个线程都有一个运行循环，但并不是说每个线程会处理自己的运行循环。运行循环仅在需要对 runUntilDate: 等命令做出响应时，才会执行它们的 do/while 循环。调用 main.m 文件（大部分工程都包含这个文件）中的 UIApplicationMain 就会运行主运行循环。

`NSTimer` 基于运行循环进行消息分派。调度 `NSTimer` 时，其实是要求当前运行循环在某个特定的时间分派某个选择器。运行循环的每次迭代都会对时间进行检查并且触发所有过期的定时器。延迟执行的方法（比如 `performSelector:withObject:afterDelay:`）也是通过调度定时器实现的。

大部分时候，所有这些事情都是在幕后发生的，并不需要深入了解运行循环。UIApplicationMain 会启用主线程的运行循环，一直到程序终止。

虽然了解一些基本的运行循环知识很重要，但是苹果开发了一些更好的方法来处理常见的多任务问题。大部分方法都以 Grand Central Dispatch 为基础。使用这些方法的第一步就是把程序分解为多个操作，下一节将对此进行讨论。

## 9.2　以操作为中心的多任务开发

很多从其他平台转过来的开发者都习惯从线程角度思考问题。iOS 提供封装良好的类支持直接和线程交互，尤其是 `NSThread` 类。但是我建议不要使用这些类，而应该使用以操作为中心的多任务。操作是比线程更强大的抽象，如果正确使用的话，可以得到更好更快的代码。线程的创建和维护成本都很高，所以以设计使用线程的软件一般会引入少量或中等数量长期存在的线程。这些线程执行重量级的操作，比如网络操作、数据库操作或者计算。因为这些操作涉及面很广，所以需要访问大量的输入输出，而那意味着加锁。加锁代价昂贵，还可能导致大量的 bug。

当然，多线程程序不一定要这么写。如果你创建的短期线程用于单个输入和输出，而且对锁的需求尽量降到最低，那就会好很多。但是创建线程成本很高，所以需要管理一个线程池。而小操作一般会有顺序依赖关系，所以最好创建某种队列，确保它们按你要的顺序进行。现在，想象一下如果能让操作系统来处理线程池和队列会怎么样？这就是 `NSOperation` 的功能。这是你在优化多线程程序，从而尽可能地减少锁时想到的方案，但是用 NSOperation 更好，你不用操心信号量和互斥锁机制，将精力放在你想做的事情上面。

操作是封装的工作单位，一般用 Objective-C 块来表示。操作支持优先级、依赖关系和取消，所以它们很适合调度某些实际上并不需要做的事情。比如，在一个滚动视图中更新图片，收藏当前屏幕上的图片，以及取消更新滚出屏幕以外的图片。下面这个例子将创建一个 UICollectionView，其中包含随机分形图。计算这些分形图非常消耗资源，所以要异步生成。为了提升显示性能，要计算各种分辨率下的分形图，快速显示一个低分辨率分形图，然后在用户停止滚动时显示高辨率分形图。

本例要用 NSOperation 的一个子类生成朱利亚集合(一种分形图)，然后在 UICollectionView 中显示。操作所做的事情有点复杂，所以放在单独的源代码文件中比较好。对于小一些的操作，可以把代码写在内嵌块中。JuliaOp 工程中有实例代码。下面是操作的 main 方法的基本结构 (为节省篇幅省掉了具体的数学计算)。

**JuliaOperations.m ( JuliaOp )**

```
- (void)main {
  // ...
  // 配置 bits[] 保存位图数据
  // ...
  for (NSUInteger y = 0; y < height; ++y) {
    for (NSUInteger x = 0; x < width; ++x) {
      if (self.isCancelled) {
        return;
      }
      // ...
      // 计算朱利亚值并更新 bits[]
      // 每个像素最多可能迭代 255 次
      // ...
    }
  }
  // ...
  // 创建位图并保存在 self.image 中
  // ...
}
```

下面是这个操作的一些关键特性。

□ 所有必需的数据都会在开始之前传递给操作。操作在运行过程中不需要和别的对象交互，所以就不需要加锁。

□ 操作完成后，结果保存在本地 ivar 中。这还是为了避免加锁。可以用委托方法来更新操作外面的某些数据，但是你将看到，用完成块更简单。

□ 操作定期检查 isCancelled 属性，以便在收到退出请求时能够退出。这点很重要，对运行的操作调用 cancel 不会使它停止运行，那样会让系统处在一个未知状态。用什么方法检查 isCancelled 由你决定，以合适的方式退出就可以了。操作可能对 isExecuting 和 isCancelled 都返回 YES。

稍后将详细介绍取消操作。首先，讨论如何创建操作并将其加入 JuliaCell 队列。UICollectionView 中的每个单元为每种分辨率创建一个单独的操作。操作只负责接受一组输入值和一个分辨率，然后返回一幅图片。操作不知道图片的用途。它甚至不知道正在计算其他分辨率的分形图。在 UICollectionViewController 中，要传递行号作为随机数种子以及要处理的队列来配置每个单元。

**CollectionViewController.m ( JuliaOp )**

```
- (UICollectionViewCell *)collectionView:(UICollectionView *)collectionView
           cellForItemAtIndexPath:(NSIndexPath *)indexPath {
```

9

```
JuliaCell *
cell = [self.collectionView
        dequeueReusableCellWithReuseIdentifier:@"Julia"
        forIndexPath:indexPath];
[cell configureWithSeed:indexPath.row queue:self.queue];
return cell;
}
```

队列只是一个共享的 `NSOperationQueue`，要在 `UICollectionViewController` 中创建它。"设置最大数量的并发操作" 部分会解释 `maxConcurrentOperationCount` 和 `countOfCores()`。

```
self.queue = [[NSOperationQueue alloc] init];
self.queue.maxConcurrentOperationCount = countOfCores();
```

在 `JuliaCell` 中，创建一组操作并将它们加入队列来配置单元。

### JuliaCell.m ( JuliaOp )

```
- (void)configureWithSeed:(NSUInteger)seed
                    queue:(NSOperationQueue *)queue {
  // ...
  JuliaOperation *prevOp = nil;
  for (CGFloat scale = minScale; scale <= maxScale; scale *= 2) {
    JuliaOperation *op = [self operationForScale:scale seed:seed];
    if (prevOp) {
      [op addDependency:prevOp];
    }
    [self.operations addObject:op];
    [queue addOperation:op];
    prevOp = op;
  }
}
```

注意，每个操作都依赖于前一个操作，这样能确保高分辨率图片不会在低分辨率图片之前调度。每个单元会创建几个操作，而所有单元的所有操作都被放进同一个队列。`NSOperationQueue` 自动排列操作，以管理依赖关系。

在 `operationForScale:seed:` 中，为每个给定的分辨率配置实际的操作。

### JuliaCell.m ( JuliaOp )

```
- (JuliaOperation *)operationForScale:(CGFloat)scale
                                 seed:(NSUInteger)seed {
  JuliaOperation *op = [[JuliaOperation alloc] init];
  op.contentScaleFactor = scale;

  CGRect bounds = self.bounds;
  op.width = (unsigned)(CGRectGetWidth(bounds) * scale);
  op.height = (unsigned)(CGRectGetHeight(bounds) * scale);

  srandom(seed);

  op.c = (long double)random()/LONG_MAX + I*(long double)random()/LONG_MAX;
  op.blowup = random();
```

```
op.rScale = random() % 20;   // 这样的随机性可能不够好，但是保持代码简单更重要
op.gScale = random() % 20;
op.bScale = random() % 20;

__weak JuliaOperation *weakOp = op;
op.completionBlock = ^{
  if (! weakOp.isCancelled) {
    [[NSOperationQueue mainQueue] addOperationWithBlock:^{
      JuliaOperation *strongOp = weakOp;
      if (strongOp && [self.operations containsObject:strongOp]) {
        self.imageView.image = strongOp.image;
        self.label.text = strongOp.description;
        [self.operations removeObject:strongOp];
      }
    }];
  }
};

if (scale < 0.5) {
  op.queuePriority = NSOperationQueuePriorityVeryHigh;
}
else if (scale <= 1) {
  op.queuePriority = NSOperationQueuePriorityHigh;
}
else {
  op.queuePriority = NSOperationQueuePriorityNormal;
}

return op;
}
```

与操作相关的数据（c、blowup 和不同的缩放比例）有很多，这些数据都只在主线程上配置一次，所以不会出现竞态条件。

用 completionBlock 处理操作结果很方便。完成块会在块结束时调用，就算这个块被取消了，因此在处理结果前要检查 isCancelled。UI 更新在主线程上操作，所以这个单元有可能已经滚出屏幕，在 UI 更新代码运行之前又被重用了。因此要在更新 UI 之前检查操作是否还存在，以及它是否还是这个单元关注的操作（containsObject:）。再次检查所需的代码数量取决于具体的问题。

最后，根据比例设置优先级。这样会先生成低分辨率图片，后生成高分辨率图片。

这是一个 UICollectionView，所以可能在任何时候重用单元。重用时，要取消当前所有的操作，用 cancel 方法很容易实现：

```
- (void)prepareForReuse {
  [self.operations makeObjectsPerformSelector:@selector(cancel)];
  [self.operations removeAllObjects];
  self.imageView.image = nil;
  self.label.text = @"";
}
```

同时，从 operations 中移除所有操作，确保所有挂起的操作都不会更新 UI。记住，除了 completionBlock，JuliaOp 中的所有方法都在主线程上运行（而 completionBlock 也把与 UI 相

关的调用移到主线程上执行）。这样就可以尽量减少锁，从而提高了可靠性和性能。

## 设置最大数量的并发操作

> 本节讨论的 NSOperationQueue 的问题已经在 iOS 7 中得到了解决。如果你的应用只支持 iOS 7，那就没必要再设置 maxConcurrentOperationsCount 了。

终于讲到 maxConcurrentOperationCount 了。NSOperationQueue 尝试管理生成的线程数，但是很多情况下，它做得并不好。这很可能是你的错（也是我的错，请听我继续解释）。造成麻烦的常见原因是想要更新 UI 时往主队列中塞了大量的小操作。

苹果在 WWDC 2012 的 "Asynchronous Design Patterns" 讲座中建议别用那么多操作。比如，他们建议在 JuliaOp 中用单个操作管理整个屏幕上的图片。如果用户滚动了，你可以取消一个操作而不是生成的多个操作（还包括很多主线程上的小更新）。问题是这样在多核机器上就不能并行了，因而使用了操作队列。

根据我的经验，像 JuliaOp 那样创建小操作（即使以后要取消）能使编码更简单，代码也更健壮、更易读。问题是 NSOperationQueue 会同时调度太多操作，如果明确告诉 NSOperationQueue 不要调度超过 CPU 数量的计算密集型操作，那么简单代码就跑得非常快了。

将来我的建议可能会变，但是对于计算密集型操作，我建议把 maxConcurrentOperationsCount 设置为 CPU 核心数，可以用 countOfCores 函数确定 CPU 核心数：

```
unsigned int countOfCores() {
  unsigned int ncpu;
  size_t len = sizeof(ncpu);
  sysctlbyname("hw.ncpu", &ncpu, &len, NULL, 0);

  return ncpu;
}
```

## 9.3    用 GCD 实现多任务

GCD（Grand Central Dispatch）是 iOS 多任务的核心，广泛应用在系统层的几乎各个方面。NSOperationQueue 是在 GCD 的基础上实现的，而基本的队列原理都类似，只是你要把一个块添加到分派队列，而不是把 NSOperation 添加到 NSOperationQueue。

然而，分派队列要比操作队列更底层。块添加到分派队列后就无法取消了。分派队列是严格的先进先出（FIFO）结构，所以无法在队列中使用优先级或者调整块的次序。如果需要这类特性，一定要用 NSOperationQueue，而不是用 GCD 重新发明轮子。

可以用分派队列做很多操作办不到的事。比如，GCD 提供的 dispatch_after 支持调度下一个操作的开始时间而不是直接进入睡眠。时间以纳秒为单位可能会造成一些困扰，因为 iOS 中几乎所有的时间单位都是秒。幸好，如果输入 dispatch_after 然后按下回车键，Xcode 会自动提供一个转换代码段。用纳秒是针对硬件的优化，并不是为了方便程序员。传入以秒为单位的时间需要用到浮点数计算，这样计算成本就更高，精确度也更低。GCD 是非常底层的框架，所以不会仅仅为了方便程序员而浪费很多机器周期。

## 9.3.1 分派队列简介

大多数 iOS 开发者都用过 dispatch_async，大部分情况是要在主队列上运行代码的时候。你在队列方面的经验可能就这个程度，不过，本章会更详细地介绍什么是队列，以及如何更好地使用队列。

要记住很重要的一点，分派队列就是队列，不是线程。不要认为队列是接受块的东西，队列是组织块的，调用 dispatch_async 不会让块运行，而只是把块添加到队列中。几乎所有的 GCD 方法都是这样的，就是把块添加到队列末尾。如果你认为队列是线程，就可能会出现设计错误。

### 队列目标和优先级

GCD 中队列是有层级的。事实上只有全局系统队列会被调度运行，可以用 dispatch_get_global_queue 和下面这些优先级常量中的一个来访问这些队列：

- ❑ DISPATCH_QUEUE_PRIORITY_HIGH
- ❑ DISPATCH_QUEUE_PRIORITY_DEFAULT
- ❑ DISPATCH_QUEUE_PRIORITY_LOW
- ❑ DISPATCH_QUEUE_PRIORITY_BACKGROUND

这些队列都是并行的。GCD 会根据可用线程尽可能从高优先级队列调度块，等高优先级队列空了以后，会继续调用默认优先级队列，以此类推。系统会根据可用的核心数和负载按需创建或销毁线程。

开发人员自己创建队列时，队列会附加到某一个全局队列（也就是目标队列）。默认情况下会附加到默认优先级队列上。当块到达队列头部时，实际上会移动到目标队列的末尾，当到达全局队列的头部时就会执行。用 dispatch_set_target_queue 可以改变目标队列。

块被添加到队列后，就会按照添加的顺序运行，无法取消，也无法改变相对于队列中其他块的顺序。但是如果你想让高优先级块插队呢？如下代码所示，创建两个队列，一个高优先级和一个低优先级，使高优先级队列是低优先级队列的目标队列：

```
dispatch_queue_t
low = dispatch_queue_create("low", DISPATCH_QUEUE_SERIAL);

dispatch_queue_t
high = dispatch_queue_create("high", DISPATCH_QUEUE_SERIAL);

dispatch_set_target_queue(low, high);
```

通常是分派到低优先级队列：

```
dispatch_async(low, ^{ /* 低优先级块 */ });
```

要分派到高优先级队列，暂停低优先级队列，并且在高优先级块结束后恢复低优先级队列：

```
dispatch_suspend(low);
dispatch_async(high, ^{
  /* 高优先级块 */
  dispatch_resume(low);
});
```

9

暂停队列会阻止调度开始就处于其中的任何块，还有任何以暂停队列为目标队列的队列。这样不会停止正在执行的块，但是就算低优先级块是 CPU 执行的下个目标，也不会被调度，直到调用 dispatch_resume。

要像 retain 和 release 一样精确匹配 dispatch_suspend 和 dispatch_resume。多次暂停队列需要等量的恢复操作。

### 9.3.2  用分派屏障创建同步点

GCD 提供了一个丰富的串行和并发队列。稍微动动脑子，就能用这些队列创建很多东西，而不是简单的线程管理。比如，GCD 队列可以用很低的开销解决很多常见的锁问题。

分派屏障（dispatch barrier）可以在并发队列内部创建一个同步点，当它运行时，即使有并发的条件和空闲的处理器核心，队列中的其他块也不能运行。听起来像是一个互斥（写入）锁，确实如此。没有屏障的块可以看做共享（读取）锁。只要所有对资源的访问都是通过这个队列进行的，那么屏障就能以极低的代价提供同步。

作为比较，可以用 @synchronize 管理多线程访问，它会在参数上加一个互斥锁，如下所示。

```
- (id)objectAtIndex:(NSUInteger)index {
  @synchronized(self) {
    return [self.array objectAtIndex:index];
  }
}
- (void)insertObject:(id)obj atIndex:(NSUInteger)index {
  @synchronized(self) {
    [self.array insertObject:obj atIndex:index];
  }
}
```

@synchronize 很易用，但是当竞争很少时成本很高。有很多其他方法，速度快的复杂，简单的又太慢，GCD 屏障提供了很好的平衡。

```
- (id)objectAtIndex:(NSUInteger)index {
  __block id obj;
  dispatch_sync(self.concurrentQueue, ^{
    obj = [self.array objectAtIndex:index];
  });
  return obj;
}
- (void)insertObject:(id)obj atIndex:(NSUInteger)index {
dispatch_barrier_async(self.concurrentQueue, ^{
  [self.array insertObject:obj atIndex:index];
});
}
```

所需的只是一个 concurrentQueue 属性，用 dispatch_queue_create 带上 DISPATCH_QUEUE_CONCURRENT 选项创建。在读取代码（objectAtIndex:）中，用 dispatch_sync 等待读取结束。在 GCD 中创建并分派块的开销很小，所以这种方法比互斥锁快得多。只要有空闲的处理器核心，队列可以同时处理与空闲核心数同样多的读取操作。对于写入代码，用 dispatch_barrier_async 来确保写入时的互斥访问。通过异步调用，写入代码可以很快返回，但是同一线程上以后发生的读取保证能返回刚才写入的值。GCD 队列是 FIFO，所以队列上所有写操作之前的请求会先完成，然后写操作单独执行。之后，才会处理队列中写操作之后的请求。这既能防止写操作空等，又能确保写入之后立即读取总是能得到正确的结果。

### 9.3.3 分派组

分派组类似于 NSOperation 中的依赖关系。首先，创建一个组：

```
dispatch_group_t group = dispatch_group_create();
```

注意，组本身没有任何配置选项，它们没有绑到任何队列上，只是一组块。一般通过 dispatch_group_async 把块添加到组，类似于 dispatch_async：

```
dispatch_group_async(group, queue, block);
```

然后用 dispatch_group_notify 注册一个块，即当组执行完毕后调用它：

```
dispatch_group_notify(group, queue, block);
```

组里所有的块执行完毕时，block 就会被调度到 queue 上。可以注册同一个组的多个通知，如果你愿意的话，也可以把这些通知块调度到不同的队列上。如果调用 dispatch_group_notify 时队列上没有任何块，那么会马上触发通知。可以在配置组时用 dispatch_suspend 暂停队列来防止这种情况，配置完后用 dispatch_resume 启动队列。

实际上组并不像追踪任务那样追踪块，可以直接用 dispatch_group_enter 和 dispatch_group_leave 增加和减少任务数量。所以，dispatch_group_async 的效果和下面的代码一样：

```
dispatch_async(queue, ^{
  dispatch_group_enter(group);
  dispatch_sync(queue, block);
  dispatch_group_leave(group);
});
```

调用 dispatch_group_wait 会阻塞当前线程，直到整个组执行完毕。这跟 Java 中的线程联合（join）操作类似。

## 9.4 小结

在 iOS 开发中，多任务越来越重要。为了充分利用硬件能力，实现更好的用户体验，应用需要并行执行更多操作。传统的线程技术依然有用，但是使用操作队列和 Grand Central Dispatch 能够减少资源竞争和锁的使用，因此效率更高效果更好。现在，应用间的多任务已经成为 iOS 开发的重要组成部分，学习管理应用内的多任务并保证应用正常运行也变得越来越重要。

## 9.5 扩展阅读

### 1. 苹果文档

下面的文档位于 iOS Developer Library（https://developer.apple.com/library/ios/navigation/index.html）中，通过 Xcode Documentation and API Reference 也可以找到。

❑ *Concurrency Programming Guide*

❑ *Threading Programming Guide*

## 2. WWDC 讲座

以下讲座视频可以在developer.apple.com上找到。

❑ WWDC 2011，"Session 320: Adopting Multitasking in Your App"

❑ WWDC 2011，"Session 210: Mastering Grand Central Dispatch"

❑ WWDC 2012，"Session 712: Asynchronous Design Patterns with Blocks, GCD, and XPC"

## 3. 其他资源

❑ Mike Ash 的 NSBlog（http://mikeash.com/pyblog/）。Mike Ash 是长期关注底层线程问题的作者，写了很多相关文章。尽管有些文章已经过时了，但仍然有很多博文值得一读，比如：

- Friday Q&A 2009-07-10："Type Specifiers in C, Part 3"
- Friday Q&A 2010-01-01："NSRunLoop Internals"
- Friday Q&A 2010-07-02："Background Timers"
- Friday Q&A 2010-12-03："Accessors, Memory Management, and Thread Safety"

❑ CocoaDev（http://cocoadev.com/LockingAPIs）的 "LockingAPIs"。CocoaDev 可谓集众多 Cocoa 开发者的智慧之大成。"Locking APIs" 这个页面中讨论了可用的技术，以及如何选择这些技术，并给出了相关链接。

# Part 3

# 选择工具

**本 部 分 内 容**

# 第 10 章

# 创建（Core）Foundation 框架

iOS 开发者大部分时间都会用到 UIKit 和 Foundation 框架。UIKit 提供 UIView 和 UIButton 这类用户界面元素。Foundation 提供 NSArray 和 NSDictionary 等基本数据结构。有了它们就可以处理一般 iOS 应用所能碰到的大部分问题了。但有时候，还是需要底层框架。底层框架的名字通常以单词 Core 开头，比如 Core Text、Core Graphics 和 Core Video。而且，它们都是以 Core Foundation 为基础的基于 C 的 API。

Core Foundation 提供类似于 Objective-C Foundation 框架的 C API。它还提供带有引用计数和容器的一致性对象模型，就和 Foundation 一样，而且简化了传递通用数据类型到底层框架的过程。稍后我们将会看到，Core Foundation 和 Foundation 紧密相联，使得在 C 和 Objective-C 之间传递数据变得很容易。

本章将会介绍 Core Foundation 的数据类型和命名约定。讲述 Core Foundation 分配器，以及它们如何提供比 Objective-C 中的+alloc 更好的灵活性。本章谈到了 Core Foundation 字符串，还涉及大量二进制数据类型。你会发现 Core Foundation 容器类型要比 Foundation 中对应的容器类灵活得多，而且还有一些 Objective-C 中没有的类型。本章最后说明如何用自由桥接在 Core Foundation 和 Foundation 之间方便地移动数据。了解这些之后，你就有了用好强大的 Core 框架必需的工具，还能创建更灵活的数据结构来改善项目。

本章所有的代码示例都可以从在线文件 main.m 和 MYStringConversion.c 中找到。

## 10.1　Core Foundation 类型

Core Foundation 主要由不透明类型（opaque type），即 C 结构体组成。不透明类型和类一样，提供封装，还有一定程度的继承和多态。但区别还是有的，Core Foundation 是使用纯 C 实现的，语言层面不支持继承或多态，所以有时候比作类有点儿勉强。不过一般情况下，Core Foundation 可以理解为以 CFType 为根"类"的对象模型。

与 Objective-C 类似，Core Foundation 处理实例的指针。在 Core Foundation 中，这些指针带有 Ref 后缀。比如，指向 CFType 的指针是 CFTypeRef，而指向字符串的指针则是 CFStringRef。不透明类型的可变版本包含单词 Mutable，所以 CFMutableStringRef 是 CFStringRef 的可变形式。一般来说，可变类型可以理解为非可变类型的子类，就像 Foundation 中一样。

---

简单起见（也为了和苹果文档统一），本章用 CFString 指代 CFStringRef 指针所指向的对象，但 Core Foundation 并没有定义 CFString 符号。

Core Foundation 用 C 实现，而 C 在语言层面不支持继承和多态，那么 Core Foundation 如何制造对象具有层次结构的假象呢？最重要的一点是，`CFTypeRef` 只是 `void*`。这就提供了一个粗糙的多态机制，因为它可以将任意类型传递给某些函数，尤其是 `CFCopyDescription`、`CFEqual`、`CFHash`、`CFRelease` 和 `CFRetain`。

除了 `CFTypeRef`，其他不透明类型都是结构体。可变和不可变组合通常是这种形式：

```
typedef const struct __CFString * CFStringRef;
typedef struct __CFString * CFMutableStringRef;
```

这样的话，编译器就可以强制检查 `const` 的正确性，来提供一定的继承机制。要清楚这不是真正的继承。没有什么好办法能提供 `CFString` 的任意子类让编译器做类型检查。比如说，考虑如下代码：

**testTypeMismatch** ( CoreFoundation:main.m )

```
CFStringRef errName = CFSTR("error");
CFErrorRef error = CFErrorCreate(NULL, errName, 0, NULL);
CFPropertyListRef propertyList = error;
```

`CFError` 不是 `CFPropertyList`，所以第 3 行应该产生一个警告。但实际上没有，因为 `CFPropertyListRef` 定义为 `CFTypeRef`，这是必需的，因为它有几个"子类"，包括 `CFString`、`CFDate` 和 `CFNumber`。在 Core Foundation 中，如果什么东西有好几个子类，那一般就只能被当做 `void*`（`CFTypeRef`）。光看代码不是很明显，不过幸好这种问题不会经常出现。大部分类型定义为特定的 `struct` 或者 `const struct`。

## 10.2 命名和内存管理

就像在 Cocoa 中一样，命名约定在 Core Foundation 中也很关键。最重要的规则是 Create Rule：如果一个函数的名字中有 `Create` 或 `Copy`，那调用者就是返回对象的所有者，最后必须用 `CFRelease` 来释放所有权。就像 Cocoa，对象有引用计数，可以有多个"所有者"。当最后的所有者调用 `CFRelease` 时，对象就被销毁了。

Core Foundation 中没有跟 `NSAutoreleasePool` 一样的东西，所以名字中带 `Copy` 的函数要比 Cocoa 中更常见。然而，有些函数返回对内部数据结构或常量对象的引用。这些函数的名字一般带有 `Get`（Get Rule）。调用者不是所有者，也就不需要释放对象。

> Core Foundation 中的 `Get` 和 Cocoa 中的 `get` 不一样。含有 `Get` 的 Core Foundation 函数返回一个不透明类型或 C 类型，以 `get` 开头的 Cocoa 方法则会更新以引用方式传入的指针。

**10**

Core Foundation 中没有自动引用计数。Core Foundation 的内存管理很像 Cocoa 中的手动内存管理。
- 如果创建或复制对象，你就是所有者。
- 如果没有创建或复制对象，你不是所有者。这时如果不想让对象被销毁，就必须调用 `CFRetain` 来成为所有者。
- 如果你是对象所有者，就必须在用完对象后调用 `CFRelease`。

> CFRelease 跟 Objective-C 中的 release 非常类似，但也有很大差别。最关键的差别是不能调用 CFRelease(NULL)。这多少有点遗憾，还存在很多特定版本的 CFRelease 允许你传入 NULL（比如 CGGradientRelease）。

　　有些函数的名字同时带有 Create 和 Copy。比如 CFStringCreateCopy 创建另一个 CFString 的副本。为什么不直接叫 CFStringCopy？因为除了所有者规则，Create 还会告诉我们第一个参数是 CFAllocatorRef，可以用来自定义如何分配新创建的对象。大部分情况下，只要给这个参数传 NULL 就表示用默认分配器 kCFAllocatorDefault。（一会儿我会深入讲解分配器。）除了告诉我们这个函数会创建对象，这个名字还告诉我们它会复制传入的字符串。

　　相反，名字中带有 NoCopy 的函数不会复制。比如，CFStringCreateWithBytesNoCopy 接受一个指向缓冲区的指针，然后不复制缓冲区中的字节直接创建一个字符串。那么谁负责释放缓冲区？分配器。

## 10.3　分配器

　　CFAllocatorRef 是分配和释放内存的策略。多数情况下，我们只需要用默认分配器 kCFAllocatorDefault，等价于传入 NULL 参数，这样会用 Core Foundation 所谓的"常规方法"来分配和释放内存。这种方法可能会有变化，我们不应该依赖于任何特殊行为。用到特殊分配器的情况很少，真正用到的时候会很有用。下面列出了标准分配器及其功能。

- ❑ kCFAllocatorDefault：默认分配器，与传入 NULL 等价。
- ❑ kCFAllocatorSystemDefault：原始的默认系统分配器。这个分配器用来应对万一用 CFAllocatorSetDefault 改变了默认分配器的情况，很少用到。
- ❑ kCFAllocatorMalloc：调用 malloc、realloc 和 free。如果用 malloc 创建了内存，那这个分配器对于释放 CFData 和 CFString 就很有用。
- ❑ kCFAllocatorMallocZone：在默认的 malloc 区域中创建和释放内存。在 Mac 上开启了垃圾收集的话，这个分配器会很有用，但在 iOS 中基本上没什么用。
- ❑ kCFAllocatorNull：什么都不做。跟 kCFAllocatorMalloc 一样，如果不想释放内存，这个分配器对于释放 CFData 和 CFString 就很有用。
- ❑ KCFAllocatorUseContext：只有 CFAllocatorCreate 函数用到。创建 CFAllocator 时，系统需要分配内存。就像其他所有的 Create 方法，也需要一个分配器。这个特殊的分配器告诉 CFAllocatorCreate 用传入的函数来分配 CFAllocator。

10.5.5 节中有为解决实际问题而使用这些分配器的例子。

## 10.4　内省

　　Core Foundation 支持不同类型的内省（introspection），主要是为了调试。最基本的一个是 CFTypeID，可以唯一识别一个对象的不透明类型，类似于 Objective-C 中的 Class。可通过调用 CFGetTypeID 来获知 Core Foundation 实例的类型。返回值是不透明的，而且可能随着 iOS 版本变化。我们可以比较两个实例的 CFTypeID，但最常见的做法是比较 CFGetTypeID 的结果和

CFArrayGetTypeID 等同类函数的返回值。所有不透明类型都有一个相关的 GetTypeID 函数。

就像 Cocoa 一样，Core Foundation 实例有一个调试用的描述字符串，由 CFCopyDescription 返回。这会返回一个由调用者负责释放的 CFString。CFCopyTypeIDDescription 提供类似的字符串，用来描述 CFTypeID。不要依赖这些字符串的格式或内容，因为它们可能会变化。

用 CFShow 可以在控制台输出调试信息。它会显示 CFString 的值，或者其他类型的描述。要显示 CFString 的描述，用 CFShowStr。比如说，给定如下定义：

```
CFStringRef string = CFSTR("Hello");
CFArrayRef array = CFArrayCreate(NULL, (const void**)&string, 1,
                                 &kCFTypeArrayCallBacks);
```

下面是调用 CFShow 的不同结果：

```
CFShow(array);
<CFArray 0x6d47850 [0x1445b38]>{type = immutable, count = 1,
  values = (
    0 : <CFString 0x410c [0x1445b38]>{contents = "Hello"}
)}

CFShow(string);
Hello

CFShowStr(string);
Length 5
IsEightBit 1
HasLengthByte 0
HasNullByte 1
InlineContents 0
Allocator SystemDefault
Mutable 0
Contents 0x3ba7
```

## 10.5 字符串和数据

CFString 是基于 Unicode 的存储容器，提供丰富而高效的操作、搜索和转换国际化字符串的功能。与之紧密相关的是 CFCharacterSet 和 CFAttributedString 类。CFCharacterSet 表示一个字符集，可用来高效搜索字符串（既可搜索字符集中包含的特定字符，也可搜索字符集之外的字符）。CFAttributedString 将字符串和属性范围结合起来，通常用来处理富文本，不过也可以用在各种元数据存储上。

CFString 和 NSString 紧密相关，两者可以通用，10.7 节中会讲到。本节主要关注 CFString 和 NSString 的区别。

### 10.5.1 常量字符串

在 Cocoa 中，NSString 的字面量是用"@符号"表示的，就像@"string"。在 Core Foundation 中，CFString 的字面量用 CFSTR 宏表示，就像 CFSTR("string")。如果使用苹果提供的 gcc 和 -fconstant-cfstrings 选项，这个宏用一个特殊的编译器内置钩子函数在编译时创建 CFString

**10**

常量对象。Clang 也有这个内置的编译器钩子函数。如果用的是标准 gcc，那么编译器会用一个显式的
`CFStringMakeConstantString` 函数在运行时创建这些对象。

CFSTR 名字中既没有 `Create` 也没有 `Copy`，我们就不需要在结果上调用 `CFRelease` 了。当然，
如果开发者想调用，还是可以正常调用 `CFRetain`。不过，调用后应该像平常一样用 `CFRelease` 平
衡引用计数。这让我们可以对常量字符串和在程序中创建的字符串一视同仁。

## 10.5.2　创建字符串

从 C 字符串生成 `CFString` 是常见的方法。这里有个例子：

**testCString（CoreFoundation:main.m）**

```
const char *cstring = "Hello World!";
CFStringRef string = CFStringCreateWithCString(NULL, cstring,
                     kCFStringEncodingUTF8);
CFShow(string);
CFRelease(string);
```

尽管很多开发者对 NULL 结尾的 C 字符串非常熟悉，不过还有其他存储字符串的方法，而且理解
这些方法对写出高效的代码有帮助。在网络协议中，把字符串编码为字符序列后跟着长度值是很高效
的。如果解析器碰巧只需要报文的一部分，那么利用长度值跳过不需要的部分比读取所有部分来找到
NULL 要快。如果长度编码是 1 字节长，那么缓冲区就是 Pascal 风格的字符串，Core Foundation 就能
直接使用，如下代码所示：

**testPascalString（CoreFoundation:main.m）**

```
// 常见的网络缓冲区类型
struct NetworkBuffer {
  UInt8 length;
  UInt8 data[];
};

// 从网络上提取数据到缓冲区中
static struct NetworkBuffer buffer = {
  4, {'T', 'e', 'x', 't'}};

CFStringRef string =
  CFStringCreateWithPascalString(NULL,
                                 (ConstStr255Param)&buffer,
                                 kCFStringEncodingUTF8);
CFShow(string);
CFRelease(string);
```

如果长度以其他方式存在，或者不是 1 字节长，可以类似方式使用 `CFStringCreateWithBytes`：

```
CFStringRef string = CFStringCreateWithBytes(NULL,
                                             buffer.data,
                                             buffer.length,
                                             kCFStringEncodingUTF8,
                                             false);
```

最后的 `false` 表示这个字符串开头没有 BOM（Byte Order Mark，字节序标记）。BOM 表示字符串是在大端字节序还是小端字节序的系统上生成。不建议也不需要 UTF-8 编码用 BOM，这也是尽量用 UTF-8 的原因。

> Core Foundation 常量以 k 打头，这和 Cocoa 中的常量不同。比如说，Core Foundation 中与 `NSUTF8StringEncoding` 对应的常量是 `kCFStringEncodingUTF8`。

### 10.5.3　转换为C字符串

尽管从 C 字符串转换为 Core Foundation 字符串很简单，但是再转换回 C 字符串却要比看上去难。有两种方式可以从 `CFString` 中拿到 C 字符串：请求内部表示 C 字符串的指针或者把字节块复制出来放到自己的缓冲区中。

显然，最容易最快速地拿到 C 字符串的方法是请求内部的 C 字符串指针：

```
const char *
cstring = CFStringGetCStringPtr(string, kCFStringEncodingUTF8);
```

看起来这是最好的方法，速度很快，也不用分配和释放内存。不幸的是，字符串当前在 `CFString` 中的编码方式有些情况下会导致它无法正常工作。如果没有可用的内部 C 字符串的表示，这个例程会返回 `NULL`。这时就得用 `CFStringGetCString`，然后传入自己的缓冲区，但需要多大的缓冲区并不容易看出来。下面是一个解决这个问题的例子：

**MYStringConversion.c（CoreFoundation）**

```
char * MYCFStringCopyUTF8String(CFStringRef aString) {
  if (aString == NULL) {
    return NULL;
  }

  CFIndex length = CFStringGetLength(aString);
  CFIndex maxSize =
    CFStringGetMaximumSizeForEncoding(length,
                                      kCFStringEncodingUTF8);
  char *buffer = (char *)malloc(maxSize);
  if (CFStringGetCString(aString, buffer, maxSize,
                         kCFStringEncodingUTF8)) {
      return buffer;
  }
  free(buffer)
  return NULL;
}
```

**testCopyUTF8String（CoreFoundation:main.m）**

```
CFStringRef string = CFSTR("Hello");
char * cstring = MYCFStringCopyUTF8String(string);
printf("%s\n", cstring);
free(cstring);
```

MYCFStringCopyUTF8String 不是将 CFString 转换为 C 字符串的最快方式，因为每次转换都要分配新缓冲区，但是这个方法很好用，对很多问题来说也够快了。如果有大量字符串需要转换，而你又想提升速度，减少内存扰动，那可能就需要一个如下所示的函数，它能重复利用一个公共缓冲区：

**MYStringConversion.c（CoreFoundation）**

```
#import <malloc/malloc.h> // 为了用 malloc_size()，导入这个头文件

const char * MYCFStringGetUTF8String(CFStringRef aString,
                                     char **buffer) {
  if (aString == NULL) {
    return NULL;
  }

  const char *cstr = CFStringGetCStringPtr(aString,
                                           kCFStringEncodingUTF8);
  if (cstr == NULL) {
    CFIndex length = CFStringGetLength(aString);
    CFIndex maxSize =
    CFStringGetMaximumSizeForEncoding(length,
                                      kCFStringEncodingUTF8) + 1; // +1 是为了方法末尾的 NULL
    if (maxSize > malloc_size(buffer)) {
      *buffer = realloc(*buffer, maxSize);
    }
    if (CFStringGetCString(aString, *buffer, maxSize,
                           kCFStringEncodingUTF8)) {
      cstr = *buffer;
    }
  }
  return cstr;
}
```

MYCFStringGetUTF8String 的调用者要负责传入一个可重用的缓冲区。缓冲区可以指向 NULL，也可以指向一块预先分配好的内存。要记住，返回的 C 字符串指针要么指向 CFString，要么指向 buffer，所以其中任何一个失效都可能引起返回的 C 字符串失效。尤其是重复传入同一个缓冲区可能使旧的结果失效。这是为了速度付出的代价。下面是该函数的使用方法：

**testGetUTF8String (CoreFoundation:main.m)**

```
CFStringRef strings[3] = { CFSTR("One"), CFSTR("Two"), CFSTR("Three") };
char * buffer = NULL;
const char * cstring = NULL;
for (unsigned i = 0; i < 3; ++i) {
  cstring = MYCFStringGetUTF8String(strings[i], &buffer);
  printf("%s\n", cstring);
}
free(buffer);
```

如果需要转换过程尽量快，而且知道字符串的最大长度，那么下面的代码更快：

**testFastUTF8Conversion（CoreFoundation:main.m）**

```
CFStringRef string = ...;
```

```
const CFIndex kBufferSize = 1024;
char buffer[kBufferSize];
CFStringEncoding encoding = kCFStringEncodingUTF8;
const char *cstring;
cstring = CFStringGetCStringPtr(string, encoding);
if (cstring == NULL) {
  if (CFStringGetCString(string, buffer, kBufferSize, encoding)) {
  cstring = buffer;
  }
}
printf("%s\n", cstring);
```

这段代码依赖于栈变量（`buffer`），所以很难包装为一个函数，但这样可以避免额外的内存分配。

## 10.5.4  其他字符串操作符

对于熟悉 `NSString` 的开发者来说，`CFString` 的大部分特性应该相当简单。使用它可以找出某个范围内的字符，追加、清除和替换字符，还可以对字符串进行比较、搜索和排序，就跟 Cocoa 中一样。`CFStringCreateWithFormat` 提供了和 `stringWithFormat:` 等价的功能。这里我不会讨论所有的函数，请大家参考 `CFString` 和 `CFMutableString` 的文档。

## 10.5.5  字符串的支持存储

一般来说，`CFString` 会分配所需的内存用以存储字符。这块内存称为支持存储（backing storage）。如果有现成的缓冲区，有时候继续使用它而不把字节块复制到新的 `CFString` 中会更高效或更方便。这么做可能是因为我们想把缓冲区中的字节块转换成字符串，也可能是因为我们想在能够继续访问原始字节的同时还可以使用方便的字符串函数。

对于第一种情况，如果有现成的缓冲区，一般可以用 `CFStringCreateWithBytesNoCopy` 这样的函数。

testBytesNoCopy（CoreFoundation:main.m）

```
const char *cstr = "Hello";
char *bytes = CFAllocatorAllocate(kCFAllocatorDefault,
                                  strlen(cstr) + 1, 0);
strcpy(bytes, cstr);
CFStringRef str =
  CFStringCreateWithCStringNoCopy(kCFAllocatorDefault, bytes,
                                  kCFStringEncodingUTF8,
                                  kCFAllocatorDefault);
CFShow(str);
CFRelease(str);
```

此处传入了默认分配器（`kCFAllocatorDefault`）作为销毁器，所以 `CFString` 持有了缓冲区的所有权，那么它用完后就会用默认分配器释放缓冲区。这也跟前面调用 `CFAllocatorAllocate` 匹配。如果用 `malloc` 分配缓冲区，代码应该是这样：

**testBytesNoCopyMalloc（CoreFoundation:main.m）**

```
const char *cstr = "Hello";
char *bytes = malloc(strlen(cstr) + 1);
strcpy(bytes, cstr);
CFStringRef str =
  CFStringCreateWithCStringNoCopy(NULL, bytes, kCFStringEncodingUTF8,
                            kCFAllocatorMalloc);
CFShow(str);
CFRelease(str);
```

两种情况下，分配的缓冲区都会在字符串被销毁后释放。但是如果我们想留着缓冲区在其他地方用呢？考虑如下代码：

**testBytesNoCopyNull（CoreFoundation:main.m）**

```
const char *cstr = "Hello";
char *bytes = malloc(strlen(cstr) + 1);
strcpy(bytes, cstr);
CFStringRef str =
  CFStringCreateWithCStringNoCopy(NULL, bytes, kCFStringEncodingUTF8,
                            kCFAllocatorNull);
CFShow(str);
CFRelease(str);
printf("%s\n", bytes);
free(bytes);
```

这里传了 kCFAllocatorNull 作为销毁器。字符串还是需要释放，因为是用 Create 函数创建的。但现在 bytes 指向的缓冲区在调用 CFRelease 之后还有效。用完缓冲区后你要负责对 bytes 调用 free。

没有什么能保证传入的缓冲区肯定是字符串实际使用的。Core Foundation 可能在任何时候调用释放代码并创建自己的内部缓冲区。最关键的是，创建字符串后千万不要修改缓冲区。如果你有一个缓冲区想作为 CFString 来用，同时还允许修改，那得用 CFStringCreateMutableWithExternal-CharactersNoCopy。这个函数创建一个可变字符串，用你提供的缓冲区作为支持存储。如果修改了缓冲区，就得调用 CFStringSetExternalCharactersNoCopy 让字符串知道。这类函数会绕开很多针对字符串的优化，所以要慎用。

### 10.5.6　**CFData**

CFData 是 Core Foundation 中对应于 NSData 的类型，很像 CFString，也有着类似的创建函数、支持存储管理和访问函数。主要的区别是 CFData 不像 CFString 那样管理编码。CFData 和 CFMutableData 的参考文档中列出了所有的函数。

## 10.6　容器类型

Core Foundation 提供丰富的对象容器类型，大部分都有对应的 Cocoa 类，像 CFArray 和 NSArray。还有 CFTree 等专门的 Core Foundation 容器类型是没有对应的 Cocoa 类的。Core Foundation 容器类型

在内容的管理方式上提供了更大的灵活性。本节讲解与 Objective-C 中相应类等价的 Core Foundation 容器类型：CFArray、CFDictionary、CFSet 和 CFBag。其他的 Core Foundation 容器类型很少用到，但是我会简单介绍，以备大家不时之需。

　　Core Foundation 容器类型可以容纳任何数据，只要数据能装入一个指针长度的内存中（对于 ARM 处理器来说是 32 位），在添加或删除成员时可以执行任何操作。Core Foundation 容器类型的默认行为与 Cocoa 中对应的类很像，一般会在添加和删除成员时保留或释放实例。Core Foundation 利用函数指针结构体决定如何处理容器中的成员。配置这些回调函数可以高度定制容器类型。可以存储整数等非对象变量，也可以创建不会保留成员的弱引用容器，或者修改比较对象是否相等的行为。10.6.5 节会谈到这个话题。每种容器类型的头文件中都有一系列默认回调函数的定义。比如说，CFArray 的默认回调函数是 kCFTypeArrayCallBacks。在介绍主要的容器类型时，我会重点讲默认行为。

## 10.6.1　CFArray

　　CFArray 对应于 NSArray，容纳有序的成员列表。创建 CFArray 需要分配器、一系列值和一组回调函数，如下代码所示。

testCFArray（CoreFoundation:main.m）

```
CFStringRef strings[3] = { CFSTR("One"), CFSTR("Two"), CFSTR("Three") };
CFArrayRef array = CFArrayCreate(NULL, (void *)strings, 3,
                                 &kCFTypeArrayCallBacks);
CFShow(array);
CFRelease(array);
```

　　创建 CFMutableArray 需要分配器、数组大小和一组回调函数。传给 CFMutableArray 的大小是一个固定的最大值，而不像 NSMutableArray，只是一个初始大小。要分配一个可增长的数组，那传入的大小应该是 0。

```
CFMutableArrayRef array = CFArrayCreateMutable(NULL, 0, &kCFTypeArrayCallBacks);
```

## 10.6.2　CFDictionary

　　CFDictionary 对应于 NSDictionary，容纳键值对。创建 CFDictionary 需要分配器、一系列键、一系列值、一组键的回调函数和一组值的回调函数。

testCFDictionary（CoreFoundation:main.m）

```
#define kCount 3
CFStringRef keys[kCount] = { CFSTR("One"), CFSTR("Two"), CFSTR("Three") };
CFStringRef values[kCount] = { CFSTR("Foo"), CFSTR("Bar"), CFSTR("Baz") };
CFDictionaryRef dict =
  CFDictionaryCreate(NULL,
                     (void *)keys,
                     (void *)values,
                     kCount,
                     &kCFTypeDictionaryKeyCallBacks,
                     &kCFTypeDictionaryValueCallBacks);
```

创建 CFMutableDictionary 和 CFMutableArray 差不多，只是键和值各有自己的回调函数。和 CFMutableArray 一样，传入的字典大小是固定的（如果给定的话），要创建一个可增长的字典，传入 0。

### 10.6.3　**CFSet和CFBag**

CFSet 对应于 NSSet，是无序唯一对象的容器。CFBag 对应于 NSCountedSet，允许有重复的对象。和它们的 Cocoa 对应类一样，唯一性建立在相等判断的基础上。判断对象是否相等的函数是回调函数之一。

就像 CFDictionary，只要传入的回调函数结构体指针是 NULL，CFSet 和 CFBag 就可以容纳 NULL 值。

### 10.6.4　其他容器类型

Core Foundation 还有一些容器类型没有对应的 Cocoa 类。

- ❑ CFTree 提供了一种方便的管理树形结构的方法，如果没有 CFTree，可能就只能低效地把数据存储在 CFDictionary 中了。10.7 节中有一个关于 CFTree 的简短示例。
- ❑ CFBinaryHeap 提供了二分查找容器，类似于排序队列。
- ❑ CFBitVector 提供了一种方便的存储位信息的方法。

苹果的 *Collections Programming Topics for Core Foundation* 展示了 CFTree 的完整信息。关于 CFBinaryHeap 和 CFBitVector 的更多使用信息，可以阅读苹果文档。这些类型不常用，所以文档并不详细。

### 10.6.5　回调函数

Core Foundation 用函数指针结构体定义如何处理容器成员。这个结构体包含如下成员。

- ❑ retain：当成员被添加到容器中时调用。默认的行为类似于 CFRetain（很快你就会知道"类似于"是什么意思）。如果 retain 是 NULL，则什么都不做。
- ❑ release：当从容器中删除成员以及容器本身被销毁时调用。默认行为类似于 CFRelease。如果 release 是 NULL，则什么都不做。
- ❑ copyDescription：如果有函数需要关于整个容器的人类可读的描述信息，比如 CFShow 或 CFCopyDescription，那么就会对每个容器成员调用这个回调函数。默认值是 CFCopyDescription。如果 copyDescription 是 NULL，容器有内置的逻辑构建简单的描述信息。
- ❑ equal：比较一个容器成员对象和另一个对象是否相等时调用，默认值是 CFEqual。如果 equal 是 NULL，容器会采用严格相等（==）的比较。如果成员是指向对象的指针（一般都是这样），那意味着对象只等于自身。
- ❑ hash：只对字典和集合等散列容器有效。这个函数用来确定对象的散列值，散列值是比较对象的快速方法。对于给定对象，散列函数返回一个整数，使得如果两个对象相等它们的散列值也相等。这让容器可以用简单的整数比较快速判断对象不相等，而把昂贵的 CFEqual 调用留给可能相等的对象，默认值是 CFHash。如果 hash 是 NULL，容器成员的值（一般是指针）用做自己的散列值。

retain 和 release 的默认值类似于 CFRetain 和 CFRelease，但是实际上是指向私有函数 __CFTypeCollectionRetain 和 __CFTypeCollectionRelease 的指针。retain 和 release 函数指针包含了容器的分配器，以防开发者想创建新对象而不是保留已有对象。这和 CFRetain 和 CFRelease 不兼容，因为它们不接受分配器参数。这通常无关紧要，因为大部分情况下，要么不动 retain 和 release，要么把它们设为 NULL。

每种容器类型都有默认的一组回调函数，在头文件中定义，比如 CFArray 的默认回调函数是 kCFTypeArrayCallBacks。知道这一点，就可以方便地修改默认行为。下面的代码创建了一个不保留成员的数组，该数组也能容纳整数等非对象变量：

**testNRArray（CoreFoundation:main.m）**

```
CFArrayCallBacks nrCallbacks = kCFTypeArrayCallBacks;
nrCallbacks.retain = NULL;
nrCallbacks.release = NULL;
CFMutableArrayRef nrArray = CFArrayCreateMutable(NULL, 0, &nrCallbacks);
CFStringRef string =
  CFStringCreateWithCString(NULL, "Stuff", kCFStringEncodingUTF8);
CFArrayAppendValue(nrArray, string);
CFRelease(nrArray);
CFRelease(string);
```

配置回调函数的另一个例子是可以把回调函数成员设为 NULL。如果字典、集合和包（bag）的 retain 和 release 回调是 NULL，就能容纳 NULL 值或键（这也使得它们不保留容器成员）。这些类型有 CFTypeGetValueIfPresent 函数应对这种情况，比如 CFDictionaryGetValueIfPresent() 函数允许我们判断成员值到底是被设置为 NULL 还是真的不存在，如下代码所示：

**testCFDictionaryNULL（CoreFoundation:main.m）**

```
CFDictionaryKeyCallBacks cb = kCFTypeDictionaryKeyCallBacks;
cb.retain = NULL;
cb.release = NULL;
CFMutableDictionaryRef dict =
  CFDictionaryCreateMutable(NULL, 0, &cb, CFDictionaryCreateMutable(NULL, 0, &cb,
CFDictionarySetValue(dict, NULL, CFSTR("Foo"));

const void *value;
Boolean fooPresent =
  CFDictionaryGetValueIfPresent(dict, NULL, &value);
CFRelease(dict);
```

其他容器类型（比如 CFArray）不能容纳 NULL 值。就像 Foundation 一样，必须用一个特殊的占位符 NULL 常量——kCFNull，它是一个不透明类型（CFNull），所以能被保留和释放。

Core Foundation 容器类型比对应的 Cocoa 类灵活得多。但下一节你会看到，通过自由桥接的强大功能我们也可以把这种灵活性赋予 Cocoa。

## 10.7　自由桥接

Core Foundation 最聪明的地方体现在它能和 Foundation 无障碍地交换数据。比如说，任何接受 NSArray 的函数或方法同样也接受 CFArray，只要经过一次桥接转换即可。桥接转换（bridge cast）是给编译器的指令，告诉它如何处理自动引用计数。

在很多情况下，只需要使用 __bridge 修饰符，如下代码所示：

testTollFree（CoreFoundation:main.m）

```
NSArray *nsArray = [NSArray arrayWithObject:@"Foo"];
printf("%ld\n", CFArrayGetCount((__bridge CFArrayRef)nsArray));
```

这其实是告诉编译器什么都别做。它只要简单地把 nsArray 转换为 CFArrayRef，并传给 CFArrayGetCount。nsArray 的引用计数没有变化。

iOS 7 对这种情况做了优化。因为 Core Foundation 的函数有固定的名字，几乎所有情况下编译器都能推断出给定的参数应该用哪种内存管理方式，所以就不需要 __bridge 修饰符了：

```
printf("%ld\n", CFArrayGetCount((CFArrayRef)nsArray));
```

这种写法对 Core Foundation 的大部分都适用。要用到自己的代码中，则需要检查所有的函数，确保它们遵循了 Core Foundation 的命名约定。这一点得到保证之后，就可以用下面的方法把声明包起来：

MYStringConversion.h（CoreFoundation）

```
CF_IMPLICIT_BRIDGING_ENABLED

char * MYCFStringCopyUTF8String(CFStringRef aString);
const char * MYCFStringGetUTF8String(CFStringRef aString, char **buffer);

CF_IMPLICIT_BRIDGING_DISABLED
```

在这个块中声明的函数不需要用 __bridge 来转换参数。

自由桥接对于 Core Foundation 对象到 Foundation 对象的转换也有效：

testTollFreeReverse（CoreFoundation:main.m）

```
CFMutableArrayRef cfArray =
  CFArrayCreateMutable(NULL, 0, &kCFTypeArrayCallBacks);
CFArrayAppendValue(cfArray, CFSTR("Foo"));
NSLog(@"%ld", [(__bridge id)cfArray count]);
CFRelease(cfArray);
```

注意这里需要用 __bridge 转换。现在不是把 cfArray 传给一个检查过的函数，而是将其转换为一个 id 对象并向它发送一个消息。

只要没有 Core Foundation 的内存管理介入，__bridge 转换就管用。在上面的例子中，我们没有把结果赋给变量或者返回结果。然而，考虑下面这种情况：

```
- (NSString *)firstName {
  CFStringRef cfString = CFStringCreate...;
  return (???)cfString;
}
```

怎样才能正确转换 `cfString`？在 ARC 之前，要把它转换成 `NSString`，然后调用 `autorelease`。有了 ARC，就无法调用 `autorelease` 了，而 ARC 不知道 `cfString` 还有一个来自 `CFStringCreate...` 的保留。还是得用桥接转换，只不过这次是以下例所示的函数：

```
return CFBridgingRelease(cfString);
```

这个函数把所有权从 Core Foundation 转移到 ARC。在这个过程中，它把引用计数减 1 以平衡 `CFStringCreate...`。必须用桥接转换才能做到这一点，调用 `CFRelease` 会在返回对象前就销毁对象。

在把一个对象从 ARC 转移到 Core Foundation 时要用 `CFBridgeRetain`，它会把引用计数加 1，如下代码所示：

```
CFStringRef cfStr = CFBridgingRetain([nsString copy]);
nsString = nil; // 所有权现在归 cfStr 了
...
CFRelease(cfStr);
```

桥接函数也可以写成类型转换的形式，如下．

```
NSString *nsString = CFBridgingRelease(cfString);
NSString *nsString = (__bridge_transfer id)cfString;

CFStringRef cfString = CFBridgingRetain(nsString);
CFStringRef cfString = (__bridge_retained CFTypeRef)nsString;
```

> `CFTypeRef` 是指向 Core Foundation 的通用指针，而 `id` 是指向 Objective-C 对象的通用指针。这里也可以用具体的类型，像 `CFStringRef` 和 `NSString*`。

函数形式更简短，也更容易理解。`CFBridgingRelease` 和 `CFBridgingRetain` 应该只用在对象在 ARC 和 Core Foundation 之间转移的情况。它们不是 `CFRetain` 和 `CFRelease` 的替代品，也不是"欺骗"编译器给 Objective-C 对象施加额外的 `retain` 或 `release` 操作的方法。一旦对象从 Core Foundation 转移到 ARC，就不应该再使用 Core Foundation 变量了，应该将其置为 `NULL`。相反，当从 ARC 转换到 Core Foundation，要马上把 ARC 变量设置为 `nil`。这里已经把所有权从一个变量转到了另一个变量，因此旧变量应该无效。

自由桥接不仅可以方便地在 C 和 Objective-C 之间转移信息，还能让 Cocoa 开发者用上某些只有 Core Foundation 有（而 Objective-C 没有等价功能）的函数。比如，`CFURLCreateStringByAddingPercentEscapes` 提供的转换功能比它所对应的 `NSURL` 的 `stringByAddingPercentEscapesUsingEncoding:` 方法强大得多。

一些不显式支持自由桥接的类型也能桥接为 `NSObject`。这意味着能在 Cocoa 容器对象中存储 Core Foundation 对象（即使没有等价的 Cocoa 类），如下例所示：

testTreeInArray（CoreFoundation:main.m）

```
CFTreeContext ctx = {0, (void*)CFSTR("Info"), CFRetain,
                     CFRelease, CFCopyDescription};
CFTreeRef tree = CFTreeCreate(NULL, &ctx);
```

```
NSArray *array = @[(__bridge id)tree];
CFRelease(tree);
NSLog(@"Array=%@", array);
```

自由桥接是用相当直观的方式实现的。每个 Objective-C 对象结构体都是以一个指向 Class 的 ISA 指针开始的：

```
typedef struct objc_class *Class;
typedef struct objc_object {
  Class isa;
} *id;
```

Core Foundation 不透明类型则以一个 CFRuntimeBase 开始，而它的第一个元素也是 ISA 指针：

```
typedef struct __CFRuntimeBase {
  uintptr_t _cfisa;
  uint8_t _cfinfo[4];
#if __LP64__
  uint32_t _rc;
#endif
} CFRuntimeBase;
```

_cfisa 指向自由桥接的 Cocoa 类，这是等价的 Cocoa 类的子类，它们会把 Objective-C 方法调用转发为等价的 Core Foundation 函数调用。比如，CFString 桥接到私有的自由桥接类 NSCFString。

如果没有显式桥接类，那么_cfisa 指向__NSCFType，这是 NSObject 的子类，可以转发 retain 和 release 等类似调用。

为了支持把 Objective-C 类传递给 Core Foundation 函数，所有公开的自由桥接函数看起来都类似如下所示：

```
CFIndex CFStringGetLength(CFStringRef str) {
  CF_OBJC_FUNCDISPATCHV(__kCFStringTypeID, CFIndex, str, "length");
  __CFAssertIsString(str);
return __CFStrLength(str);
}
```

CF_OBJC_FUNCDISPATCHV 检查_cfisa 指针。如果对于给定的 CFTypeID，它匹配 Core Foundation 桥接类，那就把调用传给真正的 Core Foundation 函数；否则，就把调用转化为 Objective-C 消息（在本例中是 length，以 C 字符串的形式给出）。

---

　　Core Foundation 的大部分都是开源的，可以从 opensource.apple.com 下载。在 OS X 下找 CF 工程。前面的代码来自 CFString.h。

---

　　CF_OBJC_FUNCDISPATCHV 的实现不是开源的，在阅读本节的过程中，你可以假设它跟 OSX 的宏 CF_OBJC_FUNCDISPATCH0 类似，后者是开源的。

## 10.8 小结

Core Foundation 在 C 和 Objective-C 代码之间架起了一座桥梁，为 C 提供了强大的数据结构，能几乎无障碍地和底层代码之间相互传递数据。随着苹果发布越来越多的需要这些类型的底层 Core 框架，Core Foundation 在 iOS 开发者的工具箱中也会变得越来越重要。

Core Foundation 数据结构一般要比 Cocoa 的等价类更灵活。它们通过分配器提供了更多对内存管理的控制权，也包含解决特定问题（比如处理 Pascal 字符串）的函数，以及高度可配置的 URL 百分号置换。Core Foundation 容器能被配置为不保留容器成员，甚至还能存储整数等非对象数据。

尽管 Objective-C 非常强大，但一般情况下还是能用纯 C 写出更快更高效的代码，这也是底层 API 全是 C API 的原因。对于程序中那些只有通过 C 才能达到性能要求的部分来说，Core Foundation 提供了优秀的抽象数据类型集，开发者可以方便地用它和程序的上层部分交换数据。iOS 的很大一部分问题都能用 Cocoa 和 Objective-C 解决，但在那些用 C 更合适的地方，Core Foundation 更有用武之地。

## 10.9 扩展阅读

### 1. 苹果文档

下面的文档位于 iOS Developer Library（https://developer.apple.com/library/ios/navigation/index.html）中，通过 Xcode Documentation and API Reference 也可以找到。

❑ *Collections Programming Topics for Core Foundation*
❑ *Core Foundation Design Concepts*
❑ *Data Formatting Guide for Core Foundation*
❑ *Dates and Times Programming Guide for Core Foundation*
❑ *Transitioning to ARC Release Notes*: "*Managing Toll-Free Bridging*"
❑ *Memory Management Programming Guide for Core Foundation*
❑ *Property List Programming Topics for Core Foundation*
❑ *Strings Programming Guide for Core Foundation*

### 2. 其他资源

❑ Clang Documentation. "Automatic Reference Counting"
　 http://clang.llvm.org/docs/Automatic Reference Counting.html
❑ ridiculous_fish, "Bridge." 苹果的一个 AppKit 和 Foundation 团队所做的关于自由桥接的有趣介绍。这些介绍基于自由桥接的一个旧实现，尤其是在 OS X 上，不过，当前的 iOS 实现基本相似。
　 http://ridiculousfish.com/blog/posts/bridge.html
❑ Core Foundation Source Code (as of 10.8.3)
　 http://opensource.apple.com/source/CF/CF-744.18/

**10**

# 第 11 章

# 幕后制作：后台处理

iOS 设备的资源有限，没有足够的内存能让很多应用同时运行。电池续航时间也很宝贵，所以让设备把能量用在用户真正关心的活动上是至关重要的。一个后台运行的"忙等"应用能在很短时间内耗尽电池电量。但是用户也希望应用能迅速就位，他们希望能快速无缝地切换应用。优秀的 iOS 应用给用户的感觉是它们总是在运行，而且运行所需的资源越少越好。

但是很多用户需要的东西不能用感觉来实现。用户想在运行其他应用时能下载文件，想在阅读器启动时新闻订阅就得到更新，也不想在最新照片上传到服务器时等待。

每个 iOS 版本发布后，应用都能获得更多的后台运行权限。iOS 7 加了重要的新特性，能让你在后台下载文件，并且在任意时间用静默通知唤醒应用。在本章中，你将了解这些新特性，还有一些重要的旧特性，比如状态恢复。

学习本章内容需要具备在后台运行任务的基础知识，熟悉 `beginBackgroundTaskWith-ExpirationHandler:`方法、注册与位置相关的应用以及类似的后台运行知识。如果需要学习这些基础技术，可以参考 *iOS Application Programming Guide*（developer.apple.com）中的"Executing Code in the Background"。

## 11.1 后台运行最佳实践：能力越大责任越大

在 iPhoneOS 3 中，每次只能有一个第三方应用处于运行状态。用户离开应用后，就终止运行应用。这样可以保证第三方后台应用不会浪费内存和电量等系统资源。苹果不希望 iPhone 像之前那些移动平台（主要是指 Windows Mobile）一样饱受性能和稳定性问题的困扰。

从 iOS 4 开始，苹果开始支持第三方应用在后台受限运行。这延续了苹果不允许第三方应用影响系统性能和浪费系统资源的一贯传统。虽然令人感到沮丧，不过这个政策基本实现了目标。iOS 始终以用户而不是开发者为中心。

应用应该让用户感觉它一直在运行，即使实际上不是这样。应用可能会在挂起状态下没有收到任何警告就终止运行了，但再次运行时，它应该让用户感觉与上次退出时没有任何不同。一是不要在加载过程中显示启动画面，二是要在应用进入后台运行时把各种必要的状态保存下来，以便应用终止之后再次被唤醒时能够恢复用户离开时的状态。在 `applicationWillResignActive:`方法中，可以把少量的数据保存到 `NSUserDefaults` 中。大一些的数据结构应该保存到文件中，这些文件通常位于 ~/Library/Caches 目录下。9.2 节会详细讲述相关内容。

进入后台运行时，减少应用的内存占用是非常重要的，这样也可以将唤醒应用所需的时间降到最少。如果丢弃缓存信息，那么唤醒应用跟重新启动应用需要的时间差不多，也就没必要挂起应用了。一定要想清楚可以丢弃哪些对象，以及需要多少时间重新创建这些对象。每一项操作都会消耗电量，即使它们不会使应用明显变慢，也一定要避免不必要的处理。

应用挂起后无法收到内存警告。如果内存占用量比较大，那么系统很可能会在出现内存压力时终止应用，而你对此毫无办法。处理这个问题时，NSCache 和 NSPurgeableData 能够大显身手。NSPurgeableData 是一个 NSData 对象，可以将它标记为当前正在使用或者可清除。如果把它保存到 NSCache 对象中并使用 endContentAccess 将其标为可清除，iOS 会在遇到内存压力之前一直保存它。遇到内存压力时，iOS 就会丢弃这些数据，即使这时应用处于挂起状态。这样一来，用户每次短暂离开又回到应用时，就不需要丢弃这些对象然后重新创建，但必要时仍然会丢弃这些数据。

应用进入后台运行之后，许多框架数据都是自动管理的。使用 imageNamed:方法加载的图片数据会被自动丢弃，再次使用时会重新从磁盘加载。视图的后备存储（位图缓存）也会被自动丢弃。唤醒应用时应该调用 drawRect:方法。这个规则有一个重大的例外：UIImageView 不会丢弃数据，因而会占用大量的内存。如果 UIImageView 中有非常大的图片，通常应该在进入后台运行之前把它删除。然而，解压图片非常耗时，所以不要过于频繁地丢弃它们。这个问题没有唯一正确的答案，需要根据自己的应用进行权衡。

应用在后台运行时，可以使用 Instruments 中的 VM Tracker（它是 Allocations 模板的一部分）检测应用占用的内存数量。首先，创建一个用于显示大型图片的应用。然后使用 VM Tracker 运行应用。注意当前的内存占用量。按下 Home 键看看当前的内存占用量。这就是进入后台运行时会释放的内存。再次运行应用，观察释放了多少内存。理想状况下，后台内存占用会比正常情况下的内存占用量少，后台内存占用量高的话，唤醒应用的过程比较慢。内存占用量应该尽可能低。

在 Instruments 中可以看到两种内存：脏内存（dirty memory）和常驻内存（resident memory）。进入后台运行时，不能被 iOS 自动回收的内存就是脏内存。常驻内存就是当前使用的所有内存。在不同情况下，这两种内存都很重要。减少脏内存的占用量可以降低应用在后台被终止的可能性。应优先考虑减少脏内存占用量。当应用不在前台运行时，应该尽可能减少资源消耗。NSCache 和 NSPurgeableData 可以用来减少脏内存占用，它们是非常优秀的工具。常驻内存就是全部的内存占用量。减少常驻内存占用量，可以防止应用在前台运行时收到内存过低警告。

> 　在 Instruments 的 VM Tracker 中，可能会看到关于 Memory Tag 70 的信息。这里引用的是解压图片的内存，在本应用中主要是由 UIImage 引起的。

内存很重要，但并不是唯一的资源。应该避免过多的网络活动、磁盘访问，以及其他任何浪费电量的操作。

在后台运行时，有些操作是禁止的。最重要的就是 OpenGL 调用。应用在后台运行时必须停止更新 OpenGL 视图。还有一个很微妙的问题就是应用终止。调用 applicationWillTerminate:方法之后应用还可以运行一小段时间。这期间，应用处于"后台运行"状态，不可以再进行 OpenGL 调用。否则应用会立即终止，这可能会导致其他一些应用终止逻辑无法执行完成。

**11**

当应用终止或者进入后台运行时一定要关闭 OpenGL 更新。GLKViewController 可以自动处理这些情况。Xcode 中的 OpenGL Game 模板就使用了 GLKViewController。

　　让应用能够在后台运行对开发者提出了新的挑战，但是用户很期待这样的功能。一定要牢记用户至上，反复测试并且观察资源占用。即使没有出现在当前屏幕上，应用也需要顺畅地运行。

## 11.2　iOS 7 中后台运行的重要变化

　　iOS 7 提供了新的、强大的后台运行机制，但是也引入了一个可能使已有代码失效的大变化。应用程序无法再在设备锁屏时执行长时间运行的任务，而且后台任务不能再阻止设备休眠了。

　　如果用 beginBackgroundTaskWithExpirationHandler:执行网络操作，那么用户锁屏的话这个操作可能会很长时间都得不到执行。应该用新的 NSURLSession 来做这个操作，11.3 节会讲到。

　　如果设备休眠的话，后台操作也可能暂停。你得做好后台操作运行到任意时间点可能已经过去任意时间的准备。尽管处理时间一般还是在 10 分钟左右，但是这个 10 分钟可能不连续。

## 11.3　用 NSURLSession 访问网络

　　最常见的后台任务是网络请求。一种常见情形是即使在保存操作过程中用户离开应用也要确保用户数据能保存到服务器上。在 iOS 6 中，要用 beginBackgroundTaskWithExpirationHandler:包装网络请求，以便有足够时间完成请求。这个方法对于小请求仍然有用，但是对于更长的请求，可能还没完成就暂停了。新的解决方案是 NSURLSession。

　　我希望我能说 NSURLSession 让后台传输变得简单了，但是实际上没有。要处理好NSURLSession 很复杂，在 iOS 7 中会更复杂，因为后台处理会比 iOS 6 更快更频繁地被暂停。本节介绍 NSURLSession 的基本用法和用它开发健壮的系统的诀窍。不幸的是，这并不容易，通用的方法是用 NSURLSession 实现后台传输。你得视具体情况大量使用 NSURLSession。

　　NSURLSession 最简单的形式是作为 NSURLConnection 的替代。如果你之前在用[NSURLConnection sendAsynchronousRequest:queue:completionHandler:]，可以很容易地切换到[NSURLSession dataTaskWithURL:completionHandler:]。比如说，如果现在的代码是这样的：

```
[NSURLConnection sendAsynchronousRequest:request
                                   queue:[NSOperationQueue mainQueue]
                       completionHandler:handler];
```

可以换成这样的：

```
NSURLSessionTask *task = [[NSURLSession sharedSession]
                          dataTaskWithRequest:request
                          completionHandler:handler];
[task resume];
```

这么做之后，我们可以利用一些新特性。比如说，可以请求任务的 originalRequest 和 count-OfBytesExpectedToReceive 等信息。这些信息很方便，但是真正的优势在于开始配置会话的时候。

[NSURLSession sharedSession]是一个基本会话对象，本质上和 NSURLConnection 一样。但是你能创建新的有自己独特配置的会话对象。比如说，会话可以配置为不用蜂窝数据：

```
NSURLSessionConfiguration *configuration =
 [NSURLSessionConfiguration defaultSessionConfiguration];
[configuration setAllowsCellularAccess:NO];
NSURLSession *session = [NSURLSession sessionWithConfiguration:configuration];
```

会话可以有自己的 NSCache，自己的 NSHTTPCookieStorage，自己的 NSURLCredentialStorage。会话也能注册自己的 NSURLProtocol，所以你能让特殊的 URL scheme 只对某些会话有效。用 NSURLConnection 的话，我们为 REST 协议部署的定制化缓存解决方案也得处理 UIWebView 连接。如果引入第三方库，其注册的任何 NSURLProtocol 都会影响整个系统。而用 NSURLSession 可以很容易地隔离这类定制。以前由 NSURLRequest 处理的蜂窝数据访问和缓存策略等配置，现在可以用会话集中管理。

## 11.3.1　会话配置

NSURLSession 有三种内置的配置，可以用做配置的起点。

- ❑ defaultSessionConfiguration——这个配置跟 NSURLConnection 的行为一致，会用共享的缓存、cookie 存储等。
- ❑ ephemeralSessionConfiguration——这个配置只用内存存储，不会往磁盘写入数据，是为隐私浏览设计的，但是如果你不想为长期缓存浪费磁盘空间的话也很有用。
- ❑ backgroundSessionConfiguration——这个配置需要一个标识符，并配置为应用程序在后台（甚至是结束）时执行网络传输。这是最有趣的配置，但也是使用起来最复杂的。

请求这些配置得到是一个副本，所以可以随意修改配置对象，不用担心会影响系统的其他部分。

## 11.3.2　任务

任务分三种类型：数据、上传和下载。数据任务最像 NSURLConnection，要么在下载完成时调用委托方法并传递 NSData，要么执行完成处理函数，并传递 NSData。

如果要大量传输数据，就得小心处理 NSData 对象的方式。可能的话，保留而不是复制这些对象，也应该避免调用 bytes 方法。NSURLSession 可能会创建不连续的数据对象来避免复制，如果调用 bytes，那么 NSData 就得合并所有的数据段来提供连续的内存段。可以用新的 enumerateByte-RangesUsingBlock:代替 bytes，这样不需要昂贵的复制步骤就可以访问到数据。

上传和下载任务是新特性，极大地简化了上传和下载文件。这是处理大量数据传输的首选方式，也是执行后台传输的唯一方式。要在前台上传文件，一般可以用 uploadTaskWithRequest: fromFile:completionHandler:。要在前台下载文件，一般可以用 downloadTaskWith- URL:completionHandler:。注意，下载任务只允许一个源 URL，不是目的 URL。完成处理函数包含被下载文件在 Caches 目录中的 URL，你必须在返回前读取或移动这个文件，完成处理函数返回后这个文件可能会在任何时候被删除。下面这个例子展示如何把文件移动到文档目录：

```
- (NSURL *)documentURLForPath:(NSString *)path {
  static NSURL *documentDirectoryURL;
```

```
    static dispatch_once_t onceToken;
    dispatch_once(&onceToken, ^{
      NSString *docPath =
        [NSSearchPathForDirectoriesInDomains(NSDocumentDirectory,
                                             NSUserDomainMask,
                                             YES) firstObject];
      documentDirectoryURL = [NSURL fileURLWithPath:docPath];
    });

    return [documentDirectoryURL URLByAppendingPathComponent:path];
}

...

NSURLSessionDownloadTask *download =
  [session downloadTaskWithURL:URL
            completionHandler:^(NSURL *location,
                                NSURLResponse *response,
                                NSError *error) {
            NSString *filename = [location lastPathComponent];
            NSURL *dest = [self documentURLForPath:filename];
            if ([[NSFileManager defaultManager] moveItemAtURL:location
                                                        toURL:dest
                                                        error:&error]) {

                // TODO: 通知感兴趣的人
            }
            else {
                // TODO: 错误处理
            }
        }];
[download resume];
```

如果你理解 NSURLConnection 的话，大部分非后台的 NSURLSession 调用都很简单，所以这里就不深入介绍使用方式了。不过，你得知道一些技巧。

- ❑ 任务被创建时总是处于暂停状态，必须调用 resume 开始运行。这一步很容易忘记，是"什么都不发生"这种 bug 的常见原因。
- ❑ 系统会保留任务和会话，就跟 NSURLConnection 一样，所以从技术上讲你不需要保留它们。不过推荐用实例变量追踪，这样可以在需要的时候取消。
- ❑ 回调处理函数通常在后台队列上调用，记得在更新 UI 元素时用 dispatch_async 回到主线程，在用非线程安全的方式访问自己的属性时也要考虑周全。
- ❑ 会话可以重用，也鼓励重用。系统会保留会话，所以你得调用 finishTasksAndInvalidate 或 invalidateAndCancel，否则会造成内存泄漏。

### 11.3.3  后台传输

到这里，你已经可以处理后台传输了。这是 NSURLSession 最有意思的应用，但也是最复杂的。它很难用一种通用的方式处理。每个应用都有不同的问题要处理。接下来的内容会提供这项技术的基本知识、问题的介绍和如何解决问题的技巧。示例代码中有一个叫做 PicDownloader 的示例工程。

后台传输要用[NSSessionConfiguration backgroundSessionConfiguration:]配置，传入的标识符必须是唯一的，并且在程序的多次运行间保持一致。有了这个配置，可以创建一个会话，然后就可以像平常那样执行上传和下载任务，除了一定要用基于委托的调用。后台传输无法使用完成处理函数。

后台传输的基本知识很简单：

```
NSURLSessionConfiguration *configuration =
   [NSURLSessionConfiguration backgroundSessionConfiguration:identifier];
NSURLSession *session = [NSURLSession sessionWithConfiguration:configuration
                                                     delegate:self
                                                delegateQueue:nil];
NSURLSessionDownloadTask *task = [session downloadTaskWithURL:sourceURL];
[task resume];
```

如果应用保持在前台运行，这个任务就跟普通下载任务一样。如果下载完成前应用结束了，当下载完成后，应用会重新启动，应用委托会收到 application:handleEventsForBackgroundURL-Session:completionHandler:调用。这个方法传递一个块，你需要在处理完事件后调用。通常这意味着要复制完成处理函数以备后续使用，用同一个标识符重新创建 NSURLSession，然后等待 URLSession:task:didCompleteWithError:。到那个时候，如果所有的任务都完成了，就可以调用完成处理函数，如下所示：

**PTLDownloadManager.m（PicDownloader）**

```
- (void)URLSession:(NSURLSession *)session
              task:(NSURLSessionTask *)task
didCompleteWithError:(NSError *)error {
  NSLog(@"%s", __PRETTY_FUNCTION__);
  [self.backgroundSession
    getTasksWithCompletionHandler:^(NSArray *dataTasks,
                                    NSArray *uploadTasks,
                                    NSArray *downloadTasks) {
      NSUInteger count = [dataTasks count] +
                         [uploadTasks count] +
                         [downloadTasks count];
      if (count == 0) {
        if (self.backgroundSessionCompletionHandler) {
          void (^completionHandler)() =
            self.backgroundSessionCompletionHandler;
          self.backgroundSessionCompletionHandler = nil;
          completionHandler();
        }
      }
  }];
}
```

原则上，这种方法应该工作良好。在实践中，要正确实现实际上很难，测试更难，而且很容易出bug。因此我们给出如下建议。

❑ 多数情况下 NSURLSession 是可以替代 NSURLConnection 的有用的类。

❑ 在 iOS 7 的初始版本对使用 NSURLSession 管理后台下载支持很差，要谨慎使用这项特性，而且越简单越好。

11

- 要认真测试传输被中断时应用程序和服务器的行为，因为暂停行为越激进，网络传输就越容易暂停，而且可能会暂停很久。服务器可能需要做一些改变来支持这种方式。
- 要确保只用 `URLSession:task:didCompleteWithError:` 来做最后的清理工作。用 `URLSession:downloadTask:didFinishDownloadToURL:` 来清理任务和会话可能显得自然，但是这么做可能导致崩溃。你得在调用应用委托的完成处理方法或者 `finishTasksAnd-Invalidate` 这类方法前让整个任务完成。
- 一般来说，使用 `NSURLSession` 要小心，它有很强大的功能，但是没有 `NSURLConnection` 那样多年的锤炼。应该在探索复杂问题（比如后台传输）前先用简单的问题（比如文件下载）试验。

## 11.4　周期性拉取和自适应多任务

自适应多任务几乎是不可见的特性。在 iOS 7 中，操作系统会监控用户行为，在应用启动时寻找模式。如果操作系统认为应用会在每天早上 7 点启动，那就可能在这个时间点之前几分钟自动启动应用，这样就可以有最新数据。

我们可以通过让操作系统知道应用多久更新一次数据比较有用并实现一个协议来管理周期性的更新请求，从而协助操作系统完成这个任务。首先，在目标设置中打开后台拉取模式，如图 11-1 所示。

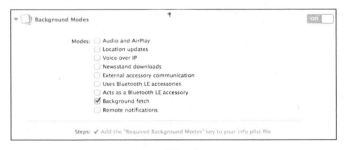

图 11-1　后台模式

然后用 `[UIApplication setMinimumBackgroundFetchInterval:]` 来设置两次更新之间的最短时间，默认是 "never"，所以一定要设置这个选项。一般设置为 `UIApplicationBackground-FetchIntervalMinimum` 比较有用，这是让系统决定，但是如果开发者知道自己数据的更新频率不可能超过每天一次或每周一次，那么最好是设置一个更长的最短时间。

最后，实现应用程序的 `application:performFetchWithCompletionHandler:` 委托方法，你可以做任何事来更新数据，完成之后，调用完成处理函数。操作系统会考虑你在调用完成处理函数之前用的时间和电量来决定多久调用你的应用。如果没有调用完成处理函数，操作系统可能会杀死应用，并且减少调度应用来更新数据。

## 11.5　后台唤醒

可能后台处理最有意思的强化是为了响应远程通知而唤醒应用的能力，这个特性跟普通的远程通知类似，只是应用会自动启动而不会显示通知。如图 11-1 那样设置远程通知后台模式，然后实现 `application:didReceiveRemoteNotification:fetchCompletionHandler:`，用这个方法更新用户可能感兴趣的内容，然后用本地通知来显示一个通知、红点或者其他合适的指示。要确保在 30 秒内调用完成处理函数。

　　如果适合数据的话，苹果鼓励发送这类"静默"远程通知。苹果会自动管理发送频率限制。服务器每发送一个通知，应用程序就收到一个，但是可能会批量处理。比如说，如果你每分钟发送一次，但是苹果要把你限制为每小时一次，那么应用程序会每小时一次性收到 60 个通知。这不是让应用程序在后台无限制运行的机制。

# 11.6　状态恢复系统

　　即使应用在后台被终止了，也应该给用户留下一直在运行的印象。如果用户在输入消息时中途切换到了另一个应用，当用户再次回到消息输入界面时，之前输入的消息应该仍然存在。在 iOS 6 之前，这通常意味着要在 NSUserDefaults 中存储很多值。例如，需要记录当前打开的选项卡、完整的导航控制器栈、滚动条位置以及未输完的文本。这项工作并不难，但是冗长乏味且容易出错。

　　在 iOS 6 中，可以使用 UIKit 处理这个问题。这个系统叫做状态恢复系统（state restoration system），是可选的，所以需要显式地告诉 UIKit 你想用这个系统。本例首先使用简单且妙趣横生的 FavSpots 应用（可以在本章的示例代码中找到）。这个应用最终版本的工程名为 FavSpotsRestore，位于与工程同名的文件夹下。这个应用支持在地图上标记位置，还可以添加名称和备注，这些数据保存在 Core Data 中。按照以下步骤来实现状态恢复。

　　(1) 在应用委托中启用状态保存和状态恢复系统。
　　(2) 如果有必要，修改应用委托的启动处理代码。
　　(3) 为所有的视图控制器指定恢复标识符。
　　(4) 向需要记录状态的视图控制器中添加状态编码器和状态解码器。
　　(5) 为表视图控制器实现 UIDataSourceModelAssociation。

　　这个例子展示了一系列常见问题，但是并没有涵盖状态恢复系统能处理的所有情况。如果想要了解更多内容，可以查看 *iOS App Programming Guide* 中的 "State Preservation and Restoration" 一节。另外，11.8 节也提供了其他一些参考资料。

　　实现状态保存时，要时刻牢记状态保存系统（state preservation system）只用于保存状态。不要用它来保存数据。保存在状态保存系统中的信息随时可能被丢弃（而且，如果 iOS 怀疑状态保存系统引起了问题，就会立即丢弃状态保存系统中的信息）。不要把编码后的数据对象保存到状态保存系统中。可以对对象标识符进行编码，这样就可以在以后重新取得这些数据对象。11.6.5 节会讨论这个话题。

## 11.6.1　测试状态恢复系统

　　添加状态恢复系统之前，要先了解不使用状态恢复系统程序有何表现，以及如何对状态恢复系统进行测试以确定它真的起作用了。用户按下 Home 键时，应用不会立即终止运行。通常只是先切换到后台运行状态，再过一会儿进入挂起状态。不管是哪种情况，程序仍然在内存中。用户再次回到应用时，应用需要恢复到用户离开时的状态。应该显示同一个界面，用户在文本框中输入过的文本仍然还

**11**

在，等等。状态恢复系统的目标是即使应用在后台被终止了，用户再次回到应用也要恢复到离开时的状态，给用户留下一种应用一直在运行的印象。实现状态恢复功能时常见的错误就源自写状态恢复代码时没有理解这一默认行为。

为了正确地测试状态恢复系统，需要确保应用真的终止运行了，而且要确保即使应用终止了，状态恢复系统也能运行。为了确保状态恢复系统能够运行，有三点需要注意。

❑ 状态保存必须成功执行。也就是说应用终止运行之前必须进入后台运行状态。

❑ 应用不可以被强制退出。如果双击 Home 键并且从"最近应用"列表中删除应用，那么状态保存文件也会被删除。因此如果用户强制退出某个应用，很可能是由于出现了严重的 bug，状态恢复可能会导致无限循环。

❑ 从最近一次状态保存开始，应用必须没有启动失败过。就是说如果你的应用在启动期间终止了，状态保存信息会被删除。否则状态恢复代码中的一个小 bug 也可能会导致应用无法启动。

时刻牢记这些东西，下面是测试状态恢复的正确方法。

(1) 在 Xcode 中运行应用，切换到任何一个希望测试的情况。

(2) 按下模拟器或者设备上的 Home 键。

(3) 在 Xcode 中终止应用。

(4) 重新运行应用。

建议在应用程序委托的 `application:willEncodeRestorableStateWithCoder:` 方法和 `application:didDecodeRestorableStateWithCoder:` 方法中记录日志，这样可以很直观地看到状态保存和恢复系统的运行情况。

> 苹果为 iOS 7 提供了一个 mobileconfig 文件，可以阻止设备在应用程序被强退时删除恢复文件，还可以提供额外的状态恢复日志和读取状态恢复文件的工具。在 https://developer.apple.com/downloads 搜索"restorationArchiveTool"。

## 11.6.2　选择性加入

状态保存系统并不会在旧程序中自动启用。启用状态保存系统很容易，只需在应用委托中添加如下代码。

**AppDelegate.m（FavSpotsRestore）**

```
- (BOOL)application:(UIApplication *)application
shouldSaveApplicationState:(NSCoder *)coder {
  return YES;
}
- (BOOL)application:(UIApplication *)application
shouldRestoreApplicationState:(NSCoder *)coder {
  return YES;
}
```

也可以在这里加入条件分支逻辑，不过很少这么用。

### 11.6.3 应用启动过程的变化

启用状态恢复系统之后，应用的启动过程会出现一些微妙变化。可能需要在状态恢复之前和之后做一些初始化工作。在状态恢复之前，Cocoa 会调用 `application:willFinishLaunchingWith-Options:` 方法。状态恢复完成之后，又会调用 `application:didFinishLaunching WithOptions:` 方法。必须要考虑清楚每个方法中应该执行哪些逻辑。

可以在 `application:willEncodeRestorableStateWithCoder:` 方法中保存应用级别的状态。视图控制器负责管理大部分的状态保存，但是可能还需要保存一些全局状态。可以在 `application:didDecodeRestorableStateWithCoder:` 方法中恢复这些状态。11.6.5 节会介绍如何编码与解码状态。

FavSpots 工程中并没有考虑这些变化。

### 11.6.4 状态恢复标识符

`UIView` 和 `UIViewController` 的每个子类都可以拥有一个恢复标识符。这些标识符可以不唯一，但是每一个可恢复对象的完整恢复路径必须唯一。恢复路径是恢复标识符的一个序列，从根视图控制器开始，以斜杠（/）分隔，就像 URL 一样。系统可利用恢复路径把各种 UI 粘合在一起，编码整个导航控制器栈等内容。例如，你可能会遇到 RootTab/FirstNav/Detail/Edit 路径，这表明选项卡栏的某个选项卡中包含一个导航控制器。导航控制器中有一个用于显示 Detail 页面的根视图控制器，Edit 页面位于 Detail 页面上方。

对于 `UITabBarController` 等标准类，建议使用一些更具描述性的名字来保证唯一性。

如果在开发中使用故事板，那么管理恢复标识符就非常简单。对于想要保存的每一个视图控制器，可以在 Identity Inspector 中设置 Restoration ID。

要为每一个想保存的视图和视图控制器分配恢复标识符。通常大部分视图控制器都需要分配恢复标识符。如果有一个不需要保存状态的特殊的视图控制器，把恢复标识符留空就可以了，应用再次启动时会恢复到父视图。

大部分视图都需要通过它们的视图控制器进行重新配置，但有时直接保存视图状态非常有用。有几个 UIKit 视图就支持状态恢复，比如 `UICollectionView`、`UIImageView`、`UIScrollView`、`UITableView`、`UITextField`、`UITextView` 和 `UIWebView`。这些视图会保存它们的状态，但不会保存它们的内容。因此，文本输入框会保存文本选择范围，但是不会保存已输入的文本。可以在视图的文档中查看每个视图会保存哪个状态。

FavSpots 中需要给所有的视图控制器、表视图、文本输入框、文本视图添加恢复标识符。

### 11.6.5 状态编码器与状态解码器

状态恢复的核心就是状态编码与解码。跟 `NSKeyedArchiver` 很像，状态恢复系统通过 `encodeRestorableStateWithCoder:` 方法和 `decodeRestorableStateWithCoder:` 方法为每个对象传递一个 `NSCoder`。

与 `NSKeyedArchiver` 不同，状态恢复系统不保存整个对象，只保存重新构造状态所必需的信息。例如，有一个 `PersonViewController` 视图控制器用于显示 `Person` 对象，不要对 `Person` 对象进

11

行编码。只需要对唯一标识符进行编码就可以了，以后可以通过这个标识符找回这个对象。如果使用 iCloud 同步或者是某种网络数据源，保存的记录有可能在恢复时已经被修改、移动甚至删除。恢复系统需要能够妥当处理丢失的对象。

如果使用 Core Data，保存对象引用的最佳方法就是[[obj objectID] URIRepresentation]。对象保存后，这个标识符就是唯一且持久的。然而，如果对象没有保存，objectID 就只是临时的。在使用之前需要检查[objectID isTemporary]。通常要在状态保存之前先保存对象。幸好，applicationDidEnterBackground:方法会在状态保存之前调用，所以可以在这个方法中保存上下文，然后所有的标识符就都是持久的了。

再次强调，应该把用户数据保存到持久存储系统中，不可以保存到状态保存系统。如果用户在写一段很长的评论，不要使用状态保存系统保存草稿。状态保存数据随时会被删除。如果不把数据保存到持久存储系统中，至少要把它们写入 Library/Application Support 目录下的文件中，以免丢失数据。

以下是修改后的 FavSpots 的 MapViewController。需要保存查看过的区域和追踪模式。NSCoder 的某个分类中的各种 RN 方法可以简化对 MKCoordinateRegion 的编码。注意，使用 containsValueForKey:来区分 0 和不存在的值。有时可能会从旧版应用的状态保存系统中恢复状态，某些键可能不存在，要能够正确处理这种情况。

**MapViewController.m（FavSpotsRestore）**

```
- (void)encodeRestorableStateWithCoder:(NSCoder *)coder {
  [super encodeRestorableStateWithCoder:coder];

  [coder ptl_encodeMKCoordinateRegion:self.mapView.region
                        forKey:kRegionKey];
  [coder encodeInteger:self.mapView.userTrackingMode
           forKey:kUserTrackingKey];
}
- (void)decodeRestorableStateWithCoder:(NSCoder *)coder {
  [super decodeRestorableStateWithCoder:coder];

  if ([coder containsValueForKey:kRegionKey]) {
    self.mapView.region =
    [coder RN_decodeMKCoordinateRegionForKey:kRegionKey];
  }

  self.mapView.userTrackingMode =
  [coder decodeIntegerForKey:kUserTrackingKey];
}
```

TextEditViewController 只需要一个 Spot 对象。为了保护用户输入的备注（可能会很长），TextEditViewController 在应用处于非活动状态时会自动保存它们。这个操作是在状态保存之前发生的，这就可以使状态保存非常简单。它只保存对象 ID 的 URI。注意，在 decodeRestoreableStateWithCoder:方法中不要使用存取方法。这个方法跟 init 方法的相似之处在于都要避免引起副作用。这个方法是少数几个应该直接使用实例变量的方法之一。下面是要添加到 TextEditViewController 中的代码，以及对 Spot 编码和解码的辅助方法。

### TextEditViewController.m（FavSpotsRestore）

```
- (void)encodeRestorableStateWithCoder:(NSCoder *)coder {
  [super encodeRestorableStateWithCoder:coder];
  [coder pt1_encodeSpot:self.spot forKey:kSpotKey];
}

- (void)decodeRestorableStateWithCoder:(NSCoder *)coder {
  [super decodeRestorableStateWithCoder:coder];
  _spot = [coder pt1_decodeSpotForKey:kSpotKey];
}
```

### NScoder 和 FavSpots.m（FavSpotsRestore）

```
- (void)RN_encodeSpot:(Spot *)spot forKey:(NSString *)key {
NSManagedObjectID *spotID = spot.objectID;
NSAssert(! [spotID isTemporaryID],
         @"Spot must not be temporary during state saving. %@",
         spot);

  [self encodeObject:[spotID URIRepresentation] forKey:key];
}
- (Spot *)RN_decodeSpotForKey:(NSString *)key {
Spot *spot = nil;
NSURL *spotURI = [self decodeObjectForKey:key];

NSManagedObjectContext *
context = [[ModelController sharedController]
           managedObjectContext];
NSManagedObjectID *
spotID = [[context persistentStoreCoordinator]
           managedObjectIDForURIRepresentation:spotURI];
if (spotID) {
  spot = (Spot *)[context objectWithID:spotID];
}

  return spot;
}
```

DetailViewController 要复杂得多。它包含一个可编辑的文本输入框。通常，建议把这个文本输入框的任何变动都保存到持久存储系统中，就像在 TextEditViewController 中那样，这样保存状态就会非常简单。而名称字段非常短，就算丢失这个字段的数据对用户来说也没什么大不了，所以这里展示如何把这类数据保存到状态保存系统中。

可以使用两种方式来设置文本输入框的值，所以有一点复杂。恢复时，使用状态恢复系统中的值；其他时候，使用 Core Data 中的值。也就是说需要知道是否处于恢复阶段，如下所示。

### DetailViewController.m（FavSpotsRestore）

```
@property (nonatomic, readwrite, assign, getter = isRestoring) BOOL restoring;
...
```

```objc
- (void)encodeRestorableStateWithCoder:(NSCoder *)coder {
    [super encodeRestorableStateWithCoder:coder];
    [coder ptl_encodeSpot:self.spot forKey:kSpotKey];
    [coder ptl_encodeMKCoordinateRegion:self.mapView.region
                                 forKey:kRegionKey];
    [coder encodeObject:self.nameTextField.text forKey:kNameKey];
}


- (void)decodeRestorableStateWithCoder:(NSCoder *)coder {
    [super decodeRestorableStateWithCoder:coder];
    _spot = [coder ptl_decodeSpotForKey:kSpotKey];

    if ([coder containsValueForKey:kRegionKey]) {
        _mapView.region =
        [coder ptl_decodeMKCoordinateRegionForKey:kRegionKey];
    }

    _nameTextField.text = [coder decodeObjectForKey:kNameKey];
    _restoring = YES;
}
...
- (void)configureView {
    Spot *spot = self.spot;

    if (! self.isRestoring || self.nameTextField.text.length == 0) {
        self.nameTextField.text = spot.name;
    }

    if (! self.isRestoring ||
        self.mapView.region.span.latitudeDelta == 0 ||
        self.mapView.region.span.longitudeDelta == 0) {
        CLLocationCoordinate2D center =
        CLLocationCoordinate2DMake(spot.latitude, spot.longitude);
        self.mapView.region =
        MKCoordinateRegionMakeWithDistance(center, 500, 500);
    }

    self.locationLabel.text =
    [NSString stringWithFormat:@"(%.3f, %.3f)",
     spot.latitude, spot.longitude];
    self.noteTextView.text = spot.notes;

    [self.mapView removeAnnotations:self.mapView.annotations];
    [self.mapView addAnnotation:
     [[MapViewAnnotation alloc] initWithSpot:spot]];

    self.restoring = NO;
}
```

通常，直接把数据保存到持久存储系统中更方便，而且不容易出错。但是如果需要取消对少量数据所做的改动，前面展示的方法就很有用。

## 11.6.6 表视图和集合视图

　　`UITableView` 和 `UICollectionView` 在做状态恢复时有一个特殊的问题。用户通常希望视图恢复到离开时的状态，但是视图上显示的数据有可能已经发生了改变。视图上某些记录的显示顺序可能发生了变动，也可能添加或删除了某些记录。多数情况下，都不可能把表视图完全恢复到之前的状态。

　　为了保证状态恢复是可预测的，`UIKit` 恢复表视图和集合视图时保证显示的第一条索引代表同一条记录。如果应用退出时屏幕最上边显示的记录是 "Bob Jones"，那么应用恢复时屏幕最上边仍然应该显示这条记录。屏幕上其他所有记录可能都不同了，甚至 "Bob Jones" 这条记录的名字变了，但它仍然显示在屏幕的最上边。

　　为此，`UIKit` 使用 `UIDataSourceModelAssociation` 协议。这个协议可以把索引路径映射为字符串标识符。`UIKit` 并不关心如何进行映射。在做状态保存时，需要使用索引路径对应的标识符。在做状态恢复时，需要使用标识符对应的索引路径。索引路径可以跟之前不一致，但是被索引的对象必须前后一致。最简单的方法就是使用 Core Data 的 `objectID`，然后调用 `URIRepresentation`，这样会返回一个字符串。如果不使用 Core Data，就需要自己设计映射方法来保证标识符的一致性和唯一性了。

**MasterViewController.m（FavSpotsRestore）**

```objc
- (NSString *)modelIdentifierForElementAtIndexPath:(NSIndexPath *)idx
                                            inView:(UIView *)view {
  if (idx && view) {
    Spot *spot = [self.fetchedResultsController objectAtIndexPath:idx];
    return [[[spot objectID] URIRepresentation] absoluteString];
  }
  else {
    return nil;
  }
}

- (NSIndexPath *)
indexPathForElementWithModelIdentifier:(NSString *)identifier
                                 inView:(UIView *)view {
  if (identifier && view) {
    NSUInteger numberOfRows =
    [self tableView:self.tableView numberOfRowsInSection:0];
    for (NSUInteger index = 0; index < numberOfRows; ++index) {
      NSIndexPath *indexPath = [NSIndexPath indexPathForItem:index
                                                   inSection:0];
      Spot *spot = [self.fetchedResultsController
                      objectAtIndexPath:indexPath];
      if ([spot.objectID.URIRepresentation.absoluteString
            isEqualToString:identifier]) {
        return indexPath;
      }
    }
  }
  return nil;
}
```

**11**

在 iOS 6 中，这些方法是状态恢复的必需组成部分。在 iOS 7 中，这些方法是可选的。如果不实现，表格和集合视图会用索引而不是标识符来恢复状态。这个特性对静态表格以及其他索引不可能随便变化的情形比较方便。

### 高级应用

前几节讨论了状态恢复的常见问题。我们假设应用开发过程中用故事板创建了一个典型的视图控制器层次机构。其实状态恢复系统可以处理更复杂的情况。

虽然使用故事板管理状态恢复是最容易的方式，但是也可以在不使用它们的情况下实现状态恢复。首先，需要在 XIB 文件（而不是故事板）中设置恢复标识符。也可以在运行时调用 `setRestoration-Identifier:` 方法设置恢复标识符。如果把某个对象的恢复标识符设为 `nil`，这个对象的状态就不会恢复。

也可以修改处理状态恢复的类。默认情况下，视图控制器使用故事板创建，但是可能还需要为状态恢复做一些不同的初始化工作。视图控制器是由某个对象创建的，可以把视图控制器的 `restorationClass` 属性设置为这个对象所属的类。而这通常就是视图控制器类（因此视图控制器可以创建自身）。如果设置了这个属性，视图控制器就会通过 `+viewControllerWithRestoration-IdentifierPath:coder:` 方法重新创建，而不再是通过故事板创建。你要负责在这个方法中创建并返回视图控制器。如果返回 `nil`，这个视图控制器就无法恢复。系统会对返回的对象调用 `decodeRestorableStateWithCoder:` 方法，除非返回的这个对象与之前被编码的对象属于不同的类（可以是被编码对象的子类）。可以在 *iOS App Programming Guide* 的 "Restoring Your View Controllers at Launch Time" 一节中查看更多相关内容。

状态保存和恢复系统非常强大，可以简化这种复杂的问题，但前提必须是以常规的方式使用 UIKit。如果使用故事板、Core Data，也没有过于巧妙地使用视图控制器，这个系统会帮你完成大部分恢复工作。

## 11.7　小结

iOS 应用处于后台时可能会在任何时候终止。能否给用户提供应用总是可供使用并且保持最新状态的感觉完全取决于开发者。iOS 7 带来了新工具，比如后台传输和静默通知，也加强并简化了已有的工具，比如状态恢复。同时，比较激进的暂停行为会导致很多后台操作更难实现。充分利用这项新技术需要仔细设计和广泛测试。确保在计划中考虑到这些因素。

## 11.8　扩展阅读

### 1. 苹果文档

下面的文档位于 iOS Developer Library（https://developer.apple.com/library/ios/navigation/index.html）中，通过 Xcode Documentation and API Reference 也可以找到。

❏ *iOS App Programming Guide*，"*Executing Code in the Background*"

❏ *iOS App Programming Guide*，"*State Preservation and Restoration*"

**2. WWDC 讲座**

- ❏ WWDC 2011，"Session 320: Adopting Multitasking in Your App"
- ❏ WWDC 2012，"Session 208: Saving and Restoring Application State on iOS"
- ❏ WWDC 2013，"Session 204: What's New with Multitasking"
- ❏ WWDC 2013，"Session 222: What's New in State Restoration"
- ❏ WWDC 2013，"Session 705: What's New in Foundation Networking"

# 第 12 章

# 使用 REST 服务

从某种角度说，大部分 iOS 应用都需要通过某种方式与远程 Web 服务器通信。有些应用可以在没有网络连接的情况下使用，这类应用通常只需要跟 Web 服务器进行短暂的通信（与 Web 服务器的通信甚至是可选的）。那些只在网络连接可用时与远程服务器同步数据的应用就属于这个范畴，比如待办事项列表。

还有一类应用需要在近乎连续的网络连接下才能为用户提供有效价值。这类应用通常作为 Web 服务的移动客户端。Twitter 客户端、Foursquare、Facebook，以及你编写的大部分应用，都属于这个范畴。本章展示的一些技术能够帮助正确编写基于 Web 服务的应用。

iPhone 可以从几乎任何地方连接到互联网。大部分 iOS 应用都要用到这种功能，这让 iPhone 成为有史以来最好的互联网连接设备。不过，由于设备总是在移动，连接和接收信号可能都很差。这就给 iOS 开发者带来了一个问题，他们得确保应用的感知响应时间差不多恒定，就好像全部内容都是从本地获取的一样。通过在本地缓存数据可以做到这一点。缓存数据就是把数据暂时保存下来，这样比从服务器绕一圈获取更快。不过，说起来比做起来难，大部分应用都没有很好地实现缓存。本章将向你展示如何用缓存技术来解决很差的网络连接甚至无网络连接带来的问题。

写作本书时，如果在苹果的 App Store 里快速搜索 Twitter，能找到成千上万个应用。现在无需了解任何 Web 服务和 Twitter API 就可以编写一个新的 Twitter 客户端。有许多 Twitter API 的 Objective-C 实现。大多数公共服务（比如 Dropbox 和 Facebook 的 Graph API）也是如此。因此，本章理论结合实践讲述如何设计一个调用简单 Web 服务（假设我们有这样一个 Web 服务）的 iPhone 应用。

这里介绍的理念和技术都是通用的，可以很方便地在其他工程中使用它们。如果你拥有一年的 iOS 开发经验，可能已经使用客户提供的服务器 API 做过类似的工程了。你很可能跟服务器开发者讨论过输出格式和错误处理等。大多数情况下，客户端和服务器的编码工作是大家协力完成的。

除了讨论 iOS 中如何使用 REST（Representational State Transfer，表述性状态转移）服务，本章还简单介绍了一些服务器端开发的原则，这样可以帮助你更好地

- ❑ 提高代码质量；
- ❑ 缩短开发周期；
- ❑ 提高代码的可读性和可维护性；
- ❑ 明显提升应用性能。

　　W3C（万维网联盟）已经确定了两类主要的 Web 服务（W3C Web Services Architecture 2004）：使用一套统一的无状态操作来处理 XML（Web 资源）的 REST 式服务，以及可能公开操作方式的其他任何服务。SOAP（简单对象访问协议）和 WSDL（Web 服务描述语言）都属于第二类。2013年的 Web 服务大多是 REST 式的，包括但不限于 Twitter API、Foursquare、Dropbox。本章重点讲述在应用中使用 REST 式的服务。

## 12.1  REST 简介

　　REST 式服务器最重要的三个特征就是无状态性、统一资源定位和可缓存性。

　　REST 式服务器总是无状态的。每次 API 调用都被视作新的请求，服务器并不会记录客户端上下文。客户端需要维护服务器的状态，包括但不限于缓存服务器响应和登录访问令牌。

　　REST 式服务器的资源定位是通过 URL 实现的。REST 不使用资源 ID 作为参数，而是将它作为 URL 的一部分。例如，http://example.com/resource?id=1234 在 REST 服务器中就变成了 http://example.com/resources/1234。

　　REST 式服务器使用这种方式进行资源定位，而且也不维护客户端状态，这就使客户端可以根据 URL 缓存响应，就像浏览器缓存网页一样。

　　REST 式服务器的响应通常以一种统一的、双方一致同意的格式返回给客户端，这样可以更好地对客户端接口和服务器接口进行解耦。客户端的 iOS 应用使用双方一致同意的数据交换格式与 REST 式服务器进行通信。到目前为止，最常用的格式是 XML 和 JSON。下一节会讨论这些格式之间的区别，以及在应用中解析这些格式的方法。

## 12.2  选择数据交换格式

　　Web 服务通常支持两种主要的数据交换格式：JSON（JavaScript 对象表示法）和 XML（可扩展标记语言）。微软率先在自家的 SOAP 服务中把 XML 作为默认数据交换格式，然而 RFC 4627 把 JSON 列为了开放标准。虽然有一些关于 JSON 和 XML 谁更优秀的争论，但是作一名 iOS 开发者，需要能够在应用中处理这两种数据格式。

　　有很多为 Objective-C 写的 XML 和 JSON 解析器。接下来几节会讨论其中一些最常用的工具。

### 12.2.1  在iOS中解析XML

　　DOM 解析器和 SAX 解析器可以用来解析 XML。SAX 是一种串流解析器，它逐句遍历整个 XML 文档，通过回调函数返回解析后的数据。大部分 SAX 解析器接受一个 URL 作为参数，解析完目标数据就将数据返回。例如，NSXMLParser 类有一个名为 initWithContentsOfURL: 的方法：
(id)initWithContentsOfURL:(NSURL *)url;

　　只需要使用 URL 来初始化一个解析器，NSXMLParser 会处理余下的事情。通过回调 NSXMLParserDelegate 中定义的委托方法返回解析过的数据。常用的处理方法有：

- ❏ parserDidStartDocument:
- ❏ parserDidEndDocument:
- ❏ parser:didStartElement:namespaceURI:qualifiedName:attributes:
- ❏ parser:didEndElement:namespaceURI:qualifiedName:
- ❏ parser:foundCharacters:

由于解析器使用委托返回数据，每一个需要处理的对象都需要有一个实现 NSXMLParser-Delegate 的 NSObject 子类。与 DOM 解析器相比，这样会使代码不够简洁。

> 虽然可以只使用一个类（甚至是控制器类）来实现 NSXMLParserDelegate，但是这样的话，如果 XML 格式发生了变动，代码就会变得非常不可控。为了清晰，应该单独创建 NSObject 的一个子类来实现 NSXMLParserDelegate。

另一方面，DOM 解析器要先把整个 XML 文档加载到内存中才开始解析。DOM 解析器的优势是可以使用 XPath 查询访问随机数据，也不需要像 SAX 模型一样使用委托。

Mac OS X SDK 中的 NSXMLDocument 是一个基于 Objective-C 的 DOM 解析器。而 iOS 中并没有内置基于 Objective-C 的 DOM 解析器。可以使用 libxml2，或者第三方 Objective-C 包装器，比如基于 libxml2 的 KissXML、TouchXML 和 GDataXML。有些第三方库不能用于编写 XML。以 XML 作为响应的 Web 服务通常也要求 post 报文使用 XML 格式。这种情况下，就需要一种可用于编写 XML 的库（比如把 NSObject 或者 NSDictionary 转换为 XML 报文）。KissXML 和 GDataXML 是两个非常好的库。如果希望看到不同 XML 解析器之间的完整比较，可以查看 12.14 节中 "How to Choose The Best XML Parser for Your iPhone Project" 的链接内容。

在 KissXML 中，最常用的类就是 DDXMLDocument 和 DDXMLNode，最常用的方法是 DDXMLDocument 的 initWithXMLString:options:error: 方法和 DDXMLNode 的 elementWithName:stringValue: 方法。

使用 DOM 解析器可以让代码更加整洁易读。虽然这样会在处理 Web 服务请求时花费更多的执行时间，但是影响是非常小的，因为只有处理 1 M 以上的 XML 文档时 DOM 解析器才会变慢。Web 服务的响应通常没有那么大。与网络操作消耗的时间相比，得到的任何性能提升都是微不足道的。当从资源包中解析 XML 时这些性能提升就非常有用了。对于处理 Web 服务请求，我一直都建议使用 DOM 解析器。

如果想了解 XML 性能的更多内容，可以下载和测试由苹果和 Ray Wenderlich 提供的 XML Performance 应用（详见 12.14 节）。

## 12.2.2    在 iOS 中解析 JSON

第二种数据交换格式是 JSON，比 XML 更常用。虽然苹果提供了 JSON 处理框架，但是在 iOS 4 和 Mac Snow Leopard 中这属于私有 API，并不能为广大开发者所用。在 iOS 5 中，苹果引入了 NSJSONSerialization（苹果的 JSON 解析和序列化框架）用于解析 JSON。

还有一些可供选择的第三方 JSON 处理框架。目前为止最常用的框架有 SBJson、TouchJSON、YAJL

和 JSONKit（12.14 节提供了这些框架的下载链接）。几乎所有的框架都提供了基于 NSString、NSArray 和 NSDictionary 的分类扩展，用于在这些类的对象和 JSON 之间进行相互转换。本章的示例代码使用的是苹果的 NSJSONSerialization。如果你打算在 64 位架构上（比如 iPhone 5s）部署应用，那就不建议用 JSONKit。在写作本书时，出于性能考虑，JSONKit 仍然在访问对象的 isa 指针，而不是用 objc_getClass。isa 指针在 64 位运行时环境中是标签指针。我们强烈建议使用 NSJSONSerialization。

> 为应用选择库时，可能需要做一些性能评估。可以使用 GitHub 上开源的 json-benchmarks 测试工程来比较各种框架（12.14 节提供了这个工具的链接）。截至写作本书时，这五种工具（SBJson、TouchJSON、YAJL、JSONKit 和 NSJSONSerialization）的开发都非常活跃，它们各有千秋，无法说到底哪一个最好。可以密切关注它们，如果发现某一个更好时要做好切换框架的准备。通常，切换一个 JSON 库并不需要太多的代码重构，因为在大多数情况下这只涉及改变类的分类扩展方法。写作本书时，最流行的是 JSONKit 和苹果的 NSJSONSerialization，JSONKit 的速度比 NSJSONSerialization 稍微快一点。

## 12.2.3 XML与JSON

本章的代码片段都是基于 JSON 的。本章将介绍如何合理地设计类，从而很方便地添加 XML 支持，而不至于影响其他的代码。在任何一种情况下，在 iOS 上处理 JSON 都比处理 XML 简单一个数量级。所以，如果服务器同时支持 XML 和 JSON 格式，选择 JSON 比较明智。如果服务器还没有开发出来，就从支持 JSON 开始吧。

### 设计数据交换格式

要时刻牢记我们谈论的是客户端和服务器之间的数据交换。iOS 开发者最常犯的错误就是将 JSON 看做服务器对 API 调用的响应数据。虽然从某种程度上说这是对的，对服务器做一个大概了解能够从宏观上更好地理解 JSON 是什么。

从内部实现上说，大多数服务器都是使用某些面向对象的编程语言编写的。不管是 Java、Scala、Ruby 或是 C#（甚至从某种程度上说，PHP 和 Python 也支持对象），你的 iOS 应用中需要的数据很可能也是服务器的一个对象。这个对象到底是一个 ORM（Object Relational Mapping，对象关系映射）映射实体还是业务对象并不重要。把它们统称为模型对象吧，这些对象只在传输层被序列化为 JSON。大部分面向对象的编程语言都提供了对象序列化接口，开发者通常使用这些功能将对象序列化为 JSON。也就是说在服务器响应中看到的 JSON 其实是服务器对象（或者对象列表）的另一种表示。

编写代码时要牢记这个概念，开发者很可能需要在应用中为每一个服务器模型对象创建一个等价的模型对象。如果这么做，就不需要担心以后的代码变动。重构将变得非常容易。

把 JSON 理解成对象和资源，比把 JSON 理解为字符串更有意义。在设计和开发代码时要总是为每一个服务器对象重新创建一个模型对象。当在 iOS 应用中重新创建的对象跟服务器对象完全匹配时，数据交换的目标就实现了，这样可以更容易写出没有错误的应用。

简而言之，要把 JSON 理解为一种数据交换格式而不是一门符合某些语法的语言。建议根据对象/

12

资源（而不是原始数据类型）编写数据交换文档。Foursquare 的开发者文档就是一个非常好的例子。事实上，我们建议使用 Foursquare 的文档作为起点。这些对象应该与应用中的模型对象一一对应。12.5.7 节会详细介绍相关内容，你会学习如何使用 Objective-C 的键值编码/观察（KVC/KVO）机制将 JSON 字典转换为模型。

## 12.2.4　模型版本化

在过去，至少是 20 世纪 90 年代末或者 21 世纪初，一直到 2007 年第一部 iPhone 面世，大部分的客户端/服务器与基于 Web 的接口是共同开发的。原生客户端并不常用。在 Web 浏览器中运行的客户端应用是跟服务器一起进行部署的。因此，通常没有必要对模型进行版本化。然而，在 iOS 中，应用真正安装到用户设备上才算是完成了客户端的部署。这可能要花费很多天或者几个月，有的用户可能使用旧版客户端访问服务器，要能够恰当处理这种情况。最终支持多少个旧版本取决于你的业务目标。作为一名 iOS 开发者，应该为满足那些业务目标提供支持。在 iOS 应用中使用类簇（class cluster）是一个不错的办法。12.5.13 节会详细介绍这种设计。

## 12.3　假想的 Web 服务

我们以一个假想的概念应用 iHotelApp 作为开始，并且编写相应的 iOS 代码。12.6 节会为这个应用添加一个缓存层。

假设你正在为某个餐厅开发一款 iOS 应用。这个餐厅使用 iPad 点菜。可以由服务员直接在 iPad 中为顾客下单。也可以由顾客使用自己桌上的 kiosks（专用的点菜 iPad，这上面运行着你的应用）自助下单。下面从宏观上对应用的功能进行简单描述。

❑ 顾客订单以桌位号为标识被发送到远程服务器，而服务员通过自己的登录账号可以为每一个订单指定一个桌位号。因此，很明显应该有两类登录/认证机制。一种是传统的基于用户名/密码的方式，另一种是基于桌位号的方式。所有的情况中，服务器都要为一个给定的认证信息提供一个访问令牌。重要的一点是你的代码要同时支持这种两类型的登录方式。登录成功之后，每一次调用 Web 服务时都要在请求中附带访问令牌。

这个需求可以转化为/loginwaiter 和/logintable 这两个 Web 服务端点。

这两个端点都需要返回一个访问令牌。在 iOS 客户端的实现中，会向你展示如何记住这个令牌并且附加到每一次请求中。

❑ 顾客要能够看到菜单，以及每一个菜单项的详细信息，包括食物的照片/视频以及顾客评分。

这个需求可以转化为一个/menuitems Web 服务端点和一个/menuitem/<itemid> Web 服务，后者返回将被模型化为 MenuItem 对象的 JSON 对象。

本章的 iOS 客户端中使用了键值编码（KVC）技术，只需要用非常少的代码就可以把 JSON 键映射到模型对象，键值编码是 Objective-C 中最强大的技术。

❑ 顾客要能够对菜单项发表评论。

这个需要可以转化为一个/menuitem/<itemid>/review Web 服务端点。

在这些情况中，有一些 iOS 应用会显示一个浮动的平视显示器（通常称为 HUD），用于防止用户在评论发表成功之前进行其他操作。从用户体验的角度来说，这是非常糟糕的。本章会讲述如何在后台发表评论，而不需要显示一个模态的 HUD。

虽然这个应用还有其他的功能需求，但是这三块已经涵盖了 Web 服务最常用的模式。

## 12.4　重要提醒

编写应用时要牢记这些要点。

❑ 绝对不要使用同步的网络调用。即使是在后台线程中，同步调用也不会报告进度。另一个原因是，如果想取消后台线程的同步请求，只能结束这个线程，而这同样不是好办法。另外，也不能控制应用中的网络请求数量，而这对于应用的性能来说是非常关键的。本章会讲述一些在 iOS 中提高性能的小技巧。

❑ 尽量不要直接使用 NSThread 或者基于 GCD 的线程进行网络操作（除非工程非常小而且只有少数的 API 调用）。如前面所述，使用你自己的线程或者 GCD 需要注意一些问题。

❑ 使用基于 NSOperationQueue 的线程。使用 NSOperationQueue 可以非常好地控制队列长度和并发的网络操作数量。基于 GCD 的线程在块分派之后就无法取消了。

现在就开始设计 iOS 应用的 Web 服务架构。

## 12.5　RESTfulEngine 架构（iHotelApp 示例代码）

iOS 应用通常使用模型–视图–控制器（MVC）作为主要的设计模式。在应用中开发 REST 客户端时，需要把 REST 调用分离到单独的类中。把 REST 调用写到单独的类中，REST 的无状态性和可缓存性可以得到更好的实现。此外，这样就实现了一个隔离层（对单元测试非常有帮助），也能够保持控制器代码的简洁。

选择一个网络管理框架，然后就开工吧！

### 12.5.1　NSURLConnection与第三方框架

为了处理异步请求，苹果在 CFNetwork.framework 中提供了一些有用的类，以及一个基于 Foundation 的 NSURLConnection。然而，为了开发 REST 式服务，需要对这些类进行子类化以进行自定义。建议使用 MKNetworkKit（详见 12.14 节），不要重复发明那些在 Web 服务开发中已经有了的东西。MKNetworkKit 封装了很多常用的功能，比如基本认证/摘要认证、表单发布、上传/下载文件。另一个重要功能就是它封装了 NSOperationQueue，可以使用队列来管理网络请求。

---

我通常建议在进行 iOS 开发时尽量避免使用第三方代码。尽管有些组件和框架非常值得使用。尽量避免使用那些严重相互依赖的第三方代码。MKNetworkKit 是一个在块的基础上实现的 NSURLConnection 包装器，它提供了一些强大的功能，同时不会导致代码膨胀，最重要的是，它可以提供缓存功能。12.6 节会讲述对响应进行缓存的一些好处。还可以选择一些类似的框架，比如 AFNetworking、RestKit。

---

12

本章下载文件中的示例代码使用的是 `MKNetworkKit`。在本书网站的第 12 章目录（iHotelApp）中可以找到这些代码。

> 注意，本章可下载示例代码非常大。本章提供了一些重要的代码片段，读者应该查看相应的文件进一步学习。在 Xcode 中查看这个工程可以更好地理解这些代码和架构。

> RESTfulEngine 相关的服务器组件也可以在本书网站（iosptl.com）上找到。

## 12.5.2　创建RESTfulEngine

`RESTfulEngine` 是 iHotelApp 的核心。这个类把每一个 Web 服务调用都包装为单独的类，可以用这个类处理网络调用。数据应该以 `Model` 对象的形式从 `RESTfulEngine` 传递到视图控制器，而不应该用 JSON 或者 `NSDictionary` 对象。（下一小节会讨论创建模型类的过程）。如果出现了与后端相关的错误，会发生什么？下一小节会讲述在 `RESTfulEngine` 和视图控制器的通信中出现的错误。下面是最重要的两步。

(1) 把 `MKNetworkKit` 的代码添加到工程。可以将 `MKNetworkKit` 作为子模块添加进来，并把相关的文件拖到工程中去，也可以在工程中添加一个 cocoapod 包依赖。

(2) 在工程的 `AppDelegate` 中创建一个 `RESTfulEngine` 对象。本书网站提供了本章示例代码，可以从中查看相关实现。

`RESTfulEngine` 封装了大部分常用的网络相关操作，比如管理并发队列、显示活动指示器等。

`RESTfulEngine` 对象会自动改变并发操作的最大数量，在 Wi-Fi 下最大是 6，在运营商网络下最大是 2。这样可以非常好地提升 REST 客户端的性能。12.5.14 节会详细介绍。

> 不要在应用程序委托中保存状态变量，因为这跟使用全局状态变量一样糟糕。指向常用模块的指针是可以用的，比如 `managedObjectContext`、`persistentStoreCoordinator` 以及我们自己的 `networkEngine`。

### 1. 在 RESTfulEngine 中添加认证功能

现在需要向类中添加方法以处理 Web 服务调用。首要添加的是认证方法。`MKNetworkKit` 提供了一些包装器方法，可以用来处理各种认证模式，包括但不限于 HTTP 基本认证、HTTP 摘要认证、NIL 认证等。本书不会详细讲述这些认证机制，简单起见，使用向 `/loginwaiter` 和 `/logintable` 请求发送用户名和密码的方式来完成访问令牌交换。应该为这些 URL 端点定义相应的宏。向 `RESTfulEngine` 类的头文件中添加如下代码。

**RESTfulEngine.h 中的常量**

```
#define LOGIN_URL @"loginwaiter"
#define MENU_ITEMS_URL @"menuitem"
```

接下来,在 `RESTfulEngine` 中创建一个用于保存访问令牌的属性,再创建一个名为 `loginWith-Name:password:onSucceeded:onError:`的方法，如下所示。

### RESTfulEngine.h 中的初始化方法（以及属性声明）

```
@property (nonatomic, strong) NSString *accessToken;
-(id) loginWithName:(NSString*) loginName
         password:(NSString*) password
      onSucceeded:(VoidBlock) succeededBlock
          onError:(ErrorBlock) errorBlock;
```

### RESTfulEngine.m 中的初始化方法（以及属性声明）

```
-(RESTfulOperation*) loginWithName:(NSString*) loginName
               password:(NSString*) password
            onSucceeded:(VoidBlock) succeededBlock
                onError:(ErrorBlock) errorBlock
{
  RESTfulOperation *op = [self operationWithPath:LOGIN_URL];

  [op setUsername:loginName password:password basicAuth:YES];
  [op onCompletion:^(MKNetworkOperation *completedOperation) {

    NSDictionary *responseDict = [completedOperation responseJSON];
    self.accessToken = [responseDict objectForKey:@"accessToken"];
    succeededBlock();
  } onError:^(NSError *error) {

    self.accessToken = nil;
    errorBlock(error);
  }];

  [self enqueueOperation:op];
  return op;
}
```

这样就完成 Web 服务的调用了。然后还要把 Web 服务调用的返回结果通知给调用者（通常是视图控制器），可以使用块来实现。

### 2. 在 RESTfulEngine 中添加块

`RESTfulEngine` 中的每一个 Web 服务调用都要求调用者实现两个块方法，一个是调用成功的通知，一个是调用失败的通知。

### 块定义

```
typedef void (^VoidBlock)(void);
typedef void (^ModelBlock)(JSONModel* aModelBaseObject);
typedef void (^ArrayBlock)(NSMutableArray* listOfModelBaseObjects);
typedef void (^ErrorBlock)(NSError* engineError);
```

第一个块类型用于通知调用成功，不传递任何额外信息。第二个块类型通知调用成功并且传递一个模型对象。

12

RESTfulEngine 类的第一个方法 loginWithName:password:onSucceeded:onFailure 已经完全实现了。现在就可以从视图控制器（通常是一个登录页面，显示用户名和密码输入框）中调用这个方法了。

### iHotelAppViewController.m 中的登录按钮事件处理

```
-(IBAction) loginButtonTapped:(id) sender
{
  [AppDelegate.engine loginWithName:@"mugunth"
                           password:@"abracadabra"
                        onSucceeded:^{

                            [[[UIAlertView alloc]
                                initWithTitle:NSLocalizedString(@"Success", @"")
        message:NSLocalizedString(@"Login successful", @"")
        delegate:self
cancelButtonTitle:NSLocalizedString(@"Dismiss", @"")
otherButtonTitles: nil] show];
} onError:^(NSError *engineError){
  [UIAlertView showWithError:engineError];
  }];
}
```

这样，只用了几行代码就实现了 Web 服务的登录功能。

如何记住这个访问令牌？如果访问令牌只是一个字符串，可以直接把它保存到钥匙串或者 NSUserDefaults 中。保存到钥匙串比保存到 NSUserDefaults 更加安全。第 15 章会讲述更多与安全相关的内容。将访问令牌保存到钥匙串中最简单的方法（很可能也是最简洁的方法）就是为 accessToken 创建一个自定义的合成器，如下所示。

### RESTfulEngine.m 中访问令牌的自定义存取方法

```
-(NSString*) accessToken
{
    if(!_accessToken)
    {
        _accessToken = [[NSUserDefaults standardUserDefaults]
                         stringForKey:kAccessTokenDefaultsKey];
    }

    return _accessToken return_accessToken;
}
-(void) setAccessToken:(NSString *) aAccessToken
{
    _accessToken = _accessToken = aAccessToken;

    [[NSUserDefaults standardUserDefaults] setObject:self.accessToken
        forKey:kAccessTokenDefaultsKey];
    [[NSUserDefaults standardUserDefaults] synchronize];
}
```

如果你的 Web 服务器会在登录成功时返回用户资料，为了把这些数据缓存下来，可能需要使用比 NSUserDefaults 更加复杂的机制。这时可以使用 Keyed Archiving 或者 Core Data。

这样就完成了第一个 Web 服务端点，但是还没有结束。接下来，创建第二个端点/menuitems，用来从服务器下载菜单项列表。

### 12.5.3 使用访问令牌对API调用进行认证

在大多数 Web 服务中，登录之后的每一次调用都是受保护的，需要提供访问令牌才能访问。比较简洁的方式是在 RestfulEngine 中编写一个工厂方法用于创建请求对象，而不是让每个方法各自发送访问令牌。这个请求对象可以由调用指定的参数进行填充。

### 12.5.4 在RESTfulEngine.m中覆盖相关方法以添加自定义认证头部

MKNetworkKit（以及大部分的第三方网络框架）已经提供了一个名为 operationWithURL-String:params:httpMethod:的工厂方法，这个方法会在内部调用 prepareHeaders:方法，从而允许为请求传入额外的头部信息。可以覆盖 prepareHeaders:方法以添加自定义的 HTTP 报文头字段。比如可以添加一个认证信息头部，为请求添加访问令牌。

这个引擎上创建的每一个网络操作都会调用这个方法。一定要确保在方法的最后调用父类方法。使用这样的技术，就不会出现由于忘记设置访问令牌而造成 API 调用失败的事情了。

```
-(void) prepareHeaders:(MKNetworkOperation *)operation {
if(self.accessToken)
    [operation setAuthorizationHeaderValue:self.accessToken
    forAuthType:@"Token"];
[super prepareHeaders:operation];
}
```

注意，在 prepareHeaders:方法中，可以根据 Web 服务需求添加其他头部信息。如果 Web 服务要求对所有请求启用 gzip 编码，或者要求所有的调用都要在 HTTP 报文头中发送应用版本号和设备相关信息，应该在这个方法中添加相关代码来增加这些额外的头部参数。

现在，为 RESTfulEngine 类添加一个用于从服务器取得菜单项列表的方法。

#### RESTfulEngine.m 中用于获取菜单项列表的方法

```
-(RESTfulOperation*) fetchMenuItemsOnSucceeded:(ArrayBlock) succeededBlock
                                  onError:(ErrorBlock) errorBlock
{
  RESTfulOperation *op = (RESTfulOperation*) [self
  operationWithPath:MENU_ITEMS_URL];
[op onCompletion:^(MKNetworkOperation *completedOperation) {
    // 将响应转换为模型对象并且调用成功处理操作的块
} onError:errorBlock];
  [self enqueueOperation:op];
  return op;
}
```

传递给 API 的自定义参数都应该被添加到这个方法中。视图控制器代码仍然非常整洁，没有不必要的字符串/字典和 URL。

## 12.5.5   取消请求

使用 `RESTfulEngine` 方法（比如 `fetchMenuItems:`）调用 Web 服务，服务器返回的信息需要由视图控制器显示。为了确保视图控制器能够跟系统资源和谐相处，用户离开当前视图时，应该由当前视图控制器负责取消已经创建的网络操作。例如，点击"后退"按钮意味着，即使请求成功返回，也不会响应。如果这时取消请求，就可以让 `RESTfulEngine` 的队列中的其他请求得到提前运行的机会，下一个视图的请求就能够更快地执行。

为了确保这一点，`RESTfulEngine` 类中的所有方法都应该把操作对象返回给视图控制器。取消一个正在进行的操作，就可以减少下一个视图提交请求的执行等待时间。以 Foursquare 为例，用户点击进入用户资料视图之后又点击了 Mayorship 按钮。在这个情况下，用户资料视图会提交一个请求用于获取用户资料，但是用户并没有查看用户资料就直接切换到 Mayorship 视图了。这时应该由用户资料视图负责取消它提交的请求。通过释放带宽，取消获取用户资料的请求之后，很自然地加快了获取 `Mayorship` 的请求速度。这不仅适用于 Foursquare，也适用于大多数 Web 服务应用。

## 12.5.6   请求响应

调用 `fetchMenuItems:` 方法时，服务器响应是一个菜单项列表。在前面的 Web 服务调用例子中，响应是一个访问令牌，一个简单的字符串，所以不需要为此设计一个模型。而调用 `fetchMenuItems:` 方法需要创建一个模型类。假设服务器返回的 JSON 报文格式如下：

```
{
"menuitems" : [{
  "id": "JAP122",
  "image": "http://d1.myhotel.com/food_image1.jpg",
  "name": "Teriyaki Bento",
  "spicyLevel": 2,
  "rating" : 4,
  "description" : "Teriyaki Bento is one of the best lorem ipsum dolor sit",
  "waitingTime" : "930",
  "reviewCount" : 4
}]
```

根据 JSON 报文创建模型的一个简单方法就是编写一些冗余代码，根据 JSON 报文填充模型类。还有一个更优雅的方法，就是使用 Objective-C 中无可争议的最强大功能：键值编码。前面介绍过的 JSONKit（或者其他任何 JSON 解析框架，包括苹果的 `NSJSONSerialization`）会把 JSON 格式的字符串转换为 `NSMutableDictionary`（或者 `NSMutableArray`）。在这种情况下，得到一个只含有一个 menuitems 条目的字典。用下面的代码可以把响应中的菜单项字典提取出来：

```
NSMutableDictionary *responseDict = [[request responseString]
                                       mutableObjectFromJSONString];
NSMutableArray *menuItems = [responseDict objectForKey:@"menuitems"];
```

现在，已经有了一个菜单项数组，可以通过遍历把 JSON 字典中的每一个 menuitem 都提取出来，还可以使用 KVO 把它们转换为模型对象。下一小节会介绍这个过程。服务器还发送了一个名为 status 的字典条目。12.5.11 节会讲述这个条目。

### 12.5.7　对JSON数据进行键值编码

开始编写第一个模型类之前，需要了解一下模型类的继承体系。任何基于 Web 服务的应用都至少包括一个模型。事实上，一个应用可能拥有 10 个模型，这种现象并不少见。不要在 10 个不同的类中分别编写 KVC 代码，应该编写一个基类用于处理大部分的 KVC 工作，只把少数工作委托给子类。将这个基类称为 JSONModel。应用中任何一个需要观察的 JSON 模型类都继承自 JSONModel。

> 由于可能会对模型类进行复制/可变复制，因为应该在基类中实现 NSCopying 和 NSMutableCopying 协议。派生类必须覆盖基类方法，从而提供自己的深复制方法。

首先，为基类添加一个名为 initWithDictionary: 的方法。你的 JSONModel.h 看起来可能是这个样子。

**JSONModel.h**

```
@interface JSONModel : NSObject <NSCopying, NSMutableCopying>
-(id) initWithDictionary:(NSMutableDictionary*) jsonDictionary;
@end
```

然后实现 initWithDictionary: 方法。

**JSONModel.m**

```
-(id) initWithDictionary:(NSMutableDictionary*) jsonObject
{
    if((self = [super init]))
    {
        [self init];
        [self setValuesForKeysWithDictionary:jsonObject];
    }
    return self;
}
```

这里最重要的部分就是对 setValuesForKeysWithDictionary: 方法的调用。这个方法是 Objective-C KVC 的一部分，用于匹配类中与字典的键同名的属性，并把字典中的值赋给该属性。最重要的，如果 self 是一个派生类对象，它会自动匹配派生属性并对其赋值。还有一些例外情况需要特别处理，接下来会简单介绍。

看！只用了短短几行代码，就把 JSON 映射到模型类了。但是，当有一个派生类时，这一切还能够正常工作吗？这难道不是陷阱吗？深入研究这些细节之前，应该先了解一下 setValuesForKeys-WithDictionary: 方法的工作原理。你的 MenuItem 字典看起来可能是这个样子：

```
"id":  "JAP122" ,
"image":  "http://d1.myhotel.com/food_image1.jpg" ,
"name":  "Teriyaki Bento" ,
"spicyLevel" : 2,
"rating" : 4,
"description"  :  "Teriyaki Bento is one of the best lorem ipsum dolor sit" ,
"waitingTime"  :  "930" ,
"reviewCount"  :  4
```

12

　　把这个字典传给 setValuesForKeysWithDictionary: 方法时，它会发送下面这些消息（同时发送对应的值）：setId、setImage、setName、setSpicyLevel、setRating、setDescription、setWaitingTime、setReviewCount。因为这个 JSON 报文对应的模型类需要实现这些方法。最简单的方法就是使用 Objective-C 内置的 @property。所以你的 MenuItem.h 模型类现在可能是这个样子。

#### MenuItem.h

```
@interface MenuItem : JSONModel
@property (nonatomic, strong) NSString *itemId;
@property (nonatomic, strong) NSString *image;
@property (nonatomic, strong) NSString *name;
@property (nonatomic, strong) NSString *spicyLevel;
@property (nonatomic, strong) NSString *rating;
@property (nonatomic, strong) NSString *itemDescription;
@property (nonatomic, strong) NSString *waitingTime;
@property (nonatomic, strong) NSString *reviewCount;
@end
```

　　注意，id 和 description 对应的属性名被改为了 itemId 和 itemDescription。这是因为 id 是一个保留的关键字，description 是 NSObject 中用于打印对象地址的方法。为了避免冲突所以进行了重命名。可是，这样一来 setValuesForKeysWithDictionary: 方法就会崩溃，你会得到一条常见的错误信息 "This class is not key value coding-compliant for the key:id"（对于 id 这个键来说，这个类不兼容键值编码），因此需要处理这种异常情况。KVC 提供的 setValue:forUndefinedKey: 方法用于处理这种情况。

　　事实上，这个方法的默认实现会引发 NSUndefinedKeyException 异常。在派生类中覆盖这个方法，并且设置相应的值。

　　在 MenuItem.m 中添加如下代码：

#### MenuItem.m

```
- (void)setValue:(id)value forUndefinedKey:(NSString *)key
{
    if([key isEqualToString:@"id"])
        self.itemId = value;
    if([key isEqualToString:@"description"])
        self.itemDescription = value;
    else
        [super setValue:value forKey:key];
}
```

　　为了避免以后由于无效的 JSON 键导致应用崩溃，还需要做一些防御性的工作，可以在基类中覆盖 setValue:forUndefinedKey: 方法。在 JSONModel.m 中添加如下代码：

```
- (void)setValue:(id)value forUndefinedKey:(NSString *)key {
  NSLog(@"Undefined Key: %@", key);
}
```

　　现在，在 RESTfulEngine 的 fetchMenuItems:onSuccceeded:onError: 方法中添加如下代码，将 JSON 响应转换为 MenuItem 模型对象。

**RESTfulEngine.m**

```
NSMutableDictionary *responseDictionary = [completedOperation responseJSON];
    NSMutableArray *menuItemsJson = [responseDictionary
                                     objectForKey:@"menuitems"];
    NSMutableArray *menuItems = [NSMutableArray array];
    [menuItemsJson enumerateObjectsUsingBlock:^(id obj, NSUInteger idx, BOOL
                                                *stop) {
      [menuItems addObject:[[MenuItem alloc] initWithDictionary:obj]];
    }];
    succeededBlock(menuItems);
```

如你所见，调用 `MenuItem` 的 `initWithDictionary:`方法可以根据字典内容来初始化
`MenuItem` 对象。简言之，只需要覆盖一个方法来处理少数几个特例，就可以成功地把 JSON 字典映
射到自定义模型，而且模型中没有出现任何 JSON 键字符串。这就是 KVC 的能力。同时这段代码具
有良好的防御性，如果服务器发送来的 JSON 中的键名发生了变动（很可能是由于服务器端的 bug 造
成的），`NSLog` 语句就会把未定义的键输出到控制台，你就可以通知服务器开发人员去修复 bug，或
者是修改客户端来支持新的键。

在派生类中添加用于处理深复制的方法也是非常好的。只需要覆盖 `NSCopying` 和 `NSMutable-
Copying` 中的方法就可以了。App Store 中的 Accessorizer 等工具、JetBrians 公司开发的 Appcode 等成
熟的代码编辑器都可以提供相关的帮助。（12.14 节提供了应用的下载链接）。

> GitHub 开源了一个名为 Mantle 的模型映射库，功能非常丰富，也很强大。它就是基于这里介
> 绍的技术创建的。

## 12.5.8 列表页面的JSON对象与详细页面的JSON对象

一个 JSON 对象就是从服务器传送到客户端的负载。为了提升性能并且减小负载，服务器开发者
通常会为同一个对象使用两种不同的负载。一种是大负载格式，包含了对象的全部信息；另一种是小
负载格式，只包含了用于在列表中显示的必需信息。例如，菜单项的最小量信息就显示在列表页面上，
而大部分其他内容（包括图片、照片、评论）显示在详细页面上。

这种技术可以明显提升 iOS 应用的性能。从实现的角度来说，iOS 应用不需要做任何改动就可以
同时映射这两种 JSON。如果返回完全的 JSON，对象就会被完全填充；如果返回不完全的 JSON，对
象就会被部分填充。在这种情况下，用于映射详细 JSON 的代码不需要做任何修改就可以正常工作。
例如，服务器可以为/menuitems 请求返回小负载，而为/menuitems/<menuitemid>请求返回详细
负载。详细负载除了包含与小负载相同的信息之外，还包含了第一页的评论，以及照片链接等。

## 12.5.9 嵌套JSON对象

在这个例子中，每一个菜单项都有一组用户评论。如果依赖默认的 KVC 实现，并且在模型中声
明一个 `NSMutableArray` 属性，默认的 KVC 实现会把数组的值设置成一个 `NSMutableDictionary`
数组。但是你真正想要的其实是把它映射到一个模型数组，也就是说需要以递归方式对这个字典进行

映射。可以覆盖 setValue:forKey:方法来处理这个问题。

假设/menuitems/<itemid>方法返回的 JSON 报文格式如下：

```
{
"menuitems" : [{
  "id": "JAP122",
  "image": "http://d1.myhotel.com/food_image1.jpg",
  "name": "Teriyaki Bento",
  "spicyLevel": 2,
  "rating" : 4,
  "description" : "Teriyaki Bento is one of the best lorem ipsum dolor sit",
  "waitingTime" : "930",
  "reviewCount" : 4,
  "reviews": [{
    "id": "rev1",
    "reviewText": "This is an awesome place to eat",
      "reviewerName": "Awesome Man",
    "reviewedDate": "10229274633",
    "rating": "5"
  }]
}],
"status" : "OK"
}
```

这跟之前看到过的代码很像，只是多了一个负载：一组评论。在现实生活中，可能会有许多这样的附加内容，比如照片列表、"喜欢的事物"列表等。简单起见，假设菜单项的详细列表只有一组用户评论作为附加信息。现在，在覆盖 setValue:forKey:方法之前，为评论实体创建一个模型对象。这个类的头文件如下面的代码所示。实现文件中只包含合成器和覆盖后的 NSCopying 和 NSMutableCopying 方法（深复制）。

#### Review.m

```
@property (nonatomic, strong) NSString *rating;
@property (nonatomic, strong) NSString *reviewDate;
@property (nonatomic, strong) NSString *reviewerName;
@property (nonatomic, strong) NSString *reviewId;
@property (nonatomic, strong) NSString *reviewText;
```

再次说明一下，可以使用 Accessorizer 和 Objectify 等工具生成存取方法，这两个工具都可以从 App Store 下载。表示用户评论的 JSON 数据中并没有可能与 Objective-C 的保留字列表发生冲突的键，所以不用显式编写代码就可以将 JSON 映射到评论模型。初始化代码由基类实现，KVC 代码可以由属性生成。这就是 KVC 的强大之处。

接下来，在 MenuItem 模型中覆盖 setValue:forKey:方法，把评论字典映射到 Review 模型：

#### MenuItem.m 中 KVC 方法 setValue:forKey:的自定义处理

```
-(void) setValue:(id)value forKey:(NSString *)key
{
  if([key isEqualToString:@"reviews"])
  {
    for(NSMutableDictionary *reviewArrayDict in value)
    {
```

```
        Review *thisReview = [[[Review alloc]
initWithDictionary:reviewArrayDict]
                              autorelease];
        [self.reviews addObject:thisReview];
    }
  }
  else
    [super setValue:value forKey:key];
}
```

这段代码的理念是对 JSON 中的 reviews 键进行特别处理，其他的键全部交由默认的父类处理。

## 12.5.10　少即是多

你可能已经从一些资深 iOS 开发者的博客中了解到 KVC 和 KVO 到底有多棒。现在你已经理解了它们的机制和用法，可以在以后的应用开发中使用这些高级技术。你会认识到它们到底有多么强大，只需要使用很少的代码就能非常高效地实现一些功能。

接下来学习如何在 iOS 客户端中优雅地处理服务器端错误。

## 12.5.11　错误处理

可能你还记得，前面的 JSON 负载中有一个名为 status 的键。每种 Web 服务都会使用某种方式把错误信息发给客户端。在某些情况下，可以使用一个特殊的键来传递错误信息，比如 status。在另外一些情况下，服务器会使用一个名为 error 的键来传递更多的真实错误信息，如果 API 调用成功则没有这个 error 键。在 iOS 中为这些情况建立合适的模型，就可以使用尽可能少的代码完成这些处理，当然要保证代码易读易懂，本节将要讲述这些内容。

首先要明白并非所有的 API 错误都可以被映射为自定义的 HTTP 错误代码。事实上，如果用户输入有误，即便服务器一切正常也会抛出错误。如果用户试图使用已经注册过的 Email 地址进行注册，网站注册 Web 服务就会抛出错误。这只是其中的一个例子，在大多数情况下，需要对内部业务逻辑错误进行特别处理。在本例中，菜单项不存在会导致 404 错误。大部分 Web 服务在返回 404 错误的同时还会返回一条自定义的错误信息，让客户端知道 404 错误发生的原因。

客户端的实现中不能仅仅把 HTTP 错误作为错误信息报告给用户，还需要弄清楚内部的业务逻辑错误，以便更好更恰当地报告错误。否则你就只能显示"对不起，发生了一些问题，请稍后再试"这样一条错误信息。没有人（尤其是你的客户）希望看到这样一条含糊不清的信息。本节将展示如何优雅地处理这种情况。

可以用 MKNetworkOperation 子类处理自定义 API 错误，步骤如下。

(1) 创建一个名为 RESTfulOperation 的 MKNetworkOperation 子类。这个子类有一个属性用于保存服务器抛出的业务逻辑错误。

(2) 在子类中创建一个名为 restError 的 NSError*属性。

(3) 覆盖两个用于处理错误情况的方法。首先覆盖 operationFailedWithError:方法。

**RESTfulOperation.m 中的错误处理代码**

```
-(void) operationFailedWithError:(NSError *)theError
{
```

12

```
NSMutableDictionary *errorDict = [[self responseJSON] objectForKey:@"error"];
if(errorDict == nil)
{
  self.restError = [[RESTError alloc] initWithDomain:kRequestErrorDomain
         code:[theError code]
     userInfo:[theError userInfo]];
}
else
{
  self.restError = [[RESTError alloc] initWithDomain:kBusinessErrorDomain
                          code:[[errorDict
                          objectForKey:@"code"] intValue]
userInfo:errorDict];
  }

  [super operationFailedWithError:theError];

}
```

在这个类中，检查 JSON 中是否存在名为"error"的键并做出适当的处理。当发生 HTTP 错误时就会调用 failWithError 方法。使用类似的方式处理非 HTTP 的业务逻辑错误。前面提到过，并不是每一个业务逻辑错误都能被映射为等价的 HTTP 错误代码。此处，还有一些情况，服务器响应中可能会包含一个良性错误，由客户端决定把它视为错误还是正常情况。为了能够处理这两种情况，还需要覆盖 operationSucceeded:方法，如下所示。

**RESTRequest.m 中用于处理成功请求和报告业务逻辑错误（如果存在的话）的代码**

```
- (void)operationSucceeded
{
  // 即使请求完成时不包含 HTTP 状态代码，它也可能是良性错误

  NSMutableDictionary *errorDict = [[self responseJSON] objectForKey:@"error"];

  if(errorDict)
  {
    self.restError = [[RESTError alloc] initWithDomain:kBusinessErrorDomain
                              code:[[errorDict
                      objectForKey:@"code"] intValue]
                            userInfo:errorDict];
    [super operationFailedWithError:self.restError];
  }
  else
  {
    [super operationSucceeded];
  }
}
```

这些方法都使用子类请求对象的 restError 属性来保存业务逻辑错误。这样一来，客户端就既能够处理 HTTP 错误（使用 RESTfulOperation 父类的错误对象）又能够处理业务层错误（使用局部属性 restError）。

由于这些是在子类中完成的，所以 RESTfulEngine 类不需要做任何额外的错误处理。不管是 HTTP 错误还是业务逻辑错误，RESTfulEngine 得到的都是一个包装好的 NSError 对象。在视图控

制器的实现中只需检查 err 是否是 nil 就可以了。如果不是 nil，显示[[request restError] userInfo]中的错误信息。

接下来该讨论本地化了。

## 12.5.12 本地化

本节要讲述的是 Web 服务相关错误信息的本地化，而不是应用的本地化。第 16 章会详细介绍为应用添加国际化和本地化支持。

在某些实现中需要用多种语言对错误信息进行本地化。对于应用内发生的错误，本地化非常简单，可以使用 Foundation 类和宏来处理。对与服务器相关的错误，前面的实现中只是把服务器错误显示到 UI 上。对服务器来说，显示本地化错误信息的最好方法就是在发生错误时，返回双方一致同意的错误代码。iOS 客户端根据错误代码查找本地化字符串文件，然后显示相应的错误信息。

RESTError.m

```
+ (void) initialize
{
  NSString *fileName = [NSString stringWithFormat:@"Errors_%@", [[NSLocale
                          currentLocale] localeIdentifier]];
  NSString *filePath = [[NSBundle mainBundle] pathForResource:fileName
                                          ofType:@"plist"];

  if(filePath != nil)
  {
    errorCodes = [[NSMutableDictionary alloc] initWithContentsOfFile:filePath];
  }
  else
  {
    //对于不支持的语言，就用英文显示
    NSString *filePath = [[NSBundle mainBundle] pathForResource:@"Errors_en_US"
                              ofType:@"plist"];
    errorCodes = [[NSMutableDictionary alloc] initWithContentsOfFile:filePath];
  }
}
```

使用本章前面介绍的 KVC 技术，也可以根据服务器返回的错误字典对 RESTError 类进行初始化。覆盖 NSError 的 localizedDescription 和 localizedRecoverySuggestion 方法，以提供易懂的错误处理方法。如果 Web 服务在返回错误代码的同时也返回了错误信息，使用这种方式处理和显示错误信息比使用 userInfo 字典显示服务器错误信息更好。现在，用 RESTError 替换 RESTRequest 中的 NSError。这样就可以保证对于服务器返回的自定义错误代码，localizedDescription 方法和 localizedRecoverySuggestion 方法会返回 Errors_en_US.plist 文件中的本地化错误信息。

## 12.5.13 使用分类处理其他格式

假设应用已经开发完成并且交付了，但由于某些原因，客户准备把服务器实现迁移到基于 Windows 的系统上，服务器不再返回 JSON 数据而是返回 XML 数据。在当前的架构下，可以很容易地让模型支持其他格式的解析。推荐的方法是为模型实现一个分类扩展，这个分类中有一个方法用于将 XML 转化为字典。简单来说，就是在分类扩展中用一个方法把 XML 树转换为 `NSMutable-Dictionary`，然后把字典传给先前编写的 `initWithDictionary:` 方法。分类扩展是一种很强大的方法，可以很容易地对现有实现进行扩展或者增加新功能，而且没有副作用。

### 12.5.14　在iOS中提升性能的小技巧

对于基于 Web 服务的应用，提升性能的最好方式就是避免发送那些不会立即用到的数据。与 Web 应用不同，iPhone 应用的带宽非常有限，而且在大多数情况下，iPhone 使用的是 3G 网络。如果试图实现提前获取内容（例如用户下一个页面的数据）的技术，只会拖慢应用。

要避免对类似于 AJAX 的小型 API 进行多次调用。12.5.2 节介绍过 `MKNetworkEngine` 会把 `networkQueue` 的并发操作数设置为 6，因为大部分服务器都不允许同一个 IP 出现 6 个以上的并发 HTTP 请求。如果执行 6 个以上的请求，只会导致第 7 个及后续的操作超时。

至少在写作本书时，如果是在 3G 网络下，大部分网络操作都限制了带宽，并且把一部移动设备的出站连接数量限制为 2（在 EDGE 连接中通常是 1）。`MKNetworkKit` 会根据设备当前连接到的网络自动改变并发操作数量。如果没有使用 `MKNetworkKit`，可以使用苹果的 `Reachability` 对可达性通知进行检查，当网络连接发生改变时要动态改变队列大小。强调一下，3G 网络下的出站连接数量是 2 而 EDGE 网络下是 1，这些数字并不是绝对的，应该根据用户的网络测试结果进行设置。

如果你能够掌控服务器的开发，下面这些小提示能够让你的 iOS 应用发挥最大功效。

- ❑ 面向 Web 客户端的服务器通常会有很多小型的 Web 服务调用，这些通常是通过 AJAX 执行的。而在 iOS 上，最好避免使用这些 API，要尽可能地使用（或者开发）一次调用就可以返回大量自定义数据的自定义 API。
- ❑ 与浏览器不同，大部分运营商网络都会限制并发数据连接的数量。再次强调，在 EDGE 连接中不要进行 1 个以上的网络操作，在 3G 网络中不要使用 2 个以上的并发网络操作，在 Wi-Fi 连接中的并发网络操作数量不要超过 6 个。

## 12.6　缓存

你已经学会了如何正确编写 Web 服务应用。接下来我们来看看任何 Web 服务都必须具备的另一个重要特性：高效缓存。

## 12.7　需要离线支持的原因

应用需要离线工作的主要原因就是改善应用所表现出的性能。将应用内容缓存起来就可以支持离线。我们可以用两种不同的缓存来使应用离线工作。第一种是*按需缓存*，这种情况下应用缓存起请求应答，就和 Web 浏览器的工作原理一样；第二种是*预缓存*，这种情况是缓存全部内容（或者最近 *n* 条记录）以便离线访问。

本章前面开发的这类 Web 服务应用利用按需缓存技术来改善可感知的性能，而不是提供离线访问。离线访问只是无心插柳的结果。Twitter 和 Foursquare 就是很好的例子。这类应用得到的数据通常很快就会过时。对于一条几天前的推文或者朋友上周在哪里你能有多大兴趣？一般来说，一条推文或者一条签到的信息只在几个小时内有意义，而 24 小时之后就变得无关紧要。不过大部分 Twitter 客户端还是会缓存推文，而 Foursquare 的官方客户端在无网络连接的情况下打开，会显示上次的状态。

大家可以用自己喜欢的 Twitter 客户端来试一下，Twitter for iPhone、Tweetbot 或其他应用：打开某个朋友的个人资料并浏览他的时间线。应用会获取时间线并填充页面。加载时间线时会看到一个表示正在加载的圆圈在旋转。现在进入另一个页面，然后再回来打开时间线。你会发现这次是瞬间加载的。应用还是在后台刷新内容（在上次打开的基础上），但是它会显示上次缓存的内容而不是无趣地转圈，这样看起来就快多了。如果没有缓存，用户每次打开一个页面都会看到圆圈在旋转。无论网络连接快还是慢，减小网络加载慢的影响，让它看起来很快，是 iOS 开发者的责任。这就能大大改善用户满意度，从而提高了应用在 App Store 中的评分。

另一种缓存更加重视被缓存数据，并且能快速编辑被缓存的记录而无需连接到服务器。代表应用包括 Google Reader 客户端，稍后阅读类的应用 Instapaper 等。

## 12.8 缓存策略

上一节中讨论到按需缓存和预缓存，它们在设计和实现上有很大的不同。按需缓存是指把从服务器获取的内容以某种格式存放在本地文件系统，之后对于每次请求，检查缓存中是否存在这块数据，只有当数据不存在（或者过期）的情况下才从服务器获取。这样的话，缓存层就和处理器的高速缓存差不多。获取数据的速度比数据本身重要。而预缓存是把内容放在本地以备将来访问。对预缓存来说，数据丢失或者缓存不命中是不可接受的，比方用户下载了文章准备在地铁上看，但却发现设备上不存在这些文章。

像 Twitter、Facebook 和 Foursquare 这样的应用属于按需缓存，而 Instapaper 和 Google Reader 等客户端则属于预缓存。

实现预缓存可能需要一个后台线程访问数据并以有意义的格式保存，以便本地缓存无需重新连接服务器即可被编辑。编辑可能是"标记记录为已读"或"加入收藏"，或其他类似的操作。这里有意义的格式是指可以用这种方式保存内容，不用和服务器通信就可以在本地作出上面提到的修改，并且一旦再次连上网就可以把变更发送回服务器。这种能力和 Foursquare 等应用不同，虽然使用后者你能在无网络连接的情况下看到自己是哪些地点的地主（Mayor），当然前提是进行了缓存，但无法成为某个地点的地主。Core Data（或者任何结构化存储）是实现这种缓存的一种方式。

按需缓存的工作原理类似于浏览器缓存。它允许我们查看以前查看或者访问过的内容。按需缓存可以通过在打开一个视图控制器时按需地缓存数据模型（创建一个数据模型缓存）来实现，而不是在一个后台线程上做这件事。也可以在一个 URL 请求返回成功（200 OK）应答时实现按需缓存（创建一个 URL 缓存）。两种方法各有利弊，稍后我会在 12.9 节和 12.12 节中解释各个方法的优缺点。

选择使用按需缓存还是预缓存的一个简便方法是判断是否需要在下载数据之后处理数据。后期处理数据可能是以用户产生编辑的形式，也可能是更新下载的数据，比如重写 HTML 页面里的图片链接以指向本地缓存图片。如果一个应用需要做上面提到的任何后期处理，就必须实现预缓存。

### 12.8.1 存储缓存

第三方应用只能把信息保存在应用程序的沙盒中。因为缓存数据不是用户产生的，所以它应该被保存在 NSCachesDirectory，而不是 NSDocumentsDirectory。为缓存数据创建独立目录是一项不错的实践。在下面的例子中，我们将在 Library/caches 文件夹下创建名为 MyAppCache 的目录。可以这样创建：

```
NSArray *paths = NSSearchPathForDirectoriesInDomains(NSCachesDirectory,
  NSUserDomainMask, YES);
NSString *cachesDirectory = [paths objectAtIndex:0];
cachesDirectory = [cachesDirectory
  stringByAppendingPathComponent:@"MyAppCache"];
```

把缓存存储在缓存文件夹下的原因是 iCloud（和 iTunes）的备份不包括此目录。如果在 Documents 目录下创建了大尺寸的缓存文件，它们会在备份的时候被上传到 iCloud 并且很快就用完有限的空间（写作本书时大约为 5 GB）。你不会这么干的——谁不想成为用户 iPhone 上的良民？NSCachesDirectory 正是解决这个问题的。

预缓存是用高级数据库（比如原始的 SQLite）或者对象序列化框架（比如 Core Data）实现的。我们需要根据需求认真选择不同的技术。本节第 5 点"应该用哪种缓存技术"给出了一些建议：什么时候该用 URL 缓存或者数据模型缓存，而什么时候又该用 Core Data。接下来先看一下数据模型缓存的实现细节。

### 1. 实现数据模型缓存

可以用 NSKeyedArchiver 类来实现数据模型缓存。为了把模型对象用 NSKeyedArchiver 归档，模型类需要遵循 NSCoding 协议。

#### NSCoding 协议方法

```
- (void)encodeWithCoder:(NSCoder *)aCoder;
- (id)initWithCoder:(NSCoder *)aDecoder;
```

当模型遵循 NSCoding 协议时，归档对象就很简单，只要调用下列方法中的一个：

```
[NSKeyedArchiver archiveRootObject:objectForArchiving toFile:
archiveFilePath];
```

```
[NSKeyedArchiver archivedDataWithRootObject:objectForArchiving];
```

第一个方法在 archiveFilePath 指定的路径下创建一个归档文件。第二个方法则返回一个 NSData 对象。NSData 通常更快，因为没有文件访问开销，但对象保存在应用的内存中，如果不定期检查的话会很快用完内存。在 iPhone 上定期缓存到闪存的功能也是不明智的，因为跟硬盘不同，闪存读写寿命是有限的。开发者得尽可能平衡好两者的关系。12.9 节会详细介绍归档实现缓存。

NSKeyedUnarchiver 类用于从文件（或者 NSData 指针）反归档模型。根据反归档的位置，选择使用下面两个类方法。

```
[NSKeyedUnarchiver unarchiveObjectWithData:data];
```

```
[NSKeyedUnarchiver unarchiveObjectWithFile:archiveFilePath];
```

这四个方法在转化序列化数据时能派上用场。

使用任何 NSKeyedArchiver/NSKeyedUnarchiver 的前提是模型实现了 NSCoding 协议。不过要做到这一点很容易，可以用 Accessorizer 类工具自动实现 NSCoding 协议。（12.14 节列出了 Accessorizer

在 App Store 中的链接。）

下一节会解释预缓存策略。我们刚才已经了解到预缓存需要用到更结构化的数据格式，接下来看看 Core Data 和 SQLite。

### 2. Core Data

正如 Marcus Zarra 所说，Core Data 更像是一个对象序列化框架，而不仅仅是一个数据库 API：

> 大家误认为 Core Data 是一个 Cocoa 的数据库 API……其实它是个可以持久化到磁盘的对象框架（Zarra，2009 年）。

要深入理解 Core Data，看一下 Marcus S. Zarra 写的 *Core Data: Apple's API for Persisting Data on Mac OS X*（Pragmatic Bookshelf, 2009. ISBN 9781934356326）。

要在 Core Data 中保存数据，首先创建一个 Core Data 模型文件，并创建实体（Entity）和关系（Relationship）；然后写好保存和获取数据的方法。应用可以借助 Core Data 获取真正的离线访问功能，就像苹果内置的邮件和日历应用一样。实现预缓存时必须定期删除不再需要的（过时的）数据，否则缓存会不断增长并影响应用的性能。同步本地变更是通过追踪变更集并发送回服务器实现的。变更集的追踪有很多算法，我推荐的是 Git 版本控制系统所用的（此处没有涉及如何与远程服务器同步缓存，这不在本书讨论范围之内）。

### 3. 用 Core Data 实现按需缓存

尽管从技术上讲可以用 Core Data 来实现按需缓存，但我不建议这么做。Core Data 的优势是不用反归档完整的数据就可以独立访问模型的属性。然而，在应用中实现 Core Data 带来的复杂度抵消了优势。此外，对于按需缓存实现来说，我们可能并不需要独立访问模型的属性。

### 4. 原始的 SQLite

可以通过链接 libsqlite3 的库来把 SQLite 嵌入应用，但是这么做有很大的缺陷。所有的 sqlite3 库和对象关系映射（ORM）机制几乎总是会比 Core Data 慢。此外，尽管 sqlite3 本身是线程安全的，但是 iOS 上的二进制包则不是。所以除非用定制编译的 sqlite3 库（用线程安全的编译参数编译），否则开发者就有责任确保从 sqlite3 读取数据或者往 sqlite3 写入数据是线程安全的。Core Data 有这么多特性而且内置线程安全，所以我建议在 iOS 中尽量避免使用 SQLite。

唯一应该在 iOS 应用中用原始的 SQLite 而不用 Core Data 的例外情况是，资源包中有应用程序相关的数据需要在所有应用支持的第三方平台上共享，比如说运行在 iPhone、Android、BlackBerry 和 Windows Phone 上的某个应用的位置数据库。不过这也不是缓存了。

### 5. 应该用哪种缓存技术

在众多可以本地保存数据的技术中，有三种脱颖而出：URL 缓存、数据模型缓存（利用 NSKeyed-Archiver）和 Core Data。

假设你正在开发一个应用，需要缓存数据以改善应用表现出的性能，你应该实现按需缓存（使用

数据模型缓存或 URL 缓存）。另一方面，如果需要数据能够离线访问，而且具有合理的存储方式以便
离线编辑，那么就用高级序列化技术（如 Core Data）。

### 6. 数据模型缓存与 URL 缓存

按需缓存可以用数据模型缓存或 URL 缓存来实现。两种方式各有优缺点，要使用哪一种取决于
服务器的实现。URL 缓存的实现原理和浏览器缓存或代理服务器缓存类似。当服务器设计得体，遵循
HTTP 1.1 的缓存规范时，这种缓存效果最好。如果服务器是 SOAP 服务器（或者实现类似于 RPC 服
务器或 REST 式服务器），就需要用数据模型缓存。如果服务器遵循 HTTP 1.1 缓存规范，就用 URL 缓
存。数据模型缓存允许客户端（iOS 应用）掌控缓存失效的情形，当开发者实现 URL 缓存时，服务器
通过 HTTP 1.1 的缓存控制头控制缓存失效。尽管有些程序员觉得这种方式违反直觉，而且实现起来
也很复杂（尤其是在服务器端），但这可能是实现缓存的好办法。事实上，`MKNetworkKit` 提供了对
HTTP 1.1 缓存标准的原生支持。

## 12.8.2   缓存版本和失效

缓存数据时需要决定是否支持版本迁移。如果使用按需缓存技术，那么版本迁移在用数据模型缓
存的情况下可能就是必要的。不过最简便的方法是当用户下载新版本时就把缓存删除，因为旧数据已
经不重要了。另一方面，如果实现了预缓存，你可能已经缓存了几兆字节的数据，那么把数据迁移到
新版本更合理。有了 Core Data，数据在版本之间的迁移就变得很简单了（至少和原始的 sqlite 比起来
是这样的）。

> 使用基于 URL 缓存的按需缓存时，URL 响应会以原始数据的形式针对 URL 保存，那就不存在
> 版本问题了。版本上的变化要么反映在 URL 上，要么服务器会通过缓存控制头来使缓存失效。

在接下来的几节我们来看一下如何实现两种不同类型的按需缓存：数据模型缓存（用 `AppCache`）
和 URL 缓存（用 `MKNetworkKit`）。可从本书网站上关于本章的文件中下载完整的源代码。

## 12.9   数据模型缓存

本节我们来给 iHotelApp 添加用数据模型缓存实现的按需缓存。按需缓存是在视图从视图层次结
构中消失时做的（从技术上讲，是在 `viewWillDisappear:`方法中）。支持缓存的视图控制器的基本
结构如图 12-1 所示。AppCache Architecture 的完整代码可从本章的下载源代码中找到。后面讲解的内
容假设你已经下载了代码并且可以随时使用。

在 `viewWillAppear` 方法中，查看缓存中是否有显示这个视图所需的数据。如果有就获取数据，
再用缓存数据更新用户界面。然后检查缓存中的数据是否已经过期。你的业务规则应该能够确定什么
是新数据、什么是旧数据。如果内容是旧的，把数据显示在 UI 上，同时在后台从服务器获取数据并
再次更新 UI。如果缓存中没有数据，显示一个转动的圆圈表示正在加载，同时从服务器获取数据。得
到数据后，更新 UI。

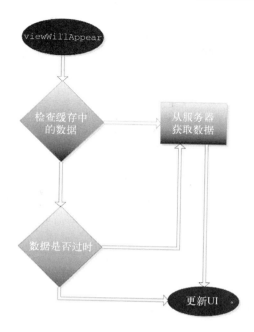

图 12-1　实现了按需缓存的视图控制器的控制流

前面的流程图假定显示在 UI 上的数据是可以归档的模型。在 iHotelApp 的 `MenuItem` 模型中实现 `NSCoding` 协议。`NSKeyedArchiver` 需要模型实现这个协议，如下面的代码片段所示。

### MenuItem 类的 encodeWithCoder 方法（MenuItem.m）

```
- (void)encodeWithCoder:(NSCoder *)encoder
{
    [encoder encodeObject:self.itemId forKey:@"ItemId"];
    [encoder encodeObject:self.image forKey:@"Image"];
    [encoder encodeObject:self.name forKey:@"Name"];
    [encoder encodeObject:self.spicyLevel forKey:@"SpicyLevel"];
    [encoder encodeObject:self.rating forKey:@"Rating"];
    [encoder encodeObject:self.itemDescription forKey:@"ItemDescription"];
    [encoder encodeObject:self.waitingTime forKey:@"WaitingTime"];
    [encoder encodeObject:self.reviewCount forKey:@"ReviewCount"];
}
```

### MenuItem 类的 initWithCoder 方法（MenuItem.m）

```
- (id)initWithCoder:(NSCoder *)decoder
{
    if ((self = [super init])) {
        self.itemId = [decoder decodeObjectForKey:@"ItemId"];
        self.image = [decoder decodeObjectForKey:@"Image"];
        self.name = [decoder decodeObjectForKey:@"Name"];
        self.spicyLevel = [decoder decodeObjectForKey:@"SpicyLevel"];
```

**12**

```
        self.rating = [decoder decodeObjectForKey:@"Rating"];
        self.itemDescription = [decoder
          decodeObjectForKey:@"ItemDescription"];
        self.waitingTime = [decoder decodeObjectForKey:@"WaitingTime"];
        self.reviewCount = [decoder decodeObjectForKey:@"ReviewCount"];
    }
    return self;
}
```

就像之前提到过的，可以用 Accessorizer 来生成 NSCoding 协议的实现。

根据图 12-1 中的缓存流程图，我们需要在 viewWillAppear:中实现实际的缓存逻辑。把下面的代码加入 viewWillAppear:就可以实现。

**视图控制器的 viewWillAppear:方法中从缓存恢复数据模型对象的代码片段**

```
NSArray *paths = NSSearchPathForDirectoriesInDomains(NSCachesDirectory,
    NSUserDomainMask, YES);
NSString *cachesDirectory = [paths objectAtIndex:0];
NSString *archivePath = [cachesDirectory
    stringByAppendingPathComponent:@"AppCache/MenuItems.archive"];

NSMutableArray *cachedItems = [NSKeyedUnarchiver
    unarchiveObjectWithFile:archivePath];

if(cachedItems == nil)
  self.menuItems = [AppDelegate.engine localMenuItems];
else
  self.menuItems = cachedItems;

NSTimeInterval stalenessLevel = [[[[NSFileManager defaultManager]
    attributesOfItemAtPath:archivePath error:nil]
fileModificationDate] timeIntervalSinceNow];

if(stalenessLevel > THRESHOLD)
  self.menuItems = [AppDelegate.engine localMenuItems];

[self updateUI];
```

缓存机制的逻辑流如下所示。

(1) 视图控制器在归档文件 MenuItems.archive 中检查之前缓存的项并反归档。

(2) 如果 MenuItems.archive 不存在，视图控制器调用方法从服务器获取数据。

(3) 如果 MenuItems.archive 存在，视图控制器检查归档文件的修改时间以确认缓存数据有多旧。如果数据过期了（由业务需求决定），再从服务器获取一次数据。否则显示缓存的数据。

接下来，把下面的代码加入 viewDidDisappear 方法可以把模型（以 NSKeyedArchiver 的形式）保存在 Library/Caches 目录中。

**视图控制器的 viewWillDisappear:方法中缓存数据模型的代码片段**

```
NSArray *paths = NSSearchPathForDirectoriesInDomains(NSCachesDirectory,
  NSUserDomainMask, YES);
NSString *cachesDirectory = [paths objectAtIndex:0];
```

```
NSString *archivePath = [cachesDirectory stringByAppendingPathComponent:@"
AppCache/MenuItems.archive"];

[NSKeyedArchiver archiveRootObject:self.menuItems toFile:archivePath];
```

视图消失时要把 menuItems 数组的内容保存在归档文件中。注意,如果不是在 viewWillAppear:
方法中从服务器获取数据的话,这种情况不能缓存。

所以,只需在视图控制器中加入不到 10 行的代码(并将 Accessorizer 生成的几行代码加入模型),
就可以为应用添加缓存支持了。

## 重构

当开发者有多个视图控制器时,前面的代码可能会有冗余。我们可以通过抽象出公共代码并移入
名为 AppCache 的新类来避免冗余。AppCache 是处理缓存的应用的核心。把公共代码抽象出来放入
AppCache 可以避免 viewWillAppear:和 viewWillDisappear:中出现冗余代码。

重构这部分代码,使得视图控制器的 viewWillAppear/viewWillDisappear 代码块看起来如
下所示。加粗部分显示重构时所做的修改,我会在代码后面解释。

视图控制器的 viewWillAppear:方法中用 AppCache 类缓存数据模型的重构代码片段
( MenuItems ViewController.m )

```
-(void) viewWillAppear:(BOOL)animated {

    self.menuItems = [AppCache getCachedMenuItems];
    [self.tableView reloadData];

    if([AppCache isMenuItemsStale] || !self.menuItems) {

        [AppDelegate.engine fetchMenuItemsOnSucceeded:^(NSMutableArray
         *listOfModelBaseObjects) {

            self.menuItems = listOfModelBaseObjects;
            [self.tableView reloadData];
        } onError:^(NSError *engineError) {
            [UIAlertView showWithError:engineError];
        }];
    }

    [super viewWillAppear:animated];
}

-(void) viewWillDisappear:(BOOL)animated {

    [AppCache cacheMenuItems:self.menuItems];
    [super viewWillDisappear:animated];
}
```

AppCache 类把判断数据是否过期的逻辑从视图控制器中抽象出来了,还把缓存保存的位置也抽
象出来了。稍后在本章中我们还会修改 AppCache,再引入一层缓存,内容会保存在内存中。

12

因为 AppCache 抽象出了缓存的保存位置，我们就不需要为复制粘贴代码来获得应用的缓存目录而操心了。如果应用类似于 iHotelApp，开发者可通过为每个用户创建子目录即可轻松增强缓存数据的安全性。然后我们就可以修改 AppCache 中的辅助方法，现在它返回的是缓存目录，我们可以让它返回当前登录用户的子目录。这样，一个用户缓存的数据就不会被随后登录的用户看到了。

完整的代码可以从本书网站上本章的源代码下载中获取。

## 12.10    缓存版本控制

我们在上一节中写的 AppCache 类从视图控制器中抽象出了按需缓存。当视图出现和消失时，缓存就在幕后工作。然而，当你更新应用时，模型类可能会发生变化，这意味着之前归档的任何数据将不能恢复到新的模型上。正如之前所讲，对按需缓存来说，数据并没有那么重要，开发者可以删除数据并更新应用。我会展示可以用来在版本升级时删除缓存目录的代码片段。

### 使缓存失效

首先把应用的当前版本号保存在某个地方，可以用 NSUserDefaults。要检测版本升级，每次应用启动时都要检查之前保存的版本号是否为应用的当前版本。如果比当前版本旧，把缓存文件夹删除并把新版本号保存在 NSUserDefaults 中。下面的代码就可以做这件事，把这段代码加入 AppCache 的 init 方法中。

**AppCache 中处理缓存版本的初始化方法（AppCache.m）**

```
+(void) initialize
{
  NSString *cacheDirectory = [AppCache cacheDirectory];
  if(![[NSFileManager defaultManager] fileExistsAtPath:cacheDirectory])
  {
    [[NSFileManager defaultManager] createDirectoryAtPath:cacheDirectory
    withIntermediateDirectories:YES
    attributes:nil
    error:nil];
  }

double lastSavedCacheVersion = [[NSUserDefaults standardUserDefaults]
 doubleForKey:@"CACHE_VERSION"];
double currentAppVersion = [[AppCache appVersion] doubleValue];

if( lastSavedCacheVersion == 0.0f || lastSavedCacheVersion <
  currentAppVersion)
{
  [AppCache clearCache];
  // 把当前版本号保存在设置中
  [[NSUserDefaults standardUserDefaults] setDouble:currentAppVersion
      forKey:@"CACHE_VERSION"];
      [[NSUserDefaults standardUserDefaults] synchronize];
  }
}
```

注意这段代码依赖于获取应用当前版本号的辅助方法。也可以用下面这段代码从应用的 Info.plist 中读取版本号：

**从 Info.plist 文件获取应用的当前版本号（AppCache.m）**

```
+(NSString*) appVersion
{
  CFStringRef versStr =
  (CFStringRef)CFBundleGetValueForInfoDictionaryKey
    (CFBundleGetMainBundle(), kCFBundleVersionKey);
  NSString *version = [NSString stringWithUTF8String:CFStringGetCStringPtr
                      (versStr,kCFStringEncodingMacRoman)];

  return version;
}
```

前面的代码还调用了一个方法来清除缓存目录。以下代码片段可以说明这个操作。

**从缓存目录中清除所有缓存文件（AppCache.m）**

```
+(void) clearCache
{
  NSArray *cachedItems = [[NSFileManager defaultManager]
                          contentsOfDirectoryAtPath:[AppCache
                          cacheDirectory] error:nil];

  for(NSString *path in cachedItems)
    [[NSFileManager defaultManager] removeItemAtPath:path error:nil];
}
```

同样，缓存失效和版本控制问题也从视图控制器中抽象出来了（用 AppCache 架构）。接下来我们要为 AppCache 类创建内存缓存。内存缓存可以极大改善缓存的性能，但是要以消耗内存为代价。不过，因为在 iOS 中只有一个应用运行在前台，所以这应该不是问题。

## 12.11 创建内存缓存

目前为止，所有 iOS 设备都带有闪存，而闪存有点小问题：它的读写寿命是有限的。尽管这个寿命跟设备的使用寿命比起来很长，但是仍然需要避免过于频繁地读写闪存。在上一个例子中，视图隐藏时是直接缓存到磁盘的，而视图显示时又是直接从磁盘读取的。这种行为会使用户设备的缓存负担很重。为避免这个问题，我们可以再引入一层缓存，利用设备的 RAM 而不是闪存（用 NSMutable-Dictionary）。

在 12.8.1 节的"实现数据模型缓存"中，我们介绍了创建归档的两种方法：一个是保存到文件，另一个是保存为 NSData 对象。这次会用到第二个方法，我们会得到一个 NSData 指针，将该指针保存到 NSMutableDictionary 中，而不是文件系统里的平面文件。引入内存缓存的另一个好处是，在归档和反归档内容时性能会略有提升。听起来很复杂，实际上并不复杂。本节将介绍如何给 AppCache 类添加一层透明的、位于内存中的缓存。（"透明"是指调用代码，即视图控制器，甚至不知道这层缓存的存在，而且也不需要改动任何代码。）我们还会设计一个 LRU（Least Recently Used，最近最少使用）算法来把缓存的数据保存到磁盘。

以下简单列出了要创建内存缓存需要的步骤。这些步骤将会在下面几节中详细解释。

(1) 添加变量来存放内存缓存数据。

(2) 限制内存缓存大小，并且把最近最少使用的项写入文件，然后从内存缓存中删除。RAM 是有限的，达到使用极限就会触发内存警告。收到警告时不释放内存会使应用崩溃。我们当然不希望发生这种事，所以要为内存缓存设置一个最大阈值。当缓存满了以后再添加任何东西时，最近最少使用的对象应该被保存到文件（闪存中）。

(3) 处理内存警告，并把内存缓存以文件形式写入闪存。

(4) 当应用关闭、退出，或进入后台时，把内存缓存全部以文件形式写入闪存。

## 12.11.1　为AppCache设计内存缓存

我们从添加保存缓存数据的变量开始设计 AppCache 类。添加一个 NSMutableDictionary 来保存缓存数据，添加一个 NSMutableArray 来追踪最近使用的项（按照时间顺序排序），最后添加一个整数来限制缓存的最大尺寸，如下代码所示。

**AppCache 中的变量**

```
static NSMutableDictionary *memoryCache;
static NSMutableArray *recentlyAccessedKeys;
static int kCacheMemoryLimit;
```

接下来我们应该对 AppCache 中的 cacheMenuItems:和 getCachedMenuItems 方法做一些修改，从而将模型对象透明地保存到内存缓存中。

```
+(void) cacheMenuItems:(NSMutableArray*) menuItems
{
  [self cacheData:[NSKeyedArchiver archivedDataWithRootObject:menuItems]
        toFile:@"MenuItems.archive"];
}

+(NSMutableArray*) getCachedMenuItems
{
  return [NSKeyedUnarchiver unarchiveObjectWithData:[self
dataForFile:@"MenuItems.archive"]];
}
```

上面的代码调用了一个辅助方法 cacheData:toFile:，而不是直接写入文件。这个方法会把从 NSKeyedArchiver 得到的 NSData 保存到内存缓存中。当内存缓存达到预定的内存限制时，它会检查并删除最近最少使用的数据，然后把数据保存到文件中。下面的代码显示了该实现过程。

**将数据透明地缓存到内存缓存中的辅助方法（AppCache.m）**

```
+(void) cacheData:(NSData*) data toFile:(NSString*) fileName
{
  [memoryCache setObject:data forKey:fileName];
  if([recentlyAccessedKeys containsObject:fileName])
  {
```

```
    [recentlyAccessedKeys removeObject:fileName];
  }

  [recentlyAccessedKeys insertObject:fileName atIndex:0];

  if([recentlyAccessedKeys count] > kCacheMemoryLimit)
  {
    NSString *leastRecentlyUsedDataFilename = [recentlyAccessedKeys
                                       lastObject];
    NSData *leastRecentlyUsedCacheData =
      [memoryCache objectForKey:leastRecentlyUsedDataFilename];
    NSString *archivePath = [[AppCache cacheDirectory]
                          stringByAppendingPathComponent:fileName];
    [leastRecentlyUsedCacheData writeToFile:archivePath atomically:YES];

    [recentlyAccessedKeys removeLastObject];
    [memoryCache removeObjectForKey:leastRecentlyUsedDataFilename];
  }
}
```

类似于之前用 cacheData:toFile: 缓存数据的代码，在下面的代码中，我们需要写一个检查内存缓存并返回数据的方法，而不是直接从文件中读取。只有当内存缓存不存在所需数据时，该方法才访问文件。

**从内存缓存中透明地获取缓存数据的辅助方法（AppCache.m）**

```
+(NSData*) dataForFile:(NSString*) fileName
{
  NSData *data = [memoryCache objectForKey:fileName];
  if(data) return data; // 内存缓存中存在数据

  NSString *archivePath = [[AppCache cacheDirectory]
                        stringByAppendingPathComponent:fileName];
  data = [NSData dataWithContentsOfFile:archivePath];

  if(data)
    [self cacheData:data toFile:fileName]; // 把最近访问过的数据放入内存缓存

  return data;
}
```

这个方法也会把从闪存读取的数据保存到内存缓存中，最近最少使用缓存算法的工作原理就是如此。

## 12.11.2　处理内存警告

AppCache 的大部分功能现在已经完成了，我们也在不修改调用代码的前提下添加了一层透明的内存缓存。不过还有一件重要的事情没做。因为我们要保留 AppCache 中的视图使用的数据，应用的内存消耗会持续增长，所以收到内存警告的机率会很大。为了避免这种状况发生，我们需要在 AppCache 中处理内存警告的通知。在静态初始化方法中，向 UIApplicationDidReceiveMemory-WarningNotification 添加一个通知观察者：

12

```
[[NSNotificationCenter defaultCenter] addObserver:self
    selector:@selector(saveMemoryCacheToDisk:)
  name:UIApplicationDidReceiveMemoryWarningNotification object:nil];
```

然后写一个方法来把内存缓存中的项保存到文件：

```
+(void) saveMemoryCacheToDisk:(NSNotification *)notification
{
  for(NSString *filename in [memoryCache allKeys])
  {
    NSString *archivePath = [[AppCache cacheDirectory]
                              stringByAppendingPathComponent:filename];
    NSData *cacheData = [memoryCache objectForKey:filename];
    [cacheData writeToFile:archivePath atomically:YES];
  }

  [memoryCache removeAllObjects];
}
```

这个方法确保 AppCache 不会吃光可用的系统内存，而又比从视图控制器中直接写入文件要快。

## 12.11.3　处理结束和进入后台通知

我们还得确保应用退出或进入后台时会保存内存缓存。这样按需缓存就有了一个优势：离线访问。

现在，我们需要加入第三步也是最后一步，就是监听应用的停止活跃或关闭的通知，并像上一节那样处理内存警告。这里不用添加额外的方法，只要把 UIApplicationDidEnterBackground-Notification 和 UIApplicationWillTerminateNotification 的观察者加入初始化方法即可。这是为了确保内存缓存能保存到文件系统。

### 观察通知并将内存缓存保存到磁盘（AppCache.m）

```
[[NSNotificationCenter defaultCenter] addObserver:self
    selector:@selector(saveMemoryCacheToDisk:)
  name: UIApplicationDidEnterBackgroundNotification object:nil];
```

```
[[NSNotificationCenter defaultCenter] addObserver:self
    selector:@selector(saveMemoryCacheToDisk:)
  name: UIApplicationWillTerminateNotification object:nil];
```

记得在 dealloc 方法中调用 removeObserver。完整的 AppCache 代码可以从本书网站下载。

呼！这部分内容确实有点多，不过还没完呢。我说过按需缓存可以用数据模型缓存或者 URL 缓存实现。你刚才学到的 AppCache 实现是数据模型缓存，接下来我要向大家展示如何实现 URL 缓存。不用担心，在客户端实现 URL 缓存要容易得多。大部分的复活和缓存失效都是在远程服务器上实现的，服务器通过缓存控制头就可以管理缓存失效。

## 12.12　创建 URL 缓存

可以通过为应用所做的每次 URL 请求缓存应答来实现 URL 缓存。这种缓存跟前一节实现的 AppCache 类似，区别在于缓存中保存的键和值会有所不同。数据模型缓存用文件名作为键，数据模型的归档作为值;而 URL 缓存用 URL 作为键,应答的数据作为值。大部分实现都跟之前写的 `AppCache` 类似,缓存失效除外。

URL 缓存的工作原理跟代理服务器处理缓存的方式一样。所以,`MKNetworkKit` 处理 HTTP 1.1 缓存标准的过程是透明的。不过有必要理解其背后的工作原理。

之前我们讲过服务器会管理 URL 缓存的失效问题。HTTP 1.1(RFC 2616 Section 13)规范解释了服务器可以发送的各种缓存控制头。RFC 定义了两种模型:过期模型和验证模型。

### 12.12.1 过期模型

过期模型允许服务器设置一个过期日期,超过这个日期后就认为资源(图片或应答)过期。中间代理服务器或浏览器应该在这个时间之后将资源设置为失效或过期。

### 12.12.2 验证模型

第二个是验证模型,服务器通常会发送一个校验和(Etag)。后续所有从缓存获得资源的请求都应该用这个校验和向服务器重新验证资源是否有变化。如果校验和匹配,服务器就返回一个 HTTP 304 Not Modified 的状态码。

### 12.12.3 示例

下面的示例同时使用了过期模型和验证模型,并给出了一些关于服务器什么时候应该采用哪种模型的建议。尽管 iOS 开发者通常不会关注这部分信息,但是理解缓存的工作原理有助于开发工作。配置过服务器的开发人员应该在 nginx.conf 文件中写过类似下面的东西:

**执行过期缓存头的 nginx 设置**

```
location ~ \.(jpg|gif|png|ico|jpeg|css|swf)$ {
            expires 7d;
        }
```

这个设置告诉 nginx 发出一个缓存控制头(Expires 或 Cache-Control: max-age=n)来告诉中间代理服务器把 jpg 结尾的文件缓存 7 天。在 API 服务器上,系统管理员可能这么做,因此我们能在图片请求中看到缓存控制头。正确的做法是在设备上缓存图片并遵守这些头的指令,而不是每隔几天就把本地缓存中所有的图片置为失效。

静态应答、图片和缩略图用过期模型,而动态应答大部分都用验证模型来控制缓存失效。这需要计算应答对象的校验和并在 Etag 头中发送出去。客户端(iOS 应用)应该在每个后续请求的 `IF-NONE-MATCH` 头中发送 Etag(重新验证缓存)。服务器在计算校验和之后,检查校验和是否与 `IF-NONE-MATCH` 头匹配。如果匹配,服务器发送 304 Not Modified,客户端就使用缓存内容。如果校验和不匹配,那么内容就发生过改变。服务器可以设置为返回完整的内容,或返回变更集说明哪些内容发生了变化。

下面举个例子详细解释一下。假设你在写一个返回 iHotelApp 中的打折店的 API。/outlets 节点返回了打折店列表。在后续的请求中,iOS 客户端发送 Etag。服务器又获取了一次打折店列表(可能是

12

从数据库），然后计算校验和。如果校验和匹配，那就没有添加新的打折店，服务器就应该发送 304 Not Modified。如果校验和不同，可能有多种情况，新打折店加入或已有的打折店关闭。服务器可能再次选择发送打折店的完整列表，或者发送包含了新打折店列表和关闭打折店列表的变更集。如果你觉得打折店的变化不会很频繁，使用后一种方法更加高效（不过实现起来更复杂）。

1990 年万维网诞生时全球只有几十台计算机，十年后就达到了几十亿台，一个助推力就是 HTTP 协议设计为可扩展、带缓存，并且主流浏览器都遵循这些 HTTP 标准。随着应用在计算领域中心地位的巩固，Web 服务应用应该重新实现当初浏览器做的事儿来帮助 Web 成长。遵循一些简单的标准就能显著提升应用的性能，从而将应用的功能推至极限。

## 12.12.4　用 URL 缓存来缓存图片

像之前的缓存一样，URL 缓存对缓存数据来说是透明的。这意味着对于一个 URL 来说，无论缓存的是图片、音乐、视频还是 URL 应答，都无关紧要。只需记住用 URL 缓存来缓存图片时，图片的 URL 成了键，图片数据成了被缓存对象即可。这么做的好处是性能优越，因为 URL 缓存不需要后期处理应答（比如转换成 JPEG 或者 PNG）。单单这个事实就是采用 URL 缓存来缓存图片的绝佳理由。

## 12.13　小结

在本章中，你了解了如何设计一个使用 Web 服务的 iOS 应用的架构。本章还展示了不同的数据交换格式和在 Objective-C 中解析的方法，你还了解了如何用 Objective-C 的 KVC 方法来处理 REST 式服务响应的强大方法，接着是用队列处理并发请求以及如何根据可用的网络调整最大并发操作数来最大化性能。最后你还了解了不同的缓存方法。缓存极大提升了应用的性能，不过 App Store 上的很大一部分应用都没有很好地实现缓存。本章介绍的技术（无论是对于 iOS 还是 API 服务器）能帮助你超越极限，把应用提高到一个新水平。

## 12.14　扩展阅读

### 1. 苹果文档
下面的文档位于 iOS Developer Library（https://developer.apple.com/library/ios/navigation/index.html）中，通过 Xcode Documentation and API Reference 也可以找到。

- *Reachability*
- *Apple XMLPerformance Sample Code*
- *NSXMLDocument Class Reference*
- *Archives and Serializations Programming Guide*
- *iCloud*

### 2. 书籍
The Grogmatic Bookshelf，*Core Data*
http://pragprog.com/titles/mzcd/core-data

### 3. 其他资源

- Callahan, Kevin, Accessorizer. *Mac App Store*. 2011
  http://itunes.apple.com/gb/app/accessorizer/id402866670?mt=12
- Kumar, Mugunth. "MKNetworkKit Documentation"
  http://mknetworkkit.com
- Callahan, Kevin. "Mac App Store" (2011)
  http://itunes.apple.com/gb/app/accessorizer/id402866670?mt=12
- Cocoanetics. "JSON versus Plist, the Ultimate Showdown" (2011)
  http://www.cocoanetics.com/2011/03/json-versus-plist-the-ultimate-showdown/
- Wenderlich, Ray. "How To Choose The Best XML Parser for Your iPhone Project"
  http://www.raywenderlich.com/553/how-to-chose-the-best-xml-parser-for-your-iphone-project
- Crockford, Douglas. "RFC 4627. 07 01" (2006)
  http://tools.ietf.org/html/rfc4627
- W3C. "Web Services Architecture. 2 11" (2004)
  www.w3.org/TR/ws-arch/#relwwwrest
- Brautaset, Stig. "JSON Framework 1 1" (2011)
  http://stig.github.com/json-framework/
- Wight, Jonathan. "TouchCode/TouchJSON. 1 1" (2011)
  https://github.com/TouchCode/TouchJSON
- Gabriel. "YAJL-ObjC" (2011)
  https://github.com/gabriel/yajl-objc
- Johnezang. "JSONKit" (2011)
  https://github.com/johnezang/JSONKit
- "mbrugger json-benchmarks" on GitHub
  https://github.com/mbrugger/json-benchmarks/

12

# 第 13 章

# 充分利用蓝牙设备

开发和硬件紧密合作的软件是件有趣的事情。事实上，在 iPhone 之前的苹果设备的关键优势就是一套和 iPod 配合完美的硬件设备，通过 30 针的接口连接。iPhone 被开发出来后，这套和 iPod（触摸盘 ipod 和 ipod nano）协同工作的硬件设备（主要是扬声器和汽车音频接口）和 iPhone 也能配合得很好。苹果的主要优势就是建立并培养一个硬件设备的生态系统和整套 iDevice 紧密工作。

过去，大部分和 iPhone、iPod、iPod touch 协同工作的硬件设备通过 30 针接口连接（在 iPod 或者老款的 iPhone 上），连接新设备则是用闪电接口。硬件编程成本高昂（至少相对于开发应用来说是这样）。增加的成本主要来自授权费，因为过去几乎每个和苹果 iDevice 紧密合作的硬件都必须是"为 iPhone/iPod 设计"，或者也叫 MFi，这是有授权的。然而，MFi 许可只允许设备通过闪电接口（或者老式的 30 针接口）连接 iPhone 或者 iPod touch。

最近，iDevice（iPhone 4S、iPad 3G、iPad mini）开始使用低功耗蓝牙（BLE）芯片。随着低功耗蓝牙（也叫做 BLE 或者智能蓝牙）的出现，一个独立软件供应商也可以在没有 MFi 许可的情况下销售使用自家软件的硬件设备。

本章介绍低功耗蓝牙。本章会介绍如何使用 iOS 蓝牙硬件的功能。

## 13.1 蓝牙历史

蓝牙已经有 20 年左右的历史了。今天，每一个 iOS 设备都有一个蓝牙芯片。甚至是 2000 年到 2007 年生产的功能机和半智能机也有蓝牙功能。蓝牙是瑞典的爱立信公司在 1994 年发明的。蓝牙的早期版本（1 和 1.1）被大量使用在（初代 iPhone 和老的功能机）耳机和设备之间的无线通信上。蓝牙 2.0 和 2.1+EDR（Enhanced Data Rate）增加数据传输速率，因此允许立体声音乐从手机音乐播放器传到无线耳机上。蓝牙 3.0 允许更高的数据传输速率，可以用来在设备间无线传输大文件。

在蓝牙 4.0 之前，要使用蓝牙，指定设备必须实现某些蓝牙规范。诸如蓝牙音频耳机、蓝牙立体声耳机、蓝牙远程控制、SIM 卡访问等常见用途都有现成配置文件。然而，为自己独特的硬件开发定制的配置文件是冗长乏味的工作。此外，开发定制的配置文件还需要安装一些必需的驱动。尽管可以完成这个任务，但是非常难，而且如果你的应用使用定制的配置文件那仍然要获得 MFi 许可。但这是过去的情况了。

现在，我们有了蓝牙 4.0（也叫蓝牙 LE 或者蓝牙智能）。

## 13.2 为什么选择低功耗蓝牙

低功耗蓝牙使实现定制接口和定制数据交换变得容易，以至于你能够完全在用户空间实现而不需要系统层的驱动。也就是说，应用既是驱动也是软件。你不需要一个系统层的配对（当然还是可以和一个设备配对后做加密通信），而且那意味着不需要 MFi 许可。

实现简单加上功耗低使得蓝牙 LE 的地位变得前所未有地重要。到目前为止，全世界已经出货了超过 10 亿的蓝牙 LE 设备，这些设备覆盖生活的很多方面，包括健康、运动、安全系统（比如车锁、从开门到控制温控器的家庭自动化系统）、点对点游戏、零售终端等，使用蓝牙 LE 的设备无处不在。

对于 iOS 开发者来说，构建应用容易，加上不需要像苹果的 MFi 这样严格的许可要求，由此，独立软件供应商向独立硬件供应商转变成为一个很有吸引力的选择。

## 13.3 蓝牙 SDK

iOS 中蓝牙 SDK 是 CoreBluetooth.framework 提供的。CoreBluetooth 从 iOS 5 开始可用，是专门为蓝牙 LE 设备设计的。

> 在 iOS 5 之前，没有原生方法访问蓝牙设备。iOS 会在内部处理来自蓝牙遥控器（AVRCP 配置文件）的远程控制事件，通过 UIResponder 将其作为普通的远程控制消息发送出去。GameKit.framework 也提供了一个使用基于蓝牙的 Bonjour 创建点对点游戏的方法，而没有暴露蓝牙相关功能。

Bluetooth.framework 从 2011 年起有了显著的变化。在了解细节之前，你需要理解一些蓝牙背后的核心概念。蓝牙 LE 是一个基于点对点的通信系统：其中一台设备作为服务器，另一台设备作为客户端。拥有数据的设备作为服务器，消费数据的设备作为客户端。

### 13.3.1 服务器

任何蓝牙 LE 网络都是服务器产生数据，客户端消费数据。通常来讲，产生数据的设备就是服务器。它们可能是心率监控器、温控器、游戏操纵杆或者其它任何东西。这些围绕着你的小型蓝牙配件（你的 Fitbit 追踪器、Jawbone UP）就是服务器，它们通过广播表明自己能追踪你的活动或健康。它们负责通过广播确定自己产生什么类型的数据并把数据发送给连接上的客户端。

### 13.3.2 客户端

那些对数据感兴趣的设备（通常是 iPhone）必须自己发现感兴趣的服务器。客户端负责初始化对服务器的连接然后开始读取数据。

## 13.4 类和协议

按 iOS 的说法，服务器叫做外围设备，客户端叫做中心设备。iOS 5 允许 iOS 设备作为客户端从一个蓝牙设备读取数据。可以用 CoreBluetooth.framework 里的 CBCentralManager 这个类来做这个事情，外围设备则用 CBPeripheral 类来表示。

在 iOS 6 中，SDK 增加了一些类允许 iOS 设备作为外围设备来发送数据。这些数据可以是一个通知列表、当前播放的音乐曲目、一张照片，或者是你的应用想发送给其他设备的任何东西。有的应用甚至可以为外围设备下载固件更新，然后自己作为服务器向外围设备发送新固件。可以使用 CBPeripheralManager 和 CBCentral 类来表示客户端设备。

iOS 7 增加了扫描和获取外围设备的同步方法，一个小变化是中心设备和外围设备标识符从基于 CoreFoudation 的 CFUUIDRef 变为了 NSUUID。iOS 7 对 Corebluetooth.framework 的重要改进是为在后台通过蓝牙通信和发送数据的应用增加了状态保存和恢复功能。在 13.7.3 节中我们会更详细地讨论这个问题。

> iOS 5 和 iOS 6 中，模拟器支持蓝牙功能，可以通过模拟器查找、连接，从外围设备发送数据或从中心设备读取数据。iOS 7 模拟器不再支持蓝牙，所以开发阶段只能用 iOS 设备来完成这些任务。

## 13.5    使用蓝牙设备

可供选择的蓝牙 LE 设备有很多，但本章我们使用德州仪器的 SensorTag 蓝牙 LE 设备来写一个连接到该设备温度传感器的 demo 应用。在熟悉了如何写消费数据的蓝牙 LE 应用之后，我们再学习怎么写提供数据的蓝牙 LE 服务器应用。

> 选择 SensorTag 的原因是这是能买到的蓝牙 LE 设备中最便宜的一种，写作本书时的市价是 25 美元包邮到全世界大部分地方。13.9 节提供了德州仪器网站的链接，想买的读者可直接下单购买。

如果你计划给自己的设备写一个蓝牙 LE 应用，不用担心。在展示代码之前，你需要理解蓝牙背后的一些基本概念。蓝牙 LE 网络和苹果的 Bonjour 服务的工作方式类似。如果你了解 Bonjour，就很容易上手。如果不了解也不用担心，不懂 Bonjour 也能理解接下来的内容。

### 13.5.1    通过扫描寻找服务

蓝牙设备或外围设备是提供数据的服务器。在服务器可以提供数据之前，必须广播自己能够提供的服务。蓝牙外围设备通过发送广播包来广播自己。蓝牙中心设备（客户端）扫描这些包来探测附近的外围设备。一个服务器使用全局唯一标识符（UUID）来标识自己。

#### 全局唯一标识符（UUID）

蓝牙 SIG 联合会维护一个常用蓝牙 LE 服务的列表。这些被采用的服务使用 16 位的 UUID。心率监控器的 UUID 是 0x180D（0001 1000 0000 1101），葡萄糖测量仪的是 0x1808，计时服务使用的是 0x1805。如果你的硬件所做的事情不在这个列表里，可以使用自己的 UUID。需要注意自己定义的 UUID 必须是 128 位的。德州仪器的 SensorTag 广播多个服务，本例中用到的外界温度服务使用的 f000aa00-0451-4000-b000-000000000000 就是一个 128 位的 UUID。

在下一节中，你将学习如何连接一个外围设备。第一步扫描外围设备，如下面的代码所示。在本章的后面，会讲解如何创建自己的外围设备。

### 扫描外围设备（SCTViewController.m）

```
self.centralManager = [[CBCentralManager alloc]
  initWithDelegate:self queue:nil options:nil];

if(self.centralManager.state == CBCentralManagerStatePoweredOn) {
  [self.centralManager scanForPeripheralsWithServices:nil options:nil];
}
```

在 13.4 节中我们学习了 CBCentralManager，这个类可以充当中心设备。CBCentralManager 类有一个 CBCentralManagerDelegate 委托，这个委托会通知你已发现的外围设备、服务、服务的特性和数值变化。

如果你的 iPhone 的蓝牙没有打开，会在 CBCentralManagerDelegate 的 didUpdateState: 方法中收到回调，这个方法也要开始扫描外围设备。

### CBCentralManagerDelegate 方法（SCTViewController.m）

```
- (void)centralManagerDidUpdateState:(CBCentralManager *)central {

    if(central.state == CBCentralManagerStatePoweredOn) {
      [self.centralManager scanForPeripheralsWithServices:nil
                                    options:nil];
  }
}
```

还要处理错误情况，比如蓝牙 LE 在指定设备（iPhone 4 或者更老的设备）上不可用，或者用户在设置中关掉了蓝牙功能。本书网站上本章的示例代码中给出了对这些情况的处理，简洁起见，这里就省略了。

scanForPeripheralsWithServices:方法使用了一个服务数组作为参数，扫描周边地区广播这些服务的外围设备，如果使用 nil 作为参数，会扫描所有可用的外围设备，不过这样会很慢。

因为一些未知的原因，德州仪器的 SensorTag 没有在广播包里带上服务的 UUID，所以第一个参数只能用 nil。德州仪器可能会在以后的更新固件中修复这个问题。

找到外围设备后，通过 CBCentralManagerDelegate 的 centralManager:didDiscover-Peripheral:advertisementData:RSSI:方法可以获取外围设备的详细信息。

## 13.5.2    连接设备

找到外围设备后，下一步就是连接外围设备并发现它提供的服务。

**连接设备**

```
- (void)centralManager:(CBCentralManager *)central
 didDiscoverPeripheral:(CBPeripheral *)peripheral
     advertisementData:(NSDictionary *)advertisementData
                  RSSI:(NSNumber *)RSSI {

    // 这里也可以不再扫描其他外围设备
    // [self.centralManager stopScan];
    if(![self.peripherals containsObject:peripheral]) {

      NSLog(@"Connecting to Peripheral: %@", peripheral);
      peripheral.delegate = self;
      [self.peripherals addObject:peripheral];
      [self.centralManager connectPeripheral:peripheral options:nil];

    }
}
```

在连接外围设备之前应该先保留之。否则，ARC 编译器会释放外围设备对象而导致其无法连接。在上例中是通过将其加入一个维护外围设备列表的数组来保留的。

## 13.5.3    直接获取外围设备

如果你知道外围设备的标识符，可以使用 retrievePeripheralsWithIdentifiers: 方法而不用扫描。这个方法是在 iOS 7 中加入的。

**恢复外围设备**

```
NSArray *peripherals = [self.centralManager
  retrievePeripheralsWithIdentifiers:
  @[[CBUUID UUIDWithString:@"7BDDC62C-D916-7E4B-4E09-285E11164936"]]];
```

上例把外围设备列表加到了数组中。保存这个数组，每次要扫描设备之前先尝试连接已知外围设备是个好习惯。扫描比较费电，应该尽可能避免。

拿到外围设备的指针后，就可以像上例那样马上连接了。

## 13.5.4    发现服务

建立连接的尝试可能成功也可能失败。如果连接成功，在委托方法 didConnectPeripheral 中可以知道。下一步是发现外围设备提供的服务。

**didConnectPeripheral 委托方法**

```
-(void) centralManager:(CBCentralManager *)central
  didConnectPeripheral:(CBPeripheral *)peripheral {
```

```
    [peripheral discoverServices:nil];
}
```

外围设备提供的服务列表是通过 `CBCentralManagerDelegate` 中的另一个委托方法 `peripheral:didDiscoverServices:`通知的。

从外围设备的 `services` 属性中可以获取服务列表。在 SensorTag 中，外围设备大约有十个服务，我们只关心其中的红外线房间温度服务（Infrared Room Temperature service）。这个服务的 UUID 是 F000AA00-0451-4000-B000-000000000000。

## 13.5.5 发现特性

得到了服务后，就可以发现其特性了。一个服务通常有一个或者多个特性，比如打开/关闭服务或是读取服务的当前值。对 SensorTag 来讲，房间温度服务有两个特性，第一个是打开或关闭房间温度传感器，第二个是读取房间温度传感器的实际读数。

**发现特性**

```
-(void) peripheral:(CBPeripheral *)peripheral
  didDiscoverServices:(NSError *)error {

    [peripheral.services enumerateObjectsUsingBlock:^(id obj,
    NSUInteger idx, BOOL *stop) {
     CBService *service = obj;

     if([service.UUID isEqual:[CBUUID UUIDWithString:
@"F000AA00-0451-4000-B000-000000000000"]])
        [peripheral discoverCharacteristics:nil forService:service];
    }];
}
```

通过 `didDiscoverCharacteristcsForService:error:`委托回调可以得到指定服务的特性列表。就像前面提到的，房间温度服务有两个特性，第一个是打开/关闭服务特性，其 UUID 是 F000AA02-0451-4000-B000-000000000000，第二个是获取传感器读数，其 UUID 是 F000AA01-0451-4000-B000-000000000000。

有些特性是只读的，有些是可读可写的，有些甚至支持更新通知。在本例中，当温度发生变化时温度传感器会自动更新。但是在获得通知之前，你必须打开传感器。通过设置打开/关闭特性的值为 1 可以打开传感器。

下一步是打开获取传感器读数特性的通知功能，如下代码片段所示：

**返回已经发现的特性的委托方法**

```
- (void)peripheral:(CBPeripheral *)peripheral
  didDiscoverCharacteristicsForService:(CBService *)
  service error:(NSError *)error {

    [service.characteristics enumerateObjectsUsingBlock:^(id obj, NSUInteger
    idx, BOOL *stop) {
```

```
    CBCharacteristic *ch = obj;
    if([ch.UUID isEqual:[CBUUID UUIDWithString:
@"F000AA02-0451-4000-B000-000000000000"]]) {
        uint8_t data = 0x01;
        [peripheral writeValue:[NSData dataWithBytes:&data length:1]
            forCharacteristic:ch
                        type:CBCharacteristicWriteWithResponse];
    }

    if([ch.UUID isEqual:[CBUUID UUIDWithString:
@"F000AA01-0451-4000-B000-000000000000"]]) {

        [peripheral setNotifyValue:YES forCharacteristic:ch];
    }
}];
}
```

**获得数值变化**

现在，可以坐下来休息一下了。在委托方法 `peripheral:didUpdateValueForCharacter-istic:error:` 中我们可以接收到温度的更新，如下面的代码所示：

### 在委托方法中获得数值变化

```
- (void)peripheral:(CBPeripheral *)peripheral
  didUpdateValueForCharacteristic:(CBCharacteristic *)characteristic
  error:(NSError *)error {

    float temp = [self temperatureFromData:characteristic.value];
    NSLog(@"Room temperature: %f", temp);
}

-(float) temperatureFromData:(NSData *)data {

    char scratchVal[data.length];
    int16_t ambTemp;
    [data getBytes:&scratchVal length:data.length];
    ambTemp = ((scratchVal[2] & 0xff)| ((scratchVal[3] << 8) & 0xff00));

    return (float)((float)ambTemp / (float)128);
}
```

数值变化以 `NSData` 的格式发送过来，需要通过有意义的解释将其转化成实际的温度。在 **SensorTag** 的例子中，第二和第三个字节表示温度。辅助方法 `temperatureFromData:` 从这两个字节中提取实际的温度并且交换它们以改变字节顺序。在示例代码中，我们只是简单地打印了温度并且将它显示在 `UILabel` 上。

> 从本书网站上可以获得该示例的完整代码。

大部分其他蓝牙 LE 设备的连接和读取数据过程都和刚才讲的类似。如果你有心率监控器，试着用你的应用来读取心率。心率监控器的 UUID 在蓝牙 SIG 标准列表中的值是 0x180D。

13

## 13.6 创建自己的外围设备

外围设备，如你所知，是一个"拥有数据"的蓝牙 LE 设备。数据可以是任何东西。数据通常来自一个传感器（就像心率监控器或 SensorTag），而且通常是一个小型硬件设备。也可以通过应用来模拟外围设备。iPhone 硬件有一些我们能用的有趣的传感器，比如，可以读取加速器或者陀螺仪的数据，然后写一个作为外围设备的应用，并通过蓝牙来发送这些数据。大部分人可能对此并不感兴趣，因为那样一个应用充其量也就是个 1000 美元的 SensorTag。大部人反而喜欢从远程服务器读取数据。比如，你可以写一个读取雅虎天气的 iOS 应用，然后将它当做一个知道当地天气的外围设备来广播。类似地，你可以写一个外围设备，读取 Twitter 或者 Facebook 通知，然后把这些数据传送到可穿戴设备上（类似 Pebble 智能手表的东西）。

CoreBluetooth.framework 的第一个版本不支持创建外围设备。iOS 6 增加了 CBPeripheral-Manager 和 CBCentral 两个类，可以用来创建外围设备，管理连接到外围设备上的中心设备。在接下来的一节里，我将会告诉你如何创建一个准系统蓝牙服务器，广播并提供数据给中心设备。

### 13.6.1 广播服务

前面已经讲过中心设备通过扫描提供服务的外围设备来工作。现在，应用作为一个外围设备，显然应该广播服务（还有服务的特性）。服务和特性通过 UUID 来标记，有两种 UUID：16 位的和 128 位的。因为你的外围设备是一个非标准化的外围设备，需要使用 128 位的 UUID。

> 在 Mac 上可以在终端输入 uuidgen 命令创建一个唯一标识符。

现在我们要写一个应用建立一个外围服务器并广播当地天气。示例代码只展示了应用中蓝牙相关部分。获取用户当前的地理位置和获取当地天气的任务就交给你自己来完成了。

第一步，初始化一个外围设备管理器然后等待回调。

**初始化外围设备管理器（SCTViewController.m）**

```
self.manager = [[CBPeripheralManager alloc] initWithDelegate:self
    queue:nil];
```

**外围设备管理器委托（SCTViewController.m）**

```
- (void)peripheralManagerDidUpdateState:(CBPeripheralManager *)manager {

    if(manager.state == CBPeripheralManagerStatePoweredOn) {
[self createService];
    }
}
```

如果设备蓝牙功能处于打开状态，就可以像下面代码所示那样创建服务和特性了。使用 CBMutableService 类和一个 UUID 来创建服务，使用 CBMutableCharacteristic 类来创建特性。必须始终用 uuidgen 来生成应用中的每一个 UUID。

### 创建外围设备服务（SCTViewController.m）

```
- (void)createService {

  CBUUID *serviceUUID = [CBUUID UUIDWithString:kServiceUUID];
  self.service = [[CBMutableService alloc]
              initWithType:serviceUUID primary:YES];

  CBUUID *characteristicUUID = [CBUUID UUIDWithString:kCharacteristicUUID];
  self.characteristic = [[CBMutableCharacteristic alloc]
  initWithType:kCharacteristicUUID
    properties:CBCharacteristicPropertyNotify
         value:nil
   permissions:CBAttributePermissionsReadable];
  [self.service setCharacteristics:@[self.characteristic]];
  [self.manager addService:self.service];
}
```

创建特性时要指定属性和客户端拥有的许可级别。属性的值是 CBCharacteristicProperties 枚举中的一个，其中最常用的是 CBCharacteristicPropertyRead、CBCharacteristicProperty-Write 和 CBCharacteristicPropertyNotify：

❑ CBCharacteristicPropertyRead 表明中心设备可以读取特性值
❑ CBCharacteristicPropertyWrite 表明中心设备写特性值
❑ CBCharacteristicPropertyNotify 表明特性值变化时中心设备会收到通知

读取和通知属性大部分情况下会一起使用，也有一些情况只会用到通知。

在温控器的例子中，"期望的房间温度"是一个 CBCharacteristicPropertyWrite 属性（中心设备可以设置），"外部房间温度"是一个 CBCharacteristicPropertyRead 和 CBCharacteristicPropertyNotify 特性，这意味着中心设备可以读取当前温度并且可以要求外围设备在温度发生变化时通知它。在这个例子中，你必须定期地（或者当位置信息发生改变时）读取天气数据然后通知中心设备新的温度。在前面的代码中，CBCharacteristicPropertyNotify 后面的参数允许你设置许可级别。如果想加密数据可以使用这个参数。

> 在写作本章的时候，加密和其他许可只能被用来读取特性的值，加密服务和特性发现需要系统级的配对，因此需要 MFi 许可。

添加服务之后，最后一步就是开启广播，在成功添加服务的委托回调里开启广播。

### 外围设备的 didAddService 委托（SCTViewController.m）

```
- (void)peripheralManager:(CBPeripheralManager *)peripheral
  didAddService:(CBService *)service error:(NSError *)error {

  if (!error) {
[self.manager startAdvertising:
@{ CBAdvertisementDataLocalNameKey : @"LocalWeather",
CBAdvertisementDataServiceUUIDsKey :
```

```
@[[CBUUID UUIDWithString:kServiceUUID]]}];
   }
}
```

外围设备现在已经创建好了。下一步是等待中心设备连接并维护一张已连接中心设备的列表。只有当外围设备要负责通知中心设备数值变化的时候才需要这一步。

### 中心设备订阅委托回调（SCTViewController.m）

```
- (void)peripheralManager:(CBPeripheralManager *)peripheral
  central:(CBCentral *)central didSubscribeToCharacteristic:
  (CBCharacteristic *)characteristic {

  if([characteristic isEqual:self.characteristic])
  [self.subscribedCentrals addObject:central];
}
```

外围设备负责维护一个已订阅中心设备的列表，当有新的中心设备订阅时将其加入列表，当有中心设备取消订阅时，将其从表中移除。

> 前面的代码片段只展示了订阅部分，你可以从本书的网站上下载完整的示例代码来学习如何在中心设备取消订阅时移除之。

现在已经建立起外围设备并有了一个已订阅中心设备的表。最后一步是通知中心设备新的值。为了说明原理，可以使用一个输入框，每当输入框内容发生改变时，通知已订阅中心设备新值。

### 通知已订阅中心设备（SCTViewController.m）

```
- (BOOL)textFieldShouldReturn:(UITextField *)textField {

  if(self.subscribedCentrals.count > 0) {

    NSData *data = [textField.text dataUsingEncoding:NSUTF8StringEncoding];
    [self.manager updateValue:data
          forCharacteristic:self.characteristic
        onSubscribedCentrals:self.subscribedCentrals];
  }

  [textField resignFirstResponder];
  return YES;
}
```

再创建一个应用作为客户端来扫描这个服务。可以复制前面创建的 SensorTag 应用之后更换相应的 UUID。当中心设备和外围设备都开始工作后，就可以观察到你在输入框输入的内容会被显示在标签上。在本书的网站上可以得到完整的代码。下载 BluetoothServer 和 BluetoothClient 试验一下吧。

> 如果基于这段代码使用你自己的蓝牙服务，不要忘记替换 UUID，因为如果其他人碰巧也使用了示例代码中的 UUID 就会和你的服务发生冲突。

### 13.6.2　常见场景

前面的例子创建了一个通过输入框提供数据的蓝牙服务器。很容易就能修改示例代码，让一个天气服务、Twitter 消息、Facebook 通知、邮件或者其他你能够想到的东西来提供数据。一些应用甚至用它来给已连接的中心设备提供软件更新服务。只有想不到，没有做不到，非常期待你的作品。

## 13.7　在后台运行

接下来的内容是关于如何在后台运行时减少电量消耗的。蓝牙芯片没有 GPS 那么耗电。但是，始终开着蓝牙服务仍然会造成明显的电量消耗。下面我会教你一些常用的减少电量消耗的方法。

### 13.7.1　后台模式

使用 `CoreBluetooth.framework` 的应用可以在后台运行。iOS 7 中后台运行的方法和以前的 iOS 版本有些细微的不同，这个会在 13.7.3 节中解释。为了使应用可以在后台运行，需要在 info.plist 文件中增加 `bluetooth-central` 和（或）`bluetooth-peripheral` 键。

> Xcode 5 有一个新的目标编辑器允许开发者无需直接编辑 info.plist 就可以编辑功能。打开目标的功能面板，展开后台模式部分，相应地选择使用蓝牙 LE 辅助程序和（或）作为蓝牙 LE 辅助程序。

选择一个后台模式之后，即使应用进入后台，对 `scanForPeripheralsWithServices:options:` 的调用仍然会继续扫描并返回已发现的外围设备。然而，如果应用被操作系统终止，则不会在后台被再次启动。苹果在 iOS 7 中给 `CoreBluetooth.framework` 增加了一些方法来支持状态保存和恢复功能。使用这些 API，当发现一个已连接设备时，应用将会在后台启动。

### 13.7.2　电量考虑

如果你是一个硬件（蓝牙外围设备）制造商，苹果建议你的外围设备在前 30 s 每 20 ms 发送一次广播包。30 s 之后，你可能希望节省电量，增加延迟。在这种情况下，使用 645 ms、768 ms、961 ms、1065 ms 或者 1294 ms 可以增加被 iOS 设备发现的机会。应用进入后台后，这一点显得更加重要。当蓝牙应用进入后台，扫描频率会进入低电量模式，所以如果广播间隔是某个苹果推荐值可以使你的设备更快地被发现和连接。如果是外围设备应用，不需要关心这些值。`CoreBluetooth.framework` 在内部会帮你完成这些工作。

### 13.7.3　状态保存和恢复

在 iOS 7 之前，当应用因为内存紧张被系统终止或者用户强制终止应用时，应用不会自动重新启动。iOS 7 引入了一个叫"状态保存和恢复"的新特性，它类似 UIKit 的一个同名特性。如果在应用中实现了保存和恢复 API，当应用进入后台模式并因为内存紧张被终止时，系统会像一个代理一样在需要的时候重新启动应用。有一些事件可以触发应用启动：外围设备连接，中心设备订阅，已连接的中心设备获得通知。例如，如果你的汽车支持蓝牙，但和汽车通信的应用没有打开，当你靠近汽车时会发生一个外围设备连接事件，从而自动启动应用。

要支持状态保存和恢复需要做一些改变。首先，应该使用新的初始化方法 `initWithDelegate:-queue:options:`来初始化 `CBCentralManager`/`CBPeripheralManager`，可选参数是一个字典，它使用 `CBCentralManagerOptionRestoreIdentifierKey` 键来存储标识符。

下一步是实现委托方法 `centralManager:willRestoreState:`（或者 `peripheralManager:-willRestoreState:`）。如果应用被保存和恢复，`willRestoreState:`方法会在 `didUpdateState:`之前被调用。委托还会提供一个字典，其中可能包含以下键中的一个或多个：`CBCentralManager-RestoredStatePeripheralsKey`、`CBCentralManagerRestoredStateScanServicesKey` 或者 `CBCentralManagerRestoredStateScanOptionsKey`。后面两个键仅仅告诉你扫描服务和你以前设置的选项。这些信息对于大部分应用来说可能不是很有用。`CBCentralManagerRestored-StatePeripheralsKey` 提供了连接上的外围设备列表，正是它们触发了应用启动。通过这个键，你能够得到外围设备列表，设置委托，然后开始发现外围设备的服务和特性。

在外围设备这边，`didUpdateState:`方法的键会是 `CBPeripheralManagerRestoredState-ServicesKey` 和（或）`CBPeripheralManagerRestoredStateAdvertisementDataKey`。就如其名字所暗示的，第一个键给出外围设备广播的服务列表，第二个是广播的数据。

## 13.8　小结

蓝牙 LE 是一项令人激动的新技术，它使蓝牙进入了一个全新的水平。1994 年就发明了蓝牙，但在 2010 年引入蓝牙 LE 之后，蓝牙设备的数目才开始飞涨。2013 年，蓝牙设备的数目已经超过了 10 亿。像 Pebble 智能手表这类有趣的设备甚至提供了一个 iOS SDK，你可以将它嵌入应用来给手表发送通知。如果过去的十年是网络服务的十年，那么接下来的十年将会是可连接设备的十年。在所有相互竞争的技术（比如 Wi-Fi 直连、近场通信）中，蓝牙 LE 正在取得优势，相信关于蓝牙架构和 `Core-Bluetooth.framework` 的知识可以帮助你利用可连接应用超越极限。

## 13.9　扩展阅读

### 1. 苹果文档
下面的文档位于 iOS Developer Library（https://developer.apple.com/library/ios/navigation/index.html）中，通过 Xcode Documentation and API Reference 也可以找到。

- ❑ *CoreBluetooth—What's new in iOS 7*
- ❑ *CoreBluetooth Framework reference*

### 2. WWDC 讲座
以下讲座视频可以在 developer.apple.com 上找到。

- ❑ WWDC 2012，"Core Bluetooth 101"
- ❑ WWDC 2012，"Advanced Core Bluetooth"
- ❑ WWDC 2013，"Core Bluetooth"

## 3. 其他资源

- ❑ Bluetooth Low Energy SensorTag, TI.com

  http://www.ti.com/ww/en/wireless_connectivity/sensortag/index.shtml?DCMP=sensortag&HQS=sensortag-bn

- ❑ Services, Bluetooth Low Energy Portal

  http://developer.bluetooth.org/gatt/services/Pages/ServicesHome.aspx

- ❑ PebbleKit iOS Reference, getpebble.com

  http://developer.getpebble.com/iossdkref/index.html

# 第 14 章 通过安全服务巩固系统安全

对大多数开发人员来说，iOS 很可能是他们碰到的第一个真正采用最小权限安全模型的平台。大多数现代操作系统都会支持某种权限分离，允许不同进程运行在不同权限下，但现实中的应用并不理想。UNIX、OS X 以及 Windows 上的多数应用程序要么以当前用户运行，要么以管理员身份运行（几乎可以做任何事）。不管是 SELinux（Security Enhanced Linux，安全增强式 Linux）还是 Windows UAC（User Account Control，用户账户控制），这些对权限的进一步分离控制只会让开发人员反感。因此，针对 SELinux 最常见的问题不是如何针对它的安全机制更好地开发应用程序，而是如何将它关闭。

> 通过 App Store，尤其是 OS X 10.8，苹果将一些 iOS 上的最小权限原则搬到了桌面系统上。只有时间才能检验这种推广能否成功。

有过这样经历的开发人员肯定会在碰到 iOS 的安全模型时感到惊奇。苹果公司的做法是给开发人员最小的权限，着眼于开发人员不能做什么，而不是一开始就给开发人员最大的自由度。然后再额外提供最小权限以保证软件能在 iOS 平台上运行。这种做法使得开发人员非常受限，但同时也保证了 iOS 相对非常稳定，使其能够远离恶意软件的侵扰。苹果看样子是不打算改变这个立场了，所以理解和应对安全模型对于 iOS 开发来说至关重要。

本章将会介绍 iOS 安全模型相关的内容、深入探讨 iOS 提供的各种安全服务，并涵盖真正理解苹果安全文档所需的基础知识。阅读本章，你会进一步理解实际应用中证书和加密的工作方式，以便借助这些功能真正提高产品的安全性。

本章的代码可以从在线示例代码中获取。其中还有一个定位明确的工程 FileExplorer，可以用它来研究公开的文件系统。

## 14.1 理解 iOS 沙盒

iOS 安全模型的精髓在于沙盒（sandbox）。在安装应用时，系统会在文件系统中创建一个自己的主目录，而且仅对该应用可读。这导致不同应用之间共享信息很难，但与此同时，恶意软件或粗制滥造的软件要想获取或修改开发者的数据也不容易。

应用之间并不是通过标准的 UNIX 文件权限来区分的。所有应用都以同一 User ID 运行（501，mobile）。不过，对其他应用的主目录调用 stat 失败的原因是操作系统的限制。类似限制还会阻止应用访问/var/log，但允许访问/System/Library/Frameworks。

沙盒里有四个重要的顶级目录：.app 捆绑目录（.app bundle）、Documents、Library 和 tmp。尽管我们可以在沙盒中创建新目录，但 iTunes 如何处理它们并没有明确定义。推荐将所有内容都保存在某个顶级目录中。为了更好地组织，可以在 Library 下创建子目录。

.app 捆绑目录是 Xcode 最终构建出来并复制到设备上的包。其中所有内容都经过了数字签名，所以无法修改。尤其是其中还包含开发者的 Resources 目录。要修改作为捆绑安装的文件，需要先将它们复制到其他地方，通常是 Library 中。

Documents 目录存储用户可见数据，尤其是文字处理文档或绘图文件等，用户一般会为这类文件命名。如果打开 Info.plist 中的 UIFileSharingEnabled 选项，那么这些文件可以通过文件共享出现在桌面上。

Library 目录存储那些不能直接被用户看见的文件。大部分文件都应该放在 Library/Application Support 目录下。这些文件会自动备份，如果不想备份的话，可以使用 `NSURL setResourceValue:forKey:error:` 方法为文件加上 `NSURLIsExcludedFromBackupKey` 属性。

> 很难理解，苹果 iOS 5 在 `NSURL` 中增加 `setResourceValues:error:` 方法。`NSURL` 代表 URL，而不是位于该 URL 的资源。如果作为 `NSFileManager` 的一部分，该方法会更有意义。笔者已经在 Radar[①] 系统上提交了一份报告，希望最终能获得较好的一致性。

Library/Caches 目录很特殊，它不会被备份，但会在应用升级过程中保留。可以将不想复制到桌面上的大部分内容放在这里。

tmp 目录很特殊，它既不会被备份，也不会在应用升级过程中保留。所以它是存放临时文件的理想位置，一看名字就应该能猜到。系统可能会在程序不运行时删除程序 tmp 目录中的文件。

在考虑用户数据的安全性时，备份是非常重要的概念。用户可能会选择使用密码来加密 iTunes 备份。如果数据不应该以明文方式在桌面机器上存储，那就应该将其存储在钥匙串（keychain，参见 14.4 节）中。iTunes 只有在启用备份加密功能时才会备份钥匙串。

如果某些信息不想让用户看到，可以将它们存储到钥匙串中，或是 Library/Caches 目录下（该位置的内容不会备份）。但这只能起到微弱的保护，因为用户总能通过越狱来读取任何文件或钥匙串。目前还没有特别有效的办法阻止设备所有者从设备上读取数据。iOS 安全性旨在保护用户免受攻击，而不是限制用户访问应用本身。

## 14.2　保证网络通信的安全

许多系统最大的风险是它们的网络通信。攻击者并不需要访问设备，只要能够访问设备所在的网络就行了。危险区域通常包括咖啡馆、机场以及其他公共 Wi-Fi 接入区。开发者有责任保证用户信息的安全性，即使是在不安全的网络中。

最简单直接的解决办法是在网络通信中采用 HTTPS（Hypertext Transfer Protocol Secure，超文本

---

① 苹果的缺陷管理系统称为 Radar（https://bugreport.apple.com），所以本书中提到某个缺陷有时也用 Radar 指代。

传输安全协议）。许多 iOS 的网络 API 能够自动处理 HTTPS，而该协议能够避免很多简单的攻击。最简单的部署方式是在 Web 服务器上安装一个自签名证书，启用 HTTPS，然后对 `NSURLConnection` 进行配置以接受不受信任的证书。稍后我们就会讨论这方面的内容。采用 HTTPS 仍然可能遭受多种方式的攻击，但它易于部署且能应付多数基本攻击。

## 14.2.1　证书工作原理

但愿你以前接触过公开密钥-私用密钥基础设施（PKI）。本节会快速回顾该技术，然后探讨它对应用安全性的影响。

非对称密码学基于如下数学事实：可以找到两个很大的相关数字（分别称为 A 和 B），其中一个数字加密的内容可以用另外一个数字解密，反之亦然。密钥 A 不能解密密钥 A 加密的内容，密钥 B 也不能解密密钥 B 加密的内容，各自只能解密对方加密的数据（这部分数据称为密文）。密钥 A 与密钥 B 之间不存在本质的区别，只是为了公钥加密，将其中一个称为公开密钥（public key），简称公钥，一般所有人都可以知道；一个称为私用密钥（private key），简称私钥，这个不能公开。可以用公钥来加密数据，只有持有私钥的计算机才能解密。这是在公开密钥系统中广泛使用的一个重要属性。如果要证明某些实体（个人或机器）拥有配对的私钥，可以生成一个随机数，将它用该实体的公钥加密，然后发送给它。该实体会用私钥解密数据，然后将它发回。由于只有私钥才能解密该消息，跟你通信的实体肯定持有该私钥。

开发人员还可以使用该属性对数据进行数字签名。给定一些数据，可以先用一些知名的散列算法将其散列化，然后再用私钥将其加密。生成的密文就是签名。要验证该签名，用同样的算法再次散列化该数据，用公钥解密收到的签名，然后比较这两个散列值。如果一致，说明该签名是由持有私钥的实体创建的。

能访问私钥并不能证明该实体就是它声称的身份，所以我们需要回答两个问题。首先，该私钥是否足够安全？任何能够访问该私钥的人都能伪造签名。其次，你怎么知道自己拿到的公钥就是跟你通信的实体关联的那个？如果我在大街上碰到你，递给你一张名片说我是美国总统，你无法求证真假。我只是递给你一张名片。同理，如果服务器给你一个所谓的 www.apple.com 公钥，你会相信吗？这就是为什么证书链（certificate chain）会起作用，它跟这两个问题都有一定的关系。

证书是由公钥、证书相关的元数据（稍后会详细介绍）以及一系列其他证书的签名构成。大多数情况下，证书都存在一个简单的链，每个都会对其后面跟着的进行签名。在极少数情况下，单个证书可能会有多个签名。示例证书链如图 14-1 所示。

在本例中，服务器 daw.apple.com 代表一个包含自身公钥、经过 VeriSign 的中级证书（intermediate certificate）签名的证书，而中级证书又经过 VeriSign 的根证书（root certificate）签名。数学上，可以判断出每个证书的控制者都会签名链中的下一个证书，但我们为什么信任它们？我们信任它们是因为苹果信任 VeriSign 的根证书，它会对中级证书进行签名，而中级证书又会对苹果的证书进行签名。苹果会将 VeriSign 的根证书以及一百多个其他受信任根证书存放在每个 iOS 设备的受信任根证书仓库中。受信任根证书仓库（trusted root store）是一系列被认为值得信任的证书。我们将明确受信任的证书称为锚（anchor）。如果不信任苹果的受信任证书列表，开发者可以设置自己的锚。

这就引出了经常被误用的术语自签名证书（self-signed certificate）。出于密码学原因，每个证书都要包含一个来自自身的签名。只包含这个签名的证书称为自签名证书。通常，人们谈到自签名证书时，暗含"你不该信任这个证书"的意思。但 VeriSign 根证书就是一个自签名证书，而它是世界上最受信任的证书之一。从定义上看，每个根证书都是自签名证书。那它们之间究竟有什么不同？决定安全性的其实并不是证书链中的证书包含多少个签名，而是证书链中的私钥是否保护得足够安全，以及证书所有者的身份是否经过了认证。

图 14-1　daw.apple.com 的证书链

如果你生成了自己的自签名证书，并将私钥保管得足够好，那它甚至比 VeriSign 颁发给你的证书还要安全。这两种情况都需要自己保管私钥，而在后者中，还要考察 VeriSign 是否保管好了它的私钥。VeriSign 花了大量的人力物力来确保私钥的安全，但保管两个密钥远比保管单个密钥风险大。

这并不是说 VeriSign、DigiTrust 以及其他提供商颁发的商业证书不够好用，而是说你不能依赖商业证书来提高系统的安全性。获取商业证书只是为了省事儿，因为商业证书已经在根证书密钥仓库中了。但你要清楚，应用中的根证书密钥仓库是由开发者本人掌控的。结论有点让人吃惊：购买商业证书来加密应用和服务器之间的网络协议并不能提高安全性。

商业证书只对由浏览器或其他不可控软件访问的网站有用。自行生成证书并将公钥放到应用中甚至比使用商业证书还要安全。如果你已经为服务器购买了商业证书，那么直接使用该证书反倒更方便，但未必安全。这并不是说我们可以信任一个随机证书而省掉证书验证环节，而是说自己生成的证书要比商业证书更好用一些。

证书可以出现多种情况，比如是否损坏、是否有效、是否可信。这些属性的含义都不一样，要注意辨别。最重要的是证书是否损坏。证书损坏是指不符合 X.509 数据格式或签名计算得不正确。任何场合都不能使用损坏的证书，iOS 证书函数会一概自动拒绝。

> X.509是指最初由ITU-T（www.itu.int/ITU-T）定义的数据格式规范和语义。当前版本（v3）是在IETF RFC 5280（www.ietf.org/rfc/rfc5280.txt）中定义的。

## 14.2.2 检验证书的有效性

如果证书没有损坏，它就一定有效吗？证书包含有关其所含公钥的大量元数据。公钥只是一个很大的数字，自身并没有任何意义。正是元数据才赋予了这些数字实际含义。证书的有效性是指它所包含的元数据是一致的，并且适用于请求的用途。

元数据中最重要的部分是主题（subject）。对服务器来说，主题就是完全限定域名（Fully Qualified Domain Name，FQDN），比如 www.example.org。有效性测试的第一步是做名称匹配。如果你走进一家银行，跟柜台说你是"王宝强"，柜台人员可能会查看你的身份证以核实身份。如果你递过去的身份证上写的是"徐峥"，那么不管那个身份证有多么真实可信，柜台人员都不会认账。同理，如果你访问的网站域名是 www.example.org，而网站证书上写的是 www.badguy.com，那你应该拒绝该证书。不幸的是，事情往往没那么简单。

如果访问的是 example.org，而它的证书上显示的是 www.example.org 呢？应该接受该证书吗？许多人都会以为 example.org 和 www.example.org 指的是同一台服务器（实际上可能是同一台，也可能不是），但证书使用的却是简单的字符串匹配。如果字符串不匹配，那么证书就是无效的。有些服务器带的是主题类似*.example.org 的通配型证书，iOS 会接受这些证书；但有时候它仍可能会因为名称不匹配而拒绝你认为应该接受的证书。不幸的是，iOS 上处理起来并不容易，但好在还是能处理的。

决定是否接受一个证书的主要工具是 NSURLConnection 的委托方法 connection:willSend-RequestForAuthenticationChanllenge:。在该方法中，你要决定是否通过该服务器的认证，如果要通过，则需要提供凭据（credential）。下面这段代码能够连接到持有非损坏证书的任何服务器来进行认证，而不管证书是否有效或受信任：

```
- (void)connection:(NSURLConnection *)connection
  willSendRequestForAuthenticationChallenge:
  (NSURLAuthenticationChallenge *)challenge
{
  SecTrustRef trust = challenge.protectionSpace.serverTrust;
  NSURLCredential *cred;
  cred = [NSURLCredential credentialForTrust:trust];
  [challenge.sender useCredential:cred
      forAuthenticationChallenge:challenge];
}
```

这段代码先提取了 trust 对象（稍后讨论），然后为其创建了一个 Credential 对象。HTTPS 连接总会要求提供 Credential 对象，即便实际上并不需要将凭据传给服务器。

下面这个例子尝试连接 IP 地址为 72.14.204.113 的服务器，实际就是 encrypted.google.com。我们接收到的证书的主题为*.google.com，跟实际的并不匹配。字符串 72.14.204.113 里面也不包含.google.com。你决定接受主题名称中含有 google.com 的所有受信任证书。要编译下面这个例子，需要将 Security.framework 链接到你的工程中。

**ConnectionViewController.m （Connection）**

```
- (void)connection:(NSURLConnection *)connection
  willSendRequestForAuthenticationChallenge:
  (NSURLAuthenticationChallenge *)challenge
{
  NSURLProtectionSpace *protSpace = challenge.protectionSpace;
  SecTrustRef trust = protSpace.serverTrust;
  SecTrustResultType result = kSecTrustResultFatalTrustFailure;

  OSStatus status = SecTrustEvaluate(trust, &result);
  if (status == errSecSuccess &&
      result == kSecTrustResultRecoverableTrustFailure) {
    SecCertificateRef cert = SecTrustGetCertificateAtIndex(trust,
                                                           0);
    CFStringRef subject = SecCertificateCopySubjectSummary(cert);

    NSLog(@"Trying to access %@. Got %@.", protSpace.host, subject);
    CFRange range = CFStringFind(subject, CFSTR(".google.com"),
                                 kCFCompareAnchored|
                                 kCFCompareBackwards);
    if (range.location != kCFNotFound) {
      status = RNSecTrustEvaluateAsX509(trust, &result);
    }
    CFRelease(subject);
  }
  if (status == errSecSuccess) {
    switch (result) {
      case kSecTrustResultInvalid:
      case kSecTrustResultDeny:
      case kSecTrustResultFatalTrustFailure:
      case kSecTrustResultOtherError:
// 我们已经试过所有情况了:
      case kSecTrustResultRecoverableTrustFailure:
        NSLog(@"Failing due to result: %u", result);
        [challenge.sender cancelAuthenticationChallenge:challenge];
        break;

      case kSecTrustResultProceed:
      case kSecTrustResultUnspecified: {
        NSLog(@"Successing with result: %u", result);
        NSURLCredential *cred;
        cred = [NSURLCredential credentialForTrust:trust];
        [challenge.sender useCredential:cred
            forAuthenticationChallenge:challenge];
      }
      break;

      default:
        NSAssert(NO, @"Unexpected result from trust evaluation:%u",
                result);
        break;
    }
```

14

```
        }
        else {
            // 证书有问题
            NSLog(@"Complete failure with code: %lu", status);
            [challenge.sender cancelAuthenticationChallenge:challenge];
        }
    }
```

这个函数先接收一个 challenge 对象，然后提取出 trust 对象。我们通过测试 trust 对象（SecTrustEvaluate）得到了一个可恢复错误。通常，可恢复错误就是名称不匹配之类的问题。我们拿到了证书的主题名称，然后判断它是否"足够接近"（本例中，检查它是否包含.google.com）。如果能接受传过来的名称，就可以将它当做一个简单的 X.509 证书来重新测试，而不是作为 SSL 握手的一部分（这种情况在测试时会忽略主机名）。这是通过自定义函数 RNSecTrustEvaluateAsX509 进行的，如下所示。

```
        static OSStatus RNSecTrustEvaluateAsX509(SecTrustRef trust,
                                                 SecTrustResultType *result
                                                )
    {
        OSStatus status = errSecSuccess;

        SecPolicyRef policy = SecPolicyCreateBasicX509();
        SecTrustRef newTrust;
        CFIndex numberOfCerts = SecTrustGetCertificateCount(trust);
        NSMutableArray *certs = [NSMutableArray new];
        for (NSUInteger index = 0; index < numberOfCerts; ++index) {
            SecCertificateRef cert;
            cert = SecTrustGetCertificateAtIndex(trust, index);
            [certs addObject:(__bridge id)cert];
        }
        status = SecTrustCreateWithCertificates ((__bridge CFArrayRef)certs,
                                                 policy,
                                                 &newTrust);
        if (status == errSecSuccess) {
            status = SecTrustEvaluate(newTrust, result);
        }
        CFRelease(policy);
        CFRelease(newTrust);
        return status;
    }
```

这个函数会从 URL 加载系统创建的原始 trust 对象处复制所有的证书并创建一个新的 trust 对象。新 trust 对象使用更简单的 X.509 策略，只检查证书自身的有效性和可信度，而不会像原来的 SSL 策略一样检查主机名。

证书还有可能因为过期而无效。不幸的是，虽然可以使用 SecTrustSetVerifyDate 指定任何日期来重新测试该证书，但我们却无法找到一个简单、公开的办法来检验证书的有效日期。下面的私有方法用来检验有效期限：

```
        CFAbsoluteTime SecCertificateNotValidBefore(SecCertificateRef);
        CFAbsoluteTime SecCertificateNotValidAfter(SecCertificateRef);
```

跟所有私有方法一样，这些方法可能随时改变，也可能会被苹果拒绝接受。其他唯一的办法是解析该证书，将它用 SecCertificateCopyData 导出，然后再用 OpenSSL 解析。在 iOS 平台上构建和使用 OpenSSL 超出了本书的范围。你可以在 Web 上搜索 "OpenSSL iOS"，看看如何构建这种库。

测试 trust 对象后，最终结果会是 SecTrustResultType 中的某一个。其中下面这些结果代表证书 "正常" 或 "可能正常"。

- ❑ kSecTrustResultProceed 证书有效，用户明确接受它。
- ❑ kSecTrustResultUnspecified 证书有效，而用户未明确接受或拒绝。通常这种情况下开发人员接受就可以了。
- ❑ kSecTrustResultRecoverableTrustFailure 证书无效，但某种意义上开发人员可以接受它，比如名称不匹配、已过期或缺乏可信度（比如自签名证书）。

下面的返回结果说明该证书不能接受。

- ❑ kSecTrustResultDeny 该证书有效，但用户明确拒绝了。
- ❑ kSecTrustResultInvalid 验证过程无法完成，很有可能是因为开发人员自身代码中有问题。
- ❑ kSecTrustResultFatalTrustFailure 该证书有问题或已损坏。
- ❑ kSecTrustResultOtherError 验证过程无法完成，很有可能是苹果代码的问题，你应该从未见过这个错误。

## 14.2.3  判断证书的可信度

到目前为止，你已经了解了如何判断证书是否有效，但有效并不代表可以信任它。回到前面在银行中证明身份的例子，如果你出示钱柜的会员卡，柜台人员很有可能不会将它作为身份信息凭证。银行绝对不会相信 KTV 能够确保你就是自己声称的那个人。如果应用接收到的是由不明身份的认证机构签发的证书，它会面临同样的情况。

要想证书受信任，它必须由 trust 对象的锚证书（anchor certificate）列表中的某个证书签名。锚证书是指系统明确信任的那些证书。iOS 带有一百多份锚证书，主要来自企业和政府机构。一些占用的是全球命名空间，比如 VeriSign 和 DigiTrust；另一些占用的则是区域性的，比如 QuoVadis 和 Vaestorekisterikeskus。这些组织都通过复杂的审查过程，花费了大量的资金来进入根证书仓库，但这并不代表我们的应用就该信任它们。

如果证书是自行生成的，你可以将公钥嵌入到应用中，并配置 trust 对象使其只接受该证书或由它签发的证书。这样你不仅能在安全性方面拥有较大的自主权，还能节省一些费用。

在下面的例子中，我们来创建一个自签名的根证书。

(1) 打开 Keychain Access。

(2) 选择 Keychain Access 菜单→Certificate Assistant→Create a Certificate。

(3) 输入你想要的名字，将 Identity Type 设为 Self Signed Root，将 Certificate Type 设成 SSL Client，然后创建该证书。它会警告你说这是一个自签名证书。这正是我们进行这一串操作的目的，所以点击 Continue。新创建的证书会显示警告 "This root certificate is not trusted."（此证书尚未经过第三方验证）。

这很正常，因为它还没放到根钥匙串中。

(4) 回到 Keychain Access 窗口，选择 login keychain，然后选择 category Certificates。

(5) 找到刚创建的证书，然后将它拖到桌面上导出。该文件只包含公钥。默认情况下，钥匙串不会导出私钥。将这个公钥文件拖到你的 Xcode 工程中。

可以通过如下方式来测试收到的证书是由你的证书签名的：

```
SecTrustRef trust = ...; //要验证的trust对象
NSError *error;
NSString *path = [[NSBundle mainBundle] pathForResource:@"MyCert"
                                            ofType:@"cer"];
NSData *certData = [NSData dataWithContentsOfFile:path
                                    options:0
                                      error:&error];

SecCertificateRef certificate;
certificate = SecCertificateCreateWithData(NULL,
                        (__bridge CFDataRef)certData);
NSArray *certs = @[ (__bridge id)certificate ];
SecTrustSetAnchorCertificates(trust,
                        (__bridge CFArrayRef)certs);
CFRelease(certificate);
```

将证书从资源捆绑目录中加载到 NSData 中，转换成 SecCertificate，然后将其设为该 trust 对象的锚。这时 trust 对象只接受传给 SecTrustSetAnchorCertificates 的证书，并忽略系统的锚。如果二者都接受，可以用 SecTrustSetAnchorCertificatesOnly 来重新配置该 trust 对象。

通过这些技术，就可以在 connection:willSendRequestForAuthenticationChallenge: 方法中正确响应所有的证书，并控制要接受或拒绝哪些证书了。

## 14.3 使用文件保护

iOS 提供了硬件级的文件加密功能。标注为保护的文件会用一个设备专属密钥来加密，而该密钥则由用户的密码或 PIN（Personal Identification Number，个人识别码）来加密。在设备锁定十秒后，未加密的设备专属密钥就会从内存中移除。当用户解锁设备时，它会使用用户密码或 PIN 来再次解密设备专属密钥，然后用该密钥来解密文件。

这个方案中最薄弱的环节是用户密码。在 iPhone 上，用户几乎只用 4 位 PIN 码，这只能提供 1 万种组合（实际中使用的要少得多）。2011 年 5 月，ElcomSoft 有限公司做了个演示，它能在大约 20 到 40 分钟的时间内用穷举法破解 4 位 PIN 码。这种方案无法阻挡取证专家或盗窃设备的小偷，但可以有效防止只能接触设备几分钟的攻击者。在 iPad 上，输入真正的密码就方便多了，所以安全性跟笔记本上的文件加密无差别。

对开发人员来说，iOS 加密方案的细节并不重要。这个方案对希望在所有保存敏感信息的应用上带有加密功能的用户来说已经足够了。

可以通过 NSFileManager 或 NSData 设定所创建文件的保护配置。可用保护选项的名称略有差异，NSFileManager 是将用字符串来表示的属性应用到文件上，而 NSData 则在创建时使用数字选项，但含义是相同的。FileManager 常量都以 NSFileProtection...开头，而 NSData 常量则都

以 `NSDataWritingFileProtection...` 开头。

- ❏ `...None` 该文件未保护，可以随时读写。这是默认值。
- ❏ `...Complete` 采用此设置的所有文件都会在设备锁屏十秒后开启保护。这是最高级别的保护，也是最常使用的设置。采用此设置的文件可能在程序后台运行时无法使用。当设备解锁时，这些文件就不受保护了。
- ❏ `...CompleteUnlessOpen` 采用此设置的文件会在设备锁屏十秒后进入保护状态，除非它们处于打开状态（正在使用中）。该设置允许程序在后台运行时继续访问该文件。当文件关闭时，如果设备处于锁屏状态，那么文件也会受保护。
- ❏ `...CompleteUntilFirstUserAuthentication` 采用此设置的文件只在设备启动和用户首次解锁该设备时受保护。之后文件就不受保护了，直到设备重启。该设置允许应用在后台运行时打开已有文件。可以用 `...CompleteUnlessOpen` 来创建新文件，这比 None 选项要好，但应该尽可能避免使用，因为它提供的保护非常有限。

实施这种保护的最佳办法是针对你的 App ID 启用数据保护。在开发者门户的 Identifiers 部分，你可以为自己应用创建的所有文件配置默认的保护等级，如图 14-2 所示。

图 14-2　iOS App ID 设置

也可以使用文件级保护。要在文件保护模式打开的情况下创建新文件，需要将它先转换成一个 `NSData` 对象，然后使用 `writeToFile:options:error:` 方法。这种处理方式要比先创建文件然后再用 `NSFileManager` 设置它的保护属性更可取。

```
[data writeToFile:dataPath
        options:NSDataWritingFileProtectionComplete
          error:&writeError];
```

要在后台创建一个受保护文件，可以使用选项 `...CompleteUnlessOpen`。只要它处于打开状态，你就能在设备锁屏时读取文件内容。除非真的在后台，否则应该尽量避免使用这个选项。不确定是否在后台时，创建一个受保护文件的最简单办法如下所示：

```
[data  writeToFile: path
        options: NSDataWritingFileProtectionComplete
          error: &error] ||
```

```
[data  writeToFile: path
         options: NSDataWritingFileProtectionCompleteUnlessOpen
           error: &error];
```

如果要用这种处理方法，应用启动时要用一个函数来提高文件保护级别，如下所示：

```
-(void)upgradeFilesInDirectory:(NSString *)dir
                        error:(NSError **)error {
  NSFileManager *fm = [NSFileManager defaultManager];
  NSDirectoryEnumerator *dirEnum = [fm enumeratorAtPath:dir];
  for (NSString *path in dirEnum) {
    NSDictionary *attrs = [dirEnum fileAttributes];
    if (![[attrs objectForKey: NSFileProtectionKey]
       isEqual:NSFileProtectionComplete]) {
      attrs = @{NSFileProtectionKey: NSFileProtectionComplete};
      [fm setAttributes:attrs ofItemAtPath:path error:error];
    }
  }
}
```

如果应用需要知道受保护数据是否可用，可以从以下解决办法中任选一种。

❑ 在应用程序委托中实现方法 applicationProtectedDataWillBecomeUnavailable: 和 applicationProtectedDataDidBecomeAvailable:。

❑ 监测通知 UIApplicationProtectedDataWillBecomeUnavailable 和 UIApplication-ProtectedDataDidBecomeAvailable（这两个常量没有常见的 Notification 后缀）。

❑ 检查 [[UIApplication sharedApplication] protectedDataAvailable]。

对于只在前台运行的应用，文件保护非常容易。由于它实现简单，而且经过了硬件优化，所以除非实在没有办法，否则通常都应该对文件进行保护。如果应用是在后台运行的，那么你需要在实现文件保护时充分考虑一下具体怎么做，但仍然要确保对所有敏感信息都采取了保护。

## 14.4 使用钥匙串

文件保护用来保护数据，而钥匙串则用来保护秘密。在这里，秘密是指用来访问其他数据的一小段数据。最常见的秘密就是密码和私钥了。

钥匙串由操作系统保护，在设备锁定时会进行加密处理。实际上，它的工作原理跟文件保护很像。不幸的是，Keychain API 并不友好，所以许多开发人员为 Keychain API 做了一些包装。不过，笔者推荐使用的是 Justin Williams 的 SGKeychain（14.7 节列出了它的链接）。这是我在本节中介绍过底层数据结构后要讨论的部分。

钥匙串中有个条目称为 SecItem，但它是存储在 CFDictionary 中的。SecItemRef 类型并不存在。SecItem 有五类：通用密码、互联网密码、证书、密钥和身份。在大多数情况下，我们用到的都是通用密码。许多问题都是开发人员尝试用互联网密码造成的。互联网密码要复杂得多，而且相比之下优势寥寥无几，除非开发 Web 浏览器，否则没必要用它。SGKeychain 只使用通用密码，这也是我喜欢它的原因之一。iOS 应用很少将密钥和身份存储起来，所以我们在本书中不会讨论这方面的内容。只有公钥的证书通常应该存储在文件中，而不是钥匙串中。

　　钥匙串中的条目都有几个可搜索的属性和一个加密过的值。对于通用密码条目，比较重要的属性有账户（kSecAttrAccount）、服务（kSecAttrService）和标识符（kSecAttrGeneric）。而值通常是密码。

　　有了这个背景，现在我们可以看看如何使用 SGKeychain 了。设置密码很简单。

```
NSError *error;
if (! [SGKeychain setPassword:@"password"
                     username:@"bob"
                  serviceName:@"myservice"
             updatingExisting:YES
                        error:&error]) {
   // 处理错误
}
```

　　serviceName 可以是你喜欢的随意什么名称。它只有在你有多个服务时才有用。否则，将它设成任意字符串即可。

　　读取密码也很简单：

```
NSError *error;
NSString *password = [SGKeychain passwordForUsername:@"bob"
                                         serviceName:@"myservice"
                                               error:&error];
if (! password) {
   // 处理错误
}
```

　　向钥匙串中写数据和从钥匙串中读数据的成本都很高，所以我们不会这么频繁操作。钥匙串不适合用来存储经常改变的敏感数据。那类数据应该保存到加密文件中，可以参考 14.3 节的内容。

## 通过访问组来共享数据

　　iOS 的沙盒机制给应用套件带来了大麻烦。如果几个应用需要一起工作，那它们之间共享信息会很麻烦。当然，可以将数据保存在服务器上，但用户仍然需要为每个应用输入密码。

　　iOS 通过访问组提供了针对凭据共享的一个解决方案。每个钥匙串条目都会有一个与其关联的访问组标识符。默认情况下，访问组标识符也就是你的应用的标识符前缀（也称为你的"Bundle 种子"），后跟应用的 Bundle 标识符。举个例子，如果我的应用标识符的前缀是 ABCD123456，而我的应用标识符为 com.iosptl.AwesomeApp，我创建的任何未说明访问组的钥匙串条目都会有一个名为 ABCD123456.com.iosptl.AwesomeApp 的访问组。

　　要使用一个给定的访问组，应用的前缀必须跟应用组的匹配，而且你必须在 Entitlements 文件中包含该访问组。因为应用的前缀必须匹配，你可以将钥匙串数据只在由同一个证书签名的应用之间共享。

　　要在 Xcode 中对此进行配置，可以打开目标设置面板，在 Capabilities 部分，打开 Keychain Sharing 功能。然后添加一个新的访问组，如图 14-3 所示。

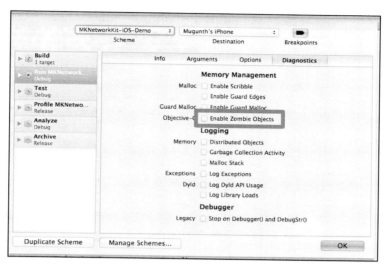

图 14-3　创建钥匙串共享组

　　这里 Xcode 会多少有点含糊不清。UI 上显示的访问组的 ID 是 net.robnapier.sharedStuff，但就跟我们刚说的一样，实际上访问组 ID 是$(AppIdentifierPrefix)net.robnapier.sharedStuff。你打开 Entitlements 文件就能发现这点。

　　创建时没有显式指定分组的钥匙串条目会继承默认的分组值，也就是前缀后跟应用标识符。所以如果你只是要列出钥匙串分组部分的所有应用标识符，你的应用可以读取彼此的条目，而你根本不需要通过访问组。这种处理方法很简单，但大多数情况下不建议这么做。问题在于这么处理的话，很容易生成重复的条目。如果两个应用创建了相同的用户名和服务，但使用的却是不同的访问组，那么你将得到两条记录。这可能会在你后面查找密码时带来出人意料的结果。

　　如果你计划共享访问组，建议你为这种用途单独创建一个显式访问组。SGKeychain 支持传递一个访问组标识符参数。不过，这里有个问题。你的访问组必须以应用标识符前缀开始，而在运行时你并没有简便的、可编程的办法来判定这个前缀是否合理。你可以在代码中将其写死，但这种处理方式并不优雅。

　　在运行时判断应用前缀（也称为 bundle 种子 ID）的一个办法是创建一个钥匙串条目，然后检查它分配了哪个访问组。David H（http://stackoverflow.com/q/11726672/97337）编写的以下代码演示了这种技术：

```
- (NSString *)bundleSeedID {
  NSDictionary *query = @{
                (__bridge id)kSecClass : (__bridge id)kSecClassGenericPassword,
                (__bridge id)kSecAttrAccount : @"bundleSeedIDQuery",
                (__bridge id)kSecAttrService : @"",
                (__bridge id)kSecReturnAttributes : (id)kCFBooleanTrue
                };
  CFDictionaryRef result = nil;
  OSStatus status = SecItemCopyMatching((__bridge CFTypeRef)query,
                                (CFTypeRef *)&result);
```

```
  if (status == errSecItemNotFound) {
    status = SecItemAdd((__bridge CFTypeRef)query, (CFTypeRef *)&result);
  }
  if (status != errSecSuccess) {
    return nil;
  }
  NSString *accessGroup = CFDictionaryGetValue(result, kSecAttrAccessGroup);
  NSArray *components = [accessGroup componentsSeparatedByString:@"."];
  NSString *bundleSeedID = components[0];
  CFRelease(result);
  return bundleSeedID;
}
```

使用这种技术，你就可以用如下方式访问共享钥匙串条目了：

```
NSString *accessGroup = [NSString stringWithFormat:@"%@.%@",
                         [self bundleSeedID], kSharedKeychainName];
  [SGKeychain setPassword:password
              username:username
           serviceName:service
           accessGroup:accessGroup
        updateExisting:YES
                 error:&error];
```

# 14.5　使用加密

很多时候，iOS 能够满足你所有加密方面的需求。它会自动为网络连接加密和解密 HTTPS，自动使用文件保护来管理加密文件。如果你有证书要处理，`SecKeyEncrypt` 和 `SecKeyDecrypt` 能够帮你处理非对称加密（公钥/私钥）。

但简单的使用密码的对称加密呢？iOS 对此也有很好的支持，但文档很少。可参考的文档在 /usr/include/CommonCrypto 下。阅读该文档需要懂一点密码学的基础知识，文档中也没有对常见错误给出提醒。很不幸，这造成了互联网上大量糟糕的 AES 代码示例。为了修正这个问题，我基于 CommonCrypto 开发了一个简单易用的加密库 RNCryptor。本节会讨论 RNCryptor 如何工作以及为何如此设计。这样你就能自信地修改 RNCryptor 以满足你的需要或是构建自己的解决方案。如果你想要一个预构建好的解决方案，跳过本节内容，直接去看 RNCryptor 的文档吧。可以在 http://github.com/rnapier/RNCryptor 中找到 RNCryptor 的源码。

> 本节中，我们故意未提供任何跟加密解密相关的代码示例。错误地复制密码学相关代码是安全错误的主要原因。下面一节将会介绍正确使用密码学所需要的基础理论。大多数用户只需要使用 RNCryptor 即可，无需编写自己的 CommonCrypto 调用。编写加密解密代码时的小失误往往会导致你的安全方案溃于蚁穴。

14

在理解本节介绍的内容之前，你先不要从网上复制 CommonCrypto 的示例代码。对于需要设计自己的加密解密格式的读者，本节内容可以帮你理解设计过程中用到的基础知识。看完本节内容后，你就可以将 CommonCrypto 文档和 RNCryptor 作为你开发自己代码的例子。

## 14.5.1　AES概要

AES（Advanced Encryption Standard，高级加密标准）是一种对称加密算法。给定一个密钥，它能够将普通文本（plaintext）转换成密文（ciphertext）。它会用同一个密钥来将密文还原回普通文本。它原本叫做 Rijndael 加密法，2001 年被美国政府定为政府加密标准。

这个算法非常棒。除非你需要其他算法来跟现有系统保持兼容，否则应该首选使用 AES 来进行对称加密。它已经过世界上最优秀的破译专家的严格审查，而且在 iOS 设备上支持硬件优化，所以运行起来速度非常快。

AES 提供了三种密钥长度：128 位、192 位和 256 位。每种长度的算法会略有差异。除非你有特别的需要，推荐使用 AES-128。它在安全性和性能之间有很好的平衡，也考虑到了时间性能和电池消耗。

在内部实现上，AES 只是一个接收固定长度密钥和 16 字节大小的分组，然后生成另外一个不同的 16 字节大小的分组的数学函数。什么意思呢？下面详细解释一下。

❑ AES 使用固定长度的密钥，而不是变长密码。你必须将密码转换成密钥才能在 AES 中使用它们。这一点会在下一节介绍。

❑ AES 只能将 16 字节大小的分组转换成另外一个 16 字节大小的分组。为了处理那些并不一定是 16 字节大小的普通文本，必须在 AES 之外使用其他一些机制。有关 AES 如何处理非 16 字节大小数据的信息，可以参考 14.5.3 和 14.5.4 节的内容。

❑ 每个可能的 16 字节大小的分组都有可能是合法的普通文本或密文。也就是说，AES 没有提供认证机制来处理对密文的意外或故意损坏。有关如何为 AES 添加差错检测的内容可以参考 14.5.5 节。

❑ 每个可能的密钥都可以应用到每个可能的数据分组上。这意味着 AES 没有提供任何机制来检测密钥是否正确。有关这个问题，可以参考 14.5.6 节。

❑ 尽管 AES 支持三种长度的密钥，但它的分组大小只有一个。有时这会给理解常量 kCCBlockSizeAES128 带来困扰。这个常量中的 128 是指分组大小，而不是密钥长度。所以在使用 AES-192 或 AES-256 时，仍然要将 kCCBlockSizeAES128 作为分组大小传过去。

## 14.5.2　使用PBKDF2 将密码转换成密钥

密钥（key）跟密码（password）不能混淆。密钥是用来加密解密数据的一个很大的数字。一个加密系统中所有可能的密钥称作密钥空间（key space）。而密码是由用户输入的。含有空格的长密码有时也叫做密码短句（passphrase），但为了方便表达，我们统一用"密码"来指代二者。

如果将密码用作 AES 密钥，那就大大地减少了可用密钥的总数。如果用户使用标准键盘上的 94 个字符生成了一个 16 字符的随机密码，那么密钥空间就只有大约 104 位，大概是完整 AES 密钥空间的千万分之一。真实用户选择密码的字符集要更小。更糟糕的是，如果用户选用了多于 16 字节的密码（16 个单字节字符或 8 个双字节字符），在使用 AES-128 时你就得丢掉其中一部分。显然，直接将密码作为密钥的方法并不恰当。

需要一个办法来将密码转换成可用的密钥，以尽可能阻止攻击者搜索可能的密码。解决办法是基于密码的密钥生成功能（Password-Based Key Derivation Function，PBKDF）。这里，你要用 PBKDF2，它是由 RSA 实验室的公钥加密标准（Public-Key Cryptography Standards，PKCS）#5 定义的。你不需要知道 PBKDF2 或 PCKS #5 的细节，但一定要记住这些名称，因为可能会在文档中碰到。而其中最重要的就是 PBKDF2 能将密码转换成密钥。

使用 PBKDF2 之前首先要生成一个很大的随机数（一般称为 salt 或者盐），标准推荐至少要达到 64 位。盐和密码一起搭配使用来阻止相同密码生成相同的密钥。然后要循环执行 PBKDF2 函数若干次，最终的数据就是你的密钥。这个过程称为扩展（stretching）。要解密数据，需要保留盐和循环执行的次数。通常，盐会和加密数据一起保存，而循环次数则是源代码中的一个常量，不过也可以将循环次数和加密数据保存到一起。

这里关键的是盐、循环次数以及最终的密文都是公开的信息。只有密钥和最开始的密码是保密的。

生成盐很容易，它不过是个很大的随机数而已。你可以用 `randomDataOfLength:` 等方法来生成，比如：

#### RNCryptor.m（RNCryptor）

```
const NSUInteger kPBKDFSaltSize = 8;

+ (NSData *)randomDataOfLength:(size_t)length {
  NSMutableData *data = [NSMutableData dataWithLength:length];

  int result = SecRandomCopyBytes(kSecRandomDefault,
                                  length,
                                  data.mutableBytes);
  NSAssert(result == 0, @"Unable to generate random bytes: %d",
           errno);
  return data;
}
...
NSData *salt = [self randomDataOfLength:kPBKDFSaltSize];
```

最初，标准要求调用 1000 次 PBKDF2，但随着 CPU 速度的加快，这个值提高了。推荐在 iPhone 4 上用 10 000 到 100 000 次循环，在目前的 Macbook Pro 上用 50 000 到 500 000 次循环。使用大数字的原因是它能够拖慢穷举法攻破的速度。攻击者通常会使用密码而不是直接用 AES 密钥进行攻击，因为实际使用中的密码的数目要小很多。要调用 10 000 次 PBKDF2 函数，攻击者在 iPhone 4 上的每次尝试至少耗时 80 ms。对一个 4 位的 PIN 码来说，总共就要花 13 分钟。即使是普通密码，也要用长达数月甚至数年时间才能破解。而生成密钥时消耗的额外 80 ms 基本上微不足道。iPhone 上进行 10 000 次循环也就是在生成密钥的基础上多消耗了 1 秒左右。如果破解密码是在桌面系统上进行的，即使密码非常弱，这样也能提供更好的保护。

PBKDF2 需要一个伪随机函数（pseudorandom function，PRF）。这个函数用来生成很长的统计上随机的一系列数。iOS 支持各种大小的 SHA-1 和 SHA-2。SHA256 通常会是倾向的选择，它是特定大小的 SHA-2。

> 出于历史兼容性的考虑，RNCryptor 将 SHA-1 作为它的 PRF。将来可能会改成 SHA256。

幸好使用 PBKDF2 要比解释起来简单得多。下面的方法会接受一个密码字符串以及盐数据，然后会返回一个 AES 密钥。

**RNCryptor.m（RNCryptor）**

```
+ (NSData *)keyForPassword:(NSString *)password salt:(NSData *)salt
                settings:(RNCryptorKeyDerivationSettings)keySettings
{
  NSMutableData *derivedKey = [NSMutableData
                        dataWithLength:keySettings.keySize];
  size_t passwordLength = [password
                    lengthOfBytesUsingEncoding:NSUTF8StringEncoding];
  int result = CCKeyDerivationPBKDF(keySettings.PBKDFAlgorithm,
                                password.UTF8String,
                                password.length,
                                salt.bytes,
                                salt.length,
                                keySettings.PRF,
                                keySettings.rounds,
                                derivedKey.mutableBytes,
                                derivedKey.length);
  // 不记录密码
  NSAssert(result == kCCSuccess,
    @"Unable to create AES key for password: %d", result);

  return derivedKey;
}
```

盐和循环次数必须和密文存储在一起。

## 14.5.3　AES模式和填充

AES 是分组加密，也就是说它是对固定大小的分组数据进行处理。AES 每次处理的是 128 位（16 字节）的输入。不过，大多数要加密的数据都不是 16 字节长。为了解决这个问题，需要选择合适的模式。

模式是用来将数据分组串起来从而使得任意数据都能加密的算法。模式适用于任何分组加密算法，包括 AES。

> 如果你不想了解 AES 模式的细节，那就相信我：对 iOS 设备而言是 CBC 以及 PKCS #7 填充。你可以直接跳到 14.5.4 节。

最简单的模式是电子密码本（Electronic Codebook，ECB）。但千万不要在 iOS 应用中使用该模式。ECB 适用于需要加密大量随机分组的情况。这种情况非常少见，在 iOS 应用中你甚至都不用考虑它。ECB 会接收每个分组，然后将分组密码（AES）应用到分组上，然后输出结果。它非常不安全，其间题在于，如果两个普通文本分组一样，生成的密文就会完全相同。这会泄漏原始普通文本中的很多信息，会受到多种攻击的威胁。所以千万不要使用 ECB 模式。

最常见的分组加密模式是密码分组链模式（Cipher Block Chaining，CBC）。每个分组的密文都会同未加密的下一个普通文本分组进行异或运算。这个模式非常简单，但在解决 ECB 无法解决的问题时非常有效。它的问题主要有两个：加密过程无法并行，普通文本必须是分组大小（16 字节）的整数倍。并行加密不是 iOS 平台上的主要问题。iPhone 和 iPad 是在专门的硬件上进行 AES 加密的，没有冗余的硬件来实现并行操作。而分组大小则可以通过填充（padding）来解决。

填充的作用是在加密前将普通文本的长度扩展到需要的长度。关键在于填充的数据能够在解密后正确地移除。实现方法有好几种，但 iOS 只支持一种叫 PKCS #7 的填充方式。这种方式由选项 kCCOptionPKCS7Padding 来定义。在 PKCS #7 填充方式中，加密系统会在源数据后面追加 $n$ 个值为 $n$ 的字节。如果你最后一个分组是 15 个字节，它会追加一个值为 0x01 的字节。如果最后一个分组是 14 个字节，它会追加两个值为 0x02 的字节。在解密后，系统会查看最后一字节的值，然后移除相应数量的填充字节。它还会执行差错检查，以确保最后的 $n$ 个字节的值都为 $n$。这么做的含义将在 14.5.6 节具体讨论。

还有一个特例是数据刚好跟分组长度匹配。为了便于分清这种情况，PKCS #7 会在其后追加整个分组的 0x10。

PKCS #7 填充意味着密文最多可能比原始普通文本多一个分组。这在多数情况下没什么问题，但在有些情况下会带来一些麻烦。为此，你可能要想办法让密文刚好跟原始普通文本占据同样大的存储空间。有一种称作密文盗用（ciphertext stealing）的方法跟 CBC 兼容，但 iOS 上只支持 CBC。

CBC 是最常用的加密模式，因此最方便跟其他系统交换数据。除非你有充足的理由使用其他模式，否则就使用 CBC 好了。这也是苹果安全团队推荐的模式，理由前面讨论过了。

如果你面临的情况无法使用填充，推荐使用密码反馈（Cipher Feedback，CFB）模式。它没有 CBC 得到的支持广泛，但用起来也还方便，而且不需要做填充。输出反馈（Output Feedback，OFB）模式也不错，原因差不多。这二者没有孰优孰劣之分。

如果你需要避免初始化向量的开销，计数器（Counter，CTR）模式会比较有用，但很容易被不安全地使用。14.5.4 节将具体讨论何时使用 CTR 以及如何使用 CTR。

XTS 是针对随机访问数据的一个特定模式，尤其是在加密的文件系统上。我没有充足的理由推荐它，但 Mac 上的 FileVault 在使用它，可以看出苹果比较中意它。

iOS 上提供的所有模式都是不做认证的，也就是说修改密文不会产生错误。大多数情况下，这么做只会改变最终生成的普通文本。知道加密文档中一部分内容的攻击者可能会按预期的方式不用密码就修改文件的内容。有一些加密模式（称为认证加密模式，Authenticated Mode）可以阻止这种情况的发生，但 iOS 完全不支持。更多信息可以参考 14.5.5 节。

这么多加密方式叫人有点难以抉择，但对于大多数情况最常用的解决方案就是最好的：PKCS #7 填充的 CBC。如果填充不适用于你的情况，我推荐你使用 CFB。

## 14.5.4　初始化向量

如前所述，在链模式如 CBC 中，每个分组都会影响下一个分组的加密。这是为了保证两个相同的普通文本分组不会生成相同的密文分组。

14

第一个分组是个特例，因为它前面再没有其他的分组了。链模式允许你定义一个额外的称为初始化向量（Initialization Vector，IV）的分组来开始这个链。这通常会被标成可选的，但你总是需要提供一个。否则，它会用一个全是 0 的分组，那样会让你的数据容易受到特定攻击的侵害。

跟盐一样，IV 只是你跟密文保存到一起、解密时使用的一系列随机字节。

```
iv = [self randomDataOfLength:kAlgorithmIVSize];
```

然后你可以将这个 IV 跟密文存储到一起，在解密时再使用。在有些情况下，增加这个 IV 会造成无法接受的开销，尤其是在高性能网络协议和磁盘加密中。那种情况下，你仍然不能用固定的 IV（比如 NULL）。你必须选用一个不需要随机 IV 的模式。计数器模式（CTR）使用的是随机数 nonce，而不是 IV。nonce 相当于可预测的 IV。CBC 之类的链模式要求 IV 是随机的，而基于 nonce 的模式要求 nonce 是唯一的。这个需求非常重要。在计数器模式中给定的 nonce/密钥对绝对不允许再次使用。这点通常是通过让 nonce 成为从 0 开始单调增长的计数器来实现的。如果 nonce 计数器需要重置，那么密钥也必须改变。

> WEP 无线安全协议是允许重用 nonce/密钥对的为人熟知的协议。这也是为什么 WEP 容易被攻击者破解的原因。

nonce 的优势在于它不必像 IV 一样必须跟密文存储在一起。如果通信会话在建立的时候随机选用了一个密钥，那么通信双方都可以用当前的消息序号作为 nonce。只要消息的序号不超过可能的最大的 nonce，这种方法就是一种有效的通信方式。

nonce 对唯一性的要求实现起来通常要比直觉更难。如果随机数生成器不够随机，即使是在很大的一个 nonce 空间随机选用一个 nonce 可能也不够用。使用不唯一的 nonce 的基于 nonce 的模式则完全不安全。换句话说，如果 IV 被重复使用了的话，基于 IV 的模式也不够安全，但也不是彻底不能用。

在多数的 iOS 应用中，正确的解决方案是采用 PKCS #7 填充的 CBC 和跟数据一起发送的随机 IV。

## 14.5.5　使用HMAC进行认证

到目前为止，我们讨论的模式都没法防止对数据的意外或恶意修改。AES 没有提供任何认证机制。如果攻击者知道某个特定字符串会出现在数据中的特定位置，他就可以将那段数据修改成同等大小的其他数据。比如可以将"￥100"改成"￥500"，也可以将"bob@example.com"改成"sue@example.com"。

许多分组加密模式都提供了认证机制。不过可惜的是，iOS 都不支持。要认证数据，你得自己来做。最好的方式是向数据中添加认证码（Authentication Code）。iOS 上最好的办法是使用基于散列的消息认证码（Hash-based Message Authentication Code，HMAC）。

每个 HMAC 都会有它自己的密钥，就跟加密一样。如果你用的是密码，可以通过 PBKDF2 用另外一个盐生成 HMAC 密钥。如果你用的是随机加密密钥，也要生成一个随机的 HMAC 密钥。如果你用的是盐，就要像加密盐一样，将 HMAC 盐和密文放到一起。更多信息请参考 14.5.2 节。

由于 HMAC 可以对任何信息进行散列化，它可以针对原始普通文本或密文来进行计算。最好是先进行加密，然后再针对密文生成 HMAC。这样你就能在解密前先对数据进行验证，也能用来防范特定的攻击。

实际使用中,实现 HMAC 的代码跟加密部分的代码非常类似。要么将所有的密文传给单个 HMAC 调用,要么就针对多个密文分组多次调用 HMAC 函数。

### 14.5.6　错误的密码

缺乏认证导致人们普遍有一个误解。当你传过来的是错误的密钥(或错误的密码)时,AES 是无法直接检测到的。使用 AES 的系统通常看起来像是检测到了,但实际上只是碰巧而已。

许多 AES 系统使用 CBC 加密和 PKCS #7。如 14.5.3 节中介绍的,PKCS #7 填充方案会在原始普通文本的结尾增加一个可预测的模块。在解密时,填充会提供差错检测机制。如果普通文本没有以合法的填充值结尾,解密器会返回一个错误。但如果最后解密的字节碰巧是 0x01,这样看上去就像是合法的填充,你无法检测错误的密码。对于未采用填充的系统(比如 CFB 或 CTR),即使这项检查也是不可能的。

如果你使用的是密码,而且是通过 PBKDF2 生成加密密钥和 HMAC 密钥的,HMAC 会提供密码验证功能。由于 HMAC 密钥是基于密码的,而那个密码又是错的,那么 HMAC 就会验证出它是无效的了。但如果你用的是随机加密密钥和随机 HMAC 密钥,则仍然不可能检测出错误的密码。

某种意义上说,这是一项安全特性。如果攻击者不能轻松地检测出密码是否正确,就很难进一步破解了。几乎所有你要报告错误密码的情况,都是由于你用了 PBKDF2。HMAC 可以解决这个问题。否则,你可能需要在普通文本内增加差错检测来确保没有问题。

注意,即使用了 HMAC,也不可能轻松地识别损坏的密文和错误的密码。检查错误密码的最佳途径是用普通文本来对一些已知数据进行加密。确保你这里用的是其他的 IV,或是在加密前将已知数据追加到普通文本之前。在解密过程中,你可以通过检查已知数据是否正确解密来确定该密码是正确的。

### 14.5.7　组合使用加密和压缩

有时候,加密数据前先压缩一下数据挺好的。这么做理论上能够提高安全性,但通常来说它只能让数据更小。重要的是要记住必须在加密前压缩,不能压缩加密过的数据。如果你能把加密过的数据压缩得很小,那就意味着密文中有重复的片段,而这又说明加密算法不够强大。大多数情况下,加密后再压缩生成的输出要比原始普通文本数据还要大。

## 14.6　小结

iOS 提供了丰富的安全框架,使得保证用户数据安全可以很容易实现。本章演示了如何加密网络通信、文件和密码。你也学习了如何正确验证证书,以保证应用只跟受信任的数据源通信。加强应用的安全性需要额外若干行代码,不过通过本章的示例来掌握基础知识并不难。

## 14.7　扩展阅读

#### 1. 苹果文档

下面的文档位于 iOS Developer Library(https://developer.apple.com/library/ios/navigation/index.html)中,通过 Xcode Documentation and API Reference 也可以找到。

❑ *Certificate, Key, and Trust Services Programming Guide*
❑ *Secure Coding Guide (/usr/lib/CommonCrypto)*

## 2. WWDC 讲座

下面的讲座视频可以在http://developer.apple.com上找到。

❑ WWDC 2011，"Session 208: Securing iOS Applications"
❑ WWDC 2012，"Session 704: The Security Framework"
❑ WWDC 2012，"Session 714: Protecting the User's Data"

## 3. 其他资源

❑ Aleph One：*Phrack, Volume 7, Issue Forty-Nine*，"Smashing The Stack For Fun And Profit"（1996）。15 年过去了，这仍然是到目前为止最好的带有示例的介绍缓冲区溢出的资料。

　　http://www.phrack.org/issues.html?issue=49&id=14#article

❑ Boneh, Dan：斯坦福"Cryptography"课程。这门免费课程资源是我目前见过的最好的介绍加密学的课程。它的内容并不简单，你会学到加密系统背后的数学知识，以及如何正确（或错误）地使用它们。该课程还讲解了如何考证系统的安全性，以及如何通过数学推导来证明有关的安全定理。这门课更侧重数学演算而不是计算机编程。强烈推荐！但要学进去也不容易啊，这是两个六周的课程。

　　https://www.coursera.org/course/crypto

❑ Napier, Rob："RNCryptor"。这是我为 AES 加密开发的基于 CommonCryptor 的框架，目的是简化 AES 的正确使用，它实现了本章讨论的所有功能。

　　https://github.com/rnapier/RNCryptor

❑ Schneier, Bruce：《应用密码学》（机械工业出版社，2000 年）。对密码学内部原理感兴趣的读者可以看看这本书。主要的问题是读了该书后，你可能会以为自己都能写出一个密码学的实现了，但实际上你依然不会。阅读该书时，可以将其当做一本优秀的密码学入门书，不过内容稍微有点过时了。读完后，你应该将其放下，然后使用一个完备的实现。

❑ Williams, Justin."SGKeychain."这是我目前推荐使用的访问钥匙链的方法。

　　https://github.com/secondgear/SGKeychain

14

# 第 15 章

# 在多个苹果平台和设备及 64 位体系结构上运行应用

iOS SDK 是在 2008 年 2 月正式对外发布的。那时，只有两个设备使用它：iPhone 和 iPod touch。自那开始，苹果就一直积极地推陈出新。2010 年，苹果家族再添新丁——iPad。同年，另外一款运行 iOS 的新设备 Apple TV 面世。谁知道未来又会发生什么大事件——苹果可能会发布一个针对 Apple TV 开发的 SDK，甚至还会在 Apple TV 上运行由 iPhone 和 iPod touch 控制的游戏。

每年，SDK 都会有新版本问世，同时至少有两三种新设备更新，这些新设备往往都搭载了额外的传感器。iPhone 3G 首次搭载了 GPS 传感器；iPhone 3GS 首次搭载了磁力仪（更常见的叫法是指南针），用来指明地磁北极的方向；而 iPhone 4 则首次搭载了陀螺仪（用在仿真游戏中）。之后面世的 iPad 使用全新的 UI，屏幕要比 iPhone 大得多，但没有摄像头。第二代 iPad（iPad 2）加入了一对摄像头（包括前置摄像头）。iPad 2 则又被 new iPad 替代，后者配置了质量更高的摄像头，并加入了许多新功能，比如人脸识别和视频防抖。最近，苹果发布了 iPhone 5s，它运行在 64 位的体系结构上。本章后面会介绍如何规划和实施向 64 位体系结构迁移。

类似地，每个版本的 SDK 都带有一些强大的新功能：iOS 3 中的应用内购买（In App Purchase）、推送通知服务（Push Notification Service）、Core Data 以及 MapKit 支持；iOS 4 中的多任务、块以及 Grand Central Dispatch；iOS 5 中的 iCloud、Twitter 集成以及 Storyboard；iOS 6 中的 PassKit；iOS 7 中的 64 位架构，等等。使用这些功能时，你要考虑为使用早期操作系统版本的用户提供向后兼容性。不过请记住，如果你使用较新版本 SDK 中的某个功能，要么必须忽略那些使用早期版本系统的用户（不是好主意），要么编写能兼顾这两类用户的代码（为早期系统用户提供类似的功能，或者提醒他们额外功能在新版本的操作系统上才能使用）。

作为开发人员，你需要知道如何编写能方便地跨设备（已知的或未知的）和平台的代码。为此，依靠 Cocoa 框架的 API 来检测兼容性，要比编写假设给定硬件上具备特定传感器的代码更容易。简单地说，开发人员需要避免根据设备型号字符串来推测硬件兼容性。

本章将会介绍一些策略，帮助你使用 Cocoa 框架提供的各种 API，编写能够方便地跨平台和设备的代码。你还会了解如何改写代码来支持新的、机身更长的 iPhone 5，以及 iPhone 5s 新的 64 位架构。本章将会编写 UIDevice 类的一个分类扩展，然后增加一些方法检查框架中还没有公开的特性。

# 15.1　开发多平台应用

iOS 2.0 首次公开发布了 SDK，7.0 是开发者能够使用的第六代版本。与竞争平台相比，iOS 的一个重要优势就在于，用户不必等运营商"批准"其操作系统更新，由于这些更新是免费的，大约 75%以上的用户会在一个月内升级到操作系统的最新版本。对 iOS 开发人员来说，只支持两个最新版本的 SDK 通常就够了。也就是说，在 2012 年年末，我们最早支持到 iOS 5 和 iOS 6 就可以了。但在 2013 年年初，大部分人就只支持 iOS 6 了（iOS 5 大约只占 10%的设备量）。在写作本文也就是 2013 年 9 月时，iOS 7 在全面分发后四天内更新率就已经达到了 60%。对于从头开始开发新应用的开发者，我的建议是彻底忽略 iOS 6 吧。如果你现有的应用支持 iOS 6，那你可以再同时支持 iOS 6 和 iOS 7 若干个月。

iOS 7 自身就是全新的，跟 iOS 6 的差别很大。从 iOS 6 开始支持和迁移代码库的过程并不像以前那样简单明了。你会在 15.5 节中了解如何向 iOS 7 迁移（同时还继续支持 iOS 6）。

## 15.1.1　可配置的目标设置：Base SDK和Deployment Target

要定制应用可使用的功能以及可运行的设备和操作系统版本，Xcode 为你构建的目标平台提供了两个可配置的设置：第一个是 Base SDK，第二个是 iOS 的 Deployment Target。

### 1. 配置 Base SDK 设置

第一个可配置的设置称作 Base SDK。可以通过编辑目标来配置该设置。操作如下：

(1) 打开工程，然后选择工程导航面板上的工程文件；

(2) 在编辑器面板上选择 TARGETS，再选择 Build Settings 选项卡，Base SDK 设置通常是这里的第三个选项，但在这个面板上寻找设置的最简单办法是在搜索条中搜索。

可以将值改为"Latest iOS SDK"或者是开发机器上安装的任意版本的 SDK。Base SDK 设置会引导编译器使用该版本的 SDK 编译和构建应用，也就是说，它会直接控制应用使用哪些 API。默认情况下，Xcode 中创建的新工程总是使用最新版本的 SDK，而苹果会处理 API 的废弃。除非你有充分的理由，否则你应该使用这个默认值。

### 2. 配置 Deployment Target 设置

第二项设置是 Deployment Target，它控制着运行应用需要的最低操作系统版本。如果你将它设成了特定版本，比如 6.0，App Store 会自动阻止运行早期操作系统的用户下载或安装这个应用。可以在设置 Base SDK 所在的 Build Settings 选项卡中设置 Deployment Target。

如果你使用 iOS 7 SDK 中可用的功能，又想支持早期版本，可以将 Base SDK 设置为最新的 SDK（iOS 7），而将 Deployment Target 至少设置为 iOS 6。不过，如果你的应用运行在 iOS 6 设备上，一些框架和功能可能不能用。开发人员的职责就是让其应用适应这种情况，能够正确工作而不会崩溃。

## 15.1.2　支持多个SDK时的注意事项：框架、类和方法

在支持多个 SDK 时，需要处理三种情况：框架、类和方法。在下面几节中，你会了解解决这个问题的途径。

### 1. 框架的可用性

有时新的 SDK 会增加一个完整的新框架，也就是说整个框架在较早版本的操作系统上不可用。

例如 iOS 7 中的 `GameController.framework`，这个框架只对运行 iOS 7 及以上的设备可用。这里有两种选择：要么将部署目标设为 iOS 7，只为运行 iOS 7 及以上版本的用户构建应用；要么检查给定框架在用户的操作系统上是否可用，并隐藏调用该框架的 UI 元素。很明显，第二种选择比较理想。

对于某个早期版本操作系统中不可用的框架，如果使用了在其中定义的符号，那应用就没法加载。为了避免这种情况而选择性地加载框架，必须采用弱链接（weak-link）。要弱链接某个框架，可以打开工程设置编辑器里的目标设置页面，然后打开 Build Phases 选项卡，展开第四部分（Link Binary With Libraries）内容。你会看到当前链接到目标的一系列框架。如果没有修改这里的设置，默认情况下所有的框架都会设成 Required。点击 Required 组合框，然后将它修改为 Optional。这样就会弱链接该框架了。

弱链接框架时，缺失的符号会自动变成空指针，可以通过检查这个空指针来启用或禁用 UI 元素。

iOS 7 上的 `GameController.framework` 就属于这种情况。当使用内建的 GameController 框架来存储用户的优惠券时，可以对它采用弱链接，然后执行运行时检查，看它是否可用。如果不可用，就必须实现自定义方法来模拟该功能。

> 在链接一个只有较新版本的 SDK 提供的框架时，如果你仍然将该应用的部署目标设置为较早版本的 SDK，应用会无法启动，而且几乎会立即崩溃。这会导致应用遭到苹果应用审核部门的拒绝。当收到苹果应用审核部门的应用崩溃报告，指出应用几乎在启动时就立即崩溃（通常还没收集到有用的崩溃转储）时，这就是你要排查的地方。这种崩溃的解决办法就是"弱链接"该框架。要了解更多与调试有关的内容，可以阅读第 17 章。

### 2. 类的可用性

有时新 SDK 可能在已有框架中增加了新类。这意味着即使该框架链接了，也并不是所有的符号都能在早期操作系统中可用。例如 iOS 7 里 UIKit.framework 中定义的 `NSLayoutManager` 类。该框架会被链接到每个 iOS 应用上，所以在使用该类时，需要使用 `NSClassFromString` 方法来实例化一个对象，借此检查该对象是否存在。如果返回的是 `nil`，那么该类在目标设备上就不存在。

另一个检查类可用性的方法是使用 `class` 方法，而不是 `NSClassFromString`，如以下代码所示。

### 检查 UIStepper 控件的可用性

```
if ([NSLayoutManager class])  {
    // 使用基于 TextKit 的新布局
} else {
    // 使用基于 Core Text 的原来的布局
}
```

### 3. 方法的可用性

在有些情况下，新的 SDK 中会将新方法添加到已有的类。iOS 4 中典型的例子就是多任务支持。`UIView` 类有个称作 `setTintColor:` 的方法。下面的代码会检查该类。

### 检查某个类中是否存在某个方法的代码

```
if ([self.view respondsToSelector:@selector(setTintColor:)])  {
```

```
    // 这里是设置取色板颜色的代码
}
```

要检查指定类中是否存在某个方法，可以使用 `respondsToSelector:`方法。如果它返回的是 YES，那么可以使用该方法。

如果你检查的方法是 C 全局函数，那就在表达式中将它和 NULL 比较，如以下代码所示。

**检查 C 函数的可用性**

```
if (CFunction != NULL) {
  CFunction(a);
}
```

> 你需要明确地将该函数名和 NULL 进行比较，不能隐式假定指针为 nil 或 NULL。注意，这里不能用 CFunction()，应该用不带圆括号的 CFunction。检查这种情况不需要调用该方法。

### 15.1.3　检查框架、类和方法的可用性

虽然记住框架的可用性并不容易，但这要比记住每个类和方法的可用性简单多了。同样复杂的还有通读 iOS 文档来找出哪些方法可用，哪些方法不可用。我推荐两种方法来检查框架、类或方法的可用性。

**1. 开发者文档**

检查符号或框架可用性的最简单方法，是直接在开发者文档的 Availability 部分搜索。图 15-1 是从开发者文档截取的一张图，演示了如何查看多任务的可用性。

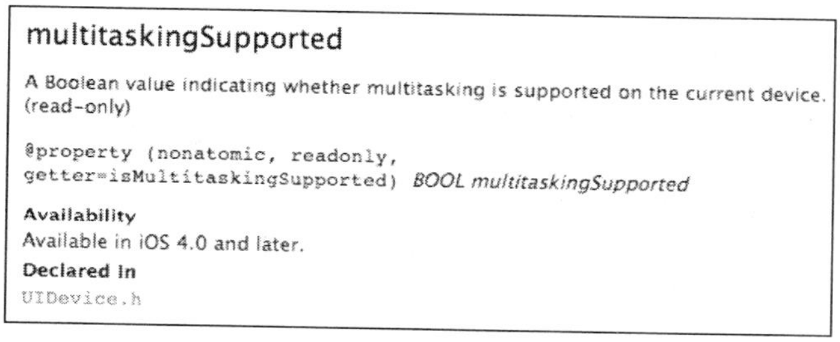

**multitaskingSupported**

A Boolean value indicating whether multitasking is supported on the current device. (read-only)

```
@property (nonatomic, readonly,
getter=isMultitaskingSupported) BOOL multitaskingSupported
```

**Availability**
Available in iOS 4.0 and later.

**Declared in**
`UIDevice.h`

图 15-1　在开发者文档中查看多任务的可用性

**2. iOS 头文件中的宏**

检查方法或类可用性的另一种方法是通读头文件。我发现这种方法要比查文档简单。只要按下 Cmd 键，单击源码中的符号，Xcode 就会打开定义该符号的头文件。多数新增方法都有如下所示的一个宏定义。图 15-2 展示了在头文件中查看多任务的可用性。

**可用性宏**

```
UIKIT_CLASS_AVAILABLE
__OSX_AVAILABLE_STARTING
__OSX_AVAILABLE_BUT_DEPRECATED
```

```
@property(nonatomic,readonly,getter=isMultitaskingSupported) BOOL multitaskingSupported __OSX_AVAILABLE_STARTING
(__MAC_NA,__IPHONE_4_0);
```

图 15-2　在头文件中查看多任务的可用性

通常通过头文件来检查给定 SDK 版本中类或方法的可用性更方便，也更快捷。但并不是所有方法都有这种宏定义。如果没有，就必须查看开发者文档才能确认。

> 如果一个方法没有宏定义，那可能意味着那个方法很早就增加到 SDK 里了。如果你的部署目标是最新的两个 SDK，通常无需担心。

你已经知道了如何支持多个 SDK 版本，我们开始关注本章的关键部分：支持多个设备。下节将探究各个设备间的细微差别，并学习检查特定功能可用性的正确方法。同时，你还会为 UIDevice 写一个分类扩展类，它会增加方法和属性，用于检查框架有无公开的功能。

## 15.2　检测设备的功能

过去，开发者最常犯的错误就是在只有两个设备时（iPod Touch 和 iPhone），通过检测设备型号名称以及检查它是否是 iPhone 来判断设备的功能。这种方法奏效了一年左右，很快，当带有新硬件传感器的新设备出现时，这种方法就变得很容易出错。比如，iPod touch 的第一个版本并没有麦克风，但到了 iPhone OS 2.2 版时，用户可以通过外接麦克风/耳机来添加一个。如果你的代码根据型号名称来判断设备的功能，那它仍然能工作，但并不正确，也不是应该采取的处理方式。

### 15.2.1　检测设备及判断功能

看看如下的代码片段，它用来判断 iPhone 的功能。

### 检测麦克风的错误方法

```
if(![[[UIDevice currentDevice].model isEqualToString:@"iPhone"])  {
        UIAlertView *alertView = [[UIAlertView alloc] initWithTitle:@"Error"
message:@"Microphone not present"
delegate:self
        cancelButtonTitle:@"Dismiss"
otherButtonTitles: nil];
        [alertView show];
    }
```

这段代码的问题在于，这位开发者大胆地假设只有 iPhone 有麦克风。这段代码最开始表现良好。但在 iOS 2.2 版中，苹果向 iPod touch 增加了外接麦克风的功能，这段代码就会阻止用户使用该应用。另一个问题是这段代码在检查苹果后来推出的设备（如 iPad）时，会出现一个错误。

你应该用其他方法来检测硬件或传感器的可用性，而不是假设设备具有某些功能。这些方法分散在各种框架中，不知道这是幸运还是不幸。

现在来了解正确查看设备功能的各种方法，并将它们放在为 UIDevice 类编写的类别扩展中。

## 15.2.2　检测硬件和传感器

首先要知道，你需要查看所需的硬件或传感器是否存在，而不是假设设备有哪些功能。举个例子，你不能假设只有 iPhone 才有麦克风，而应该使用 API 来查看麦克风是否存在。下面这段代码的第一个优势在于，它能自动兼容将来推出的新设备和外接麦克风。

第二个优势呢？这段代码只有一行。

### 检查麦克风可用性的正确方法

```
- (BOOL) microphoneAvailable  {
    return [AVAudioSession sharedInstance].inputIsAvailable;
}
```

对于麦克风，你还需要检测输入设备变化的提醒。也就是当用户插入麦克风时，除了在 viewDidAppear 中做相应的修改外，还要激活 UI 上的 Record 按钮。听起来挺酷，不是吗？下面就是具体的实现方法。

### 检查是否插入麦克风

```
void audioInputPropertyListener(void* inClientData,
AudioSessionPropertyID inID, UInt32 inDataSize, const void *inData)  {

    UInt32 isAvailable = *(UInt32*)inData;
    BOOL micAvailable = (isAvailable > 0);
    //加入更新 UI 的代码
}
- (void)viewDidLoad  {
    [super viewDidLoad];
AudioSessionAddPropertyListener(
kAudioSessionProperty_AudioInputAvailable,
audioInputPropertyListener, nil);
}
```

这里，你要做的就是为 kAudioSessionProperty_AudioInputAvailable 增加一个属性监听器，然后在回调中检查它的值。

只要增加很少几行代码，就能够写出正确的设备检测代码了。下一步，你需要扩展这段代码，从而支持其他的硬件和传感器。

> 使用 AudioSessionPropertyListeners 与观察 NSNotification 事件很像。当你向一个类中增加一个属性监听器时，需要负责在适当的时候移除它。在前面这个例子中，由于在 viewDidLoad 中增加了属性监听器，所以需要在 didReceiveMemoryWarning 方法中移除它。

### 1. 检测摄像头类型

iPhone 最初只有一个摄像头，后来在 iPhone 4 中增加了一个前置摄像头。iPod touch 直到第四代才有摄像头。iPhone 4 有前置摄像头，iPad 1（比 iPhone 4 大）却没有摄像头，而后来的 iPad 2 同时有了前置和后置摄像头。所有这些都意味着你不应该在假设设备功能的前提下编写代码。实际上使用

API 更方便。

UIImagePickerController 类含有检测源类型可用性的类方法。

### 检测是否存在摄像头

```
- (BOOL) cameraAvailable  {
  return [UIImagePickerController isSourceTypeAvailable:
UIImagePickerControllerSourceTypeCamera];
}
```

### 检测是否存在前置摄像头

```
- (BOOL) frontCameraAvailable
{
#ifdef __IPHONE_4_0
  return [UIImagePickerController isCameraDeviceAvailable:
UIImagePickerControllerCameraDeviceFront];
#else
  return NO;
#endif
}
```

检测前置摄像头，需要运行在 iOS 4 或更高版本中。枚举类型 UIImagePickerController CameraDeviceFront 只在 iOS 4 及更高版本中可用，因为所有带有前置摄像头的设备（iPhone 4 和 iPad 2）使用的都是 iOS 4 及更高版本。所以你用到了宏，如果设备使用的是 iOS 3 或更低版本就返回 NO。

类似地，可以检查设备上的摄像头是否具备视频录制功能。iPhone 3GS 及更新设备的摄像头支持录制视频。你可以使用以下代码来检查。

### 检测摄像头是否支持视频录制

```
- (BOOL) videoCameraAvailable  {
  UIImagePickerController *picker =
[[UIImagePickerController alloc] init];
// 首次调用前面的方法，检查是否存在摄像头
if(![self cameraAvailable])  return NO;
NSArray *sourceTypes =
[UIImagePickerController availableMediaTypesForSourceType:
UIImagePickerControllerSourceTypeCamera];

  if (![sourceTypes containsObject:(NSString *)kUTTypeMovie]){
    return NO;
  }
  return YES;
}
```

这段代码会枚举给定摄像头的可用媒体类型，然后判断它是否包含 kUTTypeMovie。

### 2. 检测照片库是否为空

如果你在使用摄像头，几乎总会用到照片库。在调用 UIImagePicker 显示用户相册前，需要确保它里面有照片。可以用检查摄像头是否存在的方法来查看相册是否为空，只要将 UIImagePicker- ControllerSourceTypePhotoLibrary 或 UIImagePickerControllerSourceTypeSavedPhotos-

Album 作为源类型传过去就行了。

### 3. 检测摄像头闪光灯是否存在

使用 `UIImagePickerController` 的类方法来检查摄像头闪光灯是否存在很容易。

#### 检测摄像头闪光灯是否存在

```
- (BOOL) cameraFlashAvailable  {
return [UIImagePickerController isFlashAvailableForCameraDevice:
UIImagePickerControllerCameraDeviceRear];
}
```

### 4. 检测陀螺仪是否存在

陀螺仪是 iPhone 4 上新增的一个有意思的传感器。iPhone 4 之后发布的设备，包括 new iPad、iPhone 5、iPhone 5s，都有陀螺仪。陀螺仪用于测量设备物理位置的相对变化。相比之下，加速计只能测量力的大小，而不能测量扭动。有了陀螺仪，游戏开发者甚至可能实现六轴控制，类似于索尼 PlayStation 3 控制器或任天堂的 Wii 控制器提供的功能。你可以使用 `CoreMotion.framework` 提供的 API 来检测陀螺仪是否存在。

#### 检测陀螺仪是否存在

```
- (BOOL) gyroscopeAvailable  {
CMMotionManager *motionManager = [[CMMotionManager alloc] init];
  BOOL gyroAvailable = motionManager.gyroAvailable;
  return gyroAvailable;
}
```

> 如果陀螺仪是你的应用中一个重要功能，而你的目标设备上没有陀螺仪，那么必须用其他输入方法来设计应用。或者也可以在应用的 info.plist 中的 `UIRequiredDeviceCapablities` 键中指定它们，防止没有陀螺仪的设备安装该应用。本章稍后会进一步介绍这个键。

### 5. 检测指南针或磁力计

指南针可用性可以使用 `CoreLocation.framework` 中的 `CLLocationManager` 类来检查。调用 `CLLocationManager` 中的 `headingAvailable` 方法，如果返回值为真，你就可以在应用中使用指南针。指南针在与位置有关的应用和用到了增强现实技术的应用中用处比较大。

### 6. 检测视网膜屏

作为 iOS 开发人员，你已经知道只要为应用中用到的每个资源增加一个@2x 的图片文件，就可以满足视网膜屏的需要。但如果要从远程服务器下载图片，采用视网膜屏的设备需要下载的图片分辨率为普通屏幕图片分辨率的两倍。

照片浏览器应用就是一个很好的例子，它类似于 Flickr 查看器或 Instagram。当用户在 iPhone 4、new iPad 或 iPhone 5 上启动该应用时，下载的图片分辨率应该为非视网膜屏设备上图片分辨率的两倍。一些开发者选择忽略它，直接为所有设备下载高分辨率图片，但这有点浪费带宽，甚至通过 EDGE 下载时可能要慢得多。相反，你应该在判断出设备使用的是视网膜屏之后再下载高分辨率图片。这项检查很容易。

### 检查设备使用的是否是视网膜屏

```
- (BOOL) retinaDisplayCapable {
int scale = 1.0;
UIScreen *screen = [UIScreen mainScreen];
if([screen respondsToSelector:@selector(scale)])
  scale = screen.scale;
if(scale == 2.0f) return YES;
else return NO;
}
```

在这段代码中，你会找到设备的 mainScreen，然后检查该设备是否可以显示适用于视网膜屏的高分辨率图片。这样，如果苹果推出了外接视网膜屏（可能是更新的苹果影院显示器），支持目前这一代 iPad 直接以视网膜模式输出，那么你的应用无需任何修改依然能工作。

### 7. 检测振动提醒功能

在写本书时，只有各个版本的 iPhone 具备振动提醒功能。很遗憾，没有公开的 API 用于检测设备是否支持振动功能。不过，AudioToolbox.framework 有两个方法用来选择性地振动不同版本的 iPhone：

```
AudioServicesPlayAlertSound(kSystemSoundID_Vibrate);
AudioServicesPlaySystemSound(kSystemSoundID_Vibrate);
```

第一个方法会振动 iPhone，而在 iPod touch/iPad 上则会发出"哔哔"的响声。第二个方法只会振动 iPhone。在不支持振动的设备上，它什么都不做。如果你正在开发的一款游戏通过振动设备来提示危险，或是开发一款迷宫游戏，当玩家撞到墙时发出振动，那么应该用第二个方法。第一个方法用来提醒用户，包括振动和发出哔哔声，而第二个方法只能用来发出振动。

### 8. 检测远程控制功能

iOS 应用可以处理按下外接耳机上的按钮触发的远程控制事件。处理这类事件，使用如下方法接收通知：

```
[[UIApplication sharedApplication] beginReceivingRemoteControlEvents];
```

在 firstResponder 中实现如下方法：

```
remoteControlReceivedWithEvent:
```

调用如下方法，确保在不需要这些事件时关闭该功能：

```
[[UIApplication sharedApplication] endReceivingRemoteControlEvents];
```

### 9. 检测拨打电话功能

可以检查设备是否支持拨打电话，方法是查看它是否能打开 tel: 类型的 URL。UIApplication 类的 canOpenURL: 方法可以很方便地检查设备上是否有能够处理特定类型 URL 的应用。在 iPhone 上，tel: 这类 URL 由 iPhone 上的电话应用来处理。该方法还可以用来检查能够处理给定 URL 的具体应用是否已安装到设备上。

### 检测拨打电话功能

```
- (BOOL) canMakePhoneCalls {
```

```
       return [[UIApplication sharedApplication]
canOpenURL:[NSURL URLWithString:@&#x0022;tel://&#x0022;]];
       }
```

> 可用性小提示 在 iPod touch 上，开发者应该完全隐藏面向电话的功能。举个例子，如果你开发一个显示因特网上电话号码列表的黄页应用，应该只在能够拨打电话的设备上显示拨打电话的那个按钮。不要只是简单地禁用它（因为用户做什么都无法启用它）或是显示一个错误提醒。有先例说明，在 iPod touch 上显示一个 "Not an iPhone" 错误提醒会导致该应用无法通过苹果应用审核部门的审查。

## 15.3   应用内发送 Email 和短信

尽管从技术层面上讲，应用内发送 Email 和应用内发送短信既不属于传感器的范畴，也不属于硬件范畴，但并不是所有设备都能发送 Email 或短信。这也包括 iPhone，即使是运行 iOS 4 及以上版本的 iPhone。尽管从 iOS 4 起 MFMessageViewController 和 MFMailComposeViewController 就已经可用了，但如果应用的最小部署目标设成了 iOS 4，你仍需要知悉使用这些类的常见陷阱。

一个常见的例子是 iOS 设备上没有配置好 Email 账户，因此无法发送 Email，即使从技术上说它具备发送 Email 的能力。同样的情况适用于短信/彩信。没有 SIM 卡的 iPhone 肯定不能发送文本消息。你需要知道这点，使用该功能前应该先检查它是否可用。

检查这个功能很容易。MFMessageComposeViewController（应用内发送短信）和 MFMailComposeViewController（应用内发送 Email）分别有对应的类方法 canSendText 和 canSendMail，你可以用它们来检查。

### 获取 UIDevice 和分类扩展

到目前为止，你在本章中看到的所有代码片段都是作为 UIDevice 的分类扩展出现的。你可以从本书的网站上下载它们。

它只有两个文件：UIDevice+Additions.h 和 UIDevice+Additions.m。你需要将必要的框架链接进来以避免那些烦人的链接器错误，因为这个类会链接到各种苹果的类库框架。不用担心，它们都是动态加载的，所以不会让你的应用体积暴增。

## 15.4   支持新的 4 英寸设备族系

iPhone 5 在 2012 年 9 月发布，它向开发者提出了新的挑战：更大的屏幕。过去，iOS 开发者从未被要求支持多个设备的分辨率。别着急，苹果并没有让事情太复杂。第一步是增加一个应用启动图片（Default-568h@2x.png）。如图 15-3 所示，在你用 Xcode 4.5 及以上版本构建工程时，会看到一个提醒："Missing Retina 4 launch image."。点击 Add 按钮向工程添加默认启动图片。

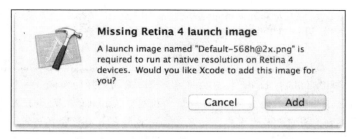

图 15-3  Xcode 4.5 弹出的为 iPhone 5 添加应用启动图片的提示

应用最终会全屏运行，而没有上下的边框。不过，大多数 nib 文件仍然无法自动调整尺寸。下一步就是检查每个 nib 文件的自动尺寸调整掩码属性，保证 nib 文件中的视图会根据父视图的高度自动调整大小。图 15-4 说明了这点。

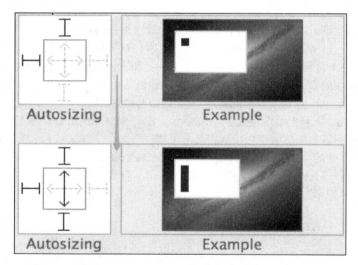

图 15-4  通过 Interface Builder 修改自动尺寸调整掩码属性

用到的属性有 UIViewAutoresizingFlexibleTopMargin、UIViewAutoresizingFlexible-BottomMargin 和 UIViewAutoresizingFlexibleHeight。

用 UIViewAutoresizingFlexibleHeight 来设置最上方的视图，它会根据主窗口来自动调整大小。用 UIViewAutoresizingFlexibleTopMargin 和 UIViewAutoresizingFlexibleBottom-Margin 来设置子视图。如果想让子视图的底部固定住（上外边距可自由伸缩），可使用 UIView-AutoresizingFlexibleTopMargin。如果想让子视图的顶部固定住（下外边距可自由伸缩），可使用 UIViewAutoresizingFlexibleBottomMargin。

可自由伸缩的下外边距会将 UI 元素固定在顶部，而可自由伸缩的上外边距则会将 UI 元素固定在底部。还要注意，使用 Cocoa Auto Layout 时，不需要处理自动尺寸调整掩码。

## 15.4.1　Cocoa自动布局

自动布局是一个基于约束条件的布局引擎，它在处理基于屏幕尺寸和设备方向的布局和尺寸调整上很有优势。Xcode 5 在处理自动布局上要比之前的 Xcode 容易得多。要深入了解自动布局方面的内容，可参阅第 6 章。

## 15.4.2　代码中固化屏幕尺寸

如果在代码中将视图的高度设置成固定值 460 或 480，可能需要使用边界来修改。例如，要用

```
self.window = [[UIWindow alloc] initWithFrame:
[[UIScreen mainScreen] bounds]];
```

而不是

```
self.window = [[UIWindow alloc] initWithFrame:CGRectMake(0, 0, 320, 480)];
```

最后，添加到该视图中的所有 CALayer 都必须手动调整大小。下面的代码演示了具体的做法。这段代码假定所有视图控制器都有个"patternlayer"。

**自动调整 CAlayer 以兼容 iPhone 5**

```
-(void)viewWillLayoutSubviews {

  self.patternLayer.frame = self.view.bounds;
  [super viewWillLayoutSubviews];
}
```

iPhone 5 支持一组新指令集——armv7s，而 iPhone 5S 则支持新的 64 位指令集——arm64。Xcode 4.5 支持生成 armv7s 指令集，而只有最新的 Xcode 5 才支持生成 arm64 指令集。在下一节中，我会介绍如何支持 64 位的设备。

## 15.4.3　iPhone 5s和新的 64 位指令集

iPhone 5s 支持一个新的指令集：arm64。arm64 指令集是一个 64 位指令集，也就是说你的应用现在可以对大于 4 GB 的物理内存进行寻址。尽管它并不会立马带来性能上的突破（最新的 iPhone 5s 仍然只有 1 GB RAM），但这种支持保证了发布的硬件可应对未来的变化。要生成 64 位指令集，你的目标设备的最低部署范围也至少应该是 iOS 7 及以上。Xcode 5 不支持创建同时支持 iOS 6 中 32 位模式和 iOS 7 中 64 位模式的应用，尽管苹果保证在未来的 Xcode 更新中可能会支持这个功能。你会在后面几节中了解到如何向 iOS 7 和 64 位体系结构迁移。

**iPhone 设备、指令集和胖二进制**

最早的 iPhone 支持的指令集叫 armv6。iPhone 3G 支持的是同样的指令集。随着硬件的演进，苹果在 iPhone 4S 中实现了对 armv7 的支持，在 iPhone 5 中实现了 armv7s，现在又在 iPhone 5s 中实现了 arm64。那么现在指令集变更对你意味着什么呢？指令集可以带来性能提升。生成某个指令集的机器码对开发者来说完全是可选的。但如果你要这么做，那么新硬件会使用新指令集，老硬件仍然会用旧的指令集来运行同一个应用。

包含一个以上指令集的二进制文件称为胖二进制（Fat Binary）。自从 iPhone 3GS 开始，由 Xcode 的 GCC 或 LLVM 编译器生成的几乎所有二进制文件都是胖二进制文件，同时支持 armv6 和 armv7。随着 iPhone 5 的发布，Xcode 默认将 LLVM 的代码生成目标设为了 armv7/armv7s。Xcode 5 默认将新工程的代码生成目标设为了 armv7/armv7s/arm64。

可以通过修改 Targets→Build Settings 编辑器中的 Architectures 设置来轻松变更 Xcode 的代码生成目标的体系结构。如图 15-5 所示。

图 15-5    在 Build Settings 中修改 Architectures

## 15.5    向 iOS 7 迁移

将应用迁移到 iOS 7 并不像迁移到前几次发布的 iOS 版本那么容易。新操作系统中的 UI 变化非常大。将现有的应用迁移到 iOS 7，并且只支持 iOS 7 也不容易。我会介绍 iOS 7 中引入的一些重要的新变化，以及如何在应用中支持它们。

### 15.5.1    自动布局

如果你用过自动布局，这个新变化就很容易适应。如果你尚未用过，那正是开始使用的好时机。尽管屏幕尺寸仍然是 3.5"（320×480 点）和 4"（320×568 点），iOS 7 在做布局时会使用完整屏幕，而 iOS 6 则会除去状态栏、导航栏和选项卡栏（如果应用中用到的话）。也就是说，在基于导航的应用中，你在 3.5"设备上的可用屏幕区域为 320×416，而在基于选项卡的应用中，可用区域为 320×368。iOS 7 在状态栏、导航栏和选项卡栏下面扩展了视图控制器的边界。因此，不管容器视图是怎样的，视图控制器总能使用 320×480 点大小的区域。现在你得编写用来适配 320×416 点（或 320×368 点）、320×480 点以及 320×568 点的布局的代码。

自动布局帮助你完成布局任务，而不用写布局代码。你可以说明自己的约束条件，布局引擎会负责基于这些约束条件来对用户交互界面元素进行布局。自动布局的详细介绍请参见第 6 章。

现在，许多的默认 UIKit 元素都比以前要小。iOS 6 中的 `UISwitch` 在尺寸上要比 iOS 7 的同一个控件大很多。对 `UISegmentedControl` 来说，情况也一样。自动布局还能帮你处理这种情况下的用户界面。

### 15.5.2    支持 iOS 6

在写作本书时，iOS 7 设备的占比已经超过 60%（iOS 7 全面分发后的第四天）。也就是说，你现在基本可以安全地放弃 iOS 6 了。但如果业务需求需要支持 iOS 6，最好是先适配 iOS 7 的视觉风格，然后再将设计上的变化向后适配到该应用的 iOS 6 版本。

使用 iOS 7 专有的功能时，尽可能使用本章前面介绍的多个方法之一来做判断（框架可用性、类可用性和方法可用性）。要显示一个完全不同的视图控制器或用户界面，可以用下面的代码片段：

**在 iOS 6 和 iOS 7 之间切换**

```
if (floor(NSFoundationVersionNumber) <= NSFoundationVersionNumber_iOS_6_1) {

// 专门针对 iOS 6 的代码
} else {

// 专门针对 iOS 7 的代码
}
```

如果你使用 Interface Builder，Xcode 5 还支持在 iOS 6 和 iOS 7 中预览用户界面。打开 Assistant Editor，选择 Preview。

### 15.5.3　应用图标

iOS 7 的图标略大。现在，所有应用都需要在应用的捆绑包中包含一个为 iPhone 专有应用配备的 120×120 像素的图标，以及一个为 iPad mini 配备的 76×76 像素的图标和一个为 iPad 应用配备的 152×152 像素的图标（对于通用应用来说，三种尺寸都要有）。圆角算法也跟 iOS 6 的略有不同。我建议完全不要对边角做处理，让 iOS 来替你处理。你只要保证图标在 iOS 6 和 iOS 7 中跟你想要的一样就行。

### 15.5.4　无边界按钮

iOS 7 中的按钮是没有边界的。拥抱无边界按钮吧。如果你使用了自己定制的有边界按钮，那就处理一下，不要让边界那么明显。

### 15.5.5　着色

在 iOS 7 中，视图控制器和应用的顶级窗口现在多了一个名为 tintColor 的属性。tintColor 会参照视图控制器的层级结构，被子视图继承。举个例子，你应用中的 UISwitch 会用 tintColor 替代硬编码的蓝色来突出显示标记状态。UITextField 会用 tintColor 替代硬编码的蓝色来显示闪烁中的脱字号。许多 UIKit 元素，如 UISegmentedControl 和 UIProgressView 会严重依赖 tintColor。如果你要写自己的定制控件，应该考虑使用 tintColor 来标记要突出的内容。

### 15.5.6　图片更新

苹果公司为 iOS 7 设计的图片效果跟为 iOS 6 设计的完全不同。如果你在应用中用到了自己定制的图片，确保将这些图片更新到了 iOS 7 的新风格。简单来说，就是要让 iOS 6 应用看起来更接近对应的 iOS 7 应用（除了半透明效果）。你可以先将所有视图控制器中的 wantsFullScreenLayout 属性设置为 YES。注意 iOS 7 已经废弃这个属性，默认值就是 YES。在 iOS 7 中将该属性设为 NO 不会有什么实际效果。所以将该属性保持原样就意味着你的视图控制器在 iOS 7 中的表现会跟在 iOS 6 中的很不一样。这样编写布局代码就很有必要了。

实际上，使用自动布局确保视图控制器在 iOS 6 中采用全屏应该能解决从 iOS 6 迁移到 iOS 7 的大部分繁杂工作。

在 iPhone 5s 上，开发者要保证代码在 64 位体系结构上同样可以正常运行。

## 15.6    向 64 位体系结构迁移

在写作本书时，Xcode 5.0 并不支持在 iOS 6 上的 64 位体系结构的代码。所以在尝试支持 64 位体系结构之前，第一步应该是将应用转换为可在 iOS 7 上正常运行的应用。

向 64 位体系结构迁移的第一步是开始使用 NSInteger、NSUInteger 和 CGFloat 来取代 int 和 float。Objective-C 的运行时环境是这么定义它们的：

**ObjRuntime.h 和 CGBase.h 中的代码**

```
#if __LP64__ || (TARGET_OS_EMBEDDED && !TARGET_OS_IPHONE) ||
TARGET_OS_WIN32 || NS_BUILD_32_LIKE_64
    typedef long NSInteger;
    typedef unsigned long NSUInteger;
#else
    typedef int NSInteger;
    typedef unsigned int NSUInteger;
#endif

#if defined(__LP64__) && __LP64__
# define CGFLOAT_TYPE double
# define CGFLOAT_IS_DOUBLE 1
# define CGFLOAT_MIN DBL_MIN
# define CGFLOAT_MAX DBL_MAX
#else
# define CGFLOAT_TYPE float
# define CGFLOAT_IS_DOUBLE 0
# define CGFLOAT_MIN FLT_MIN
# define CGFLOAT_MAX FLT_MAX
#endif
```

在编译应用时，如果你用的是 NSInteger，预处理器会负责使用 64 位宽的整数（long）而不是 32 位宽的整数（int）。这种处理方式同样适用于 CGFloat。

你绝对不能将 64 位的指针或数据赋给 32 位数据类型。也就是说，不能认为将 Long 数据类型强制转换为 Int 就能将它变为 32 位的。实际上，LLVM 编译器通常会对这些有损强制类型转换发出警告。如果你真的要将 64 位数据转换为 32 位数据，使用&掩码运算。这种用法如下：

```
NSUInteger lowerOrderData = fullData & 0x00000000FFFFFFFF;
```

### 15.6.1    数据溢出

不要在算术代码中假定 **4294967295 + 1** 在 64 位体系结构中的结果就是 **4294967296**，在 32 位体系结构中的结果就是 **0**。还有，不要将你的上限值固化为 INT32_MAX。如果这么做，在将代码移植到 64 位时可能需要重写其中的逻辑。

### 15.6.2　序列化数据

用户创建的数据可能会被序列化处理，然后同步到 iCloud 服务上。如果以 64 位格式来对数据编码，并将它发给 iCloud；然后在 32 位设备上读回数据。那么结果就存在不确定性。这种情况下应该使用一个显式数据类型，而不是 NSUInteger 或 CGFloat。这并不是说应该将已有的数据迁移到 64 位。64 位处理器可以快速处理 64 位数据，就跟 32 位处理器可以处理 32 位数据一样。但 32 位处理器处理 64 位数据要消耗的时间就会多得多。再次分析你的数据，确定哪些字段真的需要那么宽的数据宽度。

### 15.6.3　针对 64 位体系结构的条件编译

如果需要选择性地改变代码，可以使用__LP64__宏：

```
#if __LP64__
// 64 位代码
#else
// 32 位代码
#endif
```

一定要对代码进行优化。Instruments 就是你最好的小伙伴。在完成迁移后，尝试运行 32 位兼容（在真实的 32 位硬件上）的应用，并查看内存问题或性能迟缓问题。如果你看到内存使用有异常攀升，那么这就应该是优化开始的地方。类似地，在真实的 64 位硬件上运行 64 位版本的应用。注意观察内存使用和 CPU 使用中异常攀升情况，优化这部分代码。在多数情况下，这些优化可能是将 NSInteger/CGFloat 数据类型改为 int 或 float 数据类型，反之亦然。如果没有用显式数据类型的话，要特别注意序列化数据。

尽管你现在可能不需要立即迁移到 64 位体系结构上，但你应该尽快做好迁移的计划。几乎所有未来发布的设备都会用新的 64 位体系结构。在 iOS 7 中，苹果自己的所有的应用都已迁移到了 64 位。iOS 7 仍保留了 32 位运行时环境，如果设备上有 32 位应用要运行，它会自动加载 32 位运行时环境。如果所有应用都支持了 64 位，iOS 甚至可能不会加载 32 位运行时环境。这就意味着对所有应用来说，性能会更好，可用的内存会更多（内存不足警告也会变少）。要成为这个平台上的友好公民，你需要计划好迁移，并在 2014 年前做好准备。

## 15.7　**UIRequiredDeviceCapabilities**

到目前为止，你已经了解了如何在一定条件下检查设备的具体功能，以及如何使用设备支持的功能。在有些情况下，应用只能在特定硬件上运行，如果没有该硬件，应用就无法使用。这样的例子很多，例如 Instagram 或 Camera+等拍照应用。如果没有摄像头，这些应用的核心功能就无法工作。这种情况下，我们需要的不只是检查设备的功能，隐藏应用的特定部分。通常，我们不需要不带摄像头的设备使用或安装这类应用。

苹果通过 Info.plist 文件中的 UIRequiredDeviceCapabilities 键提供了一个方法来保证这一点。下面是该键可以使用的值。

| telephony | wifi | sms, still-camera |
| --- | --- | --- |
| auto-focus-camera | front-facing-camera | camera-flash |
| video-camera | accelerometer | gyroscope |
| location-services | gps | magnetometer |
| gamekit | opengles-1 | opengles-2 |
| armv6 | armv7 | peer-peer |
| accelerometer | Bluetooth-le | microphone |
| Fetch | Bluetooth-central | Bluetooth-peripheral |

你可以明确要求设备支持特定的功能，或者禁止在不满足要求的设备上安装该应用。举个例子，可以将 video-camera 键设成 NO，阻止应用在支持 video-camera 的设备上运行。否则，可以将 video-camera 键设为 YES 来强制要求设备具备 video-camera 功能。

苹果规定，新提交的应用更新必须也能在该应用更新前支持的设备上运行。举个例子，如果你的应用在版本 1.0 时同时支持 iPhone 和 iPod touch，就不能提交一个不能在其中某个设备上运行的应用更新。换句话说，在应用的产品生命周期中，你不能在后面再强制要求设备必须具备特定硬件。否则，iTunes Connect 上的提交过程会失败，显示一条错误信息。但反过来是允许的。也就是说，如果应用之前不支持某个设备，可以在后续版本中支持在该设备上安装该应用。换句话说，如果应用的版本 1 只支持 iPhone，你可以提交版本 2 来支持所有设备。

向 UIRequiredDeviceCapabilities 键添加值会阻止在不具备要求功能的设备上安装应用。如果指定了电话功能是必需的，那么用户就不能在他们的 iPod touch 或 iPad 上下载该应用。在使用该键之前，必须先确定这是你想要的结果。

## 15.8 小结

本章讨论了在各种平台上运行应用的各种技术和技巧，讲述了 iOS 开发者可用的各种硬件和传感器及检测它们是否存在的正确方法。我们为 UIDevice 写了一个分类扩展，用来检测大多数设备功能。我们还介绍了支持新的 iPhone 5 屏幕尺寸以及支持 iPhone 5 的新的 64 位 arm64 体系结构的相关信息，此外，我们还介绍了如何将 UI 向 iOS 7 迁移。最后，我们介绍了 UIRequiredDeviceCapabilities 键及如何禁止在不具备目标功能的设备上安装应用。我推荐使用本章介绍的方法，慎用 UIRequiredDeviceCapabilities 键。

## 15.9 扩展阅读

### 1. 苹果文档
下面的文档位于 iOS Developer Library（https://developer.apple.com/library/ios/navigation/index.html）中，通过 Xcode Documentation and API Reference 也可以找到。
- *iOS 7 Transitioning Guide*
- *64-Bit Transitioning Guide for Cocoa Touch Applications*

❑ *Understanding the UIRequiredDeviceCapabilities Key*

❑ *iOS Build Time Configuration Details*

## 2. 其他资源

❑ MK blog（Mugunth Kumar）："iPhone Tutorial: Better way to check capabilities of iOS devices"

http://blog.mugunthkumar.com/coding/iphone-tutorial-better-way-to-check-capabilities-of-ios-devices/

❑ Github："MugunthKumar/DeviceHelper"

https://github.com/MugunthKumar/DeviceHelper

15

**第 16 章**

# 国际化和本地化

本地化是面向全球市场的应用面临的重要问题。用户希望用他们自己的语言、他们熟悉的格式来和应用交互。应用中对这些需求的支持称为国际化（Internationalization，有时简写为"i18n"，因为"i"和"n"之间有 18 个字符）和本地化（localization，"L10n"）。i18n 和 L10n 之间的差别并不是真的很重要，而且尚无定论。苹果是这么说的："国际化是为了促进本地化而对应用进行设计和构建的过程。因此，本地化是将一个国际化应用从文化和语言层面做出调整，以适应两个或多个存在文化差异的市场。"（参见developer.apple.com上的"Internationalization Programming Topics"。）本章不区分这两个术语。

读完本章后，你会对本地化的含义及具体的实现方法有所了解。即使你还没准备好对应用进行本地化，也可以提前了解一下，本章介绍的步骤能极大简化将来的本地化工作。本章会介绍如何本地化字符串、数字、日期和 nib 文件，以及如何定期审查你的应用以保证它总是方便进行本地化。

## 16.1　什么是本地化

本地化可不仅仅是翻译字符串。本地化意味着要让你的应用从文化层面适应目标用户。它包括翻译字符串、图片、音频以及格式化数字和日期。

下面是改进 iOS 应用本地化过程的通用规则。

- 使用 Base Internationalization。参见 16.5 节的内容。如果你是分别对各个 nib 文件或故事板文件做本地化，那这种处理方式就有点生硬。
- 在开发应用早期就开始进行国际化。在应用能初步工作时，你就应该开始着手进行国际化相关的工作。我不推荐在一开始就进行国际化；这时应用还处于不断的变化中，这么做会让事情变得复杂。在应用的基本框架搭建出来时，你就可以启用 Base Internationalization，并确保一切都正常工作。
- 使用自动布局。苹果公司在自动布局上投入了很多。尤其是 iOS 7 比较倚重基于文本的 UI，自动布局会变成国际化中重要的一部分。
- 别忘了从右向左读的语言。这是后面最难修正的问题之一，尤其是你有自定义文本视图的情况。
- 不要随便假设逗号就是千位分隔符以及句点就是小数点。这些在不同的语言中都不一样，所以你要用 NSLocale 来构建正则表达式。
- 符号（绘制符号）和字符并不总是一一对应的。如果你在定制文本布局，那你可能会觉得这种情况非常诡异。苹果的框架通常都能自动处理这个问题，但如果它们强制要求你计算字符串中符号的数目而不能用 length 时，不要试图绕过 Core Text 这类系统。这个问题在泰语中尤其普遍，在许多语言中也存在（即使是英语偶尔也有这个问题，第 21 章会讲到）。

依我的经验，最好是完成所有开发工作后，到发布之前再翻译，而不是边开发边翻译。本地化工作最好是在固定环节展开，通常是在开发后期。每次稍稍改进一下 UI 就要重新翻译一遍字符串的成本会很高。

尽管翻译最好是在接近发布时再做，你还是应该在开发周期一开始就联系好本地化服务提供商，并在整个过程中都准备着本地化。好的本地化服务提供商不只是翻译字符串。理想情况下，你的本地化服务提供商会提供测试服务，以保证你的应用能够融入目标文化。如果应用的界面比较难本地化，较早进行本地方能够减少后期昂贵的返工。

含有大块文本的应用就很难本地化。即使是使用自动布局功能，翻译大块文字对布局来说也是一场浩劫，即便使用自动布局。记住，如果翻译是按字数收费的，那么可能有助于减少你使用的单词数。

另外一个常见的本地化问题是带有文化背景的图标，比如用一棵装饰过的树来表示冬天。对号也可能会带来问题，因为并不是所有的文化都会用到它（比如法语），而在有些文化中，对号的含义为"不正确"（比如，芬兰语）。在发布最终作品之前找个靠谱的本地化服务提供商，这样可以避免返工，从而节省大量资金。

## 16.2　本地化字符串

本地化字符串最常用的工具是 NSLocalizedString。这个函数会查找 Localizeable.strings 中给定的键，然后返回找到的值，没找到值的话返回键本身。Localizeable.strings 是个本地化的文件，所以每个语言一个版本，而 NSLocalizedString 会根据当前语言环境自动选择正确的版本。genstrings 命令行工具会自动查找文件中对 NSLocalizedString 的调用，生成 Localizeable.strings 文件的初始版本。

最简单的办法是用字符串作为自身的键（第二个参数是写给本地化人员的注释）：

```
NSString *string =
    NSLocalizedString(@"Welcome to the show.",
                      @"Welcome message");
```

要运行 genstrings，你可以打开一个命令行终端，切换到源码目录，然后按如下方式运行它（假设是英文的本地化工程）：

```
genstrings -o en.lproj *.m
```

它会创建一个名为 en.lproj/Localizeable.string 的文件，含有以下内容：

```
/* 欢迎信息 */
"Welcome to the show." = "Welcome to the show.";
```

即使不运行 genstrings，它也能在开发者使用的语言中工作，因为它会自动将该键作为本地化字符串返回。

大多数情况下，我推荐使用字符串作为自身的键并在可以将工程交给本地化人员时自动生成 Localizeable.strings 文件。这种方法能够简化开发过程，并能够使 Localizeable.strings 文件不累积不再使用的键。

# 16.3   对未本地化的字符串进行审查

在开发过程中，一定要定期审查你的程序，以确保 NSLocalizedString 用得其所。我推荐使用一个脚本，如下所示：

<u>find_nonlocalized</u>

```perl
#!/usr/bin/perl -w
# Usage:
#     find_nonlocalized [<directory> ...]
#
# Scans .m and .mm files for potentially nonlocalized
#   strings that should be.
# Lines marked with DNL (Do Not Localize) are ignored.
# String constant assignments of this form are ignored if
#   they have no spaces in the value:
#   NSString * const <...> = @"...";
# Strings on the same line as NSLocalizedString are
#   ignored.
# Certain common methods that take nonlocalized strings are
#   ignored
# URLs are ignored
#
# Exits with 1 if there were strings found

use File::Basename;
use File::Find;
use strict;

# Include the basenames of any files to ignore
my @EXCLUDE_FILENAMES = qw();

# Regular expressions to ignore
my @EXCLUDE_REGEXES = (
    qr/\bDNL\b/,
    qr/NSLocalizedString/,
    qr/NSString\s*\*\s*const\s[^@]*@"[^ ]*";/,
    qr/NSLog\(/,
    qr/@"http/, qr/@"mailto/, qr/@"ldap/,
    qr/predicateWithFormat:@"/,
    qr/Key(?:[pP]ath)?:@"/,
    qr/setDateFormat:@"/,
    qr/NSAssert/,
    qr/imageNamed:@"/,
    qr/NibNamed?:@"/,
    qr/pathForResource:@"/,
    qr/fileURLWithPath:@"/,
    qr/fontWithName:@"/,
    qr/stringByAppendingPathComponent:@"/,
);

my $FoundNonLocalized = 0;

sub find_nonlocalized {
```

```
return unless $File::Find::name =~ /\.mm?$/;
return if grep($_, @EXCLUDE_FILENAMES);

open(FILE, $_);

LINE:
while (<FILE>) {
    if (/@"[^"]*[a-z]{3,}/) {
        foreach my $regex (@EXCLUDE_REGEXES) {
            next LINE if $_ =~ $regex;
        }
        print "$File::Find::name:$.:$_";
        $FoundNonLocalized = 1;
    }
}
close(FILE);
}

my @dirs = scalar @ARGV ? @ARGV : (".");
find(\&find_nonlocalized, @dirs);
exit $FoundNonLocalized ? 1 : 0;
```

定期针对源码运行这个脚本以确保没有未本地化的字符串。如果你使用 Jenkins（http://jenkins-ci.org）或其他持续集成工具，可以在构建过程中执行这个脚本，也可以将它作为一个要执行的步骤添加到 Xcode 构建过程中。如果它返回了新字符串，可以再决定是修正它、更新正则表达式以忽略它，还是用 DNL（Do Not Localize，不进行本地化）来标记该行。

## 16.4　格式化数字和日期

数字和日期在不同的语言环境中显示得也不一样。使用 NSDateFormatter 和 NSNumberFormatter 格式化日期和数字通常很简单，你应该已经很熟悉它们了。

> 要大概了解 NSDateFormatter 和 NSNumberFormatter，可以参考 http://developer.apple.com 上苹果文档的 "Data Formatting Guide" 部分。

不过要注意几点。首先，输入跟输出一样，也要用格式化器进行处理。许多开发者都会记得在输入日期时使用格式化器，却可能忘了在输入数值时也要使用。并不是所有国家都用小数点来分隔输入中的整数和小数部分。有些国家用逗号（,）或撇号（'）分隔。最好是用 NSNumberFormatter 而不是自定义逻辑来验证数字输入。

数字分组有很多种方法。有些国家用空格、逗号或撇号作为千位分隔符。中国有时会在万位进行分隔（四位数字一组）。不要随便猜测了，就使用格式化器吧。记住这可能会影响字符串的长度。如果你给十万（100000）只留了 7 个字符的空间，那么在要用 8 个字符表示该数字（1,00,000）的印度，你的数字就溢出了。

百分比值是另外一处需要注意的地方，因为在不同的文化中，百分号可能会放在数字前面，也可能放在数字后面，有些甚至会用一个不同的符号。使用 NSNumberFormatterPercentStyle 能够正常处理这些值。

　　在货币问题上要格外小心。不要将货币存储为浮点数，因为在二进制和十进制之间转换时，浮点数可能会造成舍入错误。货币一定要存储为 NSDecimalNumber，它会以十进制来进行运算。除此之外，还应该记录处理前的货币值。如果你的用户将语言环境从美国切换到了法国，不要将他花费的$1 直接转换成€1。通常来说，每次转换都应该使用该值原来的货币形式。RNMoney 类的例子可以说明具体怎么处理。首先，下面的代码会演示如何使用该类来存储卢布和欧元。

### main.m（货币）

```
NSLocale *russiaLocale = [[NSLocale alloc]
                           initWithLocaleIdentifier:@"ru_RU"];

RNMoney *money = [[RNMoney alloc]
                   initWithIntegerAmount:100];
NSLog(@"Local display of local currency: %@", money);
NSLog(@"Russian display of local currency: %@",
      [money localizedStringForLocale:russiaLocale]);


RNMoney *euro =[[RNMoney alloc] initWithIntegerAmount:200
                                  currencyCode:@"EUR"];
NSLog(@"Local display of Euro: %@", euro);
NSLog(@"Russian display of Euro: %@",
      [euro localizedStringForLocale:russiaLocale]);
```

　　RNMoney 是个不可改变的对象，里面存有一个数额和一个货币代码。如果你没有提供货币代码，它会默认使用当前语言环境的货币。它是个非常简单的数据类，设计它的目的就是为了方便初始化、序列化和格式化。来看下面的示例。

### RNMoney.h（货币）

```
#import <Foundation/Foundation.h>

@interface RNMoney : NSObject <NSCoding>
@property (nonatomic, readonly, strong)
                            NSDecimalNumber *amount;
@property (nonatomic, readonly, strong)
                            NSString *currencyCode;

- (RNMoney *)initWithAmount:(NSDecimalNumber *)anAmount
        currencyCode:(NSString *)aCode;
- (RNMoney *)initWithAmount:(NSDecimalNumber *)anAmount;

- (RNMoney *)initWithIntegerAmount:(NSInteger)anAmount
                      currencyCode:(NSString *)aCode;
- (RNMoney *)initWithIntegerAmount:(NSInteger)anAmount;

- (NSString *)localizedStringForLocale:(NSLocale *)aLocale;
- (NSString *)localizedString;

@end
```

### RNMoney.m（货币）

```objc
#import "RNMoney.h"

@implementation RNMoney

static NSString * const kRNMoneyAmountKey = @"amount";
static NSString * const kRNMoneyCurrencyCodeKey =
                                @"currencyCode";

- (RNMoney *)initWithAmount:(NSDecimalNumber *)anAmount
               currencyCode:(NSString *)aCode {
  if ((self = [super init])) {
    _amount = anAmount;
    if (aCode == nil) {
      NSNumberFormatter *formatter = [[NSNumberFormatter alloc] init];
      _currencyCode = [formatter currencyCode];
    }
    else {
      _currencyCode = aCode;
    }
  }
  return self;
}

- (RNMoney *)initWithAmount:(NSDecimalNumber *)anAmount {
  return [self initWithAmount:anAmount
                 currencyCode:nil];
}

- (RNMoney *)initWithIntegerAmount:(NSInteger)anAmount
                      currencyCode:(NSString *)aCode {
  return [self initWithAmount:
            [NSDecimalNumber decimalNumberWithDecimal:
             [@(anAmount) decimalValue]]
                 currencyCode:aCode];
}

- (RNMoney *)initWithIntegerAmount:(NSInteger)anAmount {
  return [self initWithIntegerAmount:anAmount
                        currencyCode:nil];
}

- (id)init {
  return [self initWithAmount:[NSDecimalNumber zero]];
}

- (id)initWithCoder:(NSCoder *)coder {

  NSDecimalNumber *amount = [coder decodeObjectForKey:
                              kRNMoneyAmountKey];
  NSString *currencyCode = [coder decodeObjectForKey:
                             kRNMoneyCurrencyCodeKey];
```

```
    return [self initWithAmount:amount
                currencyCode:currencyCode];
}

- (void)encodeWithCoder:(NSCoder *)aCoder {
  [aCoder encodeObject:_amount forKey:kRNMoneyAmountKey];
  [aCoder encodeObject:_currencyCode
              forKey:kRNMoneyCurrencyCodeKey];
}

- (NSString *)localizedStringForLocale:(NSLocale *)aLocale
{
  NSNumberFormatter *formatter = [[NSNumberFormatter alloc]
                                    init];
  [formatter setLocale:aLocale];
  [formatter setCurrencyCode:self.currencyCode];
  [formatter setNumberStyle:NSNumberFormatterCurrencyStyle];
  return [formatter stringFromNumber:self.amount];
}

- (NSString *)localizedString {
  return [self localizedStringForLocale:
          [NSLocale currentLocale]];
}

- (NSString *)description {
  return [self localizedString];
}

@end
```

## 16.5　nib 文件和 Base Internationalization

　　iOS 6 增加了一个新的功能，叫做 Base Internationalization。在 Project Info 界面上，选择 Use Base Internationalization，Xcode 会将工程转到新系统。在引入 Base Internationalization 之前，你需要为每个语言环境分别准备一整套 nib 文件。利用 Base Internationalization，nib 和故事板文件都会有一份未本地化的版本，每种语言也都会有一份字符串文件。iOS 会负责在运行时将所有字符串插入到 nib 文件中，极大地简化了 nib 文件的本地化工作。但在某些情况下，还是要创建单独的本地化 nib 文件。

　　有些语言要求完全不同的布局。举个例子，看上去要"大一些"的语言（比如俄语），跟密集型语言（如汉语）可能没法用为英语和法语设计的布局。从右向左的语言可能也需要一些特殊的处理。幸好，使用 Base Internationalization 时，你仍然可以为每种语言创建一份 nib 文件。

## 16.6　本地化复杂字符串

　　不同语言中的句子结构完全不同。这意味着你几乎无法利用下面这些部分凑出一句正确的话：

```
NSString *intro = @"There was an error deleting";
NSString *num = [NSString stringWithFormat:@"%d", 5];
```

```
NSString *tail = @"objects.";
NSString *str = [NSString stringWithFormat:@"%@ %@ %@",
                     intro, num, tail]; // Wrong
```

这段代码的问题在于当你将 "There was an error deleting" 和 "objects" 翻译成其他语言时，可能没法按同样的顺序将它们拼接在一起。应该将整个字符串一起本地化，像下面这样：

```
NSString *format = NSLocalizedString(
               @"There was an error deleting %d objects",
               @"Error when deleting objects.");
NSString *str = [NSString stringWithFormat:format, 5];
```

有些语言中的复数可能要比英语中复杂得多。举个例子，有的语言在描述两个或两个以上的事物时，可能会使用特定的单词形式。不要认为不止一个的情况就应该用该语言中的复数形式。要很好地解决这个问题很难，所以应该尽量避免这种情况。不要用专门的代码来尝试在复数形式的末尾加上一个 s，因为这样几乎就没法翻译了。好的译者会帮你组织语言，以便翻译得更地道。

应该尽早跟本地化服务提供商联系，了解本地化的工作流程，以及如何调整你的开发流程，使其更便于本地化工作的开展。图 16-1 演示了一种很好的方法。

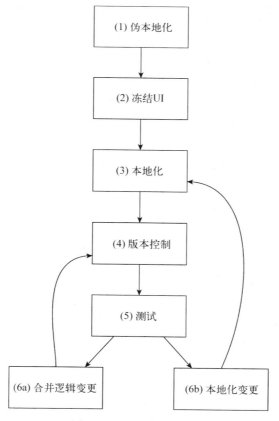

图 16-1　本地化工作流程

(1) 伪本地化　在开发过程中，最好从一开始就做一些本地化的实验，以便尽早解决所有的本地化问题。伪本地化是将字符串本地化为无意义语言的过程。一种常见的无意义语言就是将所有的元音字母替换成字母 x。举个例子，"Press here to continue"会变成"Prxss hxrx tx cxntxnxx"。这种"翻译"可以由开发者来完成，只用一个简单的脚本就够了。这样哪里用到了非本地化字符串就非常明显了。这样并不能保证找到所有的问题，尤其是不足以发现由其他字符串拼接起来的字符串，但它能在你付费找真正的翻译之前就帮你发现许多简单的问题。需要为这种本地化提供一个语言代码，为此可以选一种你的应用不准备支持的语言。如果你使用的是美式英语，不打算为应用做英式英语本地化，那英式英语就特别适合。这样，你仍然能够轻松地看懂 iPhone 界面的剩余部分。

(2) 冻结 UI　在应用开发周期中应该有一个明确的时间点来冻结 UI。在此之后要坚决杜绝会影响本地化的资源变更。许多团队都会在这个时间点发布一个单语言版本的产品，然后再发布本地化更新。如果市场能够接受这段延迟的话，这是最简单的方法。

(3) 本地化　将资源文件发给本地化服务提供商之后，他们会发回翻译完成的文件。

(4) 版本控制　在修改 nib 文件时，需要记录本地化服务提供商发给你的原始文件，然后锁定 nib 文件中的可本地化属性（解锁不可本地化的属性）。之后再将这些放到一个版本控制系统中，或者将它们保存到另外一个目录中。

(5) 测试　你需要做大量的测试来保证一切都正常工作。理想情况下，需要找一些以你本地化的每种目标语言为母语的人来测试应用中的所有 UI 元素，以保证所有翻译都很地道，而且没有遗漏。好的本地化人员可以协助完成这项任务。

(6a) 合并逻辑变更　特定的 nib 文件变更并不会影响本地化。对连接或类名的变更不会改变布局或资源文件。这些都是逻辑变更，而不是本地化变更。可以像下面这样合并本地化的 nib 文件：

```
ibtool --previous-file ${OLD}/en.lproj/MyNib.nib
       --incremental-file ${OLD}/fr.lproj/MyNib.nib
       --strings-file ${NEW}/fr.lproj/Localizeable.strings
       --localize-incremental
       --write ${NEW}/fr.lproj/MyNib.nib
       ${NEW}/en.lproj/MyNib.nib
```

它会计算英语 MyNib.nib 新旧版本之间未本地化的变更，再将这些更改应用到旧版本的法语 MyNib.nib 中，作为新的法语 nib 文件。只要保存好本地化人员提供给你的最初文件，这种方法就能很好地解决非布局方面的变更问题，而且可以很方便地通过脚本编程实现。

(6b) 本地化变更　如果你做了一些本地化变更，比如改变了已本地化的 nib 文件的布局，或是修改了一个字符串，就需要从头开始这个过程，并将这些变更发给本地化人员。可以重用之前的字符串翻译，这么做会大大提高效率，但仍然很麻烦。所以，应尽量避免在开发后期引入这类变更。

## 16.7　小结

本地化一直以来都是个复杂的主题，但如果你能够较早地找到一位好的本地化伙伴开展合作，并遵循本章详细介绍的最佳实践，就能为你的应用打开新市场做好充分准备。

# 16.8 扩展阅读

### 1. 苹果文档

下面的文档位于 iOS Developer Library（https://developer.apple.com/library/ios/navigation/index.html）中，通过 Xcode Documentation and API Reference 也可以找到。

- ☐ *Data Formatting Guide*
- ☐ *Internationalization Programming Topics*
- ☐ *Locales Programming Guide*

### 2. WWDC 讲座

- ☐ WWDC 2012，"Session 244: Internationalization Tips and Tricks"
- ☐ WWDC 2013，"Session 219: Making Your App World-Ready"

16

# 第 17 章

# 调　试 *17*

开发软件过程中最难的部分就是调试。调试非常困难，如果用低级语言（相对于 Java、C#等高级开发语言）来开发软件，那么调试就更加困难了。你经常会听到 iOS 开发人员用一些流行的行话，如dSYM 文件、符号化和崩溃转储，而不是栈轨迹。

本章将会介绍苹果的 LLDB（Lower Level DeBugger，底层调试器），还会介绍一些常用的术语（如dSYM、符号化），以及另外一些跟其他编程语言不同的术语。苹果在将 GDB 替换成 LLDB 时，做了很大的修改，所以本章要介绍的所有内容几乎都是针对 LLDB 的。如果你仍在使用 GDB，那么确实应该换成较新的 LLDB 了。本章会展示 Xcode 中有助于调试和能够显现 LLDB 控制台强大之处的一些功能。在本章后面，你会学到收集崩溃报告的不同技术，包括若干第三方服务。

## 17.1　LLDB

LLDB 是用 LLVM 中可重用组件构建的下一代高性能调试器，包括完整的 LLVM 编译器，其中就有 LLVM 的 Clang 表达式解析器和反汇编程序。对最终用户（也就是开发人员）来说，这意味着 LLDB 能理解你的编译器所理解的语法，包括 Objective-C 字面量和 Objective-C 属性的点标记法。编译器级精度的调试器是说添加到 LLVM 的所有新功能也自动适用于 LLDB。

Xcode 的前一版调试器 GDB，并不是真的"懂"Objective-C。因此，像 po self.view.frame 这样简单的类敲起来也很麻烦。你需要键入 po [[self view] frame]。当替换编译器时，我们就需要改进调试器。由于 GDB 是一个整体，所以没办法解决这个问题。开发者必须重新编写一个调试器。LLDB 是模块化的，而为调试器提供 API 支持和脚本编程接口是设计目标之一。事实上，LLDB 命令行调试器会通过这个 API 链接到 LLDB 库。本章后面介绍调试器脚本编程时会详细介绍如何编写LLDB 脚本，使调试环节更容易。

## 17.2　使用 LLDB 进行调试

对大多数开发人员来说，使用 LLDB 进行调试跟使用 GDB 的差别微乎其微。多数情况下，除了一些明显的修改，比如支持 Objective-C 的属性和字面量，你甚至都不会注意到它们的差别。不过，了解 LLDB 的内部工作机制及它所带来的细微差异，可以让你成为更好的开发人员，并超越极限。毕竟，你学习本书的目的是为了掌握一些高级概念，帮助你超越极限，不是吗？下面几节将会详细介绍这些内容。了解了背景知识后，开始我们的旅程吧。

### 17.2.1　dSYM 文件

调试信息文件（dSYM）中存储着与目标有关的调试信息。它都含有哪些信息？为什么最开始就需要调试信息文件？用任何一种编程语言写的代码都需要一个编译器，将这些代码翻译成可被运行时环境理解的某种中间语言，或者是可在机器的体系结构上直接运行的原生机器码。

调试器通常会集成在开发环境中。开发环境通常支持放置断点使应用停止运行，从而查看代码中变量的值。也就是说，调试器能够实时地使应用停止运行，这样你就可以查看变量和寄存器。有两类重要的调试器：符号调试器和机器语言调试器。机器语言调试器能够在运行到断点时显示逆向过来的汇编代码，允许你观察寄存器的值和内存地址。汇编程序员通常使用这种调试器。符号调试器能够在调试代码时显示应用中使用的符号或变量。跟机器语言调试器不同，符号调试器允许你观察代码中的符号，而不是寄存器和内存地址。

让符号调试器工作起来，需要一个编译过的代码和你编写的源代码之间的链接或映射。这正是调试信息文件中所包含的内容。有些语言，比如 Java，会在字节码中注入调试信息。另一方面，Microsoft Visual Studio 则支持多种形式，包括独立的 PDB 文件。

> PHP、HTML 或 Python 等语言则有所不同。它们通常没有编译器，所以从某种程度上说，它们不该划归到编程语言的类别中。从技术上看，PHP 和 Python 是脚本语言，而 HTML 则是一种标记语言。

调试器使用这个调试信息文件将编译过的代码——不管是中间代码还是机器码——映射回源代码。可以将调试信息文件当做游客游览陌生城市时参考的地图。调试器能够参考调试信息文件，根据你在源代码中放置的断点让应用停在正确的位置。

Xcode 的调试信息文件称做 dSYM 文件（因为文件的扩展名为.dSYM）。

> 从技术上说，每个 dSYM 文件都是一个包，它包含一个符合 DWARF 规范并用你的目标名命名的文件。

创建新工程时，默认设置是自动创建一个调试文件。在如图 17-1 所示的工程文件中的 Build Settings 选项卡下面有个 Build Options，它就是用来进行这项设置的。

图 17-1　目标设置中的 Debug Information Format 设置

dSYM 文件会在每次构建工程时自动创建，还可以使用命令行工具 dsymutil 创建 dSYM 文件。

## 17.2.2　符号化

包括 LLVM 在内的编译器都是用来将源代码转换成汇编代码的。所有汇编代码都有一个基地址，你定义的变量、用到的栈和堆都会依赖这个基地址。每次运行应用时，这个基地址都会改变，尤其是在 iOS 4.3 及以上版本的操作系统中，这些操作系统都采用了地址空间布局随机化（Address Space Layout Randomization）机制。符号化是用方法名和变量名（统称为符号）来替换基地址的过程。基地址是应用的入口地址，通常就是 main 方法，除非你是在写一个静态库。可以符号化其他符号，方法是计算它们相对于基地址的偏移，然后将它们映射到 dSYM 文件中。不用担心，符号化过程（几乎是透明的）在用 Xcode 调试应用时才会进行，或者是在用 Instruments 做性能计数分析时进行。

> Instruments 也需要调试信息文件，对运行中的目标进行符号化，并使用 Spotlight 找到这个文件。如果将.dSYM 扩展名添加到 Spotlight 的排除过滤器中，在 Instruments 中就看不到变量名（符号名）了。更常见的是，当你的硬盘访问权限，尤其是访问 Derived Data 目录的权限损坏时，这种情况就会出现。简单运行一下硬盘工具应该就能修复这个问题，然后就可以继续运行和使用它了。

### 1. Xcode 的符号化

不过有时需要手动将二进制格式的文件或崩溃报告（后者更常见）符号化。本节后面会介绍可以用来分析和修复应用中问题的各种崩溃报告，包括一个崩溃报告收集工具和一些第三方崩溃报告服务。使用苹果提供的 iTunes Connect 崩溃报告时，你只能看到满篇的地址和十六进制码。如果没有进行正确的符号化，你没法看懂里面究竟说的是什么。幸好，将一个崩溃报告拖到 Xcode 中时，它会对崩溃报告进行符号化。那么，Xcode 如何知道相应的 dSYM 文件呢？为了让这种符号化能够自动进行，要用 Xcode 的 Build and Archive 选项来构建提交到 App Store 的应用。

### 2. xcarchive 的内部机制

我们快速看一下 Xcode 创建的 xcarchive 包，它里面包含如下目录：dSYMs、Products 以及一个 Info.plist 文件。dSYMs 目录含有工程中包含的目标/静态库对应的所有 dSYM 文件。Products 目录含有所有的可执行二进制文件。Info.plist 文件与工程中的 plist 文件相同。Info.plist 文件对于识别 xcarchive 包中的 target/dsym 版本非常重要。事实上，当你将从 iTunes Connect 中得到的.crash 文件拖到 Xcode 中时，Xcode 内部会查找归档文件，找出与崩溃报告匹配的 Info.plist 文件，然后从那个归档文件的 dSYMs 目录获取.dSYM 文件。这就是不能删除已提交归档文件的原因。如果在完成应用提交之后就删除了这些归档文件，那么当你尝试对一个崩溃报告进行符号化时，很有可能陷入困境。

### 3. 将 dSYM 提交到版本控制系统中

另一个储存 dSYM 的方法是将它们提交到版本控制系统中。从 iTunes Connect 中拿到崩溃报告时，可以检验跟提交的版本对应的 dSYM，并通过匹配崩溃报告和 dSYM 对崩溃报告进行符号化。这样，团队中的所有开发人员都能够访问 dSYM 文件，而对崩溃的调试则可以由任何团队成员来完成，而不必将 dSYM 作为 Email 附件发过来发过去。

> 不要将每个 commit 生成的 dSYM 都提交到 develop 或 feature 分支，应该只在发布时提交。如果你使用的是第 2 章中介绍的 Git，应该在每次发布时都将 dSYM 提交到 master 分支。还有一些其他的替代方案，包括一些在服务器端做符号化的第三方服务。17.10 节会详细讨论。

## 17.3　断点

断点用来暂停调试器，实时查看符号和对象。包括 LLDB 在内的有些调试器支持移动指令指针（instruction pointer），从另外一个位置继续调试。可以通过 Xcode 在应用中设置 LLDB 断点。只要滚动到要设置断点的那行，点击 Xcode 界面中的 Product→Debug→Add Breakpoint at Current Line 菜单命令，或者按下 Cmd+\即可。

### 断点导航面板

添加到工程中的断点会自动在断点导航面板中列出。可以使用快捷键组合 Cmd+6 来访问断点导航面板。

断点导航面板还支持为异常和符号设置断点。

#### 1. 异常断点

在代码有问题导致抛出异常时，异常断点会停止程序的执行。Foundation.framework 的 NSArray、NSDictionary 或 UIKit 类（比如 UITableView 方法）中的一些方法会在不能满足特定条件的情况下抛出异常。这些场景包括尝试改变 NSArray 或是尝试访问越界的数组元素。UITableView 会在将行数声明为"n"而没有给每行都提供一个单元格时抛出异常。调试异常在理论上比较容易，但理解造成异常的源相当复杂。应用在崩溃时可能只会在日志中显示造成崩溃的那条异常。这些 Foundation.framework 方法会在整个工程中都用到，不设置异常断点，即使看了日志也不知道究竟发生什么了。设置了异常断点后，调试器会在异常抛出的瞬间暂停程序的执行，但在捕获异常之前，你需要在断点导航面板中查看崩溃了的那个线程的栈轨迹。

为了方便理解，我们比较一下使用和不使用异常断点调试应用的不同。

在 Xcode 中创建一个空应用（任何模板都能工作）。在应用委托中，添加以下行：

```
NSLog(@"%@", [@[] objectAtIndex:100]);
```

它会创建一个空数组，然后访问第一百个元素，并记录它。由于这种用法并不符合规范，执行该程序时它会崩溃，控制台会有如下输出，Xcode 会跳转到 main.m：

```
2012-08-27 15:25:23.040 Test[31224:c07] (null)
libc++abi.dylib: terminate called throwing an exception
(lldb)
```

但看看这难懂的日志消息，没人晓得背后发生了什么。要调试这样的异常，需要设置一个异常断点。

可以在断点导航面板中设置一个异常断点。打开断点导航面板，点击左下角的+按钮，选择 Add Exception Breakpoint，接受默认设置，新加一个断点，如图 17-2 所示。

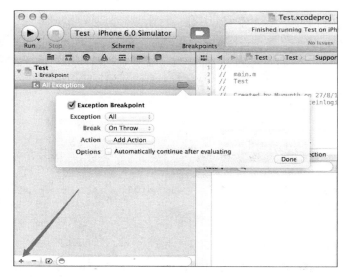

图 17-2 增加一个异常断点

再次运行该工程。你应该能看到调试器暂停了应用的执行，程序正好停在抛出异常的那行，如图 17-3 所示。

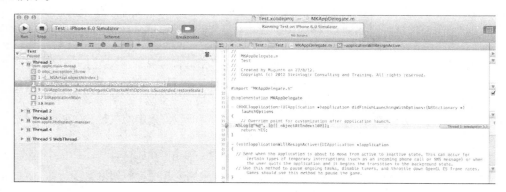

图 17-3 Xcode 在设置断点的位置停止执行应用

异常断点能帮你理解异常的起因。我在新建工程时，要做的第一件事就是设置一个异常断点。我强烈推荐这么做。

如果想快速运行应用而不想在任何断点处停留，那么可以在键盘上用快捷键 Cmd+Y 来禁用所有断点。

### 2. 符号断点

符号断点会在执行到特定符号时暂停程序。符号可以是一个方法名、类中的一个方法或者任何 C

方法（objc_msgSend）。

可以在断点导航面板中设置符号断点，跟设置异常断点差不多，不过要选择符号断点而不是异常断点。现在，对话框中输入了你关注的符号，如图 17-4 所示。

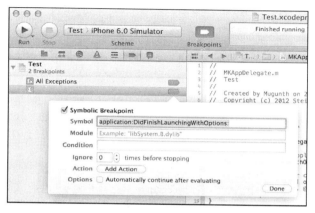

图 17-4　增加一个符号断点

现在键入 application:didFinishLaunchingWithOptions:，然后按下回车键。构建并运行应用。你应该看到调试器会在程序刚开始运行时就停止执行应用，并显示栈轨迹。

你查看的符号除了在 application:didFinishLaunchingWithOptions:中放置了一个断点，再没有其他好处。符号断点通常用来观察你要关注的方法，比如：

```
-[NSException raise]
malloc_error_break
-[NSObject doesNotRecognizeSelector:]
```

事实上，前一节创建的第一个异常断点与指向[NSException raise]的符号断点的意思是一样的。malloc_error_break 和[NSObject doesNotRecognizeSelector:]对调试与内存相关的崩溃非常有帮助。如果应用崩溃了并抛出 EXC_BAD_ACCESS，那么在其中一个或全部两个符号上设置断点能够帮助你定位问题。

### 3. 编辑断点

开发者创建的每个断点都可以在断点导航面板中修改。按住 Ctrl 键并点击断点，然后从菜单中选择 Edit Breakpoint 的方式来编辑断点。你会看到一个断点编辑页，如图 17-5 所示。

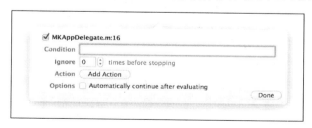

图 17-5　编辑断点

通常，断点会在每次执行到该行时停止程序的执行。你可以编辑断点来设置一个条件，从而创建一个条件断点，只在满足设定的条件时该断点才会执行。为什么这种断点会有用呢？假设你在遍历一个大型数组（$n>10\,000$），很确定 5500 之后的对象都有问题，你想知道为什么会出问题。常见的做法是，（在应用的代码中）编写额外的代码检查 5500 之后的索引值，然后在调试环节结束后删除这段代码。

举个例子，你可能会写出如下代码：

```
for(int i = 0 ; i < 10000; i ++) {
    if(i>5500) {
        NSLog(@"%@", [self.dataArray objectAtIndex:i]);
    }
}
```

并在 NSLog 处设置一个断点。更简洁的做法是向断点增加这个条件。在图 17-5 中，文本框是用来添加条件的。将这个条件设为 i>5500，然后运行应用。现在，断点只会在满足这个条件时停止应用的执行，而不是每次循环都停下来。

你可以定制断点来打印一个值、播放音频文件，或是执行一段动作脚本（添加了动作脚本的话）。举个例子，如果你正在遍历的对象是一些用户，想知道某个用户是否在这个列表中，这时可以编辑断点使其在运行到你关注的对象时再停下来。除此之外，在这个动作中，还可以选择一些音频片段来播放，执行一段苹果脚本或其他功能。点击 Action 按钮（参考图 17-5），选择自定义动作 Sound。现在，在断点处 Xcode 会播放你选择的音乐片段，而不是停下来。如果你是一名游戏开发人员，你感兴趣的可能是在特定条件发生时捕捉一个 Open GL ES 帧，这个选项在 Action 按钮中也可以找到。

### 4. 共享断点

断点现在与要保存到版本控制系统中的代码（或者只是代码片段）关联了起来。Xcode 4（及以上版本）允许将断点提交到版本控制系统，从而与合作者共享它们。你所要做的就是按住 Ctrl 键并点击一个断点，然后点击 Share。你的断点现在已经保存到了工程文件包的 xcshareddata 目录中。将该目录提交到版本控制系统中，就可以跟团队中的所有其他程序员共享你的断点了。

## 17.4　观察点

利用断点，能够在执行到特定行时暂停程序的执行；而利用观察点，可以在某个变量中保存的值发生变化时暂停程序的执行。观察点可以帮助解决与全局变量有关的问题，追踪具体是哪个方法改变了特定的全局变量。观察点跟断点很像，但不是在执行到某段代码时停止执行，而是在数据被修改时停止执行。

在面向对象的环境中，通常不会用全局变量来维护状态，因此观察点也可能不常用。不过，你可能会发现用它来跟踪单例对象、其他全局对象（比如 Core Data 永久存储协调器）或 API 引擎（比如第 12 章中创建的那个）的状态变化时很有用。可以在 RESTfulEngine 类的 accessToken 上设置一个观察点来了解引擎的认证状态变化。

---

　　不能在程序还没有开始运行时添加观察点。启动应用，打开观察窗口。默认情况下，观察窗口会列出局部作用域内的变量。在观察窗口中按下 Ctrl 键并点击一个变量。再点击 Watch <var> 菜单选项，在那个变量上增加一个观察点。你的观察点现在会在断点导航面板中列出。

# 17.5　LLDB 控制台

Xcode 的调试控制台窗口是一个功能完备的 LLDB 调试控制台。当（在断点处）暂停应用时，调试控制台会显示 LLDB 命令行提示符。你可以在该控制台上输入任何 LLDB 调试器命令来帮助调试，包括加载额外的 Python 脚本。

最常用的命令是 po，意为打印对象（print object）。当应用在调试器中暂停时，可以打印当前作用域内的任何变量。这包括所有的栈变量、类变量、属性、ivar 以及全局变量。总之，在断点处你的应用能访问的所有变量也都能通过调试控制台访问。

### 1. 打印标量变量

处理整型或结构体型（CGRect、CGPoint 等）标量时，要用 p，而不是 po，后跟结构体的类型，例如：

```
p (int) self.myAge
p (CGPoint) self.view.center
```

### 2. 打印寄存器

为什么需要打印寄存器中的值呢？你不会直接在 CPU 的寄存器上存储变量，对吗？是的，但寄存器中保存了跟程序状态有关的大量信息。这些信息与给定处理器体系结构上的子函数调用规范有关。了解这些信息能够大大地减少你的调试周期时间，让你的编程功力炉火纯青。

CPU 的寄存器用来存储常用的变量。编译器会对循环变量、方法参数及返回值等常用变量进行优化，将其放到寄存器中。当应用崩溃了但没有明显的原因时（应用经常会莫名其妙地崩溃，直到你找到问题所在，不是吗？），查看寄存器中保存的那些导致应用崩溃的方法名或选择器名会很有用。

> C99 语言标准定义了关键字 register，指导编译器将变量存储在 CPU 的寄存器中。举个例子，用 for (register int i = 0 ; i < n ; i++) 这样的方式声明一个 for 循环时，它会将变量 i 保存到 CPU 的寄存器中。注意，这个声明并不能保证变量一定保存到寄存器中，如果没有可用的空闲寄存器，编译器也可以将变量保存到内存中。

可以在 LLDB 控制台上用 register read 命令来打印寄存器。现在，创建一个应用，添加一段会造成应用崩溃的代码。

```
int *a = nil;
NSLog(@"%d", *a);
```

你创建了一个 nil 指针，并尝试访问该地址处的值。显然，这会抛出 EXC_BAD_ACCESS 异常。将前面的代码添加到 application:didFinishLaunchingWithOptions: 方法中，在模拟器上运行该应用。是的，我说的是在模拟器上。当应用崩溃时，打开 LLDB 控制台，输入以下命令来打印寄存器的值：

```
register read
```

你的控制台应该显示类似下面这样的输出：

## 寄存器内容（模拟器）

```
(lldb) register read
General Purpose Registers:
       eax = 0x00000000
       ebx = 0x07408520
       ecx = 0x00001f7e  Test`-[MKAppDelegate
       application:didFinishLaunchingWithOptions:] + 14 at
       MKAppDelegate.m:13
       edx = 0x00003604  @"%d"
       edi = 0x07122070
       esi = 0x0058298d  "application:didFinishLaunchingWithOptions:"
       ebp = 0xbfffde68
       esp = 0xbfffde30
        ss = 0x00000023
     eflags = 0x00010286  UIKit`-[UIApplication _
addAfterCACommitBlockForViewController:] + 23
       eip = 0x00001fca  Test`-[MKAppDelegate
       application:didFinishLaunchingWithOptions:] + 90 at
       MKAppDelegate.m:19
        cs = 0x0000001b
        ds = 0x00000023
        es = 0x00000023
        fs = 0x00000000
        gs = 0x0000000f

(lldb)
```

设备（ARM 处理器）上等价的输出如下所示：

## 寄存器内容（设备）

```
(lldb) register read
General Purpose Registers:
        r0 = 0x00000000
        r1 = 0x00000000
        r2 = 0x2fdc676c
        r3 = 0x00000040
        r4 = 0x39958f43  "application:didFinishLaunchingWithOptions:"
        r5 = 0x1ed7f390
        r6 = 0x00000001
        r7 = 0x2fdc67b0
        r8 = 0x3c8de07d
        r9 = 0x0000007f
       r10 = 0x00000058
       r11 = 0x00000004
       r12 = 0x3cdf87f4  (void *)0x33d3eb09: OSSpinLockUnlock$VARIANT$mp + 1
        sp = 0x2fdc6794
        lr = 0x0003a2f3  Test`-[MKAppDelegate
       application:didFinishLaunchingWithOptions:] + 27 at
       MKAppDelegate.m:13
        pc = 0x0003a2fe  Test`-[MKAppDelegate
       application:didFinishLaunchingWithOptions:] + 38 at
       MKAppDelegate.m:18
```

```
    cpsr = 0x40000030
```

```
(lldb)
```

　　你的输出可能会不同，要密切注意模拟器中的 eax、ecx 和 esi，或者设备上的 r0~r4 寄存器。这些寄存器都保存了一些你感兴趣的值。在模拟器中（运行在 Mac 的 Intel 处理器上），ecx 寄存器保存的是程序崩溃时调用的选择器名称。可以用如下方式通过指定寄存器名称将单独某个寄存器打印到控制台上：

```
register read ecx.
```

　　也可以指定多个寄存器：

```
register read eax ecx.
```

　　Intel 体系结构上的 ecx 寄存器和 ARM 体系结构上的 r15 寄存器保存的都是程序计数器。打印程序计数器的地址会显示最后执行的指令。类似地，eax（ARM 上是 r0）保存的是接收者的地址，而 ecx（ARM 上是 r4）保存的是最后调用的选择器（本例中，就是 application:didFinishLaunchingWithOptions:方法）。这些方法的参数都会保存到寄存器 r1~r3 中。如果你的选择器参数多于 3 个，那么它们会被保存到栈中，通过栈指针（r13）可以访问。sp、lr 和 pc 实际上是寄存器 r13、r14 和 r15 的别名。因此，register read r13 跟 register read sp 是一回事。

　　因此，*sp 和*sp+4 包含的是第四个和第五个参数的地址，以此类推。在 Intel 体系结构上，这些参数是以寄存器 ebp 中保存的地址开始的。

　　从 iTunes Connect 上下载的崩溃报告通常含有寄存器的状态。因此，了解 ARM 体系结构上的寄存器分布能够帮助你更好地分析崩溃报告。以下就是一份崩溃报告中的寄存器状态。

### 崩溃报告中的寄存器状态

```
Thread 0 crashed with ARM Thread State:
    r0: 0x00000000    r1: 0x00000000    r2: 0x00000001    r3: 0x00000000
    r4: 0x00000006    r5: 0x3f871ce8    r6: 0x00000002    r7: 0x2fdffa68
    r8: 0x0029c740    r9: 0x31d44a4a   r10: 0x3fe339b4   r11: 0x00000000
    ip: 0x00000148    sp: 0x2fdffa5c    lr: 0x36881f5b    pc: 0x3238b32c
  cpsr: 0x00070010
```

　　通过 otool，就能打印出应用中使用的方法。用 grep 命令找出程序计数器中保存的地址，你就能发现应用崩溃时执行到哪个方法了。

```
otool -v -arch armv7 -s __TEXT __cstring &ltyour image> | grep 3238b32c
```

　　这里，要将<*your image*>替换为崩溃的应用图片（可以将它提交到代码仓库中，或者保存到 Xcode 的应用归档中）。

　　注意，你在本节中学到的内容都跟处理器体系结构紧密相关。如果苹果将来改变了 iOS 适用的 CPU 规格（从 ARM 变成其他的），那么这部分内容也可能要改变。不过，只要你掌握了基础知识，应该能将它应用到任何新的处理器上。

### 3. 调试器脚本编程

　　LLDB 调试器的设计由底至上都支持 API 和插件接口。针对 LLDB 的 Python 脚本编程就受益于这些插件接口。如果你是一名 Python 程序员，可能会惊喜地发现 LLDB 支持导入 Python 脚本来帮助调试；也就是说，可以用 Python 写个脚本，将它导入到 LLDB 中，然后用这个脚本查看变量。如果你不是 Python 程序员，那么可以直接跳过本节内容。

假设你要从包含 10 000 个对象的大数组中查找一个元素。针对该数组的一条简单的 po 命令会列出所有的 10 000 个对象，仅凭肉眼观察很难找到这个元素。如果你有一个脚本，可以将这个数组作为参数接收，然后自动找到要查看的对象，那就可以将这个脚本导入到 LLDB 中，用来调试。

可以在 LLDB 提示符中键入 script 来启动 Python shell。命令行提示符会由 (lldb) 变为 >>>。在脚本编辑器中，可以用 Python 变量 lldb.frame 来访问 LLDB 的调用栈帧。所以 lldb.frame.FindVariable("a")会从当前 LLDB 调用栈帧中得到变量 a 的值。如果你正通过遍历数组查找一个特定值，可以将 lldb.frame.FindVariable("myArray")赋给一个变量，并将它传给 Python 脚本。

下面的代码说明了具体的做法。

**调用 Python 脚本搜索一个对象**

```
>>> import mypython_script
>>> array = lldb.frame.FindVariable ("myArray")
>>> yesOrNo = mypython_script.SearchObject (array, "<search element>")
>>> print yesOrNo
```

这段代码假设你在 mypython_script 文件中写了一个 SearchObject 函数。本书不会介绍 Python 脚本的具体实现机制。

## 17.6    **NSZombieEnabled** 标志

本章主要介绍调试，如果不提 NSZombieEnabled 环境变量，那么内容就不完整。NSZombieEnabled 变量用来调试与内存相关的问题，跟踪对象的释放过程。启用了 NSZombieEnabled 的话，它会用一个僵尸实现来替换默认的 dealloc 实现，也就是在引用计数降到 0 时，该僵尸实现会将该对象转换成僵尸对象。僵尸对象的作用是在你向它发送消息时，它会显示一段日志并自动跳入调试器。

所以，当在应用中启用 NSZombie 而不是让应用直接崩溃掉时，一个错误的内存访问就会变成一条无法识别的消息发送给僵尸对象。僵尸对象会显示接收到的消息，然后跳入调试器，这样你就可以查看到底哪里出了问题。

可以在 Xcode 的 scheme 页面中设置 NSZombieEnabled 环境变量。点击 Product→Edit Scheme 打开该页面，然后勾选 Enable Zombie Objects 复选框，如图 17-6 所示。

僵尸在 ARC 出现以前作用很大。但自从有了 ARC，如果你在对象的所有权方面比较注意，那么通常不会碰到与内存相关的崩溃。

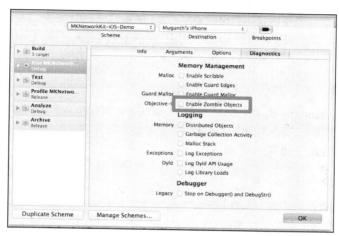

图 17-6　启用僵尸对象

## 17.7　不同的崩溃类型

用编程语言编写的软件跟用脚本或标记语言编写的 Web 应用的差别在于，前者在出问题时会崩溃。由于 Web 应用运行在浏览器环境中，所以 Web 应用很少会对内存的使用造成破坏或是导致浏览器崩溃。如果你以前使用的是高级开发语言，那么可能不太了解 Xcode 用来表示各种崩溃类型的术语。本节会补充一些这方面的知识。崩溃通常是指操作系统向正在运行的程序发送的信号。

### 17.7.1　EXC_BAD_ACCESS

在访问一个已经释放的对象或向它发送消息时，EXC_BAD_ACCESS 就会出现。造成 EXC_BAD_ACCESS 最常见的原因是，在初始化方法中初始化变量时用错了所有权修饰符，这会导致对象被释放。举个例子，在 viewDidLoad 方法中为 UITableViewController 创建了一个包含元素的 NSMutableArray，却将该数组的所有权修饰符设成了 unsafe_unretained 或 assign 而不是 strong。现在在 cellForRowAtIndexPath:中，若要访问已经释放掉的对象时，就会得到名为 EXC_BAD_ACCESS 的崩溃。有了上一节介绍的 NSZombieEnabled 环境变量，调试 EXC_BAD_ACCESS 就变得非常容易了。

### 17.7.2　SIGSEGV

段错误信号（SIGSEGV）是操作系统产生的一个更严重的问题。当硬件出现错误、访问不可读的内存地址或向受保护的内存地址写入数据时，就会发生这个错误。

硬件错误这一情况并不常见。当要读取保存在 RAM 中的数据，而该位置的 RAM 硬件有问题时，你会收到 SIGSEGV。SIGSEGV 更多是出现在后两种情况。默认情况下，代码页不允许进行写操作，而数据页不允许进行执行操作。当应用中的某个指针指向代码页并试图修改指向位置的值时，你会收到 SIGSEGV。当要读取一个指针的值，而它被初始化成指向无效内存地址的垃圾值时，你也会收到 SIGSEGV。

SIGSEGV 错误调试起来更困难，而导致 SIGSEGV 的最常见原因是不正确的类型转换。要避免过度使用指针或尝试手动修改指针来读取私有数据结构。如果你那样做了，而在修改指针时没有注意内存对齐和填充问题，就会收到 SIGSEGV。

### 17.7.3  **SIGBUS**

总线错误信号（SIGBUG）代表无效内存访问，即访问的内存是一个无效的内存地址。也就是说，那个地址指向的位置根本不是物理内存地址（它可能是某个硬件芯片的地址）。SIGSEGV 和 SIGBUS 都属于 EXC_BAD_ACCESS 的子类型。

### 17.7.4  **SIGTRAP**

SIGTRAP 代表陷阱信号。它并不是一个真正的崩溃信号。它会在处理器执行 trap 指令时发送。LLDB 调试器通常会处理此信号，并在指定的断点处停止运行。如果你收到了原因不明的 SIGTRAP，先清除上次的输出，然后重新进行构建通常能解决这个问题。

### 17.7.5  **EXC_ARITHMETIC**

当要除零时，应用会收到 EXC_ARITHMETIC 信号。这个错误应该很容易解决。

### 17.7.6  **SIGILL**

SIGILL 代表 SIGNAL ILLEGAL INSTRUCTION（非法指令信号）。当在处理器上执行非法指令时，它就会发生。执行非法指令是指，将函数指针传给另外一个函数时，该函数指针由于某种原因是坏的，指向了一段已经释放的内存或是一个数据段。有时你收到的是 EXC_BAD_INSTRUCTION 而不是 SIGILL，虽然它们是一回事，不过 EXC_*等同于此信号不依赖体系结构。

### 17.7.7  **SIGABRT**

SIGABRT 代表 SIGNAL ABORT（中止信号）。当操作系统发现不安全的情况时，它能够对这种情况进行更多的控制；必要的话，它能要求进程进行清理工作。在调试造成此信号的底层错误时，并没有什么妙招。cocos2d 或 UIKit 等框架通常会在特定的前提条件没有满足或一些糟糕的情况出现时调用 C 函数 abort（由它来发送此信号）。当 SIGABRT 出现时，控制台通常会输出大量的信息，说明具体哪里出错了。由于它是可控制的崩溃，所以可以在 LLDB 控制台上键入 bt 命令打印出回溯信息。

下面显示了控制台上输出的出现 SIGABRT 时的回溯信息。

**输出回溯信息的原因通常是由于出现了 SIGABRT**

```
(lldb) bt
* thread #1: tid = 0x1c03, 0x97f4ca6a libsystem_kernel.dylib`__pthread_kill
 + 10, stop reason = signal SIGABRT
   frame #0: 0x97f4ca6a libsystem_kernel.dylib`__pthread_kill + 10
   frame #1: 0x92358acf libsystem_c.dylib`pthread_kill + 101
   frame #2: 0x04a2fa2d libsystem_sim_c.dylib`abort + 140
   frame #3: 0x0000200a Test`-[MKAppDelegate
    application:didFinishLaunchingWithOptions:] + 58 at MKAppDelegate.m:16
```

### 17.7.8 看门狗超时

这种崩溃通常比较容易分辨，因为错误码是固定的 `0x8badf00d`。（程序员也有幽默的一面，他们把它读作 Ate Bad Food。）在 iOS 上，它经常出现在执行一个同步网络调用而阻塞主线程的情况。因此，永远不要进行同步网络调用。

> 有关网络方面的更多详细信息，可以参考第 12 章。

### 17.7.9 自定义错误信号处理程序

借助 C 函数 `sigaction` 并提供一个指向信号处理函数的指针，可以覆盖默认的信号处理程序。`sigaction` 函数会接受 `sigaction` 结构作为参数，该结构中含有指向要调用的自定义函数的指针，如下面的代码所示。

**处理信号的自定义代码**

```
void SignalHandler(int sig) {
    // 此处添加自定义信号处理程序
}
// 将这段代码放到启动代码中
struct sigaction newSignalAction;
memset(&newSignalAction, 0, sizeof(newSignalAction));
newSignalAction.sa_handler = &SignalHandler;
sigaction(SIGABRT, &newSignalAction, NULL);
```

在这段代码中，我们添加了一个自定义 C 函数来处理 `SIGABRT` 信号。还可以用类似的代码为其他信号添加处理方法。

更复杂的方法是使用 Matt Gallagher 开发的一个开源类 `UncaughtExceptionHandler`，来处理没有捕获到的异常。Matt 是知名 cocoa 博客 *Cocoa with Love* 的作者。默认的处理程序会显示一个错误警报。你可以简单地对它进行定制，让它保存应用的状态并向服务器提交一份崩溃报告。Matt 的博文链接可以在 17.13 节中找到。

## 17.8 断言

使用断言可以有效地防止程序错误。断言要求程序中特定的语句必须为真。如果不为真，说明程序正处于一种无法预测的运行状态，这时候程序不应该继续执行下去。下面是 `NSAssert` 的一个例子：
`NSAssert(x == 4, @"x must be four");`

如果测试条件返回 `NO`，`NSAssert` 就会抛一个异常。异常处理程序捕获异常之后，会调用 `abort` 结束程序。Mac 开发中，出现异常时只结束当前循环。而在 iOS 中，不论在哪个线程中发生异常，默认行为都是调用 `abort` 结束整个程序。

> 从技术角度来说，abort 向进程发送一个 SIGABRT 信号。信号处理程序会捕获这个信号然后做出相应处理。不建议自己捕获 SIGABRT 信号，除非是要用在 crash 报告中。17.10 节会详细介绍如何处理程序崩溃。

可以在编译设置面板的 "Preprocessor Macros"（GCC_PREPROCESSOR_DEFINITIONS）中设置 NS_BLOCK_ASSERTIONS 以禁用 NSAssert。至于最终发布代码中是否需要禁用 NSAssert，不同的人看法不同。这取决于当程序处于非法状态的时候，你是希望它停止运行还是希望它紊乱运行。建议在发布版代码中禁用断言。在某些情况下程序错误可能只会造成非常小的问题，但是断言会导致程序崩溃。Xcode 4 在默认情况下会禁用发布版代码中的断言。

虽然我会在发布版代码中删除断言，但是我并不会忽视断言错误。实际上，断言错误属于"永远不该发生"的错误，应该记录到日志中。设置 NS_BLOCK_ASSERTIONS 会从程序中完全删除断言，而我建议对断言做些改动以便在日志中留下记录。下面代码中的 RNLogBug（NSLog 的一个别名）函数可以用来记录日志。不建议经常使用#define，不过用在这里是非常必要的，因为需要把__FILE__和__LINE__转换为调用者代码所在的文件和行号。

下面的代码把 NSCAssert 包装为 RNCAssert，还定义了一个辅助函数 RNAbstract。在 C 语言中使用断言的时候应该使用 NSCAssert。

**RNAssert.h**
```
#import <Foundation/Foundation.h>

#define RNLogBug NSLog //如果用的是 Lumberjack 日志框架，要把 NSLog 换成 DDLogError

//RNAssert 和 RNCAssert 会记录日志（即使是在发布版代码中），
//除此之外它们与 NSAssert 和 NSCAssert 完全一样

#define RNAssert(condition, desc, ...) \
  if (!(condition)) { \
    RNLogBug((desc), ## __VA_ARGS__); \
    NSAssert((condition), (desc), ## __VA_ARGS__); \
  }

#define RNCAssert(condition, desc) \
  if (!(condition)) { \
    RNLogBug((desc), ## __VA_ARGS__); \
    NSCAssert((condition), (desc), ## __VA_ARGS__); \
  }
```

断言应该位于导致程序崩溃的代码之前。看下面的例子（假设你使用 RNAssert 记录日志，包括在发布版代码中）：
```
RNAssert(foo != nil, @"foo must not be nil");
[array addObject:foo];
```
如果这里会导致断言失败，那么即使关闭断言程序也依然会崩溃。所以要将代码改为下面这样：
```
RNAssert(foo != nil, @"foo must not be nil");
if (foo != nil) {
```

```
    [array addObject:foo];
}
```

这样就好多了，RNAssert 可以记录日志。但是这里有冗余代码，如果断言条件和 if 条件不匹配，就可能产生 bug。建议使用下面的方式：

```
if (foo != nil) {
    [array addObject:foo];
}
else {
    RNAssert(NO, @"foo must not be nil");
}
```

这样就保证了断言条件跟 if 条件总是匹配，这是一种比较好的断言使用方式。另外，建议在 switch 语句的 default 分支中使用断言：

```
switch (foo) {
    case kFooOptionOne:
        ...
        break;
    case kFooOptionTwo:
        ...
        break;
    default:
        RNAssert(NO, @&#x201D;Unexpected value for foo: %d", foo):
        break;
}
```

这样一来，如果 foo 的可能值增加了而 switch 块没有进行相应更新，那就会导致断言失败。

## 17.9 异常

在 Objective-C 中，异常并不是处理错误的正常方式。以下内容出自 *Exception Programming Topics*（http://developer.apple.com）：

> Cocoa 框架通常不是异常安全的（Exception-safe）。异常只用来处理程序员犯的错误，程序捕获到这种异常之后应该尽快退出运行。

简单来说，在 Objective-C 中，异常不是用来处理那些可恢复的错误的。异常是用来处理那些永远不应该发生却发生了的错误，而这时候应该结束程序运行。异常跟 NSAssert 比较像，事实上，NSAssert 就是作为异常实现的。

Objective-C 在语言层面提供了对@throw 和@catch 这些异常处理指令的支持，但是不建议使用。不需要在代码中捕获异常，程序层面的全局异常处理器会替你处理各种异常。如果希望抛出一个异常来表明程序错误，最好是使用 NSAssert 抛出 NSInternalInconsistencyException 异常，或者是抛出自定义的异常对象（继承自 NSException）。可以自定义异常对象，不过建议使用更加简洁的 +raise:format:方法：

```
[NSException raise:NSRangeException
        format:@"Index (%d) out of range (%d...%d)",
            index, min, max];
```

通常不需要这么做，使用 NSAssert 更简洁也更有用。也不建议自己捕获异常，NSRangeException 跟 NSInternalInconsistencyException 之间的区别基本没什么用。

在 Objective-C 中，ARC 默认情况下不是异常安全的，有可能因为异常而产生严重的内存泄漏。理论上来说，Objective-C++中的 ARC 是异常安全的，但是@autoreleasepool 块仍然可能导致后台线程发生内存泄漏。使用异常安全的 ARC 会导致性能下降，这也是应该避免大量使用 Objective-C++的原因之一。在 Clang 中，指定-fobjc-arc-exceptions 编译标志就可以使用异常安全的 ARC。

## 17.10    收集崩溃报告

在开发 iOS 应用时，有几种收集崩溃转储的途径。本节会介绍收集崩溃报告最常用的方法，也就是从 iTunes Connect 中收集。我还会介绍另外两个第三方服务，它们除了提供崩溃报告，还提供了服务器端符号化功能。

### iTunes Connect

iTunes Connect 允许下载应用的崩溃报告。可以登录 iTunes Connect，然后到应用的详细信息页面下载崩溃报告。从 iTunes Connect 中拿到的崩溃报告并没有经过符号化，你应该用构建提交的应用时生成的 dSYM 文件来对其进行符号化。可以用 Xcode 自动完成，或是手动进行（使用命令行工具 symbolicatecrash）。

#### 1. 收集崩溃报告

当你的应用在客户的设备上崩溃时，苹果会将崩溃转储上传到它的服务器。但要记住，这种情况只会出现在用户同意向苹果提交崩溃报告时。尽管大多数用户会提交崩溃报告，但有些用户可能不会同意。因此，iTunes 的崩溃报告可能无法代表真实的崩溃数。

#### 2. 使用 Xcode 对从 iTunes Connect 上获得的崩溃报告进行符号化

如果你是在独自开发，那么使用 Xcode 的自动符号化才更有用，这种方式要简单一些。相比而言，手动符号化方式几乎没有其他优势。作为开发人员，你只要用 Xcode 的 Build→Archive 选项创建产品的归档文件，然后将该归档文件提交到 App Store。该归档文件含有产品和 dSYM 文件。千万不要删除该归档文件，即使你的应用已经通过审核在 App Store 中上架了。你提交的每个应用（包括应用的多个版本），都要在 Xcode 中有对应的归档文件。

#### 3. 手动对从 iTunes Connect 上获得的崩溃报告进行符号化

当开发人员不止一个时，每个团队成员都要能对给定的崩溃报告进行符号化。如果你依赖 Xcode 自带的 Archive 命令来存储 dSYM，只有向 App Store 提交应用的那个开发人员才能够对崩溃报告进行符号化。而要让其他开发人员对其进行符号化，你可能要将那个归档文件在 Email 中传来传去，这么做貌似不太合适。我的建议是将每次正式发布的归档文件都提交到版本控制系统中。

在 Organizer 中，切换到 Archives 选项卡，使用 Cmd 键并点击你刚刚提交的归档文件。在 Finder 中找到该文件，将它复制到工程目录中，然后将它提交到发布分支。从苹果那里拿到崩溃报告后，可以从版本控制系统中找出跟崩溃报告对应的那个归档文件。也就是说，如果崩溃报告是针对版本 1.1 的，那么就从版本控制系统中找出与版本 1.1 对应的归档文件。在 Terminal 中，切换到该归档文件所在的位置。

现在可以手动对崩溃报告进行符号化，用下面的 symbolicatecrash.sh shell 脚本：

```
symbolicatecrash MyApp.crash MyApp.dSYM > symbolicated.txt
```

或是以交互模式使用 atos，如下所示：

```
atos -arch armv7 -o MyApp
```

如果崩溃报告跟 dSYM 文件匹配，你应该能在文本文件中看到符号化后的内存地址。

以交互模式使用 atos 在很多情况下很方便，例如你想知道崩溃线程的栈轨迹地址的情况。atos 会假定 dSYM 文件跟应用在同一个位置。

> 默认情况下，symbolicatecrash 脚本不在 %PATH% 中。这样，在 Terminal 中输入前面的命令时，可能会得到一个 command not found 错误。在 Xcode 4.3 中，这个脚本的位置是 /Applications/Xcode.app/Contents/Developer/Platforms/iPhoneOS.platform/Developer/Library/PrivateFrameworks/DTDeviceKit.framework/Versions/A/Resources/symbolicatecrash。即使这个位置可能会在不久的将来改变，你也能通过在命令行中运行 find /Applications/Xcode.app -name symbolicatecrash -type f 命令，快速找到该文件。

**17**

## 17.11　第三方崩溃报告服务

呃，真够麻烦的。不过老话说过，需要是发明之母。麻烦的崩溃分析流程必然会促使很多第三方开发人员开发出替代服务，将崩溃日志收集和分析分开，在服务器端进行符号化。

我用过最好的替代服务是 QuincyKit（quincykit.net），它是集成到 HockeyApp（hockeyapp.net）中的。它很容易集成进已有的项目中，并会在询问并获得用户权限后将崩溃报告上传到你自己的 Web 服务器或是 HockeyApp 服务器上。目前它还不支持将日志信息像崩溃报告一样上传。

QuincyKit 是基于 Plausible Labs 开发的 PLCrashReporter 构建的。PLCrashReporter 会负责处理获取崩溃信息这个复杂的过程。QuincyKit 提供了一个友好的前端界面来上传这类信息。如果你想要更多的自由度，可以编写自有版本的 QuincyKit。它非常顺手，很好用，但并不十分复杂。大多数情况下你不用尝试重写 PLCrashReporter。一个应用在崩溃过程中可能处于某种奇怪的未知状态。正确处理这个过程中出现的各种小问题并不容易，Landon Fuller 已经开发 PLCrashReporter 若干年了。即使简单如分配和释放内存这样的问题，都可能会造成系统死锁，快速耗干电量。这也是为什么 QuincyKit 是在应用重新启动时上传崩溃报告文件而不是在崩溃过程中上传。你应该在崩溃过程中尽可能少做事情。

在收集到崩溃报告时，取决于你构建映像文件的方式，有的应用可能有符号文件，有的应用可能没有。Xcode 通常很擅长在 Organizer 中自动处理崩溃报告符号化（将地址替换为方法名），只要你保留了发布的各个二进制文件的.dSYM 文件。Xcode 会使用 Spotlight 来查找这些文件，所以确保它们位于 Spotlight 可以搜索到的目录中。如果你是用它来管理崩溃报告的话，还可以将符号文件上传到 HockeyApp。

还有另一种第三方崩溃报告 TestFlight。HockyApp 需要付费，而 TestFlight 是免费的。它们各有优缺点，本章不会深入探讨这些，下一节会简单地将它们和 iTunes Connect 进行比较。

### TestFlight 或 HockeyApp 相较 iTunes Connect 的优势

TestFlight 和 HockeyApp 都提供了一个 SDK 供你集成到应用中。这两个 SDK 都会负责将崩溃报告上传到各自的服务器。尽管苹果只会在用户同意的情况下才上传崩溃报告，但这两个 SDK 会一直上传崩溃报告。这也就意味着，你总是能得到某种崩溃发生次数的精确统计数据。由于崩溃报告通常不会包含个人身份信息，所以以未经过用户同意上传这些报告在 App Store 规则的允许范围内。

其次，可以将 dSYM 上传到 TestFlight，并对应用的当前版本进行符号化。对于自发布版本，TestFlight 的桌面客户端会自动上传 dSYM 文件。服务器端符号化意味着你完全不用了解 `symbolica-tecrash` 或 `atos` 命令，或者使用 Terminal。事实上，这些服务都会将你的 dSYM 文件上传到它们的服务器。你和它们的 SDK 一起从用户设备上收集崩溃报告。

## 17.12    小结

本章介绍了 LLDB 和调试。你学习了断点、观察点以及如何编辑和共享编辑过的断点，也了解了 LLDB 控制台的强大之处，以及如何用 Python 脚本来加速调试过程。本章还展示了可能会出现在 iOS 应用中的各种错误、崩溃及信号，介绍了如何避免以及如何处理它们。最后，介绍了可在服务器端对崩溃报告进行符号化的第三方服务。

## 17.13    扩展阅读

#### 1. 苹果文档

下面的文档位于 iOS Developer Library （https://developer.apple.com/library/ios/navigation/index.html ）中，通过 Xcode Documentation and API Reference 也可以找到。

❏ *Xcode 4 User Guide:*"*Debug Your App*"

❏ *Developer Tools Overview*

❏ *LLVM Compiler Overview*

你还应该读读下面这些头文件的头部文档。可以通过 Spotlight 搜索找到这些文件。

❏ exception_types.h

❏ signal.h

#### 2. WWDC 讲座

❏ WWDC 2012，"Session 415: Debugging with LLDB"

#### 3. 其他资源

❏ Writing an LLVM Compiler Backend

http://llvm.org/docs/WritingAnLLVMBackend.html

❏ Apple's "Lazy" DWARF Scheme

http://wiki.dwarfstd.org/index.php?title=Apple's_%22Lazy%22_DWARF_Scheme

❑ Hamster Emporium archive.  "[objc explain]: So You Crashed in objc_msgSend()"
http://www.sealiesoftware.com/blog/archive/2008/09/22/objc_explain_So_you_crashed_in_objc_
msgSend.html

❑ *Cocoa with Love.*  "Handling Unhandled Exceptions and Signals"
http://cocoawithlove.com/2010/05/handling-unhandled-exceptions-and.html

❑ furbo.org.  "Symbolicatifination"
http://furbo.org/2008/08/08/symbolicatifination/

❑ LLDB Python Reference
http://lldb.llvm.org/python-reference.html

17

# 第 18 章

# 性能调优

性能是区分一般可接受的应用和优秀应用的标准之一。当然，有些性能方面的问题可能会导致应用无法使用，但大多数性能问题只是让应用运行缓慢而已。即使是 UI 响应速度很快的应用消耗的电量也远远超过预期。每个开发者都应该定期花时间评估性能，保证没有资源被浪费。本章将介绍如何确定最佳优先级顺序，如何测量和提升应用的性能，包括内存、CPU、图形绘制、存储空间和网络性能。在整个过程中，你将学习如何使用最强大的性能分析工具之一 Instruments。本章还将展示一些技巧，介绍如何最大限度地发挥 iOS 平台上一些强大数学框架的优势。

## 18.1 性能思维模式

在深入探讨如何优化应用性能之前，你需要养成正确的思维模式。性能思维模式可以总结为以下几个指导方针。

### 18.1.1 指导方针一：产品是为了取悦用户才存在的

这句话太直白了，我甚至都不用再介绍其他的指导方针了。其他方针都只是推论而已。作为开发者，要牢记应用绝不只是为用户"提供价值"。应用市场的竞争很激烈，你的应用必须深受用户喜爱才行。即使是琐碎的小问题也会让它背离那个目标。滚动时有点卡、启动缓慢、按钮的响应速度不快，这些小毛病都会在用户的大脑中逐渐累积，使得一款优秀的应用降级为一款"还不错"的应用。

### 18.1.2 指导方针二：设备是为了方便用户而存在的

用户不太可能为了使用你的应用而专门购买一款苹果设备。他们因为各种原因而使用自己的设备，并在设备上安装了很多应用。你的应用不要脱离这个现实背景。用户可能着实喜欢你的应用，但那并不代表你的应用就可以放肆地耗尽设备的电量，也不可以占满存储空间。你的应用与其他应用共生共存，所以行为举止要得当。

### 18.1.3 指导方针三：做到极致

应用在使用时，要尽可能使用所有可用的资源；当它没在工作时，则尽可能少使用资源。也就是说，用户使用你的应用时，即使它消耗大量 CPU 资源来维持一个较高的帧率也不要紧；但如果用户并未直接使用它，它就不应该占用大量 CPU。一般来说，你的应用使用 CPU，最好是在短期内使用 100%

的可用资源，然后完全进入睡眠状态，而不是一直总占用 10%的可用资源。许多人都说，微波炉照亮时钟所消耗的电能可能比加热食物的还要多，因为时钟一直都亮着。因此，你应该查找出那些低能耗但一直处于运行状态的活动，并清理掉它们。

### 18.1.4　指导方针四：用户的感知才是实际的

iOS 的大部分资源都耗费在不切实际的性能假象上。比如，显示出应用 UI 的启动图片会让用户感觉应用很快就可用了，其实它还处于启动过程中。开发人员在实际开发过程中都默认了类似的做法，甚至支持应用采用这种方法。如果在等待加载完所有数据过程中可以显示一些信息，那最好不过了。尽可能使应用展现良好的响应，即使实际上在启动阶段用户什么也做不了。对于难以绘制的视图，可以使用图片来代替，从而保持交互性。不要害怕欺骗用户，只要可以让用户体验变得更好即可。

### 18.1.5　指导方针五：关注能带来大收益的方面

前面说了不少，但我觉得你没必要利用上漏掉的每个字节，或是绞尽脑汁不浪费每个 CPU 时钟周期。做这些事情得不偿失。你的时间应该花在开发新功能、解决问题甚至是休假上。Cocoa 总有微小的遗漏，也就是说即使你的程序很完美，它仍可能会有一些你无法解决的遗漏。将精力集中在影响用户使用的事情上。在程序的整个运行过程中遗漏一千字节并没什么，但每秒钟遗漏一千字节的话，问题就大了。

## 18.2　欢迎走入 Instruments 的世界

Instruments 是目前最强大的性能调优工具之一，它也可能是用起来最简单的一个工具。这并不是说任何情况下它用起来都很简单。Instruments 在默认配置下有些方面没法正确工作，但如果你知道该如何重新配置，那么它能比其他工具都快速地找出性能瓶颈。

本章会测试一段有问题的简单代码。这个应用读取文件然后在主窗口中逐字符显示文件内容。你可以在本书网站上本章的 ZipText 工程中找到完整的代码。可以修改 ZipTextView.h 中的 REVISION 来测试各个版本。下面是你要关注的代码。

**ZipTextView1.m（ZipText）**

```
- (id)initWithFrame:(CGRect)frame text:(NSString *)text {
    ... Load long string into self.text ...
    ... Set timer to repeatedly call appendNextCharacter ...
}

- (void)appendNextCharacter {
    for (NSUInteger i = 0; i <= self.index; i++) {
        if (i < self.text.length) {
            UILabel *label = [[UILabel alloc] init];
            label.text = [self.text substringWithRange:NSMakeRange(i,1)];
            label.opaque = NO;
            [label sizeToFit];
            CGRect frame = label.frame;
```

```
        frame.origin = [self originAtIndex:i
                                   fontSize:label.font.pointSize];
        label.frame = frame;
        [self addSubview:label];
    }
  }
  self.index++;
}

- (CGPoint)originAtIndex:(NSUInteger)index
              fontSize:(CGFloat)fontSize {
  CGPoint origin;
  if (index == 0) {
    return CGPointZero;
  }
  else {
    origin = [self originAtIndex:index-1 fontSize:fontSize];
    NSString *
    prevCharacter = [self.text
                    substringWithRange:NSMakeRange(index-1,1)];
    CGSize
    prevCharacterSize = [prevCharacter
                        sizeWithAttributes:@{ NSFontAttributeName:
                                    UIFont systemFontOfSize:fontSize]
                                         }];
    origin.x += prevCharacterSize.width;
    if (origin.x > CGRectGetWidth(self.view.bounds)) {
      origin.x = 0;
      origin.y += prevCharacterSize.height;
    }
    return origin;
  }
}
```

这个程序一开始运行得很好，但很快就会慢得像个蜗牛一样，并开始显示内存报警。要找到问题，应该先通过 Xcode 中的 Product→Profile 启动 Instruments。下面是你在开始查看详情之前应该注意的一些事情。

❑ 默认情况下，Instruments 是在 Release 模式下编译构建的。这可能会表现出跟 Debug 模式完全不同的性能，但这通常正是你想要的。如果你想在 Debug 模式下进行性能分析，可以在 scheme 中修改模式。

❑ 模拟器和设备上的性能可能完全不同。大多数时候，只需要在设备上进行性能分析就行了。

❑ Instruments 经常在为当前应用查找符号时出现麻烦。通常需要通过 File→Re-Symbolicate Document 再次符号化文档。

Instruments 的最后一个问题极其难缠，而且很难彻底解决。苹果说 Instruments 应该通过 Spotlight 来查找它的符号，但这种方式几乎从未奏效。我推荐大家一起在 http://bugreport.apple.com 上重复提交 radar://10158512，让苹果重视这个问题。这个问题的文本报告参见 http://openradar.appspot.com/10158512。

依我的经验，如果你将以下目录添加到 Preferences→Search Paths 中，至少能按下 Symbolicate 按钮，而不用手动查找对应的 dSYM：

~/Library/Developer/Xcode/DerivedData

如果你需要手动查找，注意对应的 dSYM 位于如下目录：

~/Library/Developer/Xcode/DerivedData/<app>/Build/Products/Release-iphoneos

本章剩余部分假定我已经对需要的所有内容都进行了符号化。

## 18.3　查找内存问题

许多性能问题最终都归结为内存问题。如果你看到了意外的内存提醒，那么最好先检查一下这些问题。使用 Instruments 中的 Allocations 模板。图 18-1 显示了结果。

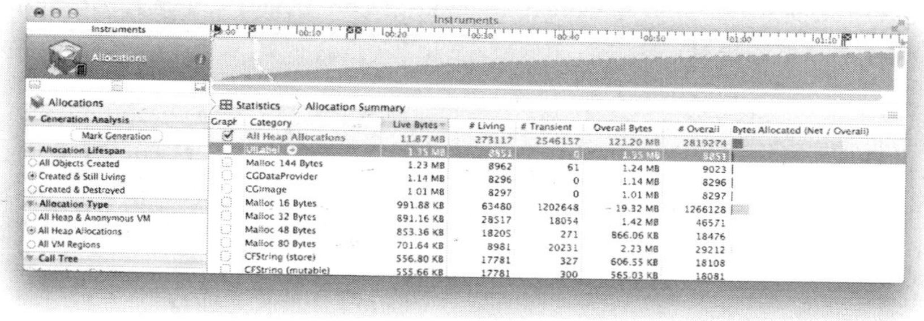

图 18-1　Allocations Instrument

我们看看这个图，这个应用中内存分配很明显已经失控了。内存使用在持续增长。对 Live Bytes 列进行排序后，可以看到消耗内存最多的是 UILabel 对象，一分钟过后其中 8000 多个对象就已经完成分配了。这点非常可疑。点击 UILabel 旁边的箭头查看更详细的信息，按下 Shift+Cmd+E 可以显示 Extended Detail（参见图 18-2）。

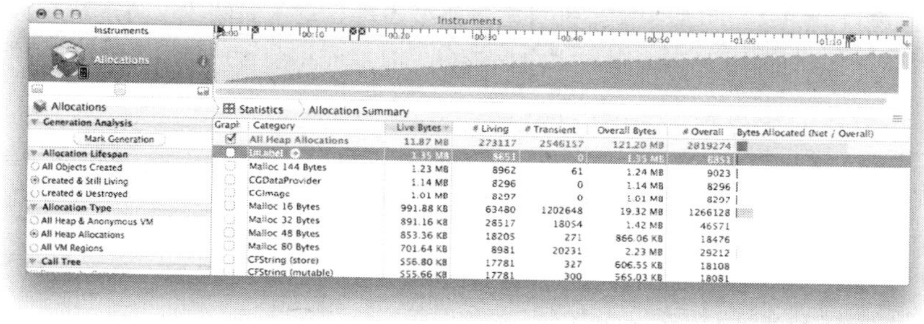

图 18-2　Allocations 的 Extended Detail

这里你能看到 UILabel 是在-[ZipTextView appendNextCharacter]中创建的。如果你双击那个栈帧，就会看到那段代码带有热点着色，说明每行代码消耗了多少时间（参见图 18-3）。

图 18-3    代码视图

在进一步调研之前，我们先花点时间了解一下 Xcode 5 的一些新功能。新的分配类型选项会显示匿名虚拟内存区域的分配情况，尤其是 Core Animation 和 Core Data 中的。选择 All Heap & Anonymous VM 会增加图 18-4 中显示的信息。

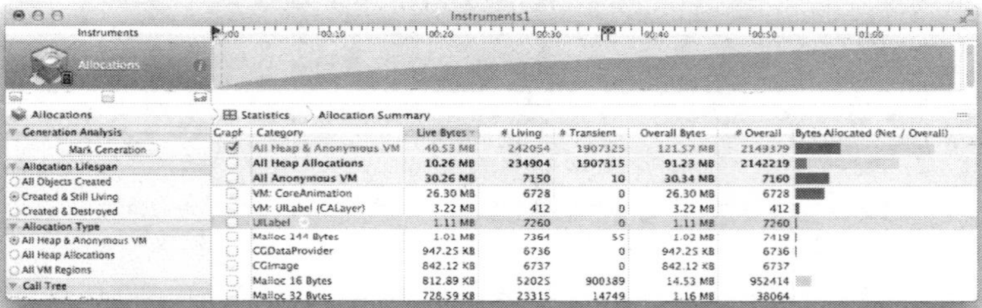

图 18-4    选择 All Heap & Anonymous VM 后的输出

尽管 UILabel 实例只占用了 1 MB 多内存，但 Core Animation 层会增加至少三倍的内存开销。你还能看到一张更为全面的应用内存使用情况视图。它占用了至少 40 MB 的总内存，并非只有 10 MB 的堆中分配的内存。

Instruments 现在也能显示可能影响性能计数的重要事件。点击时间线上方的标记，你能看到其他应用启动或终结时的情况。由于该应用占用内存较多，其他应用会被终结，如图 18-5 所示。

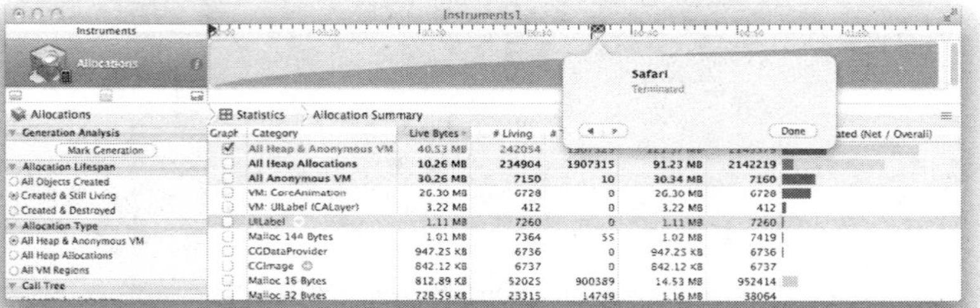

图 18-5    Instruments 中的事件通知

稍加分析就能发现问题。每次调用这个方法会重新创建所有的标签，而不是只创建一个新标签。只要删掉那个循环就可以了，如下所示。

**ZipTextView2.m（ZipText）**

```
for (NSUInteger i = 0; i <= self.index; i++)
```

用下面的赋值表达式替换它：

```
NSUInteger i = self.index;
```

现在，重新运行 Instruments，内存使用情况就会好很多。一分钟后，你使用的内存还不到 2 MB，而不是之前的 9 MB 多，但内存使用随着时间稳定地增长，这依然是个问题。在这个例子中，很明显问题在于 UILabel 视图，但这是一个演示使用生成器分析方法的绝好机会（以前称为"堆快照"）。再次用 Allocations 工具启动 ZipText，若干秒后按下 Mark Generation 按钮。让它运行一会儿后，再次按下 Mark Generation 按钮。它会显示在这两个时间点之间创建的、尚未销毁的所有对象。这是定位执行某一操作时泄漏了哪些对象的绝妙方法。图 18-6 显示过了大约 10 秒，我们创建了 73 个新的 UILabel 对象。

图 18-6　改进后的内存管理

这时，你应该重新评估是否要继续为每个字符使用一个单独的 UILabel。也许在这里一个单独的 UILabel、UITextView 甚至是一个自定义的 drawRect: 都可能是更好的选择。ZipTextView3 演示了如何用自定义的 drawRect: 实现同样的功能。

**ZipTextView3.m（ZipText）**

```
- (void)appendNextCharacter {
    self.index++;
    [self setNeedsDisplay];
}

- (void)drawRect:(CGRect)rect {
    for (NSUInteger i = 0; i <= self.index; i++) {
        if (i < self.text.length) {
            NSString *character = [self.text substringWithRange:
                                    NSMakeRange(i, 1)];
            [character drawAtPoint:origin
```

```
                withAttributes:@{ NSFontAttributeName:
                        [UIFont systemFontOfSize:kFontSize]}];
    }
  }
}
```

　　再运行一次，如图 18-7 所示，内存再也没有增长。不过现在性能变差了，慢到开始有点卡了。分配的 1.21 KB 内存是 Core Graphics 中文本渲染引擎用到的，这也很好地说明了完全消除少量内存增长是几乎不可能的。在开始介绍 CPU 性能问题之前，我们再介绍一些内存性能分析方面有用的技巧。

图 18-7　通过自定义绘图表示 ZipTextView 的内存足迹

❏ 点击 Allocations 工具旁边的小 *i* 可以设置各种选项。最有用的选项之一是将 Track Display 从 Current Bytes 改为 Allocation Density。这幅图片显示了在采样时间段内，应用做了多少内存分配。我们能发现在哪里做了过多的内存扰动（Memory Churn）。分配内存的成本很高，所以尽可能不要频繁地创建和销毁成千上万个对象。

❏ Leaks 工具可能偶尔也能派上用场，但不要期望过高。它只会检查未引用的内存，而不会检测循环保留，而后者是更常见的内存问题；它也不会检测没有成功释放的内存，比如前面例子中的 UILabel 视图。它还会有一些错误的测试结果。比如它经常会在程序启动时显示一个或两个微小的泄漏。如果每次执行操作时或者定期都会看到有新的内存泄漏，那就要对它进行分析。总而言之，堆快照是跟踪内存泄漏问题更有用的工具。

❏ 记录你查看的是否是 Live Bytes。Instruments 会记录分配的内存总量和净分配内存。净分配内存是指分配的内存减去已释放的内存。如果你一直都是定期创建和销毁对象，那么分配的总内存会比净分配内存大好几个数量级。Instruments 有时会用 live 或 still living 表示净分配内存。在主界面上（参考图 18-1），最后一列中的图表用浅色条表示分配的总内存，用深色条表示净分配内存。

❏ 记住，Leaks 和 Allocations 工具只会告诉你哪些地方分配了内存。这与内存泄漏无关。分配了内存的地方并不一定就是出现内存问题的地方。

## 内存分配提要

　　Objective-C 中的所有对象都是在堆上分配的。对 +alloc 的调用最终都会变成对 malloc() 的调用，而对 -dealloc 的调用最终会变成对 free() 的调用。堆一般用做所有线程的共享资源，所以修改堆时需要一个锁。这也就是说分配和释放内存的线程会阻塞另外一个分配和释放内存的线程。频繁进行这种操作会造成内存扰动。我们应该避免出现内存扰动，尤其是在多线程应用中（包括采用 Grand Central Dispatch 的应用）。iOS 有很多技巧可以降低内存扰动的影响。小块内存通常可以直接分配，而不用修改堆。但一般来说应该尽量避免频繁分配和释放内存。重用对象要比频繁创建新对象好得多。

举个例子，处理 NSMutableArray 和 NSMutableDictionary 时，应该考虑使用 removeAllObjects，而不是丢弃已有的对象再创建一个新对象。

## 18.4 查找 CPU 问题

例中尽管我们解决了内存问题，但它仍然运行得相当慢。过一会它会慢成蜗牛。Instruments 也可以帮助查找产生这种问题的原因。这次你用 Time Profiler 工具再次分析 ZipText。可以看到 Time Profiler 图类似图 18-8 所示。

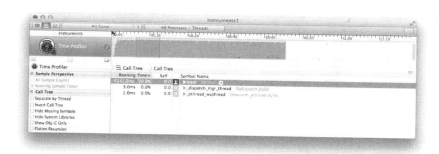

图 18-8　使用 Time Profiler 对 ZipText 进行分析

这个图中最关键的部分是它显示 CPU 使用率一直将近 100%。程序长期占用 100% CPU 的情况很少见。可以按下 Option 拖动选取图表中的一部分。Call Tree 列表会更新采样过程中调用的方法和函数。

在 Call Tree 列表中，选择 Invert Call Tree。你应该想看到一个反转后的调用关系树。奇怪的是它居然不是默认设置。"标准的"调用关系树会将最顶层的函数放到最上面，对于主线程来说，它总是 main() 函数，并没有太大的用处。而你想知道的是栈中最底层的方法或函数。反转调用关系树会将它们放到最上面。

有一些其他的 Call Tree 选项在不同情况中会有帮助。

❑ Top Functions 这个选项会在特定时刻出现在 Instruments 中，而笔者却从未见过与它相关的文档，但它非常好用。它会将最耗时的函数或方法列出来。在分析性能问题时，我们通常会在第一时间使用这个选项。

❑ Separate by Thread 不管是选中还是关闭该选项，都有很多理由。你当然想知道主线程中哪个方法或函数最耗时，因为它会阻塞 UI 响应。不过，你也想知道所有线程中哪个函数或方法最耗时。在 iPhone 或早期的 iPad 上，CPU 只有一个核，所以说有些任务会在"后台处理"并不严谨。UI 线程仍然需要跟后台的服务线程进行上下文切换。即使是在多核的 iPad 上，"后台"
线程也会跟 UI 线程消耗同样多的电量，所以你需要对它进行控制。

❑ Hide System Libraries 这样它会只显示"你的"代码。许多开发人员会立即选中它，但我发现
一般情况下不选中它会更好。通常你想要知道的是时间花在了哪里，不管它是不是在"你的"
代码中。通常花费时间最多的操作都发生在系统操作中，比如文件写入。隐藏系统类库会掩
藏这些问题。当然，有时如果隐藏掉系统类库的话，调用关系树会更容易理解。

❑ Show Obj-C Only 这个选项跟 Hide System Libraries 类似，只不过它关注的是更高层的代码。
我倾向于将它关闭，理由跟关闭 Hide System Libraries 一样。不过，它有时也能帮你找到代码
中的问题。

　　对于 ZipText，选择 Invert Call Tree 和 Hide System Libraries。在图 18-9 中，你会发现 originAtIndex:
fontSize: 耗时最多，并且它被循环调用。稍加分析就能发现每个字符都会重复计算前面每个字符的
位置，难怪它运行得很慢。可以修改 originAtIndex:fontSize:，将前面的结果缓存下来，如在
ZipTextView4.m 中所示。

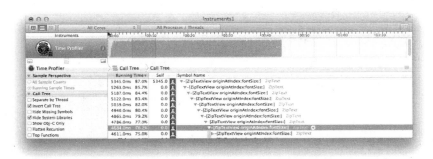

图 18-9　启用了缓存功能的 ZipText

ZipTextView4.m（ZipText）

```objc
@property (nonatomic) NSMutableArray *locations;
...
- (id)initWithFrame:(CGRect)frame text:(NSString *)text {
  ...
  _locations = [NSMutableArray
                arrayWithObject:[NSValue
                                 valueWithCGPoint:CGPointZero]];
}

- (CGPoint)originAtIndex:(NSUInteger)index
            fontSize:(CGFloat)fontSize {
  if ([self.locations count] &gt; index) {
    return [self.locations[index] CGPointValue];
  }
  else {
    CGPoint origin = [self originAtIndex:index-1 fontSize:fontSize];
```

```
    NSString *
    prevCharacter = [self.text
                    substringWithRange:NSMakeRange(index-1,1)];
    CGSize
    prevCharacterSize = [prevCharacter
                    sizeWithAttributes:@{ NSFontAttributeName:
                                            [UIFont
systemFontOfSize:fontSize]
                                                }];
    origin.x += prevCharacterSize.width;
    if (origin.x > CGRectGetWidth(self.bounds)) {
      origin.x = 0;
      origin.y += prevCharacterSize.height;
    }
    self.locations[index] = [NSValue valueWithCGPoint:origin];
    return origin;
  }
}
```

现在一切看起来好多了，但它绘制到大概半屏时依然会变慢。下一节会深入探究原因。

这里有针对调优 CPU 性能的另外一些考量。

❑ 耗时很长的操作通常是因为它需要大量的 CPU 资源，或是因为它被阻塞了。在主线程中，阻塞操作是很严重的问题，因为 UI 不能更新。要找出阻塞操作，使用 Time Profiler 工具，点击 i 按钮显示选项，然后再选择 Record Waiting Threads。在 Sample Perspective 中，选择 All Sample Counts。这样你就能很方便地看出每个线程中（尤其是主线程中）哪种操作最耗时，即使它阻塞了别的进程。

❑ 默认情况下，Time Profiler 工具只会记录用户时间，不会记录内核时间。大多数情况下，你想知道的也正是用户时间，但如果你执行了大量需要消耗较多 CPU 资源的内核调用，这么做可能会使结果出现偏差。点击 i 按钮显示选项，然后在 Callstacks 中选择 User & Kernel。通常你还会将 Track Display 设为 User and System Libraries，它会将你的代码和系统代码用小黄线分开。

❑ 密集循环中的函数调用是性能的敌人，ObjC 方法调用更甚。编译器会在必要时替你生成内联函数，但只是将一个函数标记为 inline 并不能保证就会按内联函数来处理它。举个例子，只要你使用了指向该函数的指针，它就再也不会被内联了。很遗憾，没办法知道编译器是否将一个函数内联处理了，除非是在 Release 模式（带有优化处理）下对其进行编译，然后再查看汇编代码。唯一能够保证一段代码会被内联的方法是，用#define 将这段代码定义成宏。通常我并不喜欢宏，但出于性能考虑，如果确实需要将一段代码内联处理时，可以考虑采用这种方式。

❑ 性能测试一定要在 Release 模式下进行，这样才能进行所有优化处理。对未经优化的 Debug 模式编译出来的代码进行性能测试毫无意义。优化是非线性的。程序中的一部分可能并未变快，而另一部分的性能则可能提升了几个数量级。密集循环特别依赖大量的编译器优化。

❑ 尽管 Instruments 非常强大，但也不要忘记老办法：将结束时间和开始时间相减的小测试程序。对于纯粹的计算任务，将算法直接放到一个测试程序中通常是最方便的方法。可以使用标准的 Single View 模板，然后将对代码的调用放到 viewDidLoad 中。

## 18.4.1　Accelerate框架

提升性能时最常提到的框架是 Accelerate。根据我的经验，它是一个混合体。对待它应该与对待其他性能提升方法一样，带着怀疑的态度，通过测试说明是否奏效。Accelerate 框架由几部分构成，包括 vecLib、vImage、vDSP、BLAS 和 LAPACK。每部分都不一样，都有许多类似却略有不同的功能集和数据类型。这种混合就使各部分同时使用变得很困难。与其说 Accelerate 是一个独立的框架，不如说它是掺杂在一起的已有数学函数库集合。

Accelerate 类库中的各部分都不擅长处理小型数据集。如果只是要将两个小矩阵相乘（尤其是常见的 3×3 或 4×4 矩阵），Accelerate 要比普通的 C 代码慢许多。在循环中调用 Accelerate 函数通常要比简单的 C 实现慢得多。如果函数提供了一个步长选项而你不需要步长，那么用 C 代码实现可能会更快。

> 设置了步长就可以以一定的步幅跳过列表中的某些值。举个例子，步长为 2 的话，程序就会使用间隔的值。如果数据是交错的（比如坐标或图像的色彩信息），步长会非常有用。

在多核笔记本电脑上，Accelerate 类库可能会非常快，因为它们是多线程的。在只具备单核或双核 CPU 的移动设备上，这个优势可能还抵不过它在处理中型数据集时的开销。Accelerate 库还是可以移植的，原来人们更多关注的是 Altivec（PPC）和 SSE3（Intel）向量处理器，而不是 iOS 设备上的 NEON 处理器。

对于所有的 Accelerate 类库，你需要将所有的数据放到一起用方便的方式呈现，这样就能尽量少调用 Accelerate 的函数。如果可能的话，要避免复制内存，尽量采用对 Accelerate 来说速度最快的格式在内部存储数据，而不是在做影响性能的调用前重新组织数据。

通常需要做大量的性能测试才能确定最快的方式。确保在启用了各种优化的 Release 模式下进行所有测试。你一定要先写个简单的 C 实现作为参考标准，以保证你确实从 Accelerate 中获得了丰厚的回报。

vImage 类库包含大量图像处理函数。根据我的经验，它是 Accelerate 中最有用的部分。尤其是，vImage 擅长对高分辨率图片快速应用矩阵运算。对于大多数常见问题，用 Core Image 就够了，用不到 vImage，但如果你需要自己做原始的数学运算，可以使用 vImage，它非常擅长进行矩阵运算和图像转换。跟 Accelerate 中的其他部分一样，vImage 是针对大数据集设计的。如果你在处理少量的中型图片，Core Image 可能是更好的选择。

要有效地使用 vImage，需要知道交替存储格式和平面格式之间的差异。多数图片都采用交替存储格式。一个像素的红色值之后跟着的是该像素的绿色值，然后是蓝色值，最后是同一个像素的 alpha 值。这可能就是你在采用了 kCGImageAlphaLast 的 CGBitmapContext 中习惯使用的格式。这正是 RGBA8888。如果第一个值是 alpha 的话，那就是 ARGB8888。在 vImage 中，alpha 通常是第一个值。

也可以将色彩信息作为 16 位的浮点值而不是 8 位整型值存储。如果你要先存储 alpha 值，那这种格式就称为 ARGBFFFF。

平面格式会将色彩信息分成平面。每个平面保存一种信息。所以有 alpha 平面、红色平面、绿色平面和蓝色平面。如果值是 8 位整数，那么这种格式称为 Planar8。如果它是 16 位浮点值，那就是 PlanarF。尽管有平面图片模式，但大多数 vImage 函数每次都只处理一个平面，而函数也不用管该平面保存的是什么类型的数据。乘以红色信息还是蓝色信息并无区别。

通常来说，处理平面格式要比处理交替存储格式快得多。可能的话，尽量将数据放到平面格式中，在整个转换过程中都使用平面格式。通常，只有需要将信息显示在屏幕上时再将其转换回 RGB 格式。

vecLib 和 vDSP 都是向量库，功能有相同之处。vecLib 用起来要稍微简单点，它擅长的是将单个运算应用到大量的数值上。vDSP 则提供了更加灵活的功能（因此也要慢一些），它还提供了跟信号处理相关的专门函数。如果你要用这些函数处理大型数字表，那么 vDSP 可能要比你现写的函数快很多。这里的关键字是"大"。如果只是计算几百个或几千个数值，简单的 C 实现可能更快一些。函数调用的开销压倒一切。

BLAS 和 LAPACK 是完善的 FORTRAN 库的 C 实现。它们主要用来处理线性代数。跟 Accelerate 中的其他部分一样，它们更适用于非常复杂的问题。由于函数调用的开销，在解决小型方程组时，它们会有点慢。苹果公司并未提供完备的 BLAS 和 LAPACK 文档。如果你对这些函数感兴趣，可以到 http://netlib.org 上查看 FORTRAN 文档。到目前为止，我们发现在解决问题时它们的用处并不大。

## 18.4.2　GLKit

GLKit 是将 OpenGL 集成到你的应用中的优秀工具，而它还有一些进行快速运算的秘笈。尤其是，GLKit 为处理 3×3 和 4×4 矩阵以及二元、三元、四元向量提供了一些向量优化函数。上节介绍 Accelerate 框架时提到过，灵活性通常是性能的大敌。处理任意大小矩阵的函数永远不可能像乘以 3×3 矩阵的硬编码方案那么好。因此，对于许多这类问题，我建议使用 GLKit。

不要高兴得太早，GLKit 的数学优化并不比手写的经过编译器优化的 C 实现快多少。但它们绝对不会比手写的实现慢，而且更加易用易读。你可以看看 `GLKMatrix3`、`GLKMatrix4`、`GLKVector2`、`GLKVector3` 和 `GLKVector4`。

## 18.4.3　编译器优化

有些很有用的编译器选项是默认关闭的。它们主要用于向量和浮点数优化，合在一起称为 -Ofast。

默认优化等级是"最快最小（-Os）"。该优化等级会指示编译器在不增长代码体积的情况下生成尽可能快的代码。许多好的优化方法都会让代码体积变大。举个例子，通常将小循环展开要比用条件跳转快得多。不过，由于这可能会让代码体积变大，通常在"最快最小"模式下是禁止的。大体上，许多向量化优化都会引入少量代码开销，所以在默认配置中，编译器很少能自动将代码向量化处理。很长时间以来，"最快最小"模式都被当做默认配置。苹果公司在 Xcode 5 中依然没有改变这个默认配置。

有两个优化等级生成的代码要比默认的那个更快："最快（-O3）"和"最快的积极优化（-Ofast）"。我已经介绍过它们了，不过对大多数非科学计算类应用，-Ofast 是最佳选择。对于科学计算类应用或其他要求 IEEE 浮点运算的应用，-O3 会更适合。

"最快（-O3）"等级优化跟默认等级类似，除了它允许编译器在提升性能时增加代码体积。大多数情况下，这些代码体积只增加少量的，最多也就是在百分之几的水平。作为交换，你可以获得经过改进的对整数计算的循环向量化，而不用改变代码。相比于图片或声音等资源的体积，二进制文件的体积只占整个软件包体积的有限的一部分，所以这些开销换来了性能的大幅提升。

"积极优化"等级添加了一些会对浮点运算精度降低要求的优化方法。浮点运算要比整数运算复杂得多。举个例子，看看下面这行代码：

```
float x = a * 0.0;
```

编译器无法简单地将其优化为 x=0。变量 a 有可能是非数（NaN）或无穷大，不管哪个都会导致 x 的结果为非数。类似地，看看下面这行简单的代码：

```
float x = a + b - a;
```

同样，编译器不能将其直接优化为 x=b。表达式 a+b 可能会溢出，或是造成舍入。要保持正确的 IEEE 计算，编译器只有非常少的几个选项。类似地，编译器通常也无法自动地对浮点运算进行向量化，因为如果运算以不同顺序执行的话，它可能会引入一些轻微的有差异的舍入行为。

对大多数应用来说，这类边角情况并不重要。小数点后第四位或第五位上的轻微舍入错误通常没什么影响。即使在充斥着大量浮点数运算的游戏应用中，这样一个细小错误也不会有什么影响。但它违反了浮点数运算的规范，所以苹果公司默认并未将其打开。对于大多数 iOS 程序，"最快的积极优化（-Ofast）"是一个不错的选择。

### 18.4.4　链接器优化

编译器通常有一个非常强大的优化引擎，但它有非常大的局限性：它一次只能看到一个编译单元（.m 文件）。编译器需要对它无法看到的任何函数的最糟情况作出假设。如果编译器知道程序中其他位置发生的事情，它就能做更多的优化。

LLVM 有一个名为 LTO（链接阶段优化，Link-Time Optimization）的新功能来解决这个问题。它位于构建设置的 "Apple LLVM 5.0 - Code Generation" 部分。它会导致编译器在中间文件中包含额外信息。然后链接器就能用这些信息来执行更积极的优化了。

对于大多数中等体积的应用，LTO 是一个不错的选择。不过对于那些非常大的程序，这会明显增加构建的时间，甚至会导致链接器耗尽内存。我建议你在自己的项目中试试，如果有问题的话再关闭。

## 18.5　绘图性能

在 ZipTextView.h 中将 REVISION 设为 4，并选用 Core Animation 工具。你会看到如图 18-10 所示的结果。

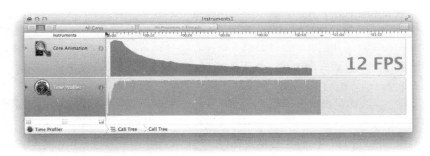

图 18-10　Core Animation 工具

Core Animation 工具显示了每秒的帧率。可以看到，每秒的帧率会随着时间下降，它说明我们的实现仍有问题。

Core Animation 工具有几个选项能帮助调试绘图问题。我会简短地讨论一下。很遗憾，这几个选项对调试 ZipText 中的问题都没太大的用处。不过，fps 输出为测试修改是否凑效提供了一个很好的标准。我们至少希望 fps 输出保持不变。

看看 drawRect:，它总是绘制出每个字符，即使大部分字符都未发生变化。事实上，每次更新时视图中只有很小一部分会改变。这里可以只绘制实际需要更新的部分，从而提升性能。

在 appendNextCharacter 中，计算出会受新字符影响的矩形部分：

ZipTextView5.m（ZipText）

```
- (void)appendNextCharacter {
  self.index++;
  if (self.index < self.text.length) {
    CGRect dirtyRect;
    dirtyRect.origin = [self originAtIndex:self.index fontSize:kFontSize];
    dirtyRect.size = CGSizeMake(kFontSize, kFontSize);
    [self setNeedsDisplayInRect:dirtyRect];
  }
}
```

在 drawRect: 中，只绘制会影响该矩形的字符：

```
- (void)drawRect:(CGRect)rect {
  ...
  CGPoint origin = [self originAtIndex:i fontSize:kFontSize];
  if (CGRectContainsPoint(rect, origin)) {
    [character drawAtPoint:origin
            withAttributes:@{ NSFontAttributeName:
                            [UIFont systemFontOfSize:kFontSize]}];
  }
  ...
}
```

Instruments 现在会读到一个稳定的帧率，基本接近 60 fps。非常棒！但不要误解高帧率的含义。只有在显示新数据时你才希望是高帧率，而在没有要更新的内容时，通常帧率比较低才正常。如果 UI 稳定了，帧率降为零很正常，当然这也是最理想的。

Core Animation 工具在左侧面板上有几个可能很有用的 Debug 选项。下面是最常用的几个选项。

❑ Color Blended Layers 它会用红色标识屏幕中需要混色的部分，而用绿色标识不需要混色的部分。混色通常用在透明视图上。如果屏幕上出现了大量的红色区域，你应该检查哪些视图可以变成完全不透明的，以便降低混色的开销。

❑ Color Misaligned Images 第 7 章介绍过，绘制时要尽可能将像素边界也绘制上。这个选项会显示屏幕上没有跟像素边界对齐的区域。

❑ Flash Updated Regions 这是我最喜欢的选项之一。它会用闪光的黄色标识正在更新的层。除了游戏之外，只有很少一部分 UI 需要时不时地更新。如果你打开了这个选项后看到了许多黄色，那么屏幕更新可能比你预想得频繁。不过这个选项面向的单位是层。所以，如果你用 setNeeds-DisplayInRect: 只绘制视图中的一部分，整个视图（以层为单位）都会出现闪光的黄色。

有些相同的选项在 iOS 模拟器的 Debug 菜单中也有。尽管大多数性能测试都应在真实设备上来做，但通常你也可以在模拟器中调试这类绘制错误。

## 18.6　优化磁盘访问和网络访问

内存和 CPU 是最常见的性能瓶颈，但并非只有它们需要优化。磁盘访问和网络访问同样重要，尤其是为了延长电池寿命。

I/O Activity 工具在检查你是否过度访问存储时特别有用。这个工具通过 System Usage 模板来访问最方便。

iOS 设备上的网络访问代价尤其大，所以值得慎重考虑。举个例子，创建一个新的网络连接成本非常高。光 DNS 查找一项就慢得惊人。所以可能的话，尽量重用已有的连接。如果你用的是 HTTP/1.1，NSURLSession 会自动这么做。我倾向于采用这种方式而不是手动设置网络连接，这也是一个原因。

网络访问还会消耗大量的电量。如果你将所有的网络活动都放到很短的网络连接片段内，那么它能够更好地延长电池的寿命。网络使用成本与时间长度而不是数据总量关系更密切。设备会在网络不使用时减少它在无线电连接上的电量供应，因此让它大部分时间内都保持平静，而将网络活动都集中在很短的一段时间内，这样的设计是最好的。

Connections 工具在跟踪网络使用情况时非常有用，不过要注意它跟踪的是设备上所有进程的网络活动，不只是你的应用。

## 18.7　小结

在设计移动应用时，你应该认真考虑该平台上有限的资源。在桌面设备上表现不错的应用放到 iPhone 上，可能会使其不堪重负，使它变得很慢而且会耗光电量。对性能的持续分析和改进是开发人员需要贯彻到各个环节中的工作。

Instruments 是用来分析应用性能最好的工具之一。尽管它也有一些缺陷，还时不时地令人抓狂，但它确实非常强大，是跟踪内存和 CPU 瓶颈的一个重要工具。它还能用于检测 I/O 和网络过度使用。花点时间了解并试用它，你会发现这点时间花得很值。

Accelerate 对于非常大型的数学运算来说可能比较有用，但对于常见的运算，使用简单的代码和高级框架通常更快。Core Image 在提高图片处理速度方面特别有用，GLKit 则更擅长小矩阵运算。

任何情况下，你都应该认真测试用来提升性能的所有修改。许多时候，最简单的代码通常是最有效的。用 Instruments 找到你的热点，测试、测试、再测试！

## 18.8　扩展阅读

### 1. 苹果文档

下面的文档位于 iOS Developer Library（https://developer.apple.com/library/ios/navigation/index.html）中，通过 Xcode Documentation and API Reference 也可以找到。

❏ *Accelerate Framework Reference*

❏ *Core Image Programming Guide*

❏ *Core Image Filter Reference*

❏ *File-System Performance Tips*

❏ *GLKit Framework Reference*

❏ *Instruments User Guide*

❏ *Memory Usage Performance Guidelines*

❏ *Performance Overview*

## 2. WWDC 讲座

下面的讲座视频可在 developer.apple.com 上找到。

❏ WWDC 2012，"Session 511: Core Image Techniques"

❏ WWDC 2013，"Session 713: The Accelerate Framework"

❏ WWDC 2013，"Session 408: Optimizing Your Code Using LLVM"

## 3. 其他资源

❏ Bumgarner，Bill。*bbum's weblog-o-mat*。"When Is a Leak Not a Leak?" 这是一篇介绍如何通过堆快照分析查找内存泄漏问题的优秀文章。
www.friday.com/bbum/2010/10/17

❏ Netlib，"Netlib Repository at UTK and ORNL"，Accelerate 提供的 LAPACK 和 BLAS 文档。
www.netlib.org

18

# Part 4

第四部分

# 超越极限

本部分内容

■ 第 19 章  近乎物理效果：UIKit 动力学

■ 第 20 章  魔幻的自定义过渡

■ 第 21 章  精妙的文本布局

■ 第 22 章  Cocoa 的大招：键值编码和观察

■ 第 23 章  超越队列：GCD 高级功能

■ 第 24 章  深度解析 Objective-C

# 近乎物理效果：UIKit 动力学

iOS 7 中最有趣的一个补充是 UIKit 动力学。如果应用一些简单的"拟物理学"的规则，视图可以在屏幕内反弹，和其他视图连接到一起，与边界发生碰撞，表现得更像是真正的对象。苹果精心地称其为"拟物理学"。这些工具可用于提供动态的、交互式的用户界面。它们并非用来完全模拟现实世界的物理行为。在本章中，你会学习 UIKit 动力学部分，包括动画类、行为和动力项。你会学习 iOS 7 所提供的行为，以及如何创建新的、自定义的行为。最后你会学习如何将动力学集成到集合视图中，来创建有趣而引人入胜的布局。

UIKit 动力学极为强大，但同时也是一项很新的技术，因此仍有很多不成熟的地方，要用好它充满挑战。不谨慎使用很容易发生内存泄漏。还需要始终关注性能是否足够好。在视图层次结构中添加和删除视图的过程非常繁琐且容易出错。

使用好动力学最重要的是每次只构建一个行为，并在过程中小心测试，保持每一部分简单。本章的主示例中包括 5 个自定义行为和 6 个标准行为。每个行为只解决一个问题，以便尽可能保持简单。复杂的行为对于理解和调试都非常困难，要尽量保持简单。

尽管如此，UIKit 动力学仍是一项令人兴奋的新技术，并可以创造出非常激动人心的用户交互。用好了，UIKit 动力学会是一个非常有价值的工具。

本章的示例可以从在线示例代码中找到。

## 19.1　动画类、行为和动力项

UIKit 动力学主要由三部分组成。

- ❑ 动力项——要做动画的元素。最常见的项目是视图，但任何遵从 `UIDynamicItem` 协议的动力项都可以。该协议要求包含 `bounds`、`center` 和 `transform` 属性。
- ❑ 行为——伴随时间影响一个或多个动力项的 `bounce`、`center` 和 `transform` 的规则。包括动力项附着到一点、重力和摩擦力。
- ❑ 动画类——伴随时间对动力项实施行为的引擎。

动力项附加到行为，行为附加到动画类。这种层次结构令人惊讶的一点是动力项并不知道它们的行为。如果将一个视图附加到一个重力行为，然后再将该视图从父视图中删除，则重力行为会继续持有该视图并对其进行动画，即使该视图已经不可见。这需要开发者亲自管理，将视图从行为中删除，或是保证行为在适当的时候被释放。行为不知道它们的动画类，但动画类一定知道它们的行为。

有必要重申，动力项不知道它们的行为。这个事实使得我们在构建复杂的行为时，会产生很多头疼的设计。例如，不能简单地认为一个视图和它的所有子视图都会承受重力。必须跟踪重力行为并将每个视图附加到该行为。在单独一个动画类中创建多个重力行为是未定义的，因此就无法创建一个拥有自己的重力行为的视图子类。所以必须为视图层次结构跟踪一个单独的重力行为，并且将该行为列表中的动力项，与视图层次结构列表中的视图进行同步。

然而随着拥有更多行为，问题也会翻倍。如果每个动力项要同时承受重力和碰撞，就必须为每个视图附加两个行为。在 19.4 节我们会看到，使用自定义行为能有几种办法改善这种情况。但总体而言，向视图层次结构中添加和删除视图非常繁琐且容易出错。很难对此问题设计出通用的解决方案。需要根据特定的 UIKit 动力学问题设计专门的解决方案。

动力学动画类可以对视图、集合视图或自定义动力项进行动画。

使用 `initWithReferenceView:` 创建动力学动画类，用来对视图进行动画。这也许是最常用的方式了。所有动画视图必须源自参考视图，参考视图提供坐标系。例如，如果参考视图进行了翻转变化，重力效果则变为拉起而非下降。

即使动画类知道参考视图的边界，它也仍需对参考视图外面的项目进行动画。这些项目也可能会影响到其他项目，或是这些项目会重新进入参考视图。例如，如果你对一个视图施加重力，它会一直下沉，直到它的垂直坐标到达 `FLT_MAX` 为止。UIKit 中没有"地面"。

当然，很容易就可以创建一个"地面"。如果有参考视图，可以用它自动对任何一个部分是碰撞行为的物体创建边界。使用动力学动画类的 `setTranslatesReferenceBoundsIntoBoundary-WithInsets:` 方法，很容易就可以将物体保留在它们的参考视图内。

使用 `initWithCollectionViewLayout:` 创建动力学动画类，用来对集合视图进行动画。这类动画类对 `UICollectionViewLayoutAttributes` 对象进行动画。参见 19.8 节示例。

如果使用 `init` 创建动力学动画类，则不会有参考视图，并且可以对任何遵从 `<UIDynamicItem>` 的对象进行动画。因为 `UIView` 遵从 `<UIDynamicItem>`，如果不需要参考视图，便可以用这种方式对视图进行动画。

## 19.2 UIKit "物理"

现实世界的物理是有定律和常量的系统。科学家已创造出各种物理单位，如千克、米和牛顿，用来衡量物理系统。UIKit 有一套类似的定律、常量和单位。

现实世界中，距离的标准单位是米。在 UIKit 物理中，距离的单位是点（p）。物体的质量是它的面积乘以密度。因此，如果密度相同，则一个 100p×100p 的视图的质量是一个 200p×100p 的视图质量的一半。UIKit 没有给这个质量单位一个名称。在本章中，我们称它为 UIKit 千克。

不出所料，UIKit 物理中的时间单位是秒。

现实世界中，力的标准单位是牛顿，这是加速质量为 1 千克的物体达到 $1 \text{ m/s}^2$ 时所需的力。UIKit 牛顿则是加速 1UIKit 千克到 $100 \text{ p/s}^2$ 所需的力。

最后，UIKit 重力常量（g）是 $1000 \text{ p/s}^2$。默认没有重力。像其他行为一样，必须将动力项添加到该行为。参见 19.3.4 节。

如果从动力项中删除所有行为，项目将停止移动。例如，如果一个项目在重力的影响下下落，当移除重力时，你可能认为它会沿相同方向继续移动。然而相反，它会立刻停止下落。除非有行为积极地改变项目，否则不会发生任何事情。动力学动画类在缺少行为时，不会自动引起任何动力项进行移动。关于使动力项移动更加真实的技术，参见 19.3.6 节。

## 19.3　内置行为

iOS 提供了几种可以处理大多数简单需求的有用的行为。以下各部分涵盖了所有内置行为：迅速移动、附着、重力、碰撞、推力和动力项。

### 19.3.1　迅速移动

迅速移动行为（UISnapBehavior）是一种最简单的行为。它将一个动力项移动到给定位置并停留在那里。它还会对齐动力项，使其旋转为零。换句话说，就是使动力项竖直。将该行为应用到一个动力项时，该动力项会"迅速移动"到新位置，有可能会稍微过冲。下面的代码演示了如何对一个动力项使用迅速移动：

**ViewController.m（Dynamic）**

```
UISnapBehavior *snap = [[UISnapBehavior alloc] initWithItem:self.box1
                                                snapToPoint:point];
snap.damping = 0.25;
[self.dynamicAnimator addBehavior:snap];
```

这段代码创建了一个将视图迅速移动到某点的行为对象。如果视图已经位于该点，则不会发生任何事情。如果视图位于其他位置，则会导致视图移到该点。damping 是唯一可配置的属性。该值越高则移动越慢，并会减少视图到达迅速移动点时的过冲量。默认值是 0.5，所以前面的代码示例会比通常更加动态一些。

迅速移动行为创建后，只有 damping 可以修改。项目和点都无法改变。如果想迅速移动到一个新点，则需删除该行为并添加新的。

迅速移动行为的表现有点儿像压紧的弹簧。如果两个迅速移动行为控制相同的视图，则该视图的最终位置会在这两个迅速移动点之间。物体承受普通重力（<1）会非常靠近它们的迅速移动点。物体承受高重力（5+）会产生明显"凹陷"（参见 19.3.4 节）。当与附着行为结合使用时，迅速移动行为会不可靠。

### 19.3.2　附着

附着行为类似迅速移动行为，不过更为灵活一些。迅速移动总是添加到一个项目的中心，而附着可以偏离中心。我们还可以将一个项目附着到另一个项目，而非一个指定点。本例会将一个视图附着到背景，并将另一个视图附着到第一个视图。

**ViewController.m（Dynamic）**

```
UIAttachmentBehavior *
attach1 = [[UIAttachmentBehavior alloc] initWithItem:self.box1
                              offsetFromCenter:UIOffsetMake(25, 25)
                              attachedToAnchor:self.box1.center];
[self.dynamicAnimator addBehavior:attach1];
```

```
UIAttachmentBehavior *
attach2 = [[UIAttachmentBehavior alloc] initWithItem:self.box2
                                    attachedToItem:self.box1];
[self.dynamicAnimator addBehavior:attach2];
```

一个单独的附着通常会不稳定。比如，如果试图用一个单独的 `UIAttachmentBehavior` 重新创建 `UISnapBehavior`，你会发现这个动力项比预期更易震动。而且会绕着锚点打转，因为 `UIAttachmentBehavior` 不会阻止旋转。一个常见的解决方案是使用多个附着。例如，可以创建一个四点的附着，如下所示：

```
CGRect bounds = item.bounds;
CGFloat width = CGRectGetWidth(bounds);
CGFloat height = CGRectGetHeight(bounds);

CGFloat offsetWidth = width/2;
CGFloat offsetHeight = height/2;
UIOffset offsetUL = UIOffsetMake(-offsetWidth, -offsetHeight);
UIOffset offsetUR = UIOffsetMake( offsetWidth, -offsetHeight);
UIOffset offsetLL = UIOffsetMake(-offsetWidth,  offsetHeight);
UIOffset offsetLR = UIOffsetMake( offsetWidth,  offsetHeight);

CGFloat anchorWidth = width/2;
CGFloat anchorHeight = height/2;
CGPoint anchorUL = CGPointMake(center.x - anchorWidth,
                               center.y - anchorHeight);
CGPoint anchorUR = CGPointMake(center.x + anchorWidth,
                               center.y - anchorHeight);
CGPoint anchorLL = CGPointMake(center.x - anchorWidth,
                               center.y + anchorHeight);
CGPoint anchorLR = CGPointMake(center.x + anchorWidth,
                               center.y + anchorHeight);

[dynamicAnimator addBehavior:[[UIAttachmentBehavior alloc] initWithItem:item
                                        offsetFromCenter:offsetUL
                                        attachedToAnchor:anchorUL]];
[dynamicAnimator addBehavior:[[UIAttachmentBehavior alloc] initWithItem:item
                                        offsetFromCenter:offsetUR
                                        attachedToAnchor:anchorUR]];
[dynamicAnimator addBehavior:[[UIAttachmentBehavior alloc] initWithItem:item
                                        offsetFromCenter:offsetLL
                                        attachedToAnchor:anchorLL]];
[dynamicAnimator addBehavior:[[UIAttachmentBehavior alloc] initWithItem:item
                                        offsetFromCenter:offsetLR
                                        attachedToAnchor:anchorLR]];
```

要使附着正常工作总需要这类繁琐重复的代码。当开发出符合预期工作的行为时，最好把它重构成可重用的 `UIDynamicBehavior` 子类。

## 19.3.3  推力

推力行为在一个对象上施加力。正如 19.2 节讨论的，力的单位是 UIKit 牛顿，质量是面积乘以密度。1UIKit 牛顿是 1UIKit 千克加速到 100 p/s² 时所需的力。

同样的推力行为对于不同大小的动力项影响不同。对于给定的密度，较大动力项的加速比较小动力项慢。

推力可以是瞬时或连续作用的。一个瞬时推力立刻产生 1 秒的加速。因此，如果一个动力项质量为 1UIKit 千克，对它施加 1UIKit 牛顿的瞬时推力，最终的速度将是 100 p/s。连续推力随时间持续施加加速。如果对 1UIKit 千克的动力项连续施加 1UIKit 牛顿推力，1 秒之后速度将是 100 p/s，2 秒之后速度将是 200 p/s。该动力项会一直加速，直到力被移除。

默认力的向量为空。如果不赋值，则不会施加力。下面代码演示了如何创建一个指向右下角，且大小为 $\sqrt{2}$ 的力向量。这个盒子会随时间加速，直到连续的力被移除。

**ViewController.m（Dynamic）**

```
UIPushBehavior *
push = [[UIPushBehavior alloc] initWithItems:@[self.box1]
                                 mode:UIPushBehaviorModeContinuous];
push.pushDirection = CGVectorMake(1, 1);
[self.dynamicAnimator addBehavior:push];
```

瞬时推力行为触发后，会立刻转为不活跃状态。可以通过设置 active 为 YES 重新施加力。

## 19.3.4　重力

如果要让一个动力项承受重力，则必须将它附加到一个重力行为。就像真实世界的重力，UIKit 重力以相同的速率沿着它的向量方向对所有动力项加速。标准的 UIKit 重力是(0.0, 1.0)，即 1 个大小的向下向量。它对所有动力项以 1000 p/s² 进行加速。

UIKit 中没有 "地面"。如果没有被挡住，动力项会一直下落。

一个动力学动画类只能有一个重力行为。如果添加或删除动力项，则可能需要通过一个属性跟踪重力行为，以便可以更新它的动力项集合。

## 19.3.5　碰撞

碰撞行为导致动力项与其他动力项或边界发生接触。当动力项相撞时，它们的具体行为取决于其相对动量和弹性，就像真实世界一样。动力项也可以和边界发生接触。边界实际上是一条质量无穷大的轨道，因此边界被碰撞物体撞击时不会移动。

最常见的配置是由参考视图定义的边界。该边界可以使用 setTranslatesReferenceBounds IntoBoundaryWithInsets: 来设置。也可以使用任意一个路径设置边界。

创建碰撞行为后，开发人员可以从中添加或删除对象，也可以添加或删除边界。边界通过标识符跟踪，这样容易查找和删除。

碰撞行为还需要一个委托，对象相撞时可以用来跟踪。委托通常用于播放声音，但同样可以用来添加或删除行为。例如，添加一个附着行为，就可以使动力项相撞时粘在一起。

### 19.3.6　动力项

　　UIDynamicItemBehavior 与其他行为不同。它对动力项赋值物理属性。例如，可以使用动力项行为给一个动力项设置密度和弹性。

　　有两个动力项属性看起来类似，实则不同：摩擦和阻力。摩擦影响动力项在一条直线上相对其他动力项的滑动。阻力影响动力项任意时间在直线上的移动。当一个低阻力高摩擦的动力项被附着效果吸过去时仍可轻松移动。角阻力影响动力项在任意时间的旋转。可以使用 allowsRotation 属性完全阻止旋转。

　　动力项行为也可以直接给动力项添加速度。这与推力行为类似，但它的值是每秒的绝对点数，而非 UIKit 牛顿。

　　将动力项附加到动力项行为后，当其他行为被移除，该动力项还会继续移动。例如，如果对一个对象只施加推力行为，然后移除该推力行为，则动力项立刻停止。然而，如果动力项拥有一个动力项行为，即使移除了推力行为，动力项也会保持当前速度继续移动。如果希望动力项在复杂系统中表现得"自然"，给它们附加一个空的动力项行为通常会很有帮助。

> 　　不要把 UIDynamicItemBehavior 和它的父类 UIDynamicBehavior 混淆。注意类名中的 Item 字眼。

## 19.4　行为层次结构

　　自定义的 UIDynamicBehavior 可以拥有子行为，这对于分组相关行为很有帮助。例如，有可能会要在系统中对每个动力项施加重力和碰撞。可以在一个自定义 UIDynamicBehavior 子类中使用 addChildBehavior: 将它们打包进一个单独的动力行为中。通常不应在任何内置行为中使用 addChildBehavior:。

　　尽管这种技术对创建分组很有用，但如果创建了复杂的层次结构，调试将变得非常混乱和复杂。所以，请保持简单。

## 19.5　自定义操作

　　在每一个动画帧中，动画类会调用每个行为的 action 块。可以在这里添加任意想要的功能。但由于调用频繁，性能则至关重要。

　　自定义操作通常用于在达到一定条件的情况下修改行为。例如，可以通过检查时间从而确保动画不会运行太久，或者基于对象的位置修改行为。

　　2013 年的 WWDC 讲座示例中建议，当动画运行一段时间后，在操作块中使用 -[UIDynamic Animator elapsedTime] 改变动画。应当谨慎使用这种方法。elapsedTime 属性会计算动画类实际已运行的总时间，不包括动画类暂停的时间（通常因为系统处于休息状态），而且它从不重置。因此，如果对一个动画类添加或删除行为，elapsedTime 的绝对值可能会产生误导。添加行为时可能需要检查当前的 elapsedTime，可以覆盖该行为的 willMoveToAnimator: 来确定。

## 19.6　实战：一个"撕开"视图

既然已经掌握了基础，便可以把所有部分组合成一个复杂的行为。本例会创建展示一个"撕开"形状部件的应用程序。用户从它的初始位置拖拽该形状。如果用户拖拽不久便松开，这个形状会迅速移动回它的初始位置。如果用户拖拽得更远，该形状会"撕开"，并且一个新的复制品会迅速移动回初始位置。用户可以用这个小部件创建许多该形状的复制品来玩。此外，这些形状都有碰撞和重力行为。

### 19.6.1　拖拽视图

从顶层视图控制器开始，只需创建该形状，并让用户在屏幕中到处拖拽该视图。

**ViewController.m（TearOff）**

```
#import "ViewController.h"
#import "DraggableView.h"

const CGFloat kShapeDimension = 100.0;

@interface ViewController ()
@property (nonatomic) UIDynamicAnimator *animator;
@end

@implementation ViewController
- (void)viewDidLoad {
  [super viewDidLoad];
  self.animator =
    [[UIDynamicAnimator alloc] initWithReferenceView:self.view];

  CGRect frame = CGRectMake(0, 0,
                            kShapeDimension, kShapeDimension);
  DraggableView *
  dragView = [[DraggableView alloc] initWithFrame:frame
                                         animator:self.animator];
  dragView.center = CGPointMake(self.view.center.x / 4,
                                self.view.center.y / 4);
  dragView.alpha = 0.5;
  [self.view addSubview:dragView];
}
@end
```

ViewController 拥有 UIDynamicAnimator 并定义了参考视图。然后创建了一个 Draggable View，并将它放置到屏幕中。下面的代码创建了拖拽视图：

**DraggableView.m（TearOff）**

```
#import "DraggableView.h"

@interface DraggableView ()
@property (nonatomic) UISnapBehavior *snapBehavior;
@property (nonatomic) UIDynamicAnimator *dynamicAnimator;
@property (nonatomic) UIGestureRecognizer *gestureRecognizer;
```

```
@end

@implementation DraggableView
- (instancetype)initWithFrame:(CGRect)frame
                      animator:(UIDynamicAnimator *)animator {
  self = [super initWithFrame:frame];
  if (self) {
    _dynamicAnimator = animator;
    self.backgroundColor = [UIColor darkGrayColor];
    self.layer.borderWidth = 2;
    self.gestureRecognizer = [[UIPanGestureRecognizer alloc]
                               initWithTarget:self
                               action:@selector(handlePan:)];
    [self addGestureRecognizer:self.gestureRecognizer];
  }
  return self;
}

- (void)handlePan:(UIPanGestureRecognizer *)g {
  if (g.state == UIGestureRecognizerStateEnded ||
      g.state == UIGestureRecognizerStateCancelled) {
    [self stopDragging];
  }
  else {
    [self dragToPoint:[g locationInView:self.superview]];
  }
}

- (void)dragToPoint:(CGPoint)point {
  [self.dynamicAnimator removeBehavior:self.snapBehavior];
  self.snapBehavior = [[UISnapBehavior alloc] initWithItem:self
                                              snapToPoint:point];
  self.snapBehavior.damping = .25;
  [self.dynamicAnimator addBehavior:self.snapBehavior];
}

- (void)stopDragging {
  [self.dynamicAnimator removeBehavior:self.snapBehavior];
  self.snapBehavior = nil;
}
@end
```

当用户通过 UIPanGestureRecognizer 在屏幕内到处拖拽，这个对象会不断地通过新迅速移动行为移动到新的位置。这是创建用户在屏幕内可到处拖拽的视图所需的全部操作。低 damping 的设置确保该视图可轻易到处滑动，并有点儿拖沓，略微增强了可玩性。

## 19.6.2　撕开该视图

现在添加一个新的行为让视图"粘"在原地，但如果有足够的拖拽，它会撕裂出一个复制品。在视图控制器中，只需添加新的行为，如下所示：

ViewController.m（TearOff）

```
- (void)viewDidLoad {
    ...
    [self.view addSubview:dragView];

    TearOffBehavior *tearOffBehavior = [[TearOffBehavior alloc]
                                        initWithDraggableView:dragView
                                        anchor:dragView.center
                                        handler:^(DraggableView *tornView,
                                                  DraggableView *newPinView) {
                                            tornView.alpha = 1;
                                        }];
    [self.animator addBehavior:tearOffBehavior];
}
@end
```

TearOffBehavior 的定义如下所示。它是个自定义行为，带有一个迅速移动子行为和一个 19.5 节描述的自定义操作（self.action）。在每个动画帧中，它的行为会检查该视图是否被拖拽得离它的初始距离太远。如果太远，它会创建该视图的一个复制品，并给它附加一个新的 TearOffBehavior。它使用了 active 属性，因此该自定义操作在视图迅速移动归位之前不会再次触发。触发撕开操作时，它还会调用 handler 块，以便该视图控制器可以执行其他想要的操作。要理解复杂的行为，有必要认真研究下面这段代码。

TearOffBehavior.h（TearOff）

```
@class DraggableView;

typedef void(^TearOffHandler)(DraggableView *tornView,
                              DraggableView *newPinView);
@interface TearOffBehavior : UIDynamicBehavior
@property(nonatomic) BOOL active;

- (instancetype) initWithDraggableView:(DraggableView *)view
                                anchor:(CGPoint)anchor
                               handler:(TearOffHandler)handler;
@end
```

TearOffBehavior.m（TearOff）

```
@implementation TearOffBehavior

- (instancetype)initWithDraggableView:(DraggableView *)view
                               anchor:(CGPoint)anchor
                              handler:(TearOffHandler)handler {
    self = [super init];
    if (self) {
        _active = YES;
        [self addChildBehavior:[[UISnapBehavior alloc] initWithItem:view
                                                        snapToPoint:anchor]];
        CGFloat distance = MIN(CGRectGetWidth(view.bounds),
```

```
                              CGRectGetHeight(view.bounds));
    TearOffBehavior * __weak weakself = self;
    self.action = ^{
      TearOffBehavior *strongself = weakself;
      if (! PointsAreWithinDistance(view.center, anchor, distance)) {
        if (strongself.active) {
          DraggableView *newView = [view copy];
          [view.superview addSubview:newView];
          TearOffBehavior *newTearOff = [[[strongself class] alloc]
                                    initWithDraggableView:newView
                                    anchor:anchor
                                    handler:handler];
          newTearOff.active = NO;
          [strongself.dynamicAnimator addBehavior:newTearOff];
          handler(view, newView);
          [strongself.dynamicAnimator removeBehavior:strongself];
        }
      }
      else {
        strongself.active = YES;
      }
    };
  }
  return self;
}


BOOL PointsAreWithinDistance(CGPoint p1,
                             CGPoint p2,
                             CGFloat distance) {
  CGFloat dx = p1.x - p2.x;
  CGFloat dy = p1.y - p2.y;
  CGFloat currentDistance = hypotf(dx, dy);
  return (currentDistance < distance);
}
@end
```

注意 TearOffBehavior 复制了 DraggableView，因此需要实现 copyWithZone:。

### DraggableView.m（TearOff）

```
- (instancetype)copyWithZone:(NSZone *)zone {
  DraggableView *newView = [[[self class] alloc]
                          initWithFrame:CGRectZero
                          animator:self.dynamicAnimator];
  newView.bounds = self.bounds;
  newView.center = self.center;
  newView.transform = self.transform;
  newView.alpha = self.alpha;
  return newView;
}
```

## 19.6.3　添加额外效果

前面的例子允许拖拽形状，但当释放它们时会立刻定住。让它们更动态一些会更好，因此可以添加重力和碰撞行为。所需要做的全部就是在创建新项目时将它们添加到这些行为中。为了让操作简单点儿，把它们放进自定义行为中，如下所示：

DefaultBehavior.h（TearOff）

```
@interface DefaultBehavior : UIDynamicBehavior
- (void)addItem:(id<UIDynamicItem>)item;
- (void)removeItem:(id<UIDynamicItem>)item;
@end
```

DefaultBehavior.m（TearOff）

```
#import "DefaultBehavior.h"

@implementation DefaultBehavior

- (instancetype)init {
  self = [super init];
  if (self) {
    UICollisionBehavior *collisionBehavior = [UICollisionBehavior new];
    collisionBehavior.translatesReferenceBoundsIntoBoundary = YES;
    [self addChildBehavior:collisionBehavior];

    [self addChildBehavior:[UIGravityBehavior new]];
  }
  return self;
}

- (void)addItem:(id<UIDynamicItem>)item {
  for (id behavior in self.childBehaviors) {
    [behavior addItem:item];
  }
}

- (void)removeItem:(id<UIDynamicItem>)item {
  for (id behavior in self.childBehaviors) {
    [behavior removeItem:item];
  }
}
@end
```

ViewController.m（TearOff）

```
@interface ViewController ()
@property (nonatomic) UIDynamicAnimator *animator;
@property (nonatomic) DefaultBehavior *defaultBehavior;
@end
...
  [self.view addSubview:dragView];
```

```
DefaultBehavior *defaultBehavior = [DefaultBehavior new];
[self.animator addBehavior:defaultBehavior];
self.defaultBehavior = defaultBehavior;

TearOffBehavior *tearOffBehavior = [[TearOffBehavior alloc]
                                 initWithDraggableView:dragView
                                 anchor:dragView.center
                                 handler:^(DraggableView *tornView,
                                           DraggableView *newPinView) {
                                   tornView.alpha = 1;
                                   [defaultBehavior addItem:tornView];
                                 }];
```

## 19.7 多个动力学动画类

有时将所有行为放进单独一个动力学动画类中会不方便。例如，如果有几组独立进行动画的对象，为每组创建单独的动画类会更方便。

关键的一点是，动力学动画类只是一个按照它的行为提供的规则，随着时间不断调整其动力项位置和旋转的对象。它不是一个视图层次结构的固有部分，甚至不关心其动力项是否为视图。因此，只要不打算用多个动力学动画类对同一个视图进行动画，那么在同一视图层次结构中有多个动力学动画类是没有问题的。使用多个动画类对同一视图进行动画是未定义的行为，因为动画类没有办法协调。

继续前面“撕开”的例子，现在可以添加一个爆炸行为。如果一个动力项被双击，则爆炸。爆炸的碎片相互作用，但不会影响其他视图。因此是个分别使用动力学动画类的好应用。

iVewController.m（TearOff）

```
- (void)viewDidLoad {
  ...
  TearOffBehavior *tearOffBehavior = [[TearOffBehavior alloc]
                                   initWithDraggableView:dragView
                                   anchor:dragView.center
                                   handler:^(DraggableView *tornView,
                                             DraggableView *newPinView) {
                                     tornView.alpha = 1;
                                     [defaultBehavior addItem:tornView];

                                     // 双击粉碎
                                     UITapGestureRecognizer *
                                     t = [[UITapGestureRecognizer alloc]
                                         initWithTarget:self
                                         action:@selector(trash:)];
                                     t.numberOfTapsRequired = 2;
                                     [tornView addGestureRecognizer:t];
                                   }];
  [self.animator addBehavior:tearOffBehavior];
}

- (void)trash:(UIGestureRecognizer *)g {
  UIView *view = g.view;
```

```
// 计算新的视图（参见示例代码）
NSArray *subviews = [self sliceView:view
                          intoRows:kSliceCount
                           columns:kSliceCount];

// 创建一个新的动画类
UIDynamicAnimator *
trashAnimator = [[UIDynamicAnimator alloc]
              initWithReferenceView:self.view];

// 创建一个新的默认行为
DefaultBehavior *defaultBehavior = [DefaultBehavior new];

for (UIView *subview in subviews) {
  // 向层次结构中添加新的"爆炸"视图
  [self.view addSubview:subview];
  [defaultBehavior addItem:subview];

  UIPushBehavior *
  push = [[UIPushBehavior alloc]
        initWithItems:@[subview]
        mode:UIPushBehaviorModeInstantaneous];
  [push setPushDirection:CGVectorMake((float)rand()/RAND_MAX - .5,
                                      (float)rand()/RAND_MAX - .5)];
  [trashAnimator addBehavior:push];

  // 淡出到处飞的碎片
  // 最终删除它们
  // 这里引用 trashAnimator 还会让 ARC 不必使用实例变量
  [UIView animateWithDuration:1
                   animations:^{
                     subview.alpha = 0;
                   }
                   completion:^(BOOL didComplete){
                     [subview removeFromSuperview];
                     [trashAnimator removeBehavior:push];
                   }];
}

// 删除旧视图
[self.defaultBehavior removeItem:view];
[view removeFromSuperview];
}
```

## 19.8　与 `UICollectionView` 交互

使用 UIKit 动力学的一个尤其有趣的用途是影响 `UICollectionView` 布局。可以使用这些布局创建各种令人兴奋、引人入胜的交互。

提醒一点，`UICollectionView` 依赖 `UICollectionViewLayout` 为每个单元生成一个 `UICollectionViewLayoutAttributes` 对象。这个布局属性的对象在其中定义了中心和变换。这

完全匹配同样定义了中心和变换的<UIDynamicItem>。这意味着一个动力学动画类可以随时间根据
行为修改布局属性。

几乎总会通过继承 UICollectionViewLayout，并用 layoutAttributesForElementsIn-
Rect:修改布局属性来实现这个布局。下面的示例会创建一个简单的布局，允许用户在集合视图中拖
拽项目。这个集合视图控制器使用一个按下手势识别器来跟踪拖拽。这段代码实现了识别操作。在
CollectionDrag 示例代码中可见。

**DragViewController（CollectionDrag）**

```
- (IBAction)handleLongPress:(UIGestureRecognizer *)g {
    DragLayout *dragLayout = (DragLayout *)self.collectionViewLayout;
    CGPoint location = [g locationInView:self.collectionView];

    // 找到被拖拽的 indexPath 和 cell
    NSIndexPath *indexPath = [self.collectionView
                                 indexPathForItemAtPoint:location];
    UICollectionViewCell *cell = [self.collectionView
                                     cellForItemAtIndexPath:indexPath];

    UIGestureRecognizerState state = g.state;
    if (state == UIGestureRecognizerStateBegan) {
        // 改变颜色并开始拖拽
        [UIView animateWithDuration:0.25
                         animations:^{
                             cell.backgroundColor = [UIColor redColor];
                         }];
        [dragLayout startDraggingIndexPath:indexPath fromPoint:location];
    }

    else if (state == UIGestureRecognizerStateEnded ||
             state == UIGestureRecognizerStateCancelled) {
        // 改变颜色并停止拖拽
        [UIView animateWithDuration:0.25
                         animations:^{
                             cell.backgroundColor = [UIColor lightGrayColor];
                         }];
        [dragLayout stopDragging];
    }

    else {
        // 拖拽
        [dragLayout updateDragLocation:location];
    }
}
```

布局本身也非常简单。它使用一个附着行为移动项目的中心。拖拽停止时，把项目附着回它的原
始位置，因此可以平滑地进行动画。

**DragLayout.h（CollectionDrag）**

```
@interface DragLayout : UICollectionViewFlowLayout
- (void)startDraggingIndexPath:(NSIndexPath *)indexPath
```

```
                              fromPoint:(CGPoint)p;
- (void)updateDragLocation:(CGPoint)point;
- (void)stopDragging;
@end
```

## DragLayout.m ( CollectionDrag )

```objectivec
@interface DragLayout ()
@property (nonatomic) NSIndexPath *indexPath;
@property (nonatomic) UIDynamicAnimator *animator;
@property (nonatomic) UIAttachmentBehavior *behavior;
@end

@implementation DragLayout

- (void)startDraggingIndexPath:(NSIndexPath *)indexPath
                     fromPoint:(CGPoint)p {
  self.indexPath = indexPath;
  self.animator = [[UIDynamicAnimator alloc]
                 initWithCollectionViewLayout:self];

  UICollectionViewLayoutAttributes *attributes = [super
   layoutAttributesForItemAtIndexPath:self.indexPath];
  // 把该项目提到其他项目之上
  attributes.zIndex += 1;

  self.behavior = [[UIAttachmentBehavior alloc] initWithItem:attributes
                                        attachedToAnchor:p];
  self.behavior.length = 0;
  self.behavior.frequency = 10;
  [self.animator addBehavior:self.behavior];

  UIDynamicItemBehavior *dynamicItem = [[UIDynamicItemBehavior alloc]
                                      initWithItems:@[attributes]];
  dynamicItem.resistance = 10;
  [self.animator addBehavior:dynamicItem];

  [self updateDragLocation:p];
}

- (void)updateDragLocation:(CGPoint)p {
  self.behavior.anchorPoint = p;
}

- (void)stopDragging {
  // 移回原始位置（父类）
  UICollectionViewLayoutAttributes *
  attributes = [super layoutAttributesForItemAtIndexPath:self.indexPath];
  [self updateDragLocation:attributes.center];
  self.indexPath = nil;
  self.behavior = nil;
}
```

```
- (NSArray *)layoutAttributesForElementsInRect:(CGRect)rect {
   // 找到所有属性，并替换 indexPath 中的
   NSArray *existingAttributes = [super
                                  layoutAttributesForElementsInRect:rect];
   NSMutableArray *allAttributes = [NSMutableArray new];
   for (UICollectionViewLayoutAttributes *a in existingAttributes) {
      if (![a.indexPath isEqual:self.indexPath]) {
         [allAttributes addObject:a];
      }
   }

   [allAttributes addObjectsFromArray:[self.animator itemsInRect:rect]];
   return allAttributes;
}
@end
```

这就是全部所要做的。使用这种技术可以给集合视图布局施加各种各样的行为。仅在 `layout-AttributesForElementsInRect:` 中替换掉想要的属性即可。

## 19.9　小结

UIKit 物理是 iOS 7 中最令人兴奋的新特性，要用好它有时候非常具有挑战性，但如果多加小心并注意简洁，便可以获得之前版本系统无法实现的效果。只要记住，动画类随时间将行为施加给动力项。动力项可以是视图、集合视图布局属性或其他含有中心、边界和变换的对象。当构建一些简单的行为时，UIKit 可以接近真实的物理效果。

## 19.10　扩展阅读

### 1. 苹果文档
下面的文档位于 iOS Developer Library（https://developer.apple.com/library/ios/navigation/index.html）中，通过 Xcode Documentation and API Reference 也可以找到。

❑ *UIDynamicAnimator Class Reference*
❑ *UIDynamicBehavior Class Reference*
❑ *UIDynamicItem Protocol Reference*

### 2. WWDC 讲座
以下讲座视频可以在 developer.apple.com 上找到。

❑ WWDC 2013，"Session 206: Getting Started with UIKit Dynamics"
❑ WWDC 2013，"Session 221: Advanced Techniques with UIKit Dynamics"

# 第 20 章

# 魔幻的自定义过渡

在第 2 章中，我们了解了 iOS 7 新的用户界面范式。UI 上的两个最重要的变化倒是丰富的动画使用和界面上各个方面对真实物理世界的模拟。

为视图控制器添加自定义过渡（特别是交互式自定义过渡）是确保应用程序看起来像是专为 iOS 7 设计的重要一步。

然而交互式自定义过渡不是一个新特性，至少在 iOS 3.2（iPad 的首个 iOS 版本）中就已经存在了（但不在 iOS SDK 中）。例如，翻页动画就不仅是从一个页面到另一个的过渡。它是一个交互式过渡——随着手指移动的过渡。相较而言，在（iOS 7 之前的）地图应用中的"卷页"过渡则是一个普通的过渡。它不是交互式的，这个过渡不会跟随你的手指滑动。

在第 4 章中，我们学习了如何使用故事板添加自定义过渡。本章将介绍如何不使用故事板联线（是否使用故事板可以自行决定）创建 iOS 7 式的自定义过渡，更重要的是介绍如何创建在 iOS 7 中引入的交互式自定义过渡。在我看来，交互式自定义过渡是提升应用品质，使其在 App Store 大放异彩的重要工具。

## 20.1 iOS 7 中的自定义过渡

苹果已经在内置应用中尽量减少了屏幕过渡的数量。当你打开日历应用并选择一个日期，月视图会通过一个自定义过渡动画到日期视图，如图 20-1 所示。

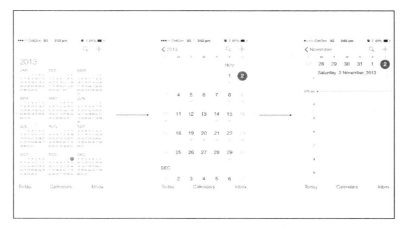

图 20-1　内置的日历应用程序使用自定义过渡从一个场景转换到另一个

类似地，当创建新的事件时，改变事件的开始和结束时间是使用自定义过渡动画完成的。注意之前版本的 iOS 中这个效果是使用导航控制器的默认推入动画的。自定义过渡的另一个明显的例子是在照片应用的照片选项卡中。原先超长的相机胶卷现在被一个集合视图所替代，这个集合视图使用自定义过渡在年、精选、时刻和单张照片的视图之间进行导航。iOS 7 的新界面范式强调让用户知道自己所在的位置，不要在无数推入的视图控制器中迷失。大多数情况下，这是通过使用自定义过渡实现的。

为 iOS 7 设计应用时，应当认真考虑是否使用自定义过渡来帮助用户了解他们在应用中的位置。iOS 7 SDK 增加了新 API，开发者做起这件事来简单了很多。

iOS 7 SDK 支持两种自定义过渡：自定义视图控制器过渡和交互式视图控制器过渡。在此之前，也可以使用故事板和自定义联线来创建自定义视图控制器过渡。交互式视图控制器过渡使得用户可以使用手势（通常是滑动手势）来控制过渡的过程（从开始到结束）。因此，当用户滑动或轻扫手指的时候，就会从一个视图控制器过渡到另一个。

当过渡是时间的函数时，它通常是一个自定义视图控制器过渡，如果它是一个手势识别器或其他类似事件的函数，它通常是一个交互式视图控制器过渡。

例如，导航控制器的推入过渡（iOS 6）可以作为自定义视图控制器过渡的例子，UIPageView-Controller 页面过渡则是交互式视图控制器过渡的例子。UIPageViewController 在页面间切换的时候，过渡不是随时间进行的。页面的过渡跟随手指滑动，所以把这种过渡叫做交互式视图控制器过渡。UINavigationController 过渡在一定时间内进行，这种过渡叫做自定义视图控制器过渡。

iOS 7 SDK 允许自定义大部分过渡，包括视图控制器的出现和消失、UINavigationController 的推入和弹出过渡、UITabBarController 的过渡，甚至是集合视图的布局变化过渡。UITabBarController 默认对视图控制器切换不进行动画。

## 20.2  过渡协调器

iOS 7 中的所有视图控制器都有一个属性 transitionCoordinator，它是一个符合 UIView-ControllerTransitionCoordinator 协议的对象。所有的过渡都会创建一个过渡协调器，无论是否是自定义的。也就是说，当执行默认的推入或弹出导航过渡时，也可以对视图中的其他部分做动画。这个协议中有以下方法：

```
-animateAlongsideTransition:completion:
-animateAlongsideTransitionInView:animation:completion:
-notifyWhenInteractionEndsUsingBlock:
```

第一个和第二个方法可以用在导航控制器动画进行过程中，在视图控制器中做一些自定义动画。注意，在 iOS 6 中只能通过将动画持续时间手动硬编码为 0.35（默认的导航控制器动画持续时间）来做到。有了这个新的 API，就不再需要使用这个技巧了。

在 iOS 7 中，可以取消一个（交互式）导航控制器过渡。这意味着，对于第二个视图，viewWill-Appear 被调用了，但 viewDidAppear 可能不会被调用。在一个典型的场景中，用户一开始从视图 1 过渡到视图 2，但中途决定取消它。视图 2 的视图控制器的 viewWillAppear 被调用，视图 1 的视图控制器的 viewWillDisappear 被调用。但因为过渡没有完成，viewDidAppear 和 viewDid Disappear 都不会被调用。如果你写的代码假定 viewDidAppear 总是在 viewWillAppear 之后被调用，你可能需要重新考虑你的逻辑了。这种情况下 `transitionCoordinator` 的第三个方法就有用处了。在一个交互式过渡结束的时候,我们会在一个 block 中收到通知。无论过渡成功结束还是被取消,这个 block 都会被调用。通过检查传递进来的上下文参数,可以在这个 block 中进行额外的布局工作,而不是在 `viewWillAppear`/`viewDidAppear` 中。

## 20.3 集合视图和布局过渡

现在当集合视图在视图控制器中推入和弹出的时候,有新的方法可以支持过渡了。如果要把一个集合视图推入导航栈,可以使过渡通过布局变化完成,而不是默认的推入机制。iOS 7 中的日历应用和照片应用通过这项技术来完成从一个集合视图控制器到另一个的过渡。

iOS 7 的 `UICollectionViewController` 引入了 `useLayoutToLayoutNavigationTransitions` 这一属性。当此属性设置为 YES 时,在将集合视图控制器推入导航控制器之前,推入过渡会使用 `setCollectionViewLayout:animated:` 来完成集合视图布局的变化。

请注意,这种方法要求两个集合视图拥有同样的数据(内置照片和日历应用都符合这个条件)。

即使在 iOS 6 中也是可以模拟这一动画的,但需要一些小技巧确保导航控制器认为有新的视图控制器被推入。iOS 7 中已经不再需要这些技巧了。开发者要做的只是设置 `useLayoutToLayoutNavigation-Transitions`,剩下的系统会帮忙搞定。从本书网站上可以找到演示集合视图布局过渡的示例应用程序 **CollectionViewCustomTransitionDemo**。

## 20.4 使用故事板和自定义联线的自定义视图控制器过渡

故事板和联线在 iOS 5 中已经出现了,因此你可能已经很熟悉了。如果不是的话,阅读第 4 章了解相关信息。

故事板是创建界面的另一种方式。使用 nib 文件可以创建视图。使用故事板,可以在创建视图的同时指定界面之间的导航关系(称为联线)。我们在第 4 章学习过,通过创建 `UIStoryboardSegue` 的子类可以自定义视图控制器之间的过渡。在 iOS 7 中,苹果极大地增强了对自定义过渡的支持,现在可以在任意两个视图控制器之间做自定义过渡了。过渡也可以使用手势进行"交互式驱动"。

## 20.5 自定义视图控制器过渡:iOS 7 风格

自定义视图控制器过渡要比交互式视图控制器过渡容易一些。本节将使用 iOS 7 SDK 创建与上一节相同的过渡效果。

iOS 7 中的自定义视图控制器过渡是由两个协议实现的,即 `UIViewControllerTransitioning-Delegate` 和 `UIViewControllerAnimatedTransitioning`。

> 第 4 章介绍了在故事板中使用联线的自定义过渡。

实现一个自定义视图控制器过渡是很容易的。可以使用普通的 `pushViewController:`

animated:或 presentViewController:animated:completion:方法（取决于是推入过渡还是模态展示过渡），并将你的视图控制器的 transitioningDelegate 设置为动画类对象。动画类对象是任何符合 UIViewControllerAnimatedTransitioning 协议的对象。如果自定义过渡效果只有一个视图控制器使用，那么视图控制器本身就可以实现 UIViewControllerAnimatedTransitioning 方法。否则，就需要一个单独的类（继承自 NSObject）来实现 UIViewControllerAnimated-Transitioning 协议。在这个例子中，简单起见，我们在视图控制器中实现这个协议。

　　要实现这个协议，应该实现四个可选方法中的两个。

> 另两个方法是实现交互式视图控制器过渡时使用的，下一节介绍它们。

### UIViewControllerTransitioningDelegate 方法（SCTMasterViewController.m）

```
- (id <UIViewControllerAnimatedTransitioning>)
animationControllerForPresentedController:(UIViewController*) presented
presentingController:(UIViewController *)presenting
sourceController:(UIViewController *)source {

    return self;
}

-(id <UIViewControllerAnimatedTransitioning>)
animationControllerForDismissedController:(UIViewController*) dismissed {

    return self;
}
```

该协议的方法实现负责返回动画对象。在这个例子中，动画由视图控制器本身处理，因此，它返回 self。

　　下一步是实现 UIViewControllerAnimatedTransitioning 协议。该协议有两个必需的方法，如下面的代码所示：

### UIViewControllerAnimatedTransitioning 协议方法

```
- (NSTimeInterval)transitionDuration:(id
  <UIViewControllerContextTransitioning>)transitionContext {

    return 1.0f;
}

-(void)animateTransition:(id
 <UIViewControllerContextTransitioning>)transitionContext {
  UIViewController *src = [transitionContext
viewControllerForKey:UITransitionContextFromViewControllerKey];
  UIViewController *dest = [transitionContext
viewControllerForKey:UITransitionContextToViewControllerKey];
```

　　// 真正的动画代码写在这里

**20**

```
[transitionContext completeTransition:YES];

  }
```

第一个方法是告诉系统动画将花费多长时间，第二个方法执行实际的动画。如果你还记得自定义
联线的实现，当时覆盖了一个名为 perform 的方法。animateTransition: 的代码与 perform 方法
的代码类似。animateTransition: 方法会传递一个 transitionContext 参数，通过它可以获得
将要消失和出现的视图控制器的指针，前面的代码片段显示了这一点。有了视图控制器的指针之后，
就可以使用任何你喜欢的方式（基于视图的、基于 Quartz 的、基于 UIKit Dynamics 的），来让它们做
动画。动画完成之后，调用 completeTransition: 方法通知系统过渡完成。

代码片段解释了需要实现的协议和方法，但是没有展示真正的动画代码。自定义视图控制器的完
整代码可以在本书网站找到。

# 20.6　使用 iOS 7 SDK 的交互式自定义过渡

在本章前半部分，我们已经学习了自定义视图控制器过渡。交互式过渡跟自定义过渡类似，但交
互式过渡不是时间的函数，而是手势识别器或类似事件的函数 。通过 UICollectionView-
TransitionLayout 类，交互式过渡也有对集合视图的特别支持。这里将展示如何进行交互式自定
义过渡。

交互式过渡是由事件"驱动"的。可以是动作事件或手势，手势更为常见。UIScreenEdgePan-
GestureRecognizer 是一个交互式过渡的例子。在 iOS 7 中，所有视图都可以通过从屏幕边缘向右
滑动视图来"弹出"。这个过渡会跟随手指的移动。

实现自定义交互式过渡相当复杂。不过，苹果已经让这个过程比想象的简单了很多。最复杂的部
分是计算中间步骤和让界面进行动画。幸好，SDK 自动进行中间步骤的动画。你需要做的只是在动画
处理代码中使用某个 UIView 动画方法。在本章写成的时候，还不能在交互式过渡中使用基于图层的
动画（QuartzCore 动画）。但下面这些新的 UIView 动画方法应该能避免使用基于图层的动画。

```
animateKeyframesWithDuration:delay:options:animations:completion:
animateWithDuration:delay:usingSpringWithDamping:

initialSpringVelocity:options:animations:completion:
```

## 交互控制器

要实现一个交互式过渡，除了需要做跟之前相同的动画，还需要告诉交互控制器动画完成了多少。
开发者只需要确定已经完成的百分比，其他交给系统去做就可以了。通过计算手势/动作事件或其他驱
动过渡的事件，可以得出完成百分比。例如，平移和缩放的距离/速度的量可以作为计算完成的百分比
的参数。本章之后的部分将实现一个自定义视图控制器的弹出动画，用户通过缩放屏幕关闭视图。

为了实现交互式过渡，可以使用普通的 pushViewController:animated: 或 presentView-
Controller:animated:completion: 方法（取决于是推入过渡还是模态展示过渡），并将视图控制
器的 transitioningDelegate 设置为一个动画类对象。

对于自定义过渡，动画类对象符合 UIViewControllerAnimatedTransitioning 协议，并且

实现了四个可选方法中的两个。UIViewControllerAnimatedTransitioning 协议要求提供一个动画控制器和一个交互控制器。前一节中实现了前两个方法来返回一个动画控制器。对于交互式过渡来说，应当实现所有四个方法。也就是说，应该返回一个动画控制器和一个交互控制器。

**UIViewControllerTransitioningDelegate 方法**

```
- (id <UIViewControllerAnimatedTransitioning>)
animationControllerForPresentedController:(UIViewController*) presented
presentingController:(UIViewController *)presenting
sourceController:(UIViewController *)source {

    return self;
}

-(id <UIViewControllerAnimatedTransitioning>)
animationControllerForDismissedController:(UIViewController*) dismissed {

    return self;
}

- (id <UIViewControllerInteractiveTransitioning>)
interactionControllerForPresentation:(id
 <UIViewControllerAnimatedTransitioning>)animator {

  return self.animator;
}

- (id <UIViewControllerInteractiveTransitioning>)
interactionControllerForDismissal:(id
 <UIViewControllerAnimatedTransitioning>)animator {

  return self.animator;
}
```

动画控制器大部分跟前面一样，但是现在不需要实现 animateTransition:方法了，而是要实现 startInteractiveTransition:方法。重要的一点是，这个方法里只能有一个动画块。动画应该基于 UIView 而不是基于图层，交互式过渡不支持 CATransition 或 CALayer 动画。

交互控制器实现了 UIViewControllerInteractiveTransitioning 协议。交互式过渡的交互控制器应当是 UIPercentDrivenInteractiveTransition 的子类。

现在就来看看动画类的代码。动画类负责计算完成百分比。它也负责向系统汇报过渡完成了"多少"。父类 UIPercentDrivenInteractiveTransition 中的方法可以完成这个任务。

```
- (void)updateInteractiveTransition:(CGFloat)percentComplete;
- (void)cancelInteractiveTransition;
- (void)finishInteractiveTransition;
```

现在，需要做的只是根据手势来计算百分比和调用更新方法。如果手势已经完成或取消，相应地调用对应的方法。接下来，需要创建动画类。

### 创建动画类

```
self.animator = [[SCTPercentDrivenAnimator alloc]
 initWithViewController:self];
UIPinchGestureRecognizer *gr = [[UIPinchGestureRecognizer alloc]
 initWithTarget:self.animator action:@selector(pinchGestureAction:)];
[self.view addGestureRecognizer:gr];
```

动画类也是缩放手势识别器的目标。在手势识别器的处理代码中，计算完成百分比和调用所需的父类方法。

### 手势识别器的处理代码

```
-(void) pinchGestureAction:(UIPinchGestureRecognizer*) gestureRecognizer {

  CGFloat scale = gestureRecognizer.scale;
  if(gestureRecognizer.state == UIGestureRecognizerStateBegan) {

    self.startScale = scale;
    [self.controller dismissViewControllerAnimated:YES completion:nil];
  }
  if(gestureRecognizer.state == UIGestureRecognizerStateChanged) {
    CGFloat completePercent = 1.0 - (scale/self.startScale);
    [self updateInteractiveTransition:completePercent];
  }
  if(gestureRecognizer.state == UIGestureRecognizerStateEnded) {
    [self finishInteractiveTransition];
  }

  if(gestureRecognizer.state == UIGestureRecognizerStateCancelled) {
    [self cancelInteractiveTransition];
  }
}
```

手势识别器通过简单的计算得出完成的百分比。动画类记录了原始的缩放比例，完成百分比与新的比例成正比。因此，用户缩放视图时，完成百分比相应增加。

当这样做时，系统会自动更新动画的中间状态。完整代码可以从本书网站下载。

> 在前面的例子中，我们为视图控制器写了一个 UIPercentDrivenInteractiveTransition 类。这个例子也同样适用于集合视图控制器。事实上，通过在集合视图控制器中实现 UIViewController InteractiveTransitioning、UIViewControllerAnimatedTransitioning 协议方法，开发人员可以交互式地改变集合视图的布局。

## 20.7 小结

本章我们学习了在 iOS 7 中引入的一项重要技术。自定义过渡遍布苹果的内置应用，而且我相信，App Store 上多数高质量的应用，包括 Facebook、Twitter 和 foursquare，都将在他们的应用中使用这一特性。

自定义过渡不仅仅带来视觉愉悦。开发者可以使用自定义过渡来帮助用户理解他们在应用中所处的位置。明智地使用它们将帮助你的应用在 App Store 大放异彩。

## 20.8　扩展阅读

### 1. 苹果文档

下面的文档位于 iOS Developer Library（https://developer.apple.com/library/ios/navigation/index.html）中，通过 Xcode Documentation and API Reference 也可以找到。

❑ *What's New in iOS 7*

### 2. WWDC 讲座

以下讲座视频可以在developer.apple.com找到。

❑ WWDC 2013，"Session 226: Implementing Engaging UI on iOS"

❑ WWDC 2013，"Session 218: Custom Transitions Using View Controllers"

❑ WWDC 2013，"Session 201: Building User Interfaces for iOS 7"

❑ WWDC 2013，"Session 208: What's New in iOS User Interface Design"

❑ WWDC 2013，"Session 225: Best Practices for Great iOS UI Design"

20

# 第 21 章

# 精妙的文本布局

*21*

漂亮的文本是 iOS 7 感观的核心。对于如何让应用脱颖而出，用对字体并完美布局从未像现在这样至关重要。幸好 iOS 7 带来了全新而强大的文本工具，包括 Dynamic Type 和 Text Kit。曾经需要用底层的 Core Text 才能做的高级布局现在可以直接用 UIKit 处理了，输出漂亮的文本变得容易了很多。当然，前提是用户想要漂亮的文本。

在本章中，你会了解富文本背后的关键概念及其核心数据结构：NSAttributedString。我们还会介绍足够的排版知识来帮助你理解这些框架，尤其是字符和字形、字体和装饰的区别，以及它们跟段落样式和布局的关系。

有了强大的基础，你就会知道如何正确选择字体来满足用户的需求以及如何用 Text Kit 进行高级布局。最后，你会快速了解完全控制布局所需的底层的 Core Text 调用。

## 21.1  理解富文本

在真正理解富文本之前，你需要一些排版的背景知识。几个世纪以来，排版工人学会了如何最佳呈现印刷的文本，而 iOS 的文本渲染系统严重依赖于这些在数字计算机时代之前就出现的技术。尽管数字排版和物理印刷不一样，很多术语根植于印刷的历史。设计并分发字体的公司（比如 Adobe 和 Bitstream）仍然因其做金属铸造的前身被称为铸造厂。

排版的核心是把字符转换为字形，把字形排成行，把行排成段落。但是首先，什么是字形和字体呢？

### 21.1.1  字符与字形

作为开发者，你应该对字符非常熟悉。NSString 是字符集合，每个字符用一个唯一的 Unicode 值表示。字母 a 用 Unicode 字符"小写拉丁字母 A"表示，其值为 97（U+0061）。中文字符"我"则是用"汉字字符我"表示，其值为 25105（U+6211）。任何时候字母 A 或者字符"我"出现在字符串中，其数值都是一样的。图 21-1 中的每个字符都有一个唯一值。

图 21-1　各不相同的字符

但是再看一下图 21-2，每个字母 a 的字符值都是一样的（U+0061），但是它们的形状却大不相同，这些形状被称为字形。

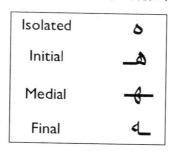

图 21-2　各不相同的字形

字体主要是映射到字符的字形的集合，不过不是一对一的映射。很多情况下，一种字体可以有多种字形来表示给定的字符。在阿拉伯文中，字形依赖于字符在单词中出现的位置。图 21-3 显示了阿拉伯字母 HEH 的各种形式，取决于这个字符是单独出现，出现在单词开头、中间还是末尾。

| Isolated | ه |
|---|---|
| Initial | ه |
| Medial | ه |
| Final | ه |

图 21-3　HEH 的形式

对于给定的字符串，字符数也可能和字形数不同。导致这种区别的常见原因是连字，也就是多个字符会连成单个的字形。在有些语言中需要这么做，比如阿拉伯文，由于拼写需要字符 LAM 和 ALIF 通常会连起来，这样就会出现如图 21-4 的连字。

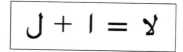

图 21-4　LAM+ALIF

有些连字和字体相关，是为提高可读性而设计的。英文中最常见的是 f-i 连字，如图 21-5 所示。注意 i 上面的点如何消失的，这是字体有意为之的特性，两个字符绘制为单个的字形。

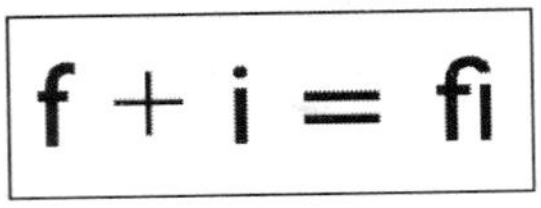

图 21-5    f+i

音调符号可能会导致比字符数多或比字符数少的字形数，取决于字体是否提供特殊的字母 – 音调符号连字，以及字符串中的字母是否编码为"和音调符合连接"。在有些字体中，长串的字符可能是单个的字形。Zapfino 字体有一个专为其名字服务的庞大的字形。细节还有很多，大部分情况下开发者不需要理解所有这些知识，只要理解字符和字形是不同的，而对于给定的字符串和字体，其数量通常是不同的。如果需要的话，iOS 有在两者之间相互转换的方法，你可以调用这些方法来完成任务。

## 21.1.2    理解字体

字体是字形的集合，以及如何选择和放置字形的规则。字体是可扩展的，所以 Baskerville 18pt 和 Baskerville 28pt 只是同一字体的两种尺寸。不过 Baskerville 的粗体和斜体则是完全不同的字体。注意图 21-6 中的不同之处。

图 21-6    Baskerville 的变体

注意斜体的 Baskerville 中的字母形状和 Baskerville 的不同之处，它们不只是倾斜了，特别注意字母 a 的形状。粗体的 Baskerville 可能看起来只是线条粗一点的 Baskerville，但是实际上有一些微妙的差别。特别注意细笔画和粗笔画的宽度并不是等量增加的。

这里的关键是当你需要"把字体加粗"的时候，其实需要的是当前字体的粗体变体。系统可能没有这样的字体，也可能有好几个字体，比如有些字体会有粗体、半粗体、特粗体等变体。所以加粗和斜体其实就是选择字体。

另一方面，下划线和删除线则是装饰。装饰会修改现存字体，而添加下划线字形不会变，字体也不会变，系统只是额外画了一条线。

字体还为选择、调整和布局字形提供规格和规则（称为"微调"）。这些规则可能非常复杂，会包含条件逻辑、循环和变体，这些需要字体渲染引擎提供的虚拟机处理。

## 21.1.3    段落样式

最后是段落样式。它们不会修改字体或者字形选择，而只是修改字形的位置。段落样式可能包含对齐、缩进和方向，这些信息表明字形如何水平布局。段落样式还可能包含行间距和段间距，表明字形如何垂直布局。

前面几节介绍了文本布局引擎要用到字体来把字符转换为字形，然后用字体规格信息、微调和段落样式来把字形放到行和段中。了解了这些，接下来我们就可以学习如何在 iOS 中控制这个过程了。

## 21.2 属性化字符串

属性化字符串把字符和字符串中某个范围的元数据组合在一起。最常见的元数据是样式信息，比如字体、颜色和段落样式，但是属性化字符串可以包含任意键值对。图 21-7 展示了带连续属性范围的富文本。

图 21-7　带连续属性范围的富文本

拥有相同信息的字符组成的字符串有六个范围：默认范围、粗体范围、第二个默认范围、小号蓝色范围、常规大小蓝色 Papyrus 字体范围、最后一个默认范围。每个范围称为连续文本（run）。

> 在 Foundation 和 UIKit 中，run 有时候指某个属性的值具有相同效果的一组字符。在 Core Text 中，run 则明确表示属性完全等价的一组字符。两者的区别有时候很重要，不过通常都能从上下文中推断出来。

下面的示例代码展示了创建如图 21-7 所示的属性化字符串的一种方法。

**PTLViewController.m（BeBold）**

```
NSString *string = @"Be Bold! And a little color wouldn't hurt either.";

NSDictionary *attrs = @{
                        NSFontAttributeName: [UIFont systemFontOfSize:36]
                        };

NSMutableAttributedString *
as = [[NSMutableAttributedString alloc] initWithString:string
                                     attributes:attrs];

[as addAttribute:NSFontAttributeName
          value:[UIFont boldSystemFontOfSize:36]
          range:[string rangeOfString:@"Bold!"]];

[as addAttribute:NSForegroundColorAttributeName
          value:[UIColor blueColor]
          range:[string rangeOfString:@"little color"]];

[as addAttribute:NSFontAttributeName
          value:[UIFont systemFontOfSize:18]
          range:[string rangeOfString:@"little"]];
[as addAttribute:NSFontAttributeName
          value:[UIFont fontWithName:@"Papyrus" size:36]
          range:[string rangeOfString:@"color"]];
```

在本例中，我们用-initWithString:attributes:创建了一个可变的属性化字符串，然后用

-addAttribute:value:range:把属性添加到范围中。这是用代码创建属性化字符串的常用方法，因为没有内置方法创建变化属性的属性化字符串。还有一种常见的方法是用-initWithFileURL:options:documentAttributes:error:从 RTF 文件中读入属性化字符串。在本章后面的部分，你可以了解到第三方工具，通过它们用代码创建属性化字符串方便得多。

## 21.2.1　用字体描述符选择字体

寻找字体的主要工具是字体描述符。UIFontDescriptor 提供了从系统中请求字体的多种方法，也是序列化字体信息的首选对象。字体描述符的常见用处是寻找相关字体。在下面的例子中，你会打开上节中创建的属性化字符串的斜体：

**PTLViewController.m（BeBold）**

```
- (IBAction)toggleItalic:(id)sender {
  NSMutableAttributedString *as = [self.label.attributedText mutableCopy];

  [as enumerateAttribute:NSFontAttributeName
              inRange:NSMakeRange(0, as.length)
              options:0
            usingBlock:^(id value, NSRange range, BOOL *stop)
   {
     UIFont *font = value;
     UIFontDescriptor *descriptor = font.fontDescriptor;
     UIFontDescriptorSymbolicTraits
     traits = descriptor.symbolicTraits ^ UIFontDescriptorTraitItalic;

     UIFontDescriptor *toggledDescriptor = [descriptor
                          fontDescriptorWithSymbolicTraits:traits];

     UIFont *italicFont = [UIFont fontWithDescriptor:toggledDescriptor
                                        size:0];
     [as addAttribute:NSFontAttributeName value:italicFont range:range];
   }];

  self.label.attributedText = as;
}
```

NSAttributedString 的 enumeraterAttribute:inRange:options:usingBlock:是对被遍历字符串中的连续文本做循环有用的方法。给定的属性一旦变化，块会被调用。在这个块中，我们从字体获取字体描述符，然后打开"斜体"符号特征，接着为字体描述符找到新的字体并应用到范围中。

字体有真正的属性，比如磅数、宽度和倾斜度，它们有特定的值，一般是从–1.0 到 1.0，而字体描述符认为 0.0 是"普通"状态。字体还有"符号"属性，比如常见的粗体和斜体。一个字体可能会有不同的磅数，诸如 Light、Normal、Demi-bold 和 Black 这样的名字，这些名字是不标准的，请求"粗体"这个符号特征会返回该字体的设计者认为合理的变体。

并非所有的字体都有所有的变体。比如说，Papyrus 字体就没有斜体，当你用 fontDescriptor-WithSymbolicTraits:方法时，它会找到给定描述的最佳匹配。在这里，对"Papyrus 的斜体"这一描述的最佳匹配是 Papyrus 本身，所以 italicFont 和 font 一样。

## 21.2.2 设置段落样式

大部分样式都只对你设置的范围生效。字体、颜色、删除线、下划线和类似属性影响单个字符；而段落样式，包括外边距、对齐、连字符号、换行及类似属性会影响布局。如果在一行中间改变外边距会发生什么？

在 iOS 中，段落用换行符分隔，而起作用的段落样式则是对段落中第一个字符应用的样式，其他样式则会被忽略。

因为段落样式有特殊的作用域规则，所以会打包成一个单独的 NSParagraphStyle 对象，并作为一个单独的属性用 NSParagraphStyleAttributeName 键应用。下例会对两个段落设置外边距和对齐。

```
// 对整个文档应用基本样式
NSMutableParagraphStyle *wholeDocStyle = [[NSMutableParagraphStyle new];
[wholeDocStyle setParagraphSpacing:34.0];
[wholeDocStyle setFirstLineHeadIndent:10.0];
[wholeDocStyle setAlignment:NSTextAlignmentJustified];

NSDictionary *attributes = @{
                            NSParagraphStyleAttributeName: wholeDocStyle
                            };

NSMutableAttributedString *
pas = [[NSMutableAttributedString alloc] initWithString:paragraphs
                                        attributes:attributes];

// 通过寻找回车来找到第二段
NSUInteger
secondParagraphStart = NSMaxRange([pas.string rangeOfString:@"\n"]);

// 添加头尾缩进
NSMutableParagraphStyle *
secondParagraphStyle = [[pas attribute:NSParagraphStyleAttributeName
                            atIndex:secondParagraphStart
                        effectiveRange:NULL] mutableCopy];
secondParagraphStyle.headIndent += 50.0;
secondParagraphStyle.firstLineHeadIndent += 50.0;
secondParagraphStyle.tailIndent -= 50.0;

// 对本段第一个字符应用样式
[pas addAttribute:NSParagraphStyleAttributeName
        value:secondParagraphStyle
        range:NSMakeRange(secondParagraphStart, 1)];
```

iOS 7 为 NSMutableAttributedString 新增了一个方法：fixAttributesInRange:。这个方法会清空多种常见的样式上的不一致，特别是它会基于段落第一个字符的样式为整个段落应用段落样式。这样重置属性可以通过减少各个范围内的属性化字符串来提高性能。这样还能更好地理解属性化字符串是如何显示的。

## 21.2.3 HTML

在 iOS 7 中，属性化字符串包含基本的 HTML 和 CSS 支持。比如说，下面的代码将内容从一个

HTML 文件读入 `NSAttributedString` 中：

```
NSURL *URL = ...
NSError *error;
NSDictionary *options = @{NSDocumentTypeDocumentAttribute:
                          NSHTMLTextDocumentType};
NSAttributedString *
  as = [[NSAttributedString alloc] initWithFileURL:URL
                                        options:options
                              documentAttributes:NULL
                                          error:&error];
```

属性化字符串能够处理外部的 URL 引用，比如外部的 CSS 和图片（会转换成附件）。因为加载 URL 可能需要访问网络，你得避免在主线程用这个方法。HTML 中的错误会被忽略，就像 Web 浏览器。你也不会收到任何关于网络连接失败的错误。

本地 bundle 中的资源文件可以用 files:这种 URL 读取。比如：

```
<img src="file:myimage.png">
```

NSAttributedString 用 NSURLConnection 来读取外部资源，这意味着你能用 NSURLProtocol 来拦截并修改连接。比如说，你能将某些请求重定向到 Documents 目录。要获取更多如何用 NSURLProtocol 重写请求的信息，可以查看 "Drop-in offline caching for UIWebView (and NSURLProtocol)"（参见 http://robnapier.net/blog/offline-uiwebview-nsurlprotocol-588）。

属性化字符串不是 Web 视图的替代。HTML 的很多东西无法用属性化字符串表达，尤其是大部分布局特性，比如表格或者 CSS 的浮动属性。

你能从属性化字符串中生成 HTML，比如说：

```
NSDictionary *attributes = @{NSDocumentTypeDocumentAttribute:
                             NSHTMLTextDocumentType};
NSData *data = [attrString dataFromRange:NSMakeRange(0, attrString.length)
                     documentAttributes:attributes
                                  error:NULL];
NSString *string = [[NSString alloc] initWithData:data
                                   encoding:NSUTF8StringEncoding];
```

用这种方法创建的 HTML 会相当复杂，有很多样式定义，而且<p>和<span>标签比你想象的还要多。如果把 HTML 转换成属性化字符串，再转换回 HTML，可想而知结果会和输入大不相同，且会丢失一些精度。从属性化字符串转换到 HTML 会丢掉附件，因此所有图片都会丢失，即使原 HTML 引用了外部 URL。

## 21.2.4 简化属性化字符串的使用

用代码创建很长的属性化字符串会让人比较头疼，在原字符串中追踪范围很乏味也容易出错。尽管 iOS 7 增加了 HTML 支持，对于简单的格式化需求则还是过于复杂了。幸好，有一些第三方工具可以简化属性化字符串的使用。

最方便的辅助类是 Mysterious Trousers 的 `MTStringParser` 类（查看 21.7 节中的链接）。有了它，你就能用类似于 HTML 标签的方法创建一堆属性。下面是其文档中的一个例子：

```
[[MTStringParser sharedParser] addStyleWithTagName:@"red"
                                   font:[UIFont systemFontOfSize:12]
                                  color:[UIColor redColor]];

NSAttributedString *string = [[MTStringParser sharedParser]
          attributedStringFromMarkup:@"This is a <red>red section</red>"];
```

尽管 `MTStringParser` 无法处理所有的 HTML，但是大部分情况下都比较好用。开发者能创建比较简单的标签，比如`<red>`而不是`<font color="red">`。最后得到的 `NSAttributedString` 也会简单很多。

即便如此，有时候你还是需要更灵活的东西，那么我会推荐 Cocoanetics 的 DTCoreText（查看 21.7 节中的链接）。DTCoreText 是基于 Core Text 构建的全功能文本渲染和编辑系统，具备强大的 HTML 支持且兼容 iOS 4.2。话虽如此，DTCoreText 的很多特性现在 iOS 7 也有了，而且 DTCoreText 生成的属性化字符串没有和 UIKit 的文本控件或 Text Kit 完全兼容。如果支持旧版本的 iOS 对你来说很重要，且你有很复杂的文本需求，那么 DTCoreText 是个不错的选择。

## 21.3　动态字体

iOS 7 新增了一种重要的用户偏好设置：动态字体。现在用户能通过 General→Text Size（通用→文字大小）设置面板来修改他们设备上的所有文本的尺寸，如图 21-8 所示。这个设置非常强大，它不只是放大缩小字体，而是通过众多细微的修改来确保选中的字体在所有支持的尺寸下的高度可读性，以及不同的字体协同工作良好。

图 21-8　Text Size 设置面板

　　对开发者而言，这意味着一般不要去控制文本大小，不要用 systemFontWithSize:，而要用新的字体选择器 preferredFontForTextStyle:。这个方法基于语义而不是特定的大小选择字体。iOS 定义了六种样式：标题、正文、副标题、脚注、标题 1、标题 2。这很类似于 HTML 和 CSS，你应该指定某一块文本是"一级标题"而不是指定字体大小，让系统基于用户的偏好设置选择合适的字体。

　　如果你需要知道用户的文字大小设置偏好，可以用[UIApplication preferredContent-SizeCategory]，它要么从从一个尺寸列表（从 XS 到 XXXL）中返回一个常量，要么从一个辅助功能尺寸列表（从 M 到 XXXL）中返回一个常量。辅助功能尺寸会大一些，还可能包含额外的可读性特性，比如自动加粗。如果偏好尺寸在程序运行时发生了变化——比如说，如果用户双击 Home 键切换到设置，应用会收到 UIContentSizeCategoryDidChangeNotification 这个通知。

　　要充分利用动态字体，你不应该只是调整文字大小。首先要在多种文字大小和多种辅助功能选项的情况下测试应用，查看 General→Accessibility（通用→辅助功能）设置面板，如图 21-9 所示。

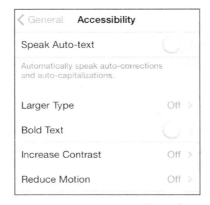

图 21-9　Accessibility 设置面板

　　确认应用程序对所有动态字体尺寸下的行为都合理之后，你应该考虑如何确保布局在多种尺寸（包括辅助功能尺寸）下能正常工作。有个很好的例子，看看 Mail 应用，在增大字体大小后，表格单元也会变高以容纳合理数量的预览内容。这是一种对细节的关注，你也应该努力做到。

　　要让布局在动态字体下正常工作比较难。只用一种文字大小就要得到漂亮的布局是很难的。现在至少有一打不同大小的字体，还有加粗的辅助功能变体。如果你还没开始用自动布局，那动态字体是你应该开始使用的又一个理由。

## 21.4　Text Kit

　　Text Kit 是 iOS 7 中新的高级文本布局引擎，它建立在 Core Text 的基础上，和 OS X 的 Cocoa Text 关系密切，不过没有 Cocoa Text 那么强大。用 Cocoa Text 创建多列文本编辑器是非常容易的，但是用 Text Kit 实现这么一个编辑器几乎和用 Core Text 难易程度一样。话虽如此，Text Kit 仍然是一个很好的补充，能够简化很多之前需要 Core Text 才能解决的常见文本布局问题。

　　UITextView 现在基于 Text Kit 而不是 WebKit 构建了，这样可以避免很多 UILabel、UITextField 和 UITextView 之间渲染的细微不同。在 iOS 7 中，你可以认为这些控件之间的行为会更加一致。

### 21.4.1 Text Kit的组件

Text Kit 的布局系统基于三个重要的组件。

- ❑ NSTextStorage——这个 NSMutableAttributedString 的子类存的是要管理的文本。
- ❑ NSTextContainer——这个组件表示文本要填充的区域，通常是一列或一页，可以除去某些区域。多数情况下这个区域是矩形，不过也不一定。
- ❑ NSLayoutManager——这个组件在文本容器上应用布局。

UITextView 依赖于 Text Kit，不过实际上不是布局系统的一部分。每个 UITextView 都有一个 NSTextContainer 用来处理布局。

每个 NSTextStorage 可以有多个 NSLayoutManager 对象，每个 NSLayoutManager 可以有多个 NSTextContainer 对象。所以给定的文本集合可以同时用多种方式布局，每种布局可以涉及多个区域。

DuplicateLayout 工程提供了一个能够说明这些组件如何一起工作的简单例子。在这个例子中，一个 UITextView 对象和一个 LayoutView 对象为同样的文本提供了两种布局。在 awakeFromNib 中，LayoutView 创建了一个文本容器和一个布局管理器，然后把布局管理器关联到了文本视图的存储上。

**LayoutView.m（DuplicateLayout）**

```
- (void)awakeFromNib {
  // 创建一个一半宽度的文本容器
  CGSize size = self.bounds.size;
  size.width /= 2;
  self.textContainer = [[NSTextContainer alloc] initWithSize:size];
  self.layoutManager = [NSLayoutManager new];
  self.layoutManager.delegate = self;
  [self.layoutManager addTextContainer:self.textContainer];

  [self.textView.textStorage addLayoutManager:self.layoutManager];
}
```

这里的关键点是 LayoutView 和 UITextView 的存储是一样的，但布局管理器则不同。所以当你编辑 UITextView 时，变化就能自动在 LayoutView 中可见。而且，LayoutView 需要知道布局什么时候发生变化以便重绘自身。这个能力由下面的委托方法提供：

```
- (void)layoutManagerDidInvalidateLayout:(NSLayoutManager *)sender {
  [self setNeedsDisplay];
}
```

文本存储每次发生变化，所有的布局管理器都会更新自己的布局并通知委托，LayoutView 只需重绘自身即可，如 drawRect 所示：

```
- (void)drawRect:(CGRect)rect {
  NSLayoutManager *lm = self.layoutManager;
  NSRange range = [lm glyphRangeForTextContainer:self.textContainer];
  CGPoint point = CGPointZero;
  [lm drawBackgroundForGlyphRange:range atPoint:point];
  [lm drawGlyphsForGlyphRange:range atPoint:point];
}
```

21

首先，drawRect 从布局管理器获取其文本容器中的字形范围，然后让布局管理器绘制背景和字形，这就是它要做所有事情。

## 21.4.2 多容器布局

布局管理器支持多个容器。在本例中，我们修改了 DuplicateLayout 工程，将其文本分到两个盒子中：

**LayoutView.m（DoubleLayout）**

```
- (void)awakeFromNib {
  // 创建两个文本容器
  CGSize size = CGSizeMake(CGRectGetWidth(self.bounds),
                           CGRectGetMidY(self.bounds) * .75);
  self.textContainer1 = [[NSTextContainer alloc] initWithSize:size];
  self.textContainer2 = [[NSTextContainer alloc] initWithSize:size];
  self.layoutManager = [NSLayoutManager new];
  self.layoutManager.delegate = self;
  [self.layoutManager addTextContainer:self.textContainer1];
  [self.layoutManager addTextContainer:self.textContainer2];

  [self.textView.textStorage addLayoutManager:self.layoutManager];
}

- (void)layoutManagerDidInvalidateLayout:(NSLayoutManager *)sender {
  [self setNeedsDisplay];
}

- (void)drawRect:(CGRect)rect {
  [self drawTextForTextContainer:self.textContainer1
                         atPoint:CGPointZero];

  CGPoint box2Corner = CGPointMake(CGRectGetMinX(self.bounds),
                                   CGRectGetMidY(self.bounds));
  [self drawTextForTextContainer:self.textContainer2
                         atPoint:box2Corner];
}

- (void)drawTextForTextContainer:(NSTextContainer *)textContainer
                         atPoint:(CGPoint)point {

  // 沿着容器渲染一行
  CGRect box = {
    .origin = point,
    .size = textContainer.size
  };
  UIRectFrame(box);

  NSLayoutManager *lm = self.layoutManager;
  NSRange range = [lm glyphRangeForTextContainer:textContainer];
  [lm drawBackgroundForGlyphRange:range atPoint:point];
  [lm drawGlyphsForGlyphRange:range atPoint:point];
}
```

变化很小，我们不是只添加一个文本容器，而是添加了两个，然后 NSLayoutManager 就会处理剩下的事情。不过这里有很重要的信息，文本容器有大小，但是没有原点。布局管理器不需要知道文本容器在屏幕上的位置就能为其填充文本。对于布局来说，只有文本容器的大小和顺序是重要的。

---

因为你可以轻易地给布局管理器添加文本容器，又因为 UITextView 用到了布局管理器，你可能会以为创建一个多列的、可编辑的 UITextView 很容易。不幸的是，事实上不是这样的。如果 UITextView 有了多个文本容器，就会变成静态的，无法响应用户的交互（比如编辑或者选择）。这是一个已知问题，而且目前来看是"设计成这样的"。

---

对于静态视图，像本章到目前为止的例子中那样用 UITextView 和 NSTextContainer 确实能少写一点代码。这里没有给出那种例子是因为我发现那样 bug 很多，而且文档上也没提到过。除非你能正好写对，否则程序会崩溃或者表现不正常。在 OS X 的 Cocoa Text 上工作良好的部分无法简单移植到 Text Kit 上。我发现用自己的视图比用 UITextView 容易。

---

## 21.4.3　排除路径

文本容器负责决定文本放置在哪儿，Text Kit 的关键特性就是能从布局中排除某些区域。在布局中制造一个"洞"很简单，只要创建一个 UIBezierPath 数组并赋给文本容器的 exclusionPaths 属性即可，如下例所示：

**ViewController.m ( Exclusion )**

```
self.textView.text = string;
self.textView.textAlignment = NSTextAlignmentJustified;

CGRect bounds = self.view.bounds;
CGFloat width = CGRectGetWidth(bounds);
CGFloat height = CGRectGetHeight(bounds);
CGRect rect = CGRectInset(bounds,
                          width/4,
                          height/4);
UIBezierPath *exclusionPath = [UIBezierPath bezierPathWithRoundedRect:rect
                                               cornerRadius:width/10];
self.textView.textContainer.exclusionPaths = @[exclusionPath];
```

这段代码绘制的文本形状如图 21-10 所示。

注意文本如何从左浮动到右，可使用任意数量的排除路径，就像本例一样，路径不一定要是矩形。

在某些情况下，我们可以用奇偶填充规则创建"反排除路径"，其本质是创建"包含路径"。比如，下面的代码把文本布局在圆角矩形中，首先创建一个覆盖整个视图的路径，然后追加上实际要填充的路径。在使用奇偶填充规则时，只有被奇数个路径覆盖的区域才被认为是要排除的部分。

21

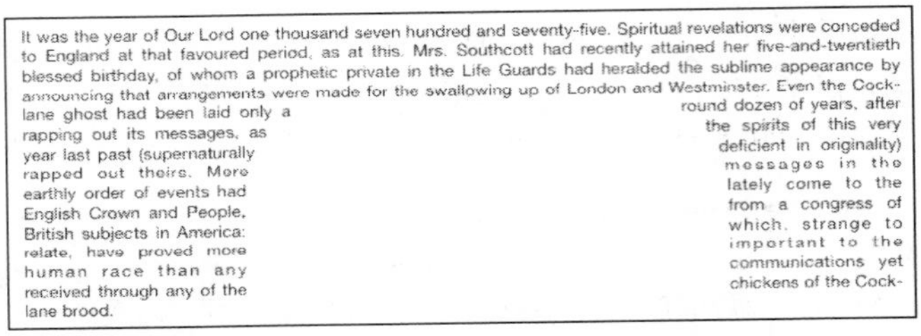
It was the year of Our Lord one thousand seven hundred and seventy-five. Spiritual revelations were conceded
to England at that favoured period, as at this. Mrs. Southcott had recently attained her five-and-twentieth
blessed birthday, of whom a prophetic private in the Life Guards had heralded the sublime appearance by
announcing that arrangements were made for the swallowing up of London and Westminster. Even the Cock-
lane ghost had been laid only a round dozen of years, after
rapping out its messages, as the spirits of this very
year last past (supernaturally deficient in originality)
rapped out theirs. More messages in the
earthly order of events had lately come to the
English Crown and People, from a congress of
British subjects in America: which, strange to
relate, have proved more important to the
human race than any communications yet
received through any of the chickens of the Cock-
lane brood.

图 21-10　有排除路径的情况下绘制的文本

```
UIBezierPath *path = [UIBezierPath bezierPathWithRect:self.view.bounds];
[path appendPath:[UIBezierPath bezierPathWithRoundedRect:CGRectMake(100, 0,
                                                                    400, 400)

                                         cornerRadius:100]];

[path setUsesEvenOddFillRule:YES];
textContainer.exclusionPaths = @[ inclusionPath ];
```

> 在写作本书时，Text Kit 还不能正确处理某些类型的排除路径，特别是如果排除路径会让某些线段为空的话，整个布局会失败。比如说，如果你尝试用这种方法把文本布局在圆中，圆的顶部可能太小而放不下任何文本，那么 NSLayoutManager 就会悄无声息地失败。这个限制会影响 NSTextContainer 的所有用法，特别是如果 lineFragmentRectForProposedRect:atIndex:writingDirection:remainingRect:方法返回一个空的 CGRect 的话，整个布局会失败。

## 21.4.4　继承文本容器

多数情况下，精心设计的排除路径能给你想要的形状，不过某些情况下，你得再深入发掘一下。对于某些类型的布局，可能继承 NSTextContainer 更方便些。

文本容器主要负责为布局管理器回答如下问题：对于给定的矩形，哪个部分可以放文字？这个问题由 lineFragmentRectForProposedRect:atIndex:writingDirection:remainingRect:回答。要正确实现这个功能，须牢记以下几点。

- 返回的矩形应该包含在给定矩形内。如果计算引入了舍入错误，尤其是用到了 floorf 或者 ceilf，那么一不小心可能就会创建一个比给定矩形略大的矩形。可以使用 NSRectIntersection 来确保最后的矩形包含在给定矩形内。
- 给定的矩形可能包含多个文字区域。比如说，如果有个排除路径，那么排除路径的左右都可能有文字，这种情况下，我们需要在去除第一块文字区域后更新 remainingRect:，从而包含矩形的剩余部分，
- 务必确保不会从这个方法返回一个空矩形。这个限制像是 Text Kit 的一个 bug，可能在 iOS 7 的后续版本中修复。这样会使某些布局非常困难，也意味着在 remainingRect 中返回的矩形必须包含更多的文字区域。如果没有文字区域了，你必须把 remainingRect 设置成空矩形。要确保做到这一点会导致代码复杂得多。

在 CircleLayout 这个例子中，我们通过覆盖文本容器来在文本视图的圆中布局文字。注意这里计算了两次线段，第一次，这个方法调用 super 的实现以使已有的排除路径生效，然后又为整条线重新计算了被圆切除后的矩形，虽然 proposedRect 只请求了线的一部分。这样使计算比较简单。最后，该方法返回两个结果的交集。这种思考方法对这类布局的设计很重要：先独立应用每个能用的约束，最后再求交集。

**CircleTextContainer.m（CircleLayout）**

```
- (CGRect)lineFragmentRectForProposedRect:(CGRect)proposedRect
                                  atIndex:(NSUInteger)characterIndex
                         writingDirection:(NSWritingDirection)baseWritingDirection
                            remainingRect:(CGRect *)remainingRect {

    CGRect rect = [super lineFragmentRectForProposedRect:proposedRect
                                                 atIndex:characterIndex
                                        writingDirection:baseWritingDirection
                                           remainingRect:remainingRect];

    CGSize size = [self size];
    CGFloat radius = fmin(size.width, size.height) / 2.0;
    CGFloat ypos = fabs((proposedRect.origin.y +
                        proposedRect.size.height / 2.0) - radius);
    CGFloat width = (ypos < radius) ? 2.0 * sqrt(radius * radius
                                        - ypos * ypos) : 0.0;
    CGRect circleRect = CGRectMake(radius - width / 2.0,
                                   proposedRect.origin.y,
                                   width,
                                   proposedRect.size.height);

    return CGRectIntersection(rect, circleRect);
}
```

## 21.4.5 继承文本存储

NSTextStorage 是 NSMutableAttributedString 的子类，开发者可以继承它以自动应用或管理样式。不过，这里有些小技巧。在本例中，我们创建一个对某些单词自动应用格式的文本存储。代码位于 ScribbleLayout 示例工程中，基于 WWDC 2013 "Session 210, Introducing Text Kit" 中的 TKDInteractiveTextColoringTextStorage 例子。

NSTextStorage 不是普通的类，而是 NSMutableAttributedString 的一个"半具体"子类，这意味着它实际上没有实现 NSMutableAttributedString 的原始方法。要继承它，必须实现以下方法：

- string:
- attributesAtIndex:effectiveRange:
- replaceCharactresInRange:withString:
- setAttributes:range:

实现这些方法最容易的方式莫过于用一个 NSMutableAttributedString 属性作为后备存储。实际上，这意味着 NSTextStorage 通常既是一个 NSMutableAttributedString，又有一个

NSMutableAttributedString 属性。这个类很奇怪。

可变方法需要用 beginEditing 和 endEditing 包起来，而且必须调用 edited:range:changeInLength:。实际上，这意味着 NSTextStorage 的大部分子类都包含如下的样板代码：

**PTLScribbleTextStorage.m（ScribbleLayout）**

```
@interface PTLScribbleTextStorage ()
@property (nonatomic, readwrite) NSMutableAttributedString *backingStore;
@end

@implementation PTLScribbleTextStorage

- (id)init {
  self = [super init];
  if (self) {
    _backingStore = [NSMutableAttributedString new];
  }
  return self;
}

- (NSString *)string {
  return [self.backingStore string];
}

- (NSDictionary *)attributesAtIndex:(NSUInteger)location
                      effectiveRange:(NSRangePointer)range {
  return [self.backingStore attributesAtIndex:location
                               effectiveRange:range];
}

- (void)replaceCharactersInRange:(NSRange)range
                      withString:(NSString *)str {
  [self beginEditing];
  [self.backingStore replaceCharactersInRange:range withString:str];
  [self edited:NSTextStorageEditedCharacters|NSTextStorageEditedAttributes
         range:range
changeInLength:str.length - range.length];
[self endEditing];
}

- (void)setAttributes:(NSDictionary *)attrs
                range:(NSRange)range {
  [self beginEditing];
  [self.backingStore setAttributes:attrs range:range];
  [self edited:NSTextStorageEditedAttributes
         range:range
changeInLength:0];
  [self endEditing];
}
```

有了这个模版，开发者就可以加上自己特殊的处理代码了，一般是加在 processEditing: 方法中。本例中，你会加上一个把关键字映射到自动应用属性的 tokens 字典。

## PTLScribbleTextStorage.h ( ScribbleLayout )

```objc
NSString * const PTLDefaultTokenName;

NSString * const PTLRedactStyleAttributeName;
NSString * const PTLHighlightColorAttributeName;

@interface PTLScribbleTextStorage : NSTextStorage
@property (nonatomic, readwrite, copy) NSDictionary *tokens;
@end
```

## PTLScribbleTextStorage.m ( ScribbleLayout )

```objc
#import "PTLScribbleTextStorage.h"

NSString * const PTLDefaultTokenName = @"PTLDefaultTokenName";
NSString * const PTLRedactStyleAttributeName =
  @"PTLRedactStyleAttributeName";
NSString * const PTLHighlightColorAttributeName =
  @"PTLHighlightColorAttributeName";

@interface PTLScribbleTextStorage ()
@property (nonatomic, readwrite) NSMutableAttributedString *backingStore;
@property (nonatomic, readwrite) BOOL dynamicTextNeedsUpdate;
@end

@implementation PTLScribbleTextStorage

...

- (void)replaceCharactersInRange:(NSRange)range
                      withString:(NSString *)str {
  [self beginEditing];
  [self.backingStore replaceCharactersInRange:range withString:str];
  [self edited:NSTextStorageEditedCharacters|NSTextStorageEditedAttributes
        range:range
changeInLength:str.length - range.length];
  self.dynamicTextNeedsUpdate = YES;
  [self endEditing];
}

- (void)performReplacementsForCharacterChangeInRange:(NSRange)changedRange {
  NSString *string = [self.backingStore string];
  NSRange startLine = NSMakeRange(changedRange.location, 0);
  NSRange endLine = NSMakeRange(NSMaxRange(changedRange), 0);
  NSRange
  extendedRange = NSUnionRange(changedRange,
                                [string
                                  lineRangeForRange:startLine]);
  extendedRange = NSUnionRange(extendedRange,
                                [string
                                  lineRangeForRange:endLine]);
  [self applyTokenAttributesToRange:extendedRange];
```

21

```
  }

- (void)processEditing {
    if(self.dynamicTextNeedsUpdate) {
      self.dynamicTextNeedsUpdate = NO;
      [self performReplacementsForCharacterChangeInRange:[self editedRange]];
    }
    [super processEditing];
}


- (void)applyTokenAttributesToRange:(NSRange)searchRange {
    NSDictionary *defaultAttributes = self.tokens[PTLDefaultTokenName];

    NSString *string = [self.backingStore string];
    [string enumerateSubstringsInRange:searchRange
                               options:NSStringEnumerationByWords
                            usingBlock:^(NSString *substring,
                                         NSRange substringRange,
                                         NSRange enclosingRange,
                                         BOOL *stop) {
                  NSDictionary *
                  attributesForToken = self.tokens[substring];

                  if(!attributesForToken)
                    attributesForToken = defaultAttributes;

                  if(attributesForToken)
                    [self setAttributes:attributesForToken
                                  range:substringRange];
                }];
}
```

文本存储中的文本发生了变化，所以它会根据 tokens 字典中的定义自动重新格式化文本。下面有使用方法，这个例子让 France 是蓝色的，England 是红色的。

ViewController.m（ScribbleLayout）

```
// 创建文本存储
PTLScribbleTextStorage *text = [[PTLScribbleTextStorage alloc] init];

text.tokens = @{ @"France" : @{ NSForegroundColorAttributeName :
                                  [UIColor blueColor] },
                 @"England" : @{ NSForegroundColorAttributeName :
                                  [UIColor redColor] },

                 PTLDefaultTokenName : @{
                     NSParagraphStyleAttributeName: style,
                     NSFontAttributeName:
                       [UIFont
                         preferredFontForTextStyle:UIFontTextStyleCaption2]
                 } };

[text setAttributedString:attributedString];
```

```
// 创建布局管理器
NSLayoutManager *layoutManager = [NSLayoutManager new];
[text addLayoutManager:layoutManager];

// 创建文本容器
CGRect textViewFrame = CGRectMake(30, 40, 708, 400);
NSTextContainer *
textContainer = [[NSTextContainer alloc] initWithSize:textViewFrame.size];
[layoutManager addTextContainer:textContainer];

// 创建文本视图
UITextView *textView = [[UITextView alloc] initWithFrame:textViewFrame
                                           textContainer:textContainer];
[self.view addSubview:textView];
```

## 21.4.6 继承布局管理器

继承文本存储对于应用属性来说很有用，但是不能改变属性的绘制方式。通过继承布局管理器，你能改变不同的属性的外观，也能创建全新的绘制样式。这种能力对于特殊的下划线或者其他文本修饰很有用。

如果只是想微调布局，可以实现一个布局管理器的委托，而无需继承 NSLayoutManager。比如说，layoutManager:shouldBreakLineByHyphenatingBeforeCharacterAtIndex:这样的委托方法允许你充分控制连字及类似的布局问题。

下例建立在 ScribbleLayout 基础上，增加了两个新属性：redacting 和 highlighting。绝密文本会被打叉的框完全替换，相应的字形不会被绘制。高亮文本则有足够大的黄色背景并且被圈起来。这是传统的 NSAttributedString 无法轻易做到的。

要实现 redacting 属性，需要覆盖 drawGlyphsForGlyphRange:atPoint:方法。这是绘制字形的原始方法。如果属性包含的 PTLRedactStyleAttributeName 为真，就绘制一个打叉的方框，否则就用默认的字形绘制实现。

**PTLScribbleLayoutManager.m（ScribbleLayout）**

```
- (void)drawGlyphsForGlyphRange:(NSRange)glyphsToShow
                        atPoint:(CGPoint)origin {
    // 确定字符范围以便检查属性
    NSRange characterRange = [self characterRangeForGlyphRange:glyphsToShow
                                              actualGlyphRange:NULL];

    // 每次 PTLRedactStyleAttributeName 变化都遍历一遍
    [self.textStorage enumerateAttribute:PTLRedactStyleAttributeName
                                 inRange:characterRange
                                 options:0
                              usingBlock:^(id value,
                                  NSRange attributeCharacterRange,
                                  BOOL *stop) {
                      [self redactCharacterRange:attributeCharacterRange
                                          ifTrue:value
                                         atPoint:origin];
```

21

```
                              }];
}

- (void)redactCharacterRange:(NSRange)characterRange
                      ifTrue:(NSNumber *)value
                     atPoint:(CGPoint)origin {

    // 切换回字形范围，因为我们正在绘制
    NSRange glyphRange = [self glyphRangeForCharacterRange:characterRange
                                     actualCharacterRange:NULL];
    if ([value boolValue]) {

        // 准备好 context，原点按视图坐标系计算
        // 下面的方法会返回文本容器的坐标
        // 应用变换
        CGContextRef context = UIGraphicsGetCurrentContext();
        CGContextSaveGState(context);
        CGContextTranslateCTM(context, origin.x, origin.y);
        [[UIColor blackColor] setStroke];

        // 遍历包围绝密文本字形的连续矩形
        NSTextContainer *
        container = [self textContainerForGlyphAtIndex:glyphRange.location
                                        effectiveRange:NULL];

        [self enumerateEnclosingRectsForGlyphRange:glyphRange
                        withinSelectedGlyphRange:NSMakeRange(NSNotFound, 0)
                                 inTextContainer:container
                                      usingBlock:^(CGRect rect, BOOL *stop){
                                          [self drawRedactionInRect:rect];
                                      }];
        CGContextRestoreGState(context);
    }
    else {
        // 非绝密文本，采用默认行为
        [super drawGlyphsForGlyphRange:glyphRange atPoint:origin];
    }
}

- (void)drawRedactionInRect:(CGRect)rect {
    // 绘制一个带叉的方框
    // 这里可以绘制任何东西
    UIBezierPath *path = [UIBezierPath bezierPathWithRect:rect];
    CGFloat minX = CGRectGetMinX(rect);
    CGFloat minY = CGRectGetMinY(rect);
    CGFloat maxX = CGRectGetMaxX(rect);
    CGFloat maxY = CGRectGetMaxY(rect);
    [path moveToPoint:    CGPointMake(minX, minY)];
    [path addLineToPoint:CGPointMake(maxX, maxY)];
    [path moveToPoint:    CGPointMake(maxX, minY)];
    [path addLineToPoint:CGPointMake(minX, maxY)];
    [path stroke];
}
```

注意，这段代码的字符范围和字形范围之间有很多分支，不要混淆，为变量和方法起好名字很重要。

布局管理器支持多种绘制阶段，上例定制了字形绘制，其实背景、下划线和删除线也有自己的绘制阶段。高亮属性最好作为背景的一部分实现，所以你要覆盖 drawBackgroundForGlyphRange: atPoint:。先绘制背景，然后是字形，接着是下划线和删除线。

下面的例子类似绝密那个例子，但是有些区别。高亮的参数是颜色值而不是布尔值。一定要调用 [super drawBackgroundForGlyphRange:atPoint:]来把高亮和其他背景修饰合并。这两种都是设计决策，如果要代替背景修饰而不是扩展，也可以不调用 super。

**PTLScribbleLayoutManager.m（ScribbleLayout）**

```
- (void)drawBackgroundForGlyphRange:(NSRange)glyphsToShow
                            atPoint:(CGPoint)origin {
  [super drawBackgroundForGlyphRange:glyphsToShow atPoint:origin];

  CGContextRef context = UIGraphicsGetCurrentContext();
  NSRange characterRange = [self characterRangeForGlyphRange:glyphsToShow
                                            actualGlyphRange:NULL];
  [self.textStorage enumerateAttribute:PTLHighlightColorAttributeName
                               inRange:characterRange
                               options:0
                            usingBlock:^(id value,
                                         NSRange highlightedCharacterRange,
                                         BOOL *stop) {
           [self highlightCharacterRange:highlightedCharacterRange
                                   color:value
                                 atPoint:origin
                               inContext:context];
         }];
}

- (void)highlightCharacterRange:(NSRange)highlightedCharacterRange
                          color:(UIColor *)color
                        atPoint:(CGPoint)origin
                      inContext:(CGContextRef)context {
  if (color) {
    CGContextSaveGState(context);
    [color setFill];
    CGContextTranslateCTM(context, origin.x, origin.y);

    NSRange highlightedGlyphRange = [self
            glyphRangeForCharacterRange:highlightedCharacterRange
                    actualCharacterRange:NULL];
    NSTextContainer *container = [self
            textContainerForGlyphAtIndex:highlightedGlyphRange.location
                            effectiveRange:NULL];

    [self enumerateEnclosingRectsForGlyphRange:highlightedGlyphRange
                    withinSelectedGlyphRange:NSMakeRange(NSNotFound, 0)
                              inTextContainer:container
                                   usingBlock:^(CGRect rect, BOOL *stop){
                                     [self drawHighlightInRect:rect];
```

```
                                            }];
       CGContextRestoreGState(context);
   }
}

- (void)drawHighlightInRect:(CGRect)rect {
    CGRect highlightRect = CGRectInset(rect, -3, -3);
    UIRectFill(highlightRect);
    [[UIBezierPath bezierPathWithOvalInRect:highlightRect] stroke];
}
```

## 21.4.7　针对字形的布局

利用 Text Kit，可以在逐个字形排布的基础上调整字形的位置。本例介绍如何在贝塞尔曲线上绘制文本，且这些技术可以用来在任意路径上绘制。也可以保留字距和连字。结果如图 21-11 所示。本例可以在本章的资源中下载得到，在 CurvyText 工程的 CurvyTextView.m 中。

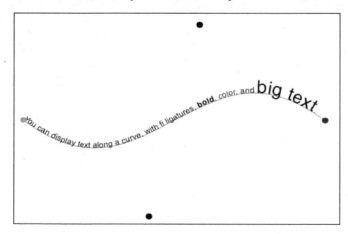

图 21-11　CurvyTextView 的输出

尽管 CGPath 可以表示一段贝塞尔曲线，而且 Core Graphics 也可以绘制，但是 iOS 没有提供任何功能让你计算曲线上的点。你需要 Bezier() 函数提供的点，以及 BezierPrime() 方法提供的沿曲线的斜率。

**CurvyTextView.m（CurvyText）**

```
static double Bezier(double t, double P0, double P1, double P2,
                     double P3) {
   return
          (1-t)*(1-t)*(1-t)          * P0
     + 3 *        (1-t)*(1-t) *     t * P1
     + 3 *              (1-t) *   t*t * P2
     +                          t*t*t * P3;
}
```

```
static double BezierPrime(double t, double P0, double P1,
                          double P2, double P3) {
  return
    - 3 * (1-t)*(1-t) * P0
    + (3 * (1-t)*(1-t) * P1) - (6 * t * (1-t) * P1)
    - (3 *          t*t * P2) + (6 * t * (1-t) * P2)
    + 3 * t*t * P3;
}
```

p0 是起点，在 CurvyTextView 中用绿色绘制。p1 和 p2 是控制点，用黑色绘制。p3 是终点，用红色绘制。你要调用这些函数两次，一次是 *x* 坐标，一次是 *y* 坐标。要获得曲线上的一个点和角度，需要给 pointForOffset: 和 angleForOffset: 传递一个 0 到 1 之间的数。

```
- (CGPoint)pointForOffset:(double)t {
  double x = Bezier(t, _P0.x, _P1.x, _P2.x, _P3.x);
  double y = Bezier(t, _P0.y, _P1.y, _P2.y, _P3.y);
  return CGPointMake(x, y);
}
- (double)angleForOffset:(double)t {
  double dx = BezierPrime(t, _P0.x, _P1.x, _P2.x, _P3.x);
  double dy = BezierPrime(t, _P0.y, _P1.y, _P2.y, _P3.y);
  return atan2(dy, dx);
}
```

这些方法会被频繁调用，所以我破坏了总是用存取器的规则。这是程序的主要热点，所以有必要优化它的速度或者减少调用次数。优化这段代码性能的方法有很多，但是这个方法对本例来说足够快了。robnapier.net/bezier 上有更多关于贝塞尔计算的细节。

有了这两个函数来定义路径，你就可以布局文本了。下面的方法把一个属性化字符串沿着路径绘制到当前的上下文中：

```
- (void)drawText {
  if ([self.attributedString length] == 0) { return; }

  NSLayoutManager *layoutManager = self.layoutManager;

  CGContextRef context = UIGraphicsGetCurrentContext();
  NSRange glyphRange;
  CGRect lineRect = [layoutManager lineFragmentRectForGlyphAtIndex:0
                                          effectiveRange:&glyphRange];
  double offset = 0;
  CGPoint lastGlyphPoint = self.P0;
  CGFloat lastX = 0;
  for (NSUInteger glyphIndex = glyphRange.location;
       glyphIndex < NSMaxRange(glyphRange);
       ++glyphIndex) {
    CGContextSaveGState(context);

    CGPoint location = [layoutManager locationForGlyphAtIndex:glyphIndex];

    CGFloat distance = location.x - lastX;  // 假设一条线
```

```
            offset = [self offsetAtDistance:distance
                                 fromPoint:lastGlyphPoint
                                 andOffset:offset];
            CGPoint glyphPoint = [self pointForOffset:offset];
            double angle = [self angleForOffset:offset];

            lastGlyphPoint = glyphPoint;
            lastX = location.x;

            CGContextTranslateCTM(context, glyphPoint.x, glyphPoint.y);
            CGContextRotateCTM(context, angle);

            [layoutManager drawGlyphsForGlyphRange:NSMakeRange(glyphIndex, 1)
                        atPoint:CGPointMake(-(lineRect.origin.x + location.x),
                                            -(lineRect.origin.y + location.y))];
            CGContextRestoreGState(context);
        }
    }
```

drawText 末尾的坐标变换很重要。字形都是在容器视图的坐标系中绘制的，要利用变换把字形放到正确的位置。这个方法大概是这么工作的：先利用 locationForGlyphAtIndex: 方法从布局管理器获取字形的正确位置，根据曲线计算变换坐标，然后用 drawGlyphsForGlyphRange:atPoint: 方法告诉布局管理器绘制字形。大部分自定义的绘制方法都是类似的结构。如果无需旋转的话，可以直接修改位置而不需要做变换。

要维持合适的间距，你需要找到曲线上和原字形距离相等的点。对于贝塞尔曲线来说，这并不容易，偏移量不是线性的，几乎可以确定的是偏移量 0.25 不会在曲线的四分之一处。一个简单的解决办法是不停地增大偏移量，然后计算曲线上的新点，直到离出发点的距离至少等于间距。选择的增量越大，字符就越分散。选择的增量越小，计算所花的时间就越长。我的经验是介于 1/1000（0.001）和 1/10 000（0.0001）之间的数比较合适。尽管 1/1000 和 1/10 000 比起来误差较大，但能提升速度一般还是值得的。我们可以用二分查找来优化，但可能会失败，因为找到的点虽然距离相符，偏移量却可能不对。这里有一个搜索算法的简单实现：

```
- (double)offsetAtDistance:(double)aDistance
                 fromPoint:(CGPoint)aPoint
                    offset:(double)anOffset {
    const double kStep = 0.001; // 0.0001 到 0.001 都可以
    double newDistance = 0;
    double newOffset = anOffset + kStep;
    while (newDistance <= aDistance && newOffset < 1.0) {
      newOffset += kStep;
      newDistance = Distance(aPoint,
                             [self pointForOffset:newOffset]);
    }
    return newOffset;
```

要获取更多关于在曲线上计算长度的信息，在 Web 上搜索 "arc length parameterization"。

有了这些工具，我们就可以沿着任何可计算的路径排版富文本了。

# 21.5　Core Text

Core Text 是 iOS 底层文本布局和字体处理引擎，很快，也很强大。尽管其大部分功能现在 Text Kit 都支持，但是在性能至关重要的场合或者需要支持旧版本的 iOS 时还是很有用。

> Core Text 是基于 C 的 API，用到了 Core Foundation 的命名和内存管理。如果不熟悉 Core Foundation 模式，看一下第 10 章。

跟 Text Kit 一样，Core Text 也能用属性化字符串。大部分情况下，Core Text 对传入的属性化字符串种类没有严格限制。比如，可以用 NSForegroundColorAttributeName 或者 kCTForeground-ColorAttributeName 键，效果完全一样。通常 UIColor 或 CGColor 也可以互换使用，尽管这两个类不能自由桥接。类似地，也可以用 UIFont 或 CTFont 得到同样的结果。本章示例代码中的 SimpleLayout 工程展示了如何创建 CFMutableAttributedString 对象，这里就不深入细节了，它跟 NSMutableAttributedString 差不多，用哪个都可以。

## 21.5.1　用**CTFramesetter**进行简单的布局

有了属性化字符串后，一般会用 CTFramesetter 来布局文本。框架排版器（framesetter）负责创建文本框架。CTFrame（框架）是被 CGPath 包围的一块区域，包含一行或多行文本。一旦生成框架，就可以用 CTFrameDraw 把它绘制到图形上下文中。下面的例子会用 drawRect:把一个属性化字符串绘制到当前视图中。

首先，需要翻转视图上下文。Core Text 最初是在 Mac 上设计的，所有的计算都基于 Mac 坐标系，原点在左下角（lowel-left origin，LLO），$y$ 坐标与数学图形中一样，是从下往上的。不反转坐标空间 CTFramesetter 就无法正常工作。

**CoreTextLabel.m（SimpleLayout）**

```
- (id)initWithFrame:(CGRect)frame {
  if ((self = [super initWithFrame:frame])) {
    CGAffineTransform
    transform = CGAffineTransformMakeScale(1, -1);
    CGAffineTransformTranslate(transform,
                               0, -self.bounds.size.height);
    self.transform = transform;
    self.backgroundColor = [UIColor whiteColor];
  }
  return self;
}
```

绘制文本之前需要设置文本变换，或者说改变文本矩阵（matrix）。文本矩阵不是图形状态的一部分，也不一定会按照开发者期望的方式初始化。它也没有包含在 CGContextSaveGState 所保存的状态里。如果要绘制文本，一定要在 drawRect:中调用 CGContextSetTextMatrix。

```
- (void)drawRect:(CGRect)rect {
```

```
CGContextRef context = UIGraphicsGetCurrentContext();
CGContextSetTextMatrix(context, CGAffineTransformIdentity);

// 创建填充路径，在本例中是整个视图
CGPathRef path = CGPathCreateWithRect(self.bounds, NULL);

CFAttributedStringRef
attrString = (__bridge CFTypeRef)self.attributedString;

// 用属性化字符串创建框架排版器
CTFramesetterRef framesetter =
CTFramesetterCreateWithAttributedString(attrString);

// 用整个字符串（CFRange(0, 0)）创建一个可以装进填充路径的框架
CTFrameRef
frame = CTFramesetterCreateFrame(framesetter,
                                CFRangeMake(0, 0),
                                path,
                                NULL);

// 把框架绘制到当前上下文
CTFrameDraw(frame, context);

CFRelease(frame);
CFRelease(framesetter);
CGPathRelease(path);
}
```

无法保证文本正好可以装进框架中。CTFramesetterCreateFrame 只是在填充路径中布局文本，直到空间不够或者文本结束。

## 21.5.2  为非连续路径创建框架

至少从 iOS 4.2 开始，CTFramesetterCreateFrame 就能接受非矩形和非连续的框架了。*Core Text Programming Guide* 自从 iPhoneOS 3.2 发布后就再没有更新过，所以关于这方面时不时会有些含糊其辞的地方。CTFramePathFillRule 是在 iOS 4.2 中加入的，Core Text 明显已经支持带交叉的复杂路径，包括中间嵌入空洞的路径。

CTFramesetter 总是从上到下排版（对于日文等竖排布局来说是从右到左）。对于连续路径来说运作良好，但对于多列文本等非连续路径可能就是个问题了。举个例子，我们可以如下所示定义一组文本列：

### ColumnView.m（Columns）

```
- (CGRect *)copyColumnRects {
  CGRect bounds = CGRectInset([self bounds], 20.0, 20.0);

  int column;
  CGRect* columnRects = (CGRect*)calloc(kColumnCount,
                                        sizeof(*columnRects));
```

```
// 先设置第一列覆盖整个视图
columnRects[0] = bounds;
// 按照框架的宽度等分列
CGFloat columnWidth = CGRectGetWidth(bounds) / kColumnCount;
for (column = 0; column < kColumnCount - 1; column++) {
    CGRectDivide(columnRects[column], &columnRects[column],
            &columnRects[column + 1], columnWidth, CGRectMinXEdge);
}

// 为所有列设置几个像素的边
for (column = 0; column < kColumnCount; column++) {
    columnRects[column] = CGRectInset(columnRects[column],
                                      10.0, 10.0);
}
return columnRects;
}
```

有两种选择组合这些矩形。第一种是创建一个包含所有矩形的路径，像这样：

```
CGRect *columnRects = [self copyColumnRects];
// 创建一个包含所有列的路径
CGMutablePathRef path = CGPathCreateMutable();
for (int column = 0; column < kColumnCount; column++) {
    CGPathAddRect(path, NULL, columnRects[column]);
}
free(columnRects);
```

排版效果如图 21-12 所示。

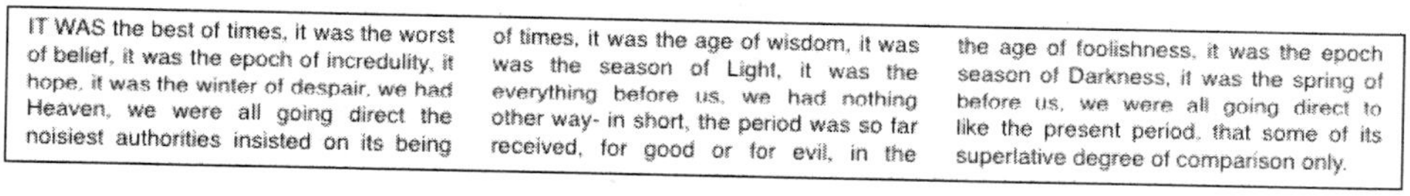

IT WAS the best of times, it was the worst of belief, it was the epoch of incredulity, it hope, it was the winter of despair. we had Heaven, we were all going direct the noisiest authorities insisted on its being ... of times, it was the age of wisdom, it was was the season of Light, it was the everything before us, we had nothing other way- in short, the period was so far received, for good or for evil, in the ... the age of foolishness. it was the epoch season of Darkness, it was the spring of before us. we were all going direct to like the present period. that some of its superlative degree of comparison only.

图 21-12　用单一路径实现的列布局

大部分情况下，我们想要的并不是像图 21-12 那样。而是需要先排第一列，然后第二列，最后是第三列。要做到这一点，需要创建三个路径，并加入名为 paths 的 CFMutableArray 对象。

```
CGRect *columnRects = [self copyColumnRects];
// 创建一个布局路径的数组，每列一个路径
for (int column = 0; column < kColumnCount; column++) {
    CGPathRef path = CGPathCreateWithRect(columnRects[column], NULL);
    CFArrayAppendValue(paths, path);
    CGPathRelease(path);
}
free(columnRects);
```

然后遍历这个数组，把尚未绘制的文本排好：

```
CFIndex pathCount = CFArrayGetCount(paths);
CFIndex charIndex = 0;
for (CFIndex pathIndex = 0; pathIndex < pathCount; ++pathIndex) {
    CGPathRef path = CFArrayGetValueAtIndex(paths, pathIndex);
```

```
CTFrameRef
frame = CTFramesetterCreateFrame(framesetter,
                                 CFRangeMake(charIndex, 0),
                                 path,
                                 NULL);
CTFrameDraw(frame, context);
CFRange frameRange = CTFrameGetVisibleStringRange(frame);
charIndex += frameRange.length;
CFRelease(frame);
}
```

调用 `CTFrameGetVisibleStringRange` 会返回框架中的字符在属性化字符串中的范围。这样我们就能知道下个框架从哪里开始了。给 `CTFramesetterCreateFrame` 传递 0 长度的范围是告诉框架排版器尽可能多地排版属性化字符串。

只要文本能排成行，利用这些技术就可以把文本排版为任何可以用 `CGPath` 绘制的形状。

### 21.5.3 排版器、文本行、连续文本和字形

框架排版器负责把文本行组合为可以绘制的框架。排版器负责选择字形并将其放置到文本行。`CTFramesetter` 自动实现这个过程，所以一般我们不需要和底层的排版器（`CTTypesetter`）打交道，只用框架排版器就可以了，或者也可以用更底层的文本行、连续文本和字形。

排版器负责为给定的属性化字符串选择字形，并将它们排成连续文本。连续文本（`CTRun`）是一系列有相同属性和书写方向（从左到右或从右到左）的字形。属性包括字体、颜色、阴影和段落样式。不能直接创建 `CTRun` 对象，但是可以用 `CTRunDraw` 把它绘制到上下文中。放到连续文本中的每个字形都考虑了字形大小和字距调整。字距调整（kerning）是对字形之间的距离进行微调，从而使文本可读性更高。比如，字母 V 和 A 通常会调整到靠得很近。

排版器把连续文本组合为文本行。文本行（`CTLine`）是一系列水平或垂直排列（比如日文）的连续文本。`CTLine` 是能从属性化字符串中直接创建的最底层排版对象。这对于绘制小块的富文本很方便。可以用 `CTLineDraw` 直接把文本行绘制到上下文中。

在 Core Text 中，一般用 `CTFramesetter` 处理大块文本，或者用 `CTLine` 处理小标签。无论在层次结构的哪一层，我们都可以获取更底层的对象。比如，有了 `CTFramesetter`，就能创建 `CTFrame`，而从 `CTFrame` 又能得到 `CTLine` 对象的数组。每个文本行都包含一组 `CTRun` 对象，而每个连续文本对象中又包含一系列字形，还有位置信息和属性。`CTTypesetter` 在幕后处理大部分工作，不过我们很少直接和它交互。

> 要看这些组件如何协同工作，可以看一下本书的 iOS 6 版本的 CurvyText 那个例子，它实现了和本章中 CurvyText 一样的功能（参见https://github.com/iosptl/iOS 6ptl/tree/master/ch26/CurvyText）。

## 21.6 小结

苹果提供了各种强大的文本布局工具，从 `UILabel` 到 Text Kit，到 Core Text。本章介绍了主要的

几个工具以及如何选用。最重要的是，现在你应该对如何使用 Text Kit 在最复杂的应用中创建漂亮的文本布局有了更好的理解。

## 21.7　扩展阅读

### 1. 苹果文档

下面的文档位于 iOS Developer Library（https://developer.apple.com/library/ios/navigation/index.html）中，通过 Xcode Documentation and API Reference 也可以找到。

❑ *Text Programming Guide for iOS:* "*Drawing and Managing Text*"
❑ *Core Text Programming Guide*
❑ *Quartz 2D Programming Guide:* "*Text*"
❑ *String Programming Guide:* "*Drawing Strings*"
❑ *NSAttributedString UIKit Additions Reference*

### 2. WWDC 讲座

以下讲座视频可以在 developer.apple.com 上找到。

❑ WWDC 2013，"Session 210: Introducing Text Kit"
❑ WWDC 2013，"Session 220: Advanced Text Layouts and Effects with Text Kit"
❑ WWDC 2013，"Session 223: Using Fonts with Text Kit"
❑ WWDC 2012，"Session 222: Introduction to Attributed Strings for iOS"
❑ WWDC 2012，"Session 226: Core Text and Fonts"
❑ WWDC 2012，"Session 230: Advanced Attributed Strings for iOS"

## 21.7.3　其他资源

❑ Clegg, Jay. *Jay's Projects*. "Warping Text to a Bézier Curves." 沿曲线排文技术的实用背景知识。这篇文章用的是 C# 和 GDI+，但其中的数学原理是通用的。
planetclegg.com/projects/WarpingTextToSplines.html
❑ Drobnik, Oliver. *DTCoreText*. iOS 中绘制及转换属性化字符串和 HTML 的强大框架。
github.com/Cocoanetics/DTCoreText
❑ Kirk, Adam. *MTStringAttributes*. 简化创建 NSAttributeString 的实用封装。
https://github.com/mysterioustrousers/MTStringAttributes
❑ Kosmaczewski, Adrian. *CoreTextWrapper*. 简化用 Core Text 实现多列文本布局的封装。
github.com/akosma/CoreTextWrapper

21

# 第 22 章

# Cocoa 的大招：键值编码和观察

Cocoa 没什么神奇的，只不过是 C 而已。但是有一种特殊的技术跟"魔法"搭边了，那就是键值观察（KVO）。本章探索如何使用 KVO、何时使用 KVO，以及跟 KVO 有相似之处但比较直观易懂的键值编码（KVC）。

键值编码允许开发者通过名字访问对象属性，而无需调用明确的存取方法。这样，开发者就能在运行时确定属性的绑定，而不是在编译时确定。比如说，我们能用 [object valueForKey:someProperty] 表达式来请求由字符串变量 someProperty 命名的属性值，也能用 [object setValue:someValue forKey:someProperty] 来给 someProperty 命名的属性设置值。这种间接访问能让开发者在运行时而非编译时决定访问哪个属性，从而得到更灵活和易于重用的对象。为了获得这种灵活性，对象需要用特定的方式来命名方法。这种命名约定就称为键值编码，而本章将讲述创建间接的获取方法和设置方法的规则，如何访问容器对象中的成员，以及 KVC 如何与非对象数据协同工作。你也将了解到如何实现高阶消息传递和容器类操作符等高级 KVC 技术。

如果对象遵循 KVC 命名规则，那么也可以利用键值观察。KVO 是通知某些对象关于其他对象的属性值发生变化的一种机制。Cocoa 有若干观察者机制，包括委托和 NSNotification，但是 KVO 的开销更小。被观察的对象不需要有任何额外的代码来通知观察者，而如果没有观察者，KVO 就没有运行时的消耗。只有对象被真正观察时，KVO 系统才添加通知代码。这就让 KVO 在性能至关重要的场合变得很有吸引力。在本章中，你将了解如何对属性和容器使用 KVO，以及 Cocoa 使用了何种技巧来让 KVO 如此透明。

在本章在线文件的 KVC、KVC-Collection 和 KVO 工程中可以找到所有的代码示例。

## 22.1　键值编码

键值编码是 Cocoa 的标准组件，允许开发者通过名字（键）访问属性，而无需调用显式的存取方法。KVC 允许系统的其他部分请求"命名为 foo 的属性"，而无需直接调用 foo。由此，系统的某些部分就可以动态访问属性，即使在编译时还不知道属性的键是什么。这种动态访问对于 nib 文件的加载和 iOS 中的 Core Data 尤其重要。在 Mac 系统上，KVC 则是 AppleScript 接口的基础部分。

下面的代码是一个使用 valueForKeyPath: 显示任何对象的表格单元示例，演示 KVC 是如何工作的。

### KVCTableViewCell.h（KVC）

```objc
@interface KVCTableViewCell : UITableViewCell
- (id)initWithReuseIdentifier:(NSString*)identifier;

// 要显示的对象
@property (nonatomic, readwrite, strong) id object;

// 要显示的对象的属性名
@property (nonatomic, readwrite, copy) NSString *property;
@end
```

### KVCTableViewCell.m （KVC）

```objc
- (BOOL)isReady {
  // 配置好才显示的东西
  return (self.object && [self.property length] > 0);
}

- (void)update {
  NSString *text;
  if (self.isReady) {
    // 从目标获取属性值，属性名通过 self.property 给出。
    // 然后把值转换成人类能阅读的字符串
    id value = [self.object valueForKeyPath:self.property];
    text = [value description];
  }
  else {
    text = @"";
  }
  self.textLabel.text = text;
}

- (id)initWithReuseIdentifier:(NSString *)identifier {
  return [self initWithStyle:UITableViewCellStyleDefault
              reuseIdentifier:identifier];
}

- (void)setObject:(id)anObject {
  _object = anObject;
  [self update];
}

- (void)setProperty:(NSString *)aProperty {
  _property = aProperty;
  [self update];
}
```

### KVCTableViewController.m （KVC）

```objc
- (NSInteger)tableView:(UITableView *)tableView
 numberOfRowsInSection:(NSInteger)section {
  return 100;
```

22

```
}

- (UITableViewCell *)tableView:(UITableView *)tableView
         cellForRowAtIndexPath:(NSIndexPath *)indexPath {

    static NSString *CellIdentifier = @"KVCTableViewCell";

    KVCTableViewCell *cell = [tableView
         dequeueReusableCellWithIdentifier:CellIdentifier];

    if (cell == nil) {
      cell = [[KVCTableViewCell alloc]
             initWithReuseIdentifier:CellIdentifier];
      // 你需要每行 NSNumber 的 intValue 属性。
      // 每一行的这个属性都一样，
      // 所以在配置 cell 时就可以设置属性的键
      cell.property = @"intValue";
    }

    // 每一行对象都是一个表示整型的 NSNumber。
    // 因为每一行有不同的对象（NSNumber），
    // 所以配置 cell 时就应该设置对象
    cell.object = @(indexPath.row);

    return cell;

}
```

这个例子很简单，显示 100 行整数，但要想想 KVCTableViewCell 有动画效果或者特殊选中行为的情况。你可以把这些操作应用到任意的对象上，而不需要对象或者表格单元知道对方的任何信息。这就是一个优秀的模型–视图–控制器（MVC）设计的终极目标，也是 Cocoa 架构的核心。

KVCTableViewCell 的 update 方法演示了如何使用 valueForKeyPath:，这是本例中用到的主要 KVC 方法。下面列出了最重要的部分：

```
id value = [self.object valueForKeyPath:self.property];
text = [value description];
```

在本例中，self.property 是@"intValue"字符串，而 self.object 是一个表示行号的 NSNumber 对象。所以第一行实际上和下面这句代码一样：

```
id value = [NSNumber numberWithInt:[self.object intValue]];
```

valueForKeyPath:会自动插入对 numberWithInt:的调用，该方法会自动把数字类型（int、float 等）转换成 NSNumber 对象，而其他的非对象类型（结构体、指针）会转换成 NSValue 对象。

尽管本例只用到了 NSNumber，但是键的好处在于，target 可以是任何对象，而 property 可以是 target 的任何属性名。

## 22.1.1    用KVC赋值

KVC 也可以用 setValue:forKey:修改可写属性。比如说，下面两行代码几乎是等价的：

```
cell.property = @"intValue";
[cell setValue:@"intValue" forKey:@"property"];
```

只要 property 是个对象，这两行代码都会调用 setProperty:。22.1.5 节会讨论如何处理 nil 和非对象属性。

修改属性的方法在苹果的文档中通常被称为赋值函数（mutator）。

## 22.1.2 用键路径遍历属性

你可能已经注意到，KVC 方法有 key 和 keyPath 两个版本，比如 valueForKey: 和 valueFor-KeyPath:。键和键路径之间的区别在于，后者可以包含嵌套关系，用句点分开。valueForKeyPath: 方法遍历所有的关系。比如，下面两行代码几乎是等价的：

```
[[self department] name];
[self valueForKeyPath:@"department.name"];
```

与此不同的是，valueForKey:@"department.name" 会试图获取 deparment.name 属性，大部分情况下这么做会抛出异常。

keyPath 版本的方法更灵活，而 key 版本的稍微快一些。如果键是通过参数传给我的，我通常会用 valueForKeyPath: 来为我的调用者提供最大的灵活性；如果键是硬编码的，那我通常会用 valueForKey:。

## 22.1.3 KVC和容器类

对象的属性可以是一对一的，也可以是一对多的。一对多的属性要么是有序的（数组），要么是无序的（集合）。

不可变的（immutable）有序容器属性（NSArray）和无序容器属性（NSSet）一般使用 valueForKey: 来获取。如果有一个叫做 items 的 NSArray 属性，那么如你所料，valueForKey:@"items" 会返回这个属性。也有更灵活的方式管理容器属性。本节示例代码可在 KVC-Collection 工程中找到。

考虑下面的 TwoTimesArray 模型对象。

**TwoTimesArray.h（KVC-Collection）**

```
@interface TwoTimesArray: NSObject
- (void)incrementCount;
- (NSUInteger)countOfNumbers;
- (id)objectInNumbersAtIndex:(NSUInteger)index;
@end
```

**TwoTimesArray.m（KVC-Collection）**

```
#import "TimesTwoArray.h"

@interface TimesTwoArray ()
@property (nonatomic, readwrite, assign) NSUInteger count;
@end

@implementation TimesTwoArray

- (NSUInteger)countOfNumbers {
```

```
    return self.count;
}

- (id)objectInNumbersAtIndex:(NSUInteger)index {
    return @(index * 2);
}

- (void)incrementCount {
    self.count++;
}

@end
```

给定这个对象，就能请求 numbers 的值：

```
NSArray *numbers = [twoTimesArray valueForKey:@"numbers"];
```

就算没有 numbers 这个属性，KVC 系统也能创建一个行为跟数组一样的代理对象。原因是 TwoTimesArray 实现了 countOfNumbers 和 objectInNumbersAtIndex:方法，这些方法是特殊命名过的。当 valueForKey:寻找对应项时，会搜索如下方法。

- □ getNumbers、numbers 或者 isNumbers——系统会按顺序搜索这些方法，第一个找到的方法用来返回所请求的值。
- □ countOfNumbers、objectInNumbersAtIndex:或 numbersAtIndexes——这是本例用到的组合。KVC 会生成一个代理数组，我们马上就会讨论。
- □ countOfNumbers、enumeratorOfNumbers 和 memberOfNumbers——这个组合会让 KVC 返回一个代理集合。
- □ 命名为_numbers、_isNumbers、numbers 或者 isNumbers 的实例变量——KVC 会直接访问 ivar，一般最好避免这种行为。直接访问实例变量破坏了封装原则，使代码更脆弱。通过覆盖+accessInstanceVariablesDirectly 方法并返回 NO 就可以阻止这种行为。

在本例中，valueForKey:自动生成并返回一个代理 NSKeyValueArray。它是 NSArray 的子类，用起来跟其他数组一样，但是对 count、objectAtIndex:以及相关方法的调用会转发到合适的 KVC 方法上。代理会缓存收到的请求，这样会更高效。查看 iOS 开发者库中的 *Key-Value Coding Programming Guide* 来获取你能为这种形式实现的方法的完整列表。

在本例中，属性是 numbers，所以 KVC 查找 countOfNumbers。如果属性是 boxes，KVC 会查找 countOfBoxes。你得按照标准方式命名方法 KVC 才能构建方法名，这也是为什么获取方法必须以小写字母开头。

对于可变容器属性，有两种选择，可以像下面这样用 **mutator**（改变属性）方法（要查看完整列表，还是去看 *Key-Value Coding Programming Guide*）：

```
- (void)insertObject:(id)object inNumbersAtIndex:(NSUInteger)index;
- (void)removeObject:(id)object inNumbersAtIndex:(NSUInteger)index;
```

或者也可以通过调用 mutableArrayValueForKey:或 mutableSetValueForKey:返回一个特殊的代理对象，修改这个对象会自动对对象调用合适的 KVC 方法。

## 22.1.4 KVC和字典

字典只是一种特殊的嵌套关系。对大多数键来说，调用 `valueForKey:` 就和调用 `objectForKey:` 一样（但在键以@开头时例外，必要时，@用来指向 `NSDictionary` 本身）。这种方式处理嵌套字典很方便，因为可以用 `valueForKeyPath:` 来访问任意一层。

## 22.1.5 KVC和非对象

不是每一个方法都返回对象，但是 `valueForKey:` 总是返回一个 `id` 对象。非对象的返回值会用 `NSValue` 或者 `NSNumber` 封装。这两个类可以处理从数字、布尔值到指针和结构体的任何类型。尽管 `valueForKey:` 会自动把标量值封装为对象，却不能把非对象传给 `setValue:forKey:`。必须用 `NSValue` 或者 `NSNumber` 封装标量。

把非对象属性设为 nil 是一种特殊情况。这种操作是否合法取决于具体情况，所以 KVC 不做猜测。如果你用 nil 值做参数来调用 `setValue:forKey:`，那么键会被传递给 `setNilValueForKey:`。如果支持把非对象属性设置为 nil，需要覆盖这个方法并作出正确的操作。默认的行为是抛出异常。

## 22.1.6 用KVC实现高阶消息传递

`valueForKey:` 有很多有用的特例，比如说 `NSArray` 和 `NSSet` 这样的容器类都覆盖了这个方法。`valueForKey:` 被传递给容器中的每一个对象，而不是对容器本身进行操作。结果会被添加进返回的容器中。这样，开发者能很方便地用一个容器对象创建另一个容器对象，比如像这样：

```
NSArray *array = @[ @"foo", @"bar", @"baz" ];
NSArray *capitals = [array valueForKey:@"capitalizedString"];
```

方法 `capitalizedString` 被传递给 `NSArray` 中的每一项，并返回一个包含结果的新 `NSArray`。把消息（`capitalizedString`）作为参数传递称为高阶消息传递（Higher Order Messaging）。多个消息可以用键路径传递：

```
NSArray *array = @[ @"foo", @"bar", @"baz" ];
NSArray *capitalLengths =
[array valueForKeyPath:@"capitalizedString.length"];
```

以上代码对 array 的每一个元素调用 `capitalizedString`，然后调用 `length`，再把返回值封装进 `NSNumber` 对象。结果被收集进名为 `capitalLengths` 的新数组。

## 22.1.7 容器操作符

KVC 还提供了很复杂的函数，比如说自动对一组数字求和或者求平均值。看一下这个例子：

```
NSArray *array = @[ @"foo", @"bar", @"baz" ];
NSUInteger totalLength = [[array valueForKeyPath:@"@sum.length"] intValue];
```

@sum 是一个操作符，对指定的属性（length）求和。注意，这种写法可能比等价的循环写法慢几百倍：

```
NSArray *array = @[ @"foo", @"bar", @"baz" ];
NSUInteger totalLength = 0;
for (NSString *string in array) {
  totalLength += [string length];
}
```

在处理有几千个或者几万个元素的数组时，性能问题通常会至关重要。除了@sum，在 iOS 开发者库的 *Key-Value Coding Programming Guide* 中还有很多其他操作符。这些操作符在处理 Core Data 时尤其有用，而且比等价的循环写法快，因为它们优化为数据库查询操作。不过，你不能创建自己的操作。

## 22.2　键值观察

键值观察是就对象属性变化透明地通知观察者的一种机制。在 22.1 节的开头，我们创建了一个显示任意对象的表格视图单元。在那个例子中，数据是静态的。改变数据，表格单元不会更新。现在做些改进。无论对象什么时候发生变化，都可以让表格单元自动更新。这里需要一个可变的对象，就用当前的日期和时间好了。利用键值观察，在每次我们关注的属性发生变化时都会得到一次回调。

KVO 和 NSNotificationCenter 有很多类似之处。用 addObserver:forKeyPath:options:context:开始观察，用 removeObserver:forKeyPath:context:停止观察。回调总是 observeValueForKeyPath:ofObject:change:context:。下面是一些必要的改动来创建一个每秒自动更新 1000 行的表格。

KVCTableViewCell.m（KVO）

```
- (void)removeObservation {
  if (self.isReady) {
    [self.object removeObserver:self
                     forKeyPath:self.property];
  }
}

- (void)addObservation {
  if (self.isReady) {
    [self.object addObserver:self forKeyPath:self.property
                     options:0
                     context:(void*)self];
  }
}

- (void)observeValueForKeyPath:(NSString *)keyPath
                      ofObject:(id)object
                        change:(NSDictionary *)change
                       context:(void *)context {

  if ((__bridge id)context == self) {
    // 这是我们的通知，不是父类的
    [self update];
  }
  else {
    [super observeValueForKeyPath:keyPath ofObject:object
```

```
                                    change:change context:context];
      }
  }

  - (void)dealloc {
    if (_object && [_property length] > 0) {
      [_object removeObserver:self
                    forKeyPath:_property
                      context:(void *)self];
    }
  }

  - (void)setObject:(id)anObject {
    [self removeObservation];
    _object = anObject;
    [self addObservation];
    [self update];
  }

  - (void)setProperty:(NSString *)aProperty {
    [self removeObservation];
    _property = aProperty;
    [self addObservation];
    [self update];
  }
```

### KVCTableViewController.m（KVO）

```
#import "RNTimer.h"
@interface KVCTableViewController ()
@property (readwrite, retain) RNTimer *timer;
@property (readwrite, retain) NSDate *now;
@end

@implementation KVCTableViewController

- (void)updateNow {
  self.now = [NSDate date];
}

- (void)viewDidLoad {
  [self updateNow];

  __weak id weakSelf = self;
  self.timer =
      [RNTimer repeatingTimerWithTimeInterval:1
                                        block:^{
                                          [weakSelf updateNow];
                                        }];
}
- (void)viewDidUnload {
  self.timer = nil;
  self.now = nil;
}
```

22

```
...
- (UITableViewCell *)tableView:(UITableView *)tableView
        cellForRowAtIndexPath:(NSIndexPath *)indexPath {

  static NSString *CellIdentifier = @"KVCTableViewCell";

  id cell = [tableView
    dequeueReusableCellWithIdentifier:CellIdentifier];

  if (cell == nil) {
    cell = [[[KVCTableViewCell alloc]
      initWithReuseIdentifier:CellIdentifier] autorelease];
    [cell setProperty:@"now"];
    [cell setObject:self];
  }

  return cell;
}
@end
```

在 KVCTableViewCell 中，我们根据请求用 addObservation 观察目标的属性。注册 KVO 时，要把 self 作为 context 指针传递，以便在回调中可以判断这是否是我们观察的事件。因为一个类只能有一个 KVO 回调，所以可能收到父类注册的属性变化事件。如果是这样，需要把回调传递给 super。不幸的是，我们不能总是传给 super，因为 NSObject 可能抛出异常。所以要用唯一的 context 来识别观察的事件。22.3 节中有更多的相关信息。

在 RootViewController 里，我们创建了一个属性 now，并且让表格单元观察此属性。每隔一秒，数据源都会更新一次。观察者会得到通知，表格单元也会更新。这是非常高效的，在任何时候，都只有一屏的表格单元，因为单元是可重用的。

KVO 真正的威力表现在 [KVCTableViewController updateNow] 方法：

```
- (void)updateNow {
  self.now = [NSDate date];
}
```

唯一要做的就是更新数据。不需要操心谁在观察你，如果没人观察你，那么就不存在任何 NSNotificationCenter 那样的开销。KVO 真正的优势就在于模型类不可思议的简洁性。只要用存取方法来修改实例变量，所有的观察机制都会自动生效，不需要付出任何成本。所有的复杂性都转移到了观察者而不是被观察者。无怪乎 KVO 在苹果的底层框架中越来越流行。

## 22.2.1　KVO和容器类

观察容器类通常会造成一些困扰。要牢记的一点是观察容器类和观察其中的对象是不同的。如果一个容器包含了 Adam、Bob 和 Carol，那么增加 Denise 就改变了容器，而改变 Adam 不会改变容器。如果要观察容器中对象的改变，必须观察那些对象，而不是容器本身。一般来讲，可以先观察容器，在添加对象后观察对象，而在删除对象后停止观察对象。

### 22.2.2 KVO是如何实现的

键值观察通知依赖于 NSObject 的两个方法: willChangeValueForKey: 和 didChange-
ValueForKey:。在一个被观察属性发生改变之前, willChangeValueForKey: 一定会被调用, 这就
会记录旧的值。而当改变发生后, didChangeValueForKey: 会被调用, 继而 observeValueForKey:
ofObject:change:context: 也会被调用。可以手动实现这些调用, 但很少有人这么做。一般我们
只在希望能控制回调的调用时机时才会这么做。大部分情况下, 改变通知会自动调用。

Objective-C 中没什么神奇的。即使是消息分发, 一开始看起来可能很神秘, 实际上也相当直观。
(第 24 章会讲到消息分发。) 然而, KVO 确实有点魔法。调用 setNow: 时, 系统还会以某种方式在中
间插入 willChangeValueForKey:、didChangeValueForKey: 和 observeValueForKeyPath:
ofObject:change:context: 的调用。大家可能以为这是因为 setNow: 是合成方法, 有时候我们也
能看到人们这么写代码:

```
- (void)setNow:(NSDate *)aDate {
    [self willChangeValueForKey:@"now"]; // 没有必要
    _now = aDate;
    [self didChangeValueForKey:@"now"]; // 没有必要
}
```

这是完全没有必要的代码, 不要这么做, 这样的话, KVO 代码会被调用两次。KVO 在调用存取
方法之前总是调用 willChangeValueForKey:, 之后总是调用 didChangeValueForKey:。怎么做
到的呢? 答案是通过方法混写, 混写会在第 24 章中深入讨论。第一次对一个对象调用 addObserver:
forKeyPath:options:context: 时, 框架会创建这个类的新的 KVO 子类, 并将被观察对象转换为
新子类的对象。在这个 KVO 特殊子类中, Cocoa 创建观察属性的设置方法, 大致工作原理如下:

```
- (void)setNow:(NSDate *)aDate {
    [self willChangeValueForKey:@"now"];
    [super setValue:aDate forKey:@"now"];
    [self didChangeValueForKey:@"now"];
}
```

这种继承和方法注入是在运行时而不是编译时实现的。这就是正确命名如此重要的原因。只有在
使用 KVC 命名约定时, KVO 才能做到这一点。

---

> KVO 方法混写不是很容易发现。它会覆盖 class 方法并返回原来的类。不过有时候我们能看
> 到对 NSKVONotifying_MYClass 而不是 MYClass 的引用。

## 22.3 KVO 的权衡

KVC 是强大的技术, 除了可能比直接调用方法稍慢外, 一般来说是个好东西。一个主要的不足之
处, 是不能对属性名进行编译时检查。写代码应该总是遵循 KVC 命名约定, 无论是否直接用 KVC。
这么做, 我们在从 nib 文件实例化对象时会免除很多痛苦, 因为那需要 KVC。这也会让我们的代码对
其他 Objective-C 开发者来说更易读, 他们会期望特定的名字表示特定的意义。大部分情况下, 这意味

着把获取方法和设置方法分别命名为 property 和 setProperty:。

另一方面，KVO 也是好坏参半，可以很有用，也可以带来麻烦。它是用一种相当神奇的方式实现的，有些用法很别扭。只有一个回调方法，这意味着开发者经常会在那个方法里搞出一大堆不相关的代码。回调方法给我们传递一个代表变化的字典，用起来也挺繁琐的。

当你不是某个键路径的观察者而调用 removeObserver:forKeyPath:context: 时会发生崩溃，所以你必须追踪自己观察的属性。KVO 没有一个类似于 NSNotificationCenter 的 removeObserver: 这样的方法，该方法可以很方便地清理所有开发者可能注册过的观察。

KVO 会制造出人意料的代码执行路径。调用 postNotification: 时，我们知道还有另外一些代码会运行。可以在代码中搜索通知的名字，一般都会找出所有可能发生的事情。而只是设置某个属性却会导致程序的其他部分执行，这非常出人意料。很难通过搜索代码找到这种交互。一般来说，KVO 的 bug 都很难解决，因为有很多行为"就是发生了"，但没有任何可见的代码说明行为发生的原因。

所以，KVO 最大的优点也是最大的危险。有时候，它可以显著减少开发者编写的通用代码量。特别是，它可以让你完全摆脱常见的手动创建所有设置方法以便调用 upadteSelf 方法的问题。如此，KVO 可以减少不正确剪切粘贴代码所造成的 bug。但是，它还是会注入真正令人困惑的 bug，更何况随着 ARC 的引入，正确手写设置方法更容易了。

> 一些第三方团队已经在试图改进 KVO 了。特别是 KVO 是基于块的接口的强有力的候选者。22.5 节会列出一些非常有经验的开发者写的代码示例链接。然而，我们还是对使用第三方解决方案很谨慎。KVO 很复杂也很神奇，块很复杂也很神奇。在没有大型测试团队的情况下把这两种技术结合起来似乎是非常危险的。就个人而言，我们倾向于等待苹果公司来改进这个接口，你若对别的路子感兴趣就看一下 22.5 节。

我们的建议是尽量保守、简单地使用 KVO，而且只在真正带来好处的地方使用。当需要大量观察（几百个或者更多）的情况下，它的性能会比 NSNotification 好很多。它具备 NSNotification 的优点而又不需要修改被观察类。有时候它只需要少量的代码，虽然要引入必要的特殊情况处理代码来避开微妙的 KVO 问题。在 KVCTableViewCell 示例中，手写 setProperty: 和 setTarget: 方法可以让文件比等价的 KVO 解决方法少 15 行。

在存在复杂的相互依赖关系或者复杂的类继承层次的地方避免使用 KVO。用委托和 NSNotification 这种简单的解决方案，通常要比自作聪明地使用 KVO 解决方案好。

另一方面，很明显苹果公司正在把性能至关重要的框架迁移到 KVO。这是处理 CALayer 和 NSOperation 的主要方法。我们可以料想，这种做法在新的底层类中会越来越常见，因为 KVO 有零开销观察的优势。如果给定的实例没有观察者，那么 KVO 不会有任何消耗，因为根本就没有 KVO 代码。而即使没有观察者，委托方法和 NSNotification 还是得工作。对于底层的性能至关重要的对象来说，KVO 有明显的优势。明智地使用它，同时我们也希望苹果公司会改进 API。

## 22.4　小结

在本章中，我们学习了 Objective-C 中的两种强大的技术：KVC 和 KVO。这些技术提供了一定程度的运行时灵活性，这在其他语言中是很难达到的。对于 Cocoa 程序来说，无论是否直接调用 valueForKey:，写出符合 KVC 规范的代码很重要。用好 KVO 很具挑战，当需要高性能的观察时，这是一个强大的工具。Cocoa 开发者在设计类时应该把 KVC 和 KVO 牢记在心。遵循一系列简单的命名规则会带来完全不同的结果。

## 22.5　扩展阅读

### 1. 苹果文档

下面的文档位于 iOS Developer Library（https://developer.apple.com/library/ios/navigation/index.html）中，通过 Xcode Documentation and API Reference 也可以找到。

- *Key-Value Coding Programming Guide*
- *Key-Value Observing Programming Guide*
- *NSKeyValueCoding Protocol Reference*
- *NSKeyValueObserving Protocol Reference*

### 2. 其他资源

- Ash, Mike. "Key-Value Observing Done Right." 最早对如何管理 KVO 的非官方调查之一。

  http://www.mikeash.com/pyblog/key-value-observing-done-right.html

- Matuschak, Andy. "KVO+Blocks: Block Callbaks for Cocoa Observers." 这是一个很有前途的分类，可以为 KVO 增加块支持。我们认为，该项目还没有经过充分测试，因此用在复杂项目中要慎重一些，不过我们无疑很喜欢这种方式。它是其他一些封装的基础。

  http://blog.andymatuschak.org/post/156229939/kvo-blocks-block-callbacks-for-cocoa-observers

- Waldowski, Zachary. *BlocksKit.* 一个丰富的基于块的增强方法集，包括 KVO 观察的封装。尽管我们自己的使用程度还不足以推荐它，不过这个包的用户最多，开发也最活跃。这是我们最有可能用的。它的 KVO 封装基于 Andy Matuschak 的代码，以及其他一些项目。

  https://github.com/zwaldowski/BlocksKit

- Wight, Jonathan. "KVO-Notification-Manager" 又一个有趣的例子，基于 Mike Ash 的工作。

  https://github.com/schwa/KVO-Notification-Manager

22

# 第 23 章

# 超越队列：GCD 高级功能

GCD 是 iOS 中最基础的技术之一，最早是在 OS X 10.6 中引入的，它的出现引发了多线程编程的革命。GCD 的重点是队列，我们在第 9 章介绍过。本章将要介绍的是 GCD 的其他内容，包括信号量（semaphores）、分派源（dispath sources）、分派数据（dispath data）、以及分派 I/O。

## 23.1　信号量

信号量用来管理对资源的并发访问。信号量内部有一个可以原子递增或递减的值。如果一个动作尝试减少信号量的值，使其小于 0，那么这个动作将会被阻塞，直到有其他的调用者（在其他线程中）增加该信号量的值。在多线程编程中，它非常有用，而且用起来非常灵活。通常，一个信号量会被初始化为一个最大值，这个值表示资源可被同时访问的最大数目。该值通常为 1，但也可以是更大的值，用来限制并行任务的上限。在生产–消费模式中，信号量一般被初始化为 0。

GCD 内置了经典的信号量的实现。信号量允许被初始化为任何值，同时支持递增和递减操作。信号量的当前值不能被读取。自 iOS 5 以来，信号量像其他的 GCD 对象一样，是由自动引用计数（ARC）管理的，所以在 ARC 下，不需要通过 dispatch_retain 或者 dispatch_release 来管理它们。与其他多数 GCD 对象不同的是，信号量不依赖调度队列，它可以直接在任何线程中使用。

下面的示例代码演示了如何使用信号量来管理工作"槽"（slot）的受限池。在这个例子中，用户可通过调用 runProcess: 来启动任意多个任务。完整的代码可在本书网站上的 ProducerConsumer 示例工程中找到。

**ViewController.m（ProducerConsumer）**

```
@interface ViewController ()
…
@property (nonatomic) dispatch_semaphore_t semaphore;
…
@end

- (void) viewDidLoad {
…
self.semaphore = dispatch_semaphore_create ([selt.progressViews count]);
…
}

- (IBAction) runProcess:(UIButton *) button {
```

```
    // 确定当前在主队列中
    RNAssertMainQueue();


    // 刷新 UI, 以显示挂起的任务数目
    [self adjustPendingJobCountBy:1];


    // 分配一个新的工作单元, 加入串行挂起队列
    dispatch_async (self.pendingQueue, ^{
        // 等待可用槽
        dispatch_semaphore_wait(self.semaphore, DISPATCH_TIME_FOREVER);


        // 获取可用资源
        // 因为处于串行队列中, 所以不会出现资源竞争
        UIProgressView *availableProgressView = [self reserveProgressView];


        // 将真正的执行工作分派到并行工作队列
        dispatch_async(self.workQueue, ^{
            // 执行假任务
            [self performWorkWithProgressView:availableProgressView];


            // 释放资源
            [self releaseProgressView:availableProgressView];


            // 更新 UI
            [self adjustPendingJobCountyBy:-1];


            // 释放使用的槽, 以便另一个任务可以开始
            dispatch_semaphore_signal(self.semaphore);
        });
    });
}
```

> 这个例子有点像-[NSOperationQueue maxConcurrentOperationCount]。在能保证灵活性的情况下, 通常更好的做法是使用操作队列, 而不是通过 GCD 和信号量来构建自己的解决方案。

在将异步操作转换为同步操作时, 信号量也是很有用的。此功能在做异步接口的单元测试时尤其有用, 例如测试一个有 completion block 的方法。我们可以在调用此方法后等待该信号量, 然后在此方法的 completion block 中通知该信号量。如下所示:

**SyncSemaphoreTest.m ( SyncSemaphore )**

```
- (void)testDownload {
  NSURL *URL = [NSURL URLWithString:@"http://iosptl.com"];
```

```
// block 变量用来保存结果
__block NSURL *location;
__block NSError *error;

// 创建同步信号量
dispatch_semaphore_t semaphore = dispatch_semaphore_create(0);

[[[NSURLSession sharedSession] downloadTaskWithURL:URL
                                 completionHandler:
  ^(NSURL *l, NSURLResponse *r, NSError *e) {
    // 得到数据并测试
    location = l;
    error = e;

    // 通知操作已经结束
    dispatch_semaphore_signal(semaphore);
  }] resume];

// 设置等待时间
double timeoutInSeconds = 2.0;
dispatch_time_t timeout = dispatch_time(DISPATCH_TIME_NOW,
                            (int64_t)(timeoutInSeconds * NSEC_PER_SEC));

// 在指定时间内等待信号
long timeoutResult = dispatch_semaphore_wait(semaphore, timeout);

// 测试是否一切正常
XCTAssertEqual(timeoutResult, 0L, @"Timed out");
XCTAssertNil(error, @"Received an error:%@", error);
XCTAssertNotNil(location, @"Did not get a location");
}
```

信号量属于底层工具。它非常强大，但在多数需要使用它的场合，最好从设计角度重新考虑，看是否可以不用。应该优先考虑是否可以使用诸如操作队列这样的高级工具。通常可以通过增加一个分派队列配合 dispatch_suspend，或者通过其他方式分解操作来避免使用信号量。信号量并非不好，只是它本身是锁，能不用锁就不要用。尽量用 Cocoa 框架中的高级抽象，信号量非常接近底层。但是有时候，例如需要把异步任务转换为同步任务时，信号量是最合适的工具。

## 23.2　分派源

分派源提供了高效的方式来处理事件。首先注册事件处理程序，事件发生时会收到通知。如果在系统还没有来得及通知你之前事件就发生了多次，那么这些事件会被合并为一个事件。这对于底层的高性能代码很有用，但是 iOS 应用开发者很少会用到这样的功能。类似地，分派源可以响应 UNIX 信号、文件系统的变化、其他进程的变化以及 Mach Port 事件。它们中很多都在 Mac 系统上很有用，但是 iOS 开发者通常不会用到。

不过，自定义源在 iOS 中很有用，尤其是在性能至关重要的场合进行进度反馈。如下所示，首先创建一个源：

**ViewController.m（ProgressReport）**

```
dispatch_source_t
source = dispatch_source_create(DISPATCH_SOURCE_TYPE_DATA_ADD,
                            0, 0, dispatch_get_main_queue());
```

自定义源累积事件中传递过来的值。累积方式可以是相加（DISPATCH_SOURCE_TYPE_DATA_ADD），也可以是逻辑或（DISPATCH_SOURCE_DATA_OR）。自定义源也需要一个队列，用来处理所有的响应处理块。

创建源后，需要提供相应的处理方法。当源生效时会分派注册处理方法；当事件发生时会分派事件处理方法；当源被取消时会分派取消处理方法。自定义源通常只需要一个事件处理方法，可以像这样创建：

```
__block long totalComplete = 0;
dispatch_source_set_event_handler(source, ^{
    long value = dispatch_source_get_data(source);
    totalComplete += value;
    self.progressView.progress = (CGFloat) totalComplete /100.0f;
});
```

在同一时间，只有一个处理方法块的实例被分派。如果这个处理方法还没有执行完毕，另一个事件就发生了，事件会以指定方式（ADD 或者 OR）进行累积。通过合并事件的方式，系统即使在高负载情况下也能正常工作。当处理事件被最终执行时，计算后的数据可以通过 dispatch_source_get_data 来获取。这个数据的值在每次响应事件执行后会被重置，所以上面例子中 totalComplete 的值是最终累积的值。

分派源创建时默认处于暂停状态，在分派源分派处理程序之前必须先恢复。因为忘记恢复分派源的状态而产生 bug 是常见的事儿。恢复的方法是调用 dispatch_resume：

```
dispatch_resume(source);
```

恢复源后，就可以像下面的代码片段这样，通过 dispatch_source_merge_data 向分派源发送事件：

```
dispatch_queue_t
queue = dispatch_get_global_queue(DISPATCH_QUEUE_PRIORITY_DEFAULT,
                            0);
dispatch_async(queue, ^{
    for (int i = 0; i <= 100; ++i) {
        dispatch_source_merge_data(source, 1);
        usleep(20000);
    }
});
```

上面代码在每次循环中执行加 1 操作。也可以传递已处理记录的数目或已写入的字节数。在任何线程中都可以调用 dispatch_source_merge_data。需要注意的是，不可以传递 0 值（事件不会被触发），同样也不可以传递负数。

**23**

iOS 7 中新引入了 NSProgress 类来处理这类问题。NSProgress 不提供合并的功能，所以它不适合高频率刷新的场合。而且它还特别依赖于比 GCD 更难管理的键值观察（KVO）。另一方面，NSProgress 的强大之处体现在管理大型并发操作上，并且这些操作可能被分为多个子操作。

## 23.3　定时器源

　　另一种特别有用的分派源是定时器。GCD 定时器基于分派队列，而不是像 NSTimer 那样基于运行循环，这意味着把它们用在多线程应用中要容易得多。GCD 定时器用块而不是选择器，所以不需要独立的方法处理定时器，这样也更容易避免重复 GCD 定时器的循环保留。

　　RNTimer（https://github.com/rnapier/RNTimer）实现了一个简单的 GCD 定时器，能防止循环保留（只要块没有捕获 self），而且在销毁时会自动把定时器设置为无效。它用 dispatch_source_create 创建一个定时器分派源并绑到主分派队列上，这意味着定时器总是在主线程上触发。当然也可以用别的队列。然后它设置定时器和事件处理程序，调用 dispatch_resume 打开定时器。分派源通常需要配置，所以它们创建时处于暂停状态，只有恢复之后才会开始发送事件。下面是完整的代码：

**RNTimer.m（RNTimer）**

```
+ (RNTimer *)repeatingTimerWithTimeInterval:(NSTimeInterval)seconds
                                      block:(dispatch_block_t)block {
  RNTimer *timer = [[self alloc] init];
  timer.block = block;
  timer.source = dispatch_source_create(DISPATCH_SOURCE_TYPE_TIMER,
                                        0, 0,
                                        dispatch_get_main_queue());
  uint64_t nsec = (uint64_t)(seconds * NSEC_PER_SEC);
  dispatch_source_set_timer(timer.source,
                            dispatch_time(DISPATCH_TIME_NOW, nsec),
                            nsec, 0);
  dispatch_source_set_event_handler(timer.source, block);
  dispatch_resume(timer.source);
  return timer;
}

- (void)invalidate {
  if (self.source) {
    dispatch_source_cancel(self.source);
    dispatch_release(self.source);
    self.source = nil;
  }
  self.block = nil;
}

- (void)dealloc {
  [self invalidate];
}
```

## 23.4　单次分派

　　作为普通（且正确）的单例模式的实现，多数开发者都会用到 dispatch_once：

```
+ (instancetype)sharedInstance {
  static id sharedInstance;
  static dispatch_once_t onceToken;
```

```
dispatch_once(&onceToken, ^{
  sharedInstance = [self new];
});
return sharedInstance;
}
```

dispatch_once 也可用来初始化重要的常量。例如，创建一个 NSDateFormatter 代价会很大，相对于把它保存到一个属性里，更好的方式是在方法内部使用静态变量来保存它。可以像这样创建一个简单的格式化日期方法：

```
- (NSString *)formattedDate {
static dispatch_once_t onceToken;
static NSDateFormatter *dateFormatter;
dispatch_once(&onceToken, ^{
  dateFormatter = [NSDateFormatter new];
  dateFormatter.dateStyle = NSDateFormatterLongStyle;
  dateFormatter.timeStyle = NSDateFormatterNoStyle;
});

return [dateFormatter stringFromDate:self.someDate];
}
```

需要记住的很重要的一点是，在整个程序运行周期内，dispatch_once 块只会运行一次。使用 dispatch_once 来初始化变量或者属性并不安全。如果一个程序包含多个同一调用类的实例，只有其中一个实例会执行 dispatch_once 块。

另外一个常见的错误是忘记把初始化变量声明为 static。static 存储类型表明在程序中这个变量只存在一个实例。在 Objective-C 中，它本质上是个类变量。在前面的例子中，如果在 NSDateFormatter 前面没有 static 关键字，那 dateFormatter 就会是一个局部变量，并且 formattedDate 方法只会在第一次调用时工作。另外 onceToken 也必须是 static 的。

dispatch_once 是线程安全的，所以即使在多个线程中同时调用，也只有一个块被执行。其他 dispatch_once 的调用会被阻塞，直到执行的那个块运行结束，所以我们可以确定，下一行代码执行之前，整个 dispatch_once 块是执行完毕的，不管当前工作线程是哪个。

如果已经执行过了，dispatch_once 会被非常快速地跳过。对于它的使用我们不需要担心，即使在一个会被频繁调用的方法中使用它。诚然，所有的功能调用（更不用说方法调用）都需要避免密集的循环操作，但是如果已经调用了函数，执行 dispatch_once 的额外开销也是极小的。

## 23.5 队列关联数据

类似第 3 章讨论过的关联引用，队列关联数据（queue-specific data）支持把一段数据直接关联到队列上。这种方法有时很有用，而且对于队列传入传出数据来说也是非常快的方法。

就像关联引用，队列关联数据用唯一的地址（而不是字符串或别的标识符）作为键。这个唯一的地址通常是 static char 的地址。与关联引用不同，队列关联数据不知道如何保留和释放，所以必须向它传入一个销毁函数，在值被替换时调用该函数。对于用 malloc 分配的内存，销毁函数应该是 free。在 ARC 环境下把 Objective-C 对象用做队列关联数据很笨重，但正如这里说明的那样，Core Foundation 对象稍微轻便一点。在本例中，当销毁队列或者 kMyKey 被设置为别的值时，会自动释放 value。

```
static char kMyKey;
CFStringRef *value = CFStringCreate...;
dispatch_queue_set_specific(queue,
                            &kMyKey,
                            (void*)value,
                            (dispatch_function_t)CFRelease);
...

dispatch_sync(queue, ^{
  CFStringRef *string = dispatch_get_specific(&kMyKey);
  ...
});
```

　　队列关联数据很棒的一点是它支持队列层次结构，所以如果当前队列没有设置给定的键，dispatch_get_specific 会自动检查目标队列，然后是目标队列的目标队列，一直沿着队列链向上找。

## 关于"当前队列"的错误观念

　　在 iOS 6 中，不推荐使用 dispatch_get_current_queue。调用它通常很危险，需要避免。但是苹果并没有提供多少关于如何替代它的指导。首先需要理解的是为什么它危险，很可惜苹果在说明文档里并没有解释原因，只是在头文件（/usr/include/dispatch/queue.h）中解释了原因：

> 只用于调试和日志记录：
> 调用代码不能对返回队列做任何假设，除非它是全局队列，或者是自身创建的队列。
> 调用代码不能假定在并非由 dispatch_get_current_queue 返回的队列上同步执行不会死锁。
> 如果 dispatch_get_current_queue 在主线程中被调用，它也许会（也许不会）与 dispatch_get_main_queue() 的返回值相同。不能用这两个函数的返回值是否相同来判断检测代码是否在主线程上执行。

　　开发者普遍忽略了这个说明信息。其中最常见的错误是开发者用 dispatch_get_current_queue 来判断 dispatch_sync 是否会死锁，而这恰恰是上面的文档里说明的：无法保证是否可行。

　　问题在于当前队列并没有明确的定义。块只能被指定在已定义的队列（由 dispatch_get_main_queue 和 dispatch_get_global_queue 返回的队列）上执行。但它可能不是你最初预定的那个队列。块在被指定前，可能已经经过了多个目标队列。

　　这种情况下 dispatch_get_specific 就派上用场了。因为它如实地反映队列的目标层次结构，所以可以用它来执行那些前面由 dispatch_get_current_queue 处理的检查（错误的）。对于需要关注的队列，可以给它添加一个标签，然后就可以查看这个标签是不是当前目标层次结构的一部分。RNQueueCreateTagged 创建了一个新的标签化队列，以供后续查找：

**RNQueue.m（ProducerConsumer）**

```
static const char sQueueTagKey;
void RNQueueTag(dispatch_queue_t q) {
    //指定 q 指向自身
    //不会执行保留操作，但是永远不会指向无效内存
```

```
    dispatch_queue_set_specific(q, &sQueueTagKey, (__bridge void*)q, NULL);
}

dispatch_queue_t RNQueueCreateTagged(const char *label,
                                     dispatch_queue_attr_t attr) {
    dispatch_queue_t q = dispatch_queue_create(label, attr);
    RNQueueTag(q);
    return q;
}

// 用法（类似 dispatch_queue_create)
// self.pendingQueue = RNQueueCreateTagged("ProducerConsumer.pending",
//                                         DISPATCH_QUEUE_SERIAL);
```

这样队列就加上了标签，用 RNQueueCurrentIsTaggedQueue 方法可以检查它是否在当前目标层次结构中：

```
dispatch_queue_t RNQueueGetCurrentTagged() {
  return (__bridge dispatch_queue_t)dispatch_get_specific(&sQueueTagKey);
}

BOOL RNQueueCurrentIsTaggedQueue(dispatch_queue_t q) {
  return (RNQueueGetCurrentTagged() == q);
}
```

可以简单地创建一个断言来检查：

### RNQueue.h（ProducerConsumer）

```
// 断定 q 在当前队列层次结构中
#define RNAssertQueue(q) NSAssert(RNQueueCurrentIsTaggedQueue(q),
                                  @"Must run on queue: " #q )
// 用法：
// RNAssertQueue(self.pendingQueue);
```

> 如果在同一个层次结构中有多个标签化队列，这个逻辑会失败。

很自然地，这段代码会引出 dispatch_get_current_queue 的另一个常见（但不正确）的用法：安全地运行一个同步块。如果把一个同步块分派到当前队列，程序会死锁。苹果的文档中已经说明，不能这样使用 dispatch_get_current_queue。取而代之，可以使用刚刚介绍的标签化队列，如下：

```
void RNQueueSafeDispatchSync(dispatch_queue_t q, dispatch_block_t block) {
  if (RNQueueCurrentIsTaggedQueue(q)) {
    block();
  }
  else {
    dispatch_sync(q, block);
  }
}
```

**23**

就像 Cocoa 里的许多异步 API 那样，最好让调用者传入执行回调的队列，而不是依赖"当前队列"。但对有些问题，仍然需要知道指定的队列是否是当前的，使用 dispatch_get_specific 可以解决这个问题。

## 23.6　分派数据和分派 I/O

分派数据是不可变的内存缓冲区组成的内存块，可以以最少的复制次数实现快速组合和区间拆分。这个非常健壮的系统是分派 I/O 的基础。分派 I/O 能在多核 iOS 设备（特别是 MAC）上显著提升 I/O 性能。然而，大多数情况下，只要使用更高级的抽象，就能享受到这种便利，而不用面对直接使用分派 I/O 的复杂性。当需要对数据进行更多的控制时，需要使用这些技术。

本节会演示一个使用分派 I/O 实现的简单的 TCP 客户端。这个客户端连接到 HTTP 服务器，执行 GET 方法。然后把全部的结果（包含 HTTP 头）写到文件中。整体代码在本书网站的 DispatchDownload 工程中可以找到。

首先我们需要一个队列来执行分派 I/O 的回调。分派 I/O 是高度异步的，可以同时处理很多事情。当它处理数据时，会分派代码块到指定的队列。在这里可以使用任何方便的队列。如果回调很简单，甚至可以放心地使用主队列。如果回调复杂，可以创建自己的队列。它可以是串行的，也可以是并行的，这取决于是否希望回调是串行的。

**ViewController.m（DispatchDownload）**

```
- (void)HTTPDownloadContentsFromHostName:(NSString *)hostName
                                    port:(int)port
                                    path:(NSString *)path {

    dispatch_queue_t queue = dispatch_get_main_queue();
```

接下来，使用底层的 socket 和 connect 调用，与服务器建立一个 socket 连接，并使用这个连接建立一个通道：

```
// 此方法的代码可以在示例工程中找到
// 使用 hostname 创建 socket 连接
dispatch_fd_t socket = [self connectToHostName:hostName port:port];

dispatch_io_t
serverChannel = dispatch_io_create(DISPATCH_IO_STREAM, socket, queue,
                                   ^(int error) {
                                       NSAssert(!error,
                                               @"Failed socket:%d", error);
                                       NSLog(@"Closing connection");
                                       close(socket);
                                   });
```

第一个参数（DISPATCH_IO_STREAM）设定通道的读取方式是流式的，还是随机访问的。网络套接字编程一般使用流式的。第二个参数是文件的描述符（在 iOS 中，套接字只是文件句柄）。最后的参数是清理块，它在通道结束对文件句柄的管理时被调用。从调用 dispatch_io_create 方法创建通道，到清理块执行，都不允许直接访问文件句柄。第三个参数是指定执行清理块的队列。

通道是普适的，它们不关心自己是否被连接到一个实际的硬盘文件、管道或者一个网络套接字。只要有文件描述符，通道就可以与之正常工作。

创建通道后，需要写一些数据。分派 I/O 使用分派对象来工作，它有点儿类似于 NSData 对象，但在避免内存复制方面做了优化。它是不可变且线程安全的。因为分派数据对象是不可变的，所以它们可以非常快速地进行合并，只需要创建一个新的分派数据对象来指向双方。同样，要创建分派数据对象的子集，只需要一个指向这个分派数据对象的指针、一个偏移量和一个指定长度。

高速的代价是丢掉了一些便利性。访问分派数据对象的内容会有些笨重。下面的示例要详细讨论这个问题。现在，首先创建一个新的分派数据对象，如下：

```
- (dispatch_data_t)requestDataForHostName:(NSString *)hostName
                                    path:(NSString *)path {
    NSString *
    getString = [NSString
                 stringWithFormat:@"GET %@ HTTP/1.1\r\nHost: %@\r\n\r\n",
                 path, hostName];

    NSData *getData = [getString dataUsingEncoding:NSUTF8StringEncoding];
    return dispatch_data_create(getData.bytes,
                                getData.length,
                                NULL,
                                DISPATCH_DATA_DESTRUCTOR_DEFAULT);
}
```

最后一个参数是用于释放数据的处理块。这里支持三个内置的析构方式：...DEFAULT、...FREE和...MUNMAP。DEFAULT 析构方式很特别，它会通过 dispatch_data_create 方法复制传入的字节。分派数据对象内部自己管理它的内存。FREE 析构方式会使用 free 方法来释放通过 malloc 方法分配的内存。MUNMAP 析构方式会使用 munmap 方法，来释放通过 mmap 方法映射到文件描述符的内存。

第四个参数也可以传入用来释放内存的块。当分派数据对象被释放时，这个块会在通过第三个参数传入的队列上执行。如果不需要让 dispatch_data_create 释放内存（比如一个实例的静态常量），这里也可以传入空的块。

requestDataForHostName:path:方法中，数据非常小，所以可以让分派数据来复制它。

现在要写的数据已经准备好了，需要决定把数据写到哪里。为此，我们需要使用 dispatch_io_create_with_path 来另外建一个文件通道。它的参数和 open 的参数相似，如下例所示：

```
NSString *writePath = [self outputFilePathForPath:path];
dispatch_io_t
fileChannel = dispatch_io_create_with_path(DISPATCH_IO_STREAM,
                                           [writePath UTF8String],
                                           O_WRONLY|O_CREAT|O_TRUNC,
                                           S_IRWXU,
                                           queue,
                                           nil);
```

---

需要注意的是，队列参数是必需的，即使不需要清理块。如果传入 NULL 作为队列参数，在 iOS 7.0.2 上会崩溃（radar://15160726）。

---

此时，我们已经有两个通道了：一个服务器通道和一个文件通道。下载文件需要向服务器通道写入请求，然后从服务器通道读取数据，去除头部后将其余部分写到文件通道。

你可以向服务器发送一个请求然后返回。这是 HTTPDownloadContents...方法的结束。系统异步地发送请求并且调用写处理方法。可能会多次调用写处理方法来提供进度。所以你需要检查

**23**

serverWriteDone 参数来明确写操作已经完成。发送请求的代码如下：

```
dispatch_io_write(serverChannel, 0, requestData, queue,
    ^(bool serverWriteDone,
      dispatch_data_t serverWriteData,
      int serverWriteError) {

      NSAssert(!serverWriteError,
               @"Server write error:%d", serverWriteError);
      if (serverWriteDone) {
        [self readFromChannel:serverChannel
               writeToChannel:fileChannel
                        queue:queue];
      }
    });
```

当完成写操作，通过调用 readFromChannel:writeToChannel:queue: 方法从服务器通道读取数据。该方法需要处理三种情况：在完成读取 HTTP 头操作之前，在完成读取 HTTP 头操作之后，完成文件下载时。

```
__block dispatch_data_t previousData = dispatch_data_empty;
__block dispatch_data_t headerData;
dispatch_io_read(readChannel, 0, SIZE_MAX, queue,
  ^(bool serverReadDone,
    dispatch_data_t serverReadData,
    int serverReadError) {

    NSAssert(!serverReadError,
             @"Server read error:%d", serverReadError);
    if (serverReadDone) {
      [self handleDoneWithChannels:@[writeChannel,
                                     readChannel]];
    }
    else {
      if (! headerData) {
        headerData = [self findHeaderInData:serverReadData
                              previousData:&previousData
                              writeChannel:writeChannel
                                     queue:queue];
        if (headerData) {
          //  看这个简单方法的示例代码
          [self printHeader:headerData];
        }
      }
      else {
        [self writeToChannel:writeChannel
                        data:serverReadData
                       queue:queue];
      }
    }
  });
}
```

serverReadDone 不重要。此时，读取操作和写操作都已完成，所以只需要关闭通道，如下：

```
- (void)handleDoneWithChannels:(NSArray *)channels {
  NSLog(@"Done Downloading");
  for (dispatch_io_t channel in channels) {
    dispatch_io_close(channel, 0);
  }
}
```

找到 HTTP 头后，写入数据的操作也是很简单的。调用前面在 HTTPDownloadContentsFromHost-Name: 中介绍过的 dispatch_io_write 即可。这个常规逻辑中的几乎所有代码都是在计算字节的数量，以便记录。如果除去异常处理和进度通知，这个方法只需要一行代码。

```
- (void)writeToChannel:(dispatch_io_t)channel
                  data:(dispatch_data_t)writeData
                 queue:(dispatch_queue_t)queue {

  dispatch_io_write(channel, 0, writeData, queue,
    ^(bool done, dispatch_data_t remainingData, int error) {
      NSAssert(!error, @"File write error:%d", error);
      size_t unwrittenDataLength = 0;
      if (remainingData) {
        unwrittenDataLength = dispatch_data_get_size(remainingData);
      }
      NSLog(@"Wrote %zu bytes",
            dispatch_data_get_size(writeData) - unwrittenDataLength);
    });
}
```

这个系统中最复杂的地方是找到 HTTP 头并把它和内容拆离。HTTP 头的结束标志是两个空行（\r\n\r\n）。问题在于这四个字节可能被分到两个块中，所以不能简单地在当前块中查找这些字节。

可以使用多种方法来解决这个问题。本例中使用一个简单的方法：将前一个块连接到当前块，然后在连接后的内存中进行搜索。但这不是最高效的解决方案。它需要进行内存复制。本例比较特殊，因为 HTTP 头可能很短，不需要复制太多内存。大多数常见的情况下，因为 HTTP 头的结束符会出现在第一个块中，所以不需要复制任何内存。但在其他情况下，这种内存复制可能开销太大，所以需要开发一个更加复杂的解决方案。举例来说，可以只记录前一个块的最后几个字节，然后把它同当前块的前几个字节一起检查。

```
- (dispatch_data_t)findHeaderInData:(dispatch_data_t)newData
                       previousData:(dispatch_data_t *)previousData
                       writeChannel:(dispatch_io_t)writeChannel
                              queue:(dispatch_queue_t)queue {

  // 把前面的数据连接到新数据上。这个操作开销很小
  *previousData = dispatch_data_create_concat(*previousData,
                                              newData);

  // 创建一块连续的内存区域。这里需要进行内存复制
  dispatch_data_t mappedData = dispatch_data_create_map(*previousData,
                                               NULL, NULL);

  __block dispatch_data_t headerData;
  __block dispatch_data_t bodyData;
```

```
// 这个 dispatch_data_apply 并非必需，可以预先从 dispatch_data_create_map
// 中得到缓冲区及其大小，但这里演示如何使用 dispatch_data_apply，
// 而且访问通过 dispatch_data_create_map 得到的值时，有一些很细微的 ARC 相关问题。
// 必须小心，mappedData 不会被立即释放

dispatch_data_apply(mappedData,
  ^bool(dispatch_data_t region, size_t offset,
        const void *buffer, size_t size) {

    // 我们知道 region 就是所有的数据，因为只对它做了一个映射
    // 把它转换成 NSData 以便查找
    NSData *search =
    [[NSData alloc] initWithBytesNoCopy:(void*)buffer
                                 length:size
                            freeWhenDone:NO];
    NSRange r =
    [search rangeOfData:[self headerDelimiter]
                options:0
                  range:NSMakeRange(0,
                                    search.length)];

    // 如果找到了分隔符，就拆分成头和内容
    if (r.location != NSNotFound) {
      headerData = dispatch_data_create_subrange(region,
                                                 0,
                                                 r.location);
      size_t body_offset = NSMaxRange(r);
      size_t body_size = size - body_offset;
      bodyData = dispatch_data_create_subrange(region,
                                               body_offset,
                                               body_size);
    }

    // 只需要处理一个块
    return false;
  });

  if (bodyData) {
    [self writeToChannel:writeChannel
                    data:bodyData
                   queue:queue];
  }
  return headerData;
}
```

这个例子涵盖了使用分派数据和分派 I/O 涉及的主要知识点。分派 I/O 还支持一些其他特性用来辅助管理处理块的调用频度。如果配置了间隔时间，处理块会被周期性地调用，即使数据量很小。这对于网速慢的情况下更新进度条很有用。高低水位线用来控制传到处理块中的数据量。数据低于低水位线时，处理块不会被调用，除非到达了通道的末尾，或者使用 DISPATCH_IO_STRICT_INTERVAL 配置了间隔时间。处理块被调用时传入的数据量永远不会高于高水位线，这在使用固定大小的缓冲区来处理数据时很有用处。

分派数据和分派 I/O 是优化数据密集型操作获取最佳性能的强大工具。然而，这种性能优化的绝大部分都已经包含在高级对象中，比如 NSURLSession。但是，如果要非常严密地控制内存，分派数据和分派 I/O 是正确的选择。

## 23.7　小结

GCD 不仅仅是 dispatch_async。本章介绍了如何使用一些更高级的功能，包括信号量、源和分派 I/O；还讲述了关于"当前队列"概念的微妙问题，以及如何使用队列关联数据来替代过时的 dispatch_get_current_queue 调用。一旦打好 GCD 的坚实基础，就能通过相关文档自学更多内容了。

## 23.8　扩展阅读

**苹果文档**

下面的文档位于 iOS Developer Library（https://developer.apple.com/library/ios/navigation/index.html）中，通过 Xcode Documentation and API Reference 也可以找到。

❑ *File System Programming Guide*。"Techniques for Reading and Writing Files" 一节的 "Processing a File Using GCD" 部分包含了解释分派 I/O 通道的示例代码。

❑ *Grand Central Dispatch (GCD) Reference*

**23**

第 24 章

# 深度解析 Objective-C

Objective-C 的大部分特性在实践中还是很直观的，没有 C++那样的多重继承和操作符重载。所有的对象都有相同的内存管理规则，这些规则依赖于一组简单的命名约定。有了 ARC 之后，大多数情况下开发者甚至都不需要操心内存管理。Cocoa 框架设计的时候就考虑到了可读性，所以大部分功能就是字面所表达的意思。

尽管如此，在深入挖掘之前，Objective-C 的许多方面还是显得有点儿神秘，比如在运行时创建新的方法和类、内省和消息传递。大多数时候，你不需要理解工作原理；但是对有些问题，了解原理对于发挥 Objective-C 的潜力很有用。比如说，Core Data 的灵活性很大程度上依赖于你对 Objective-C 动态本质的理解。

这种能力的核心是 libobjc 提供的 Objective-C 运行时。Objective-C 运行时包含的函数提供了 Objective-C 的动态特性。比如 objc_msgSend 就是一个核心函数，每次使用[object message]语法都会调用它。此外，Objective-C 运行时还包含一些允许在运行时检查和修改类层次结构（包括创建新的类和方法）的函数。

本章将展示如何用这些特性来达到像 Core Data 和其他苹果框架一样的灵活性、能力和速度。所有的代码示例都能在本章的在线文件中找到。

iOS 7 的 64 位版本（arm64）包含了对本节提到的很多实现细节的大改动。除非明确指出，否则这些改动不会对使用公开 API 的代码有影响。arm64 运行时的源代码在写作本书时还没有放出来，而且顾名思义，内部实现细节也没有文档。如果你想了解一些细节，最好的地方是 Greg Parker 的博客 Hamster Emporium（sealiesoftware.com/blog）。

## 24.1  理解类和对象

要理解 Objective-C 对象，首先得知道它们其实是 C 结构体。每个 Objective-C 对象都有相同的结构，如图 24-1 所示。

图 24-1 Objective-C 对象的结构

首先有一个指针指向类定义，然后是以结构体属性的形式出现的每个父类的 ivar（instance variable，实例变量），接着是对象所属的类的 ivar。这个结构体叫做 objc_object，指向它的指针叫 id：

```
typedef struct objc_object {
    Class isa;
} *id;
```

Class 结构体包含一个元类指针（很快就会详细解释）、一个父类指针和关于此类的数据。特别要注意的数据有名字、ivar、方法、属性和协议，不用太关心 Class 的内部结构。有公开函数可以访问所有我们需要的信息。

> Objective-C 运行时是开源的，所以我们可以看到它的实现。打开 Apple Open Source 网站（www.opensource.apple.com），找到 Mac 代码里的 objc 包。它没有包含在 iOS 包里，但 Mac 的代码是一样的，或者说很接近。这些特殊的结构体定义在 objc.h 和 objc-runtime-new.h 中。这些文件中很多东西都有两个定义，因为要从 Objective-C 1.0 过渡到 Objective-C 2.0，有冲突时找标有"new"的。

Class 本身就很像对象。我们可以向 Class 实例发送消息（比如当调用[Foo alloc]时），因此必须有地方能存储类方法列表。事实上，这些类方法存储在元类中，元类就是 Class 的 isa 指针。很少有需要访问元类的时候，所以这里我就不多说了，24.9 节中给出的链接提供了更多信息。阅读 24.4 节可以了解更多关于消息传递的知识。

父类指针建立了类的层次结构，而 ivar 列表、方法、属性和协议定义了类能做什么。这里要注意，方法、属性和协议都存储在类定义的可写段中，这些信息可以在运行时被改变，这也是分类的实现原理。ivar 存储在只读段，所以不能被修改（因为那样会影响到已有的实例），这是分类不能添加 ivar 的原因。

24

注意，在本节开头 objc_object 的定义中，isa 指针不是 const。这不是疏漏，对象所属的类可以在运行时被改变。Class 的父类指针也不是 const，所以层次结构可以变化，24.6 节会给出详细解释。

> 在 iOS 7 中，objc_object 结构体变得更复杂了。isa 指针被废弃了，而且在 64 位 iOS 中，它实际上不是指针。开发者不应该依赖于这个结构体的内部实现细节。查看 24.9 节中的 "[objc explain]: Non-pointer isa" 来获取更多信息。如本章讨论的，iOS 7 仍然支持 ISA 混写。

了解 Objective-C 对象底层的数据结构后，接下来再看看有哪些函数可以检查和操作这些信息。这些函数是用 C 写的，而且它们遵循类似于 Core Foundation 的命名约定（参见第 10 章）。本章列出的所有函数都是公开的，在 *Objective-C Runtime Reference* 中可以查到。下面是一个简单的例子：

```
#import <objc/objc-runtime.h>
...
const char *name = class_getName([NSObject class]);
printf("%s\n", name);
```

运行时方法以操作目标的名字开头，一般那也是它们的第一个参数。本例中的方法包含 get 而不是 copy，所以我们没有返回值的内存所有权，不应该调用 free。

下面这个例子打印 NSObject 能响应的选择器列表。调用 class_copyMethodList 会返回一块复制的缓冲区，我们必须用 free 来释放。

**PrintObjectMethods.m（Runtime）**

```
void PrintObjectMethods() {
  unsigned int count = 0;
  Method *methods = class_copyMethodList([NSObject class],
                                          &count);
  for (unsigned int i = 0; i < count; ++i) {
    SEL sel = method_getName(methods[i]);
    const char *name = sel_getName(sel);
    printf("%s\n", name);
  }
  free(methods);
}
```

运行时环境没有引用计数（自动或者手动都没有），所以没有等价的 retain 或 release 方法。如果从带有 copy 的函数得到一个值，就应该调用 free。如果用了不带 copy 单词的函数，千万不要调用 free。

## 24.2　使用方法和属性

Objective-C 运行时定义了几种重要的类型。

❑ Class：定义 Objective-C 类，参见 24.1 节。
❑ Ivar：定义对象的实例变量，包括类型和名字。

- ❏ Protocol：定义正式协议。
- ❏ objc_property_t：定义属性。叫这个名字可能是为了防止和 Objective-C 1.0 中的用户类型冲突，那时候还没有属性。
- ❏ Method：定义对象方法或类方法。这个类型提供了方法的名字（就是选择器）、参数数量和类型，以及返回值（这些信息合起来称为方法的签名），还有一个指向代码的函数指针（也就是方法的实现）。
- ❏ SEL：定义选择器。选择器是方法名的唯一标识符。
- ❏ IMP：定义方法实现。这只是一个指向某个函数的指针，该函数接受一个对象、一个选择器和一个可变长参数列表（varargs），返回一个对象：
- ❏  typedef id (*IMP)(id, SEL, ...);

现在你能用这些知识构建简单的消息分派器（message dispatcher）了。消息分派器把选择器映射为函数指针，并调用被引用的函数。Objective-C 运行时的核心就在于消息分派器 objc_msgSend，24.4 节介绍了更多关于它的信息。只需要处理最简单的情况时，myMsgSend 示例就是 objc_msgSend 的一种实现方式。

下面的代码是用 C 写的，仅仅为了证明 Objective-C 运行时真的只是 C。其中的注释说明了等价的 Objective-C 怎么写。

**MyMsgSend.c（Runtime）**

```
static const void *myMsgSend(id receiver, const char *name) {
    SEL selector = sel_registerName(name);
    IMP methodIMP =
    class_getMethodImplementation(object_getClass(receiver),
                                  selector);
    return methodIMP(receiver, selector);
}

void RunMyMsgSend() {
    // NSObject *object = [[NSObject alloc] init];
    Class class = (Class)objc_getClass("NSObject");
    id object = class_createInstance(class, 0);
    myMsgSend(object, "init");

    // id description = [object description];
    id description = (id)myMsgSend(object, "description");

    // const char *cstr = [description UTF8String];
    const char *cstr = myMsgSend(description, "UTF8String");

    printf("%s\n", cstr);
}
```

在 Objective-C 中可以利用 methodForSelector:来使用这种技术，从而避开 objc_msgSend 这个复杂的消息分派器。如果需要在 iPhone 上对同一个方法调用几千次，这么做才有意义。而在 Mac 上，除非调用几百万次，否则看不到性能提升。苹果高度优化了 objc_msgSend，但是对于一个调用次数多的简单方法，这么做可以将性能提升 5%~10%。

**24**

下面的例子说明怎么做，以及对性能的影响。

**FastCall.m（Runtime）**

```
const NSUInteger kTotalCount = 10000000;

typedef void (*voidIMP)(id, SEL, ...);

void FastCall() {
  NSMutableString *string = [NSMutableString string];
  NSTimeInterval totalTime = 0;
  NSDate *start = nil;
  NSUInteger count = 0;

  // 用 objc_msgSend
  start = [NSDate date];
  for (count = 0; count < kTotalCount; ++count) {
    [string setString:@"stuff"];
  }

  totalTime = -[start timeIntervalSinceNow];
  printf("w/ objc_msgSend = %f\n", totalTime);

  // 跳过 objc_msgSend
  start = [NSDate date];
  SEL selector = @selector(setString:);
  voidIMP
  setStringMethod = (voidIMP)[string methodForSelector:selector];

  for (count = 0; count < kTotalCount; ++count) {
    setStringMethod(string, selector, @"stuff");
  }

  totalTime = -[start timeIntervalSinceNow];
  printf("w/o objc_msgSend = %f\n", totalTime);
}
```

谨慎使用这种技术，如果使用不当，可能会比普通的消息分派还慢。因为 IMP 返回 id，ARC 会保留返回值，之后再释放。不过，这个方法什么都没返回（参见http://openradar.appspot.com/10002493）。这个开销会比用普通的消息传递系统大，有些情况下多余的 retain 还会造成崩溃，这就是我们要添加额外的 voidIMP 类型的原因。通过把 setStringMethod 函数指针声明为返回 void，编译器就会跳过 retain。

从这个例子得出的重要结论是，我们需要对任何为了提升性能而写的代码做测试，不要假定绕过消息分派器就会更快。多数情况下，只要把方法重写为函数就能得到更好更可靠的性能提升，而绝大多数情况下，objc_msgSend 只是性能开销最小的部分。

## 24.3 使用方法签名和调用

NSInvocation 是命令模式的一种传统实现。它把一个目标、一个选择器、一个方法签名和所有的参数都塞进一个对象里，这个对象可以先储存起来，以备将来调用。当 NSInvocation 被调用时，它会发送信息，Objective-C 运行时会找到正确的方法实现来执行。

一个方法实现（IMP）是一个指向具有如下签名的 C 函数的函数指针：

id function(id self, SEL _cmd, ...)

每个方法实现只需要 self 和 _cmd 两个参数。第一个参数是你熟悉的 self 指针，第二个参数 _cmd 是一个发送到该对象的选择器。这是该语言中的一个保留符号并且像 self 一样被访问。

> 尽管 IMP 类型定义支持每个 Objective-C 方法返回一个 id，但显然有很多 Objective-C 方法返回的是其他类型，例如整数或者浮点数，而且还有很多 Objective-C 方法没有返回值。实际的返回类型由消息签名（不是 IMP 类型定义）定义，接下来本节会讨论到。

NSInvocation 包含一个目标和一个选择器。目标是一个接受消息的对象，选择器则是被发送的消息。一个选择器大致是一个方法的名称。我们说"大致"是因为选择器不必精确映射到方法。一个选择器只是一个名称，例如 initWithBytes:length:encoding:。一个选择器不绑定到任何特定的类或任何特定的返回值或参数类型。它甚至不是一个具体的类或者实例选择器。你可以把选择器看做一个字符串。因此，尽管 -[NSString length] 和 -[NSData length] 映射到不同方法的实现，但它们拥有相同的选择器。

NSInvocation 还包含一个方法签名（NSMethodSignature），它封装了一个方法的返回类型和参数类型。一个 NSMethodSignature 不包含方法名称，只有返回类型和参数。你可以这样手动创建一个：

```
NSMethodSignature *sig =
        [NSMethodSignature signatureWithObjCTypes:"@@:*"];
```

这是 -[NSString initWithUTF8String:] 的签名。第一个字符（@）表明返回值是一个 id。对于消息传递系统来说，所有的 Objective-C 对象都是一样的。它无法分辨出一个 NSString 和一个 NSArray 之间的区别。接下来的两个字符（@:）表明该方法接受一个 id 和一个 SEL。如上文所述，每个 Objective-C 方法把它们作为头两个参数。它们像 self 和 _cmd 一样隐式传递。最后一个字符（*）表明第一个"真实"参数是一个字符串（char*）。

> 如果直接使用类型编码，你可以使用 @encode(type) 获取表示该类型的字符串，而不必使用硬编码的符号。例如，@encode(id) 是字符串 "@"。

应该尽可能少调用 signatureWithObjCTypes:方法。这里我们这么做只是为了说明可以手动创建一个方法签名。获得方法签名常用的方法是为它请求一个类或实例。在这之前，你需要考虑该方法是否是一个实例方法或类方法。-init 方法是一个实例方法，它的开头有一个连字符（-）标记。+alloc 方法是一个类方法，它的开头有一个加号（+）标记。你可以使用 methodSignatureForSelector:方法从实例中请求实例方法签名，或者从类中请求类方法签名。如果你想要从一个类中获取实例方法签名，可以使用 instanceMethodSignatureForSelector:方法。下面是演示 +alloc 和 -init 的示例。

24

```
SEL initSEL = @selector(init);
SEL allocSEL = @selector(alloc);
NSMethodSignature *initSig, *allocSig;
```

**//从实例中请求实例方法签名**
```
initSig = [@"String" methodSignatureForSelector:initSEL];
```

**//从类中请求实例方法签名**
```
initSig = [NSString instanceMethodSignatureForSelector:initSEL];
```

**//从类中请求类方法签名**
```
allocSig = [NSString methodSignatureForSelector:allocSEL];
```

如果比较过 initSig 和 allocSig，你会发现它们是一样的。它们都没有额外参数（self 和 _cmd 除外），并且返回一个 id。这是信息签名最重要的一点。

现在你有了一个选择器和一个签名，可以使用一个目标和参数值将它们联系起来以构建一个 NSInvocation。NSInvocation 包含传递消息所需要的一切。下面的代码能够创建消息[set addObject:stuff]的调用并实际调用它：

```
NSMutableSet *set = [NSMutableSet set];
NSString *stuff = @"Stuff";
SEL selector = @selector(addObject:);
NSMethodSignature *sig = [set methodSignatureForSelector:selector];

NSInvocation *invocation =
    [NSInvocation invocationWithMethodSignature:sig];
[invocation setTarget:set];
[invocation setSelector:selector];
//置第一个参数于索引 2 处
[invocation setArgument:&stuff atIndex:2];
[invocation invoke];
```

注意，第一个参数被置于索引 2 处。前面讨论过，索引 0 是目标（self），索引 1 是选择器（_cmd）。NSInvocation 会自动设置它们。另外，你必须把一个指针传递给参数，而不能传递参数本身。

调用非常灵活，但并不快。创建一个调用的时间可以发送上百条信息。尽管如此，实际的调用非常高效并且调用可以重用。它们可以使用 invokeWithTarget:方法或 setTarget:方法分派到不同的目标。实际使用中你也可以改变它们的参数。创建调用的大部分开销都在 methodSignatureFor- Selector:方法上，因此缓存它可以显著提高性能。

调用默认不保留它们的对象参数，也不会备份 C 字符串参数。为保存调用以便将来使用，你可以对其调用 retainArguments 方法。这个方法可以保留所有的对象参数并且备份所有 C 字符串参数。释放调用时，它也会释放对象并且清除全部 C 字符串参数副本。除 Objective-C 和 C 字符串外，调用不处理任何指针。如果你把一个原始指针传递给调用，就必须自行管理内存。

> 如果你使用一个调用创建 NSTimer，例如使用 timerWithTimeInterval:invocation: repeats:方法，定时器将在调用中自动调用 retainArguments。

调用是 Objective-C 消息分发系统的重要组成部分。与消息分发系统集成使得它们成为创建蹦床和撤销管理的关键。

## 使用蹦床

蹦床把一条消息从一个对象"反弹"到另一个对象。这种技术允许一个代理对象把消息转移到另一个线程、缓存结果、合并重复的消息或者任何其他中间配置。蹦床一般使用 `forwardInvocation:` 方法处理消息。如果一个对象在 Objective-C 提示错误之前不响应一个选择器，它就会创建一个 `NSInvocation` 并且传递给该对象的 `forwardInvocation:` 方法。你可以用它以任何方式转发消息。欲了解完整信息，请看第 28 章。

在这个示例中，你将创建一个叫做 `RNObserverManager` 的蹦床。任何发送到 `trampoline` 的信息都将被转发到响应选择器的已注册观察者。它提供了类似于 `NSNotification` 的功能，但如果有很多观察者的话，它会更易用并且速度更快。

下面是 `RNObserverManager` 的公共接口：

**RNObserverManager.h（ObserverTrampoline）**

```
#import <objc/runtime.h>
@interface RNObserverManager: NSObject

- (id)initWithProtocol:(Protocol *)protocol
            observers:(NSSet *)observers;
- (void)addObserver:(id)observer;
- (void)removeObserver:(id)observer;

@end
```

初始化该蹦床需要使用一个协议和一组原始观察者。然后，你可以添加或者删除观察者。如果观察者实现了协议，协议中定义的任何方法都将被转发至当前所有观察者。

下面是没有蹦床部分的 `RNObserverManager` 的结构实现。一切都很好理解。

**RNObserverManager.m（ObserverTrampoline）**

```
@interface RNObserverManager()
@property (nonatomic, readonly, strong)
                                 NSMutableSet *observers;
@property (nonatomic, readonly, strong) Protocol *protocol;
@end

@implementation RNObserverManager
- (id)initWithProtocol:(Protocol *)protocol
            observers:(NSSet *)observers {
  if ((self = [super init])) {
      _protocol = protocol;
      _observers = [NSMutableSet setWithSet:observers];
  }
  return self;
}
```

```objc
- (void)addObserver:(id)observer {
  NSAssert([observer conformsToProtocol:self.protocol],
        @"Observer must conform to protocol.");
  [self.observers addObject:observer];
}

- (void)removeObserver:(id)observer {
  [self.observers removeObject:observer];
}
@end
```

现在，你可以覆盖 `methodSignatureForSelector:` 方法。Objective-C 的消息分发器使用该方法为未知的选择器构建一个 NSInvocation。使用 `protocol_getMethodDescription` 覆盖它以便返回协议中所定义方法的签名。你需要从协议中获得方法签名，而不是从观察者中获得，因为该方法可以是可选的，观察者可能不实现它。

```objc
- (NSMethodSignature *)methodSignatureForSelector:(SEL)sel
{
//检查蹦床本身
NSMethodSignature *
result = [super methodSignatureForSelector:sel];
if (result) {
    return result;
}

//查找所需方法
struct objc_method_description desc =
        protocol_getMethodDescription(self.protocol,
                                      sel, YES, YES);
if (desc.name == NULL) {
    //找不到，也许它是可选的
    desc = protocol_getMethodDescription(self.protocol,
                                         sel, NO, YES);
}

if (desc.name == NULL) {
    //找不到，抛出异常 NSInvalidArgumentException
    [self doesNotRecognizeSelector: sel];
    return nil;
}

return [NSMethodSignature
                 signatureWithObjCTypes:desc.types];
}
```

最后，覆盖 `forwardInvocation:` 方法以把调用转发到响应选择器的观察者：

```objc
- (void)forwardInvocation:(NSInvocation *)invocation {
  SEL selector = [invocation selector];
  for (id responder in self.observers) {
    if ([responder respondsToSelector:selector]) {
      [invocation setTarget:responder];
      [invocation invoke];
    }
```

```
    }
  }
```

　　要使用此蹦床，你需要创建一个实例，设置观察者，然后如下列代码所示给实例发送消息。拥有蹦床的变量一般是 id 类型，这样你就可以给它发送任意消息而不会触发编译器警告。

```
@protocol MyProtocol <NSObject>
- (void)doSomething;
@end

...

id observerManager = [[RNObserverManager alloc]
                        initWithProtocol:@protocol(MyProtocol)
                               observers:observers];
[observerManager doSomething];
```

　　给此蹦床传递一条消息类似于发布一个通知。你可以用这种技术解决各种各样的问题。例如，你可以创建一个把所有消息转发给主线程的代理蹦床，如下所示：

### RNMainThreadTrampoline.h（ObserverTrampoline）

```
@interface RNMainThreadTrampoline : NSObject
@property (nonatomic, readwrite, strong) id target;
- (id)initWithTarget:(id)aTarget;
@end
```

### RNMainThreadTrampoline.m（ObserverTrampoline）

```
@implementation RNMainThreadTrampoline

- (id)initWithTarget:(id)aTarget {
  if ((self = [super init])) {
      _target = aTarget;
  }
  return self;
}

- (NSMethodSignature *)methodSignatureForSelector:(SEL)sel
{
    return [self.target methodSignatureForSelector:sel];
}

- (void)forwardInvocation:(NSInvocation *)invocation {
  [invocation setTarget:self.target];
  [invocation retainArguments];
  [invocation performSelectorOnMainThread:@selector(invoke)
                               withObject:nil
                            waitUntilDone:NO];
}
@end
```

　　forwardInvocation:方法可以自如地合并重复消息、添加记录、将消息转发到其他机器，并且执行多种其他功能。

## 24.4    消息传递如何工作

24.2 节提到过，在 Objective-C 中调用方法最终会翻译成调用方法实现的函数指针，并传递给它一个对象指针、一个选择器和一组函数参数。就像 myMsgSend 那个例子，每个 Objective-C 消息表达式都会转化为对 objc_msgSend 的调用（或者是一个紧密相关的函数，24.3.5 节会讲到）。然而，objc_msgSend 要比 myMsgSend 强大得多。下面描述了它的工作方式。

(1) 检查接受对象是否为 nil，如果是，调用 nil 处理程序。这一步非常含糊，没有文档，也没人支持，很难利用起来。默认的行为是什么都不做，这里就不详细讲了，更多信息请参见 24.9 节。

(2) 在垃圾收集环境中（iOS 不支持，这一块是为了内容完整才给出的），检查有没有短路选择器（retain、release、autorelease、retainCount），如果有，返回 self。是的，这意味着在垃圾收集环境中 retainCount 会返回 self，不过你应该用不到。

(3) 检查类缓存中是不是已经有方法实现了，有的话，直接调用。

(4) 比较请求的选择器和类中定义的选择器，如果找到了，调用方法实现。

(5) 比较请求的选择器和父类中定义的选择器，然后是父类的父类，以此类推。如果找到选择器，调用方法实现。

(6) 调用 resolveInstanceMethod:（或 resolveClassMethod:）。如果它返回 YES，那么重新开始。这一次对象会响应这个选择器，一般是因为它已经调用过 class_addMethod。

(7) 调用 forwardingTargetForSelector:，如果返回非 nil，那就把消息发送到返回的对象上。这里不要返回 self，否则会形成死循环。

(8) 调用 methodSignatureForSelector:，如果返回非 nil，创建一个 NSInvocation 并传给 forwardInvocation:。

(9) 调用 doesNotRecognizeSelector:，默认的实现是抛出异常。

> 在 64 位的 iOS 7 中这个工作流程有了一些变化。在写本书时，这些变化还没有清晰的文档。查看本章末尾扩展阅读中的 Hamster Emporium 来获取更多信息。

### 24.4.1    动态实现

有了消息分派，首先可以想到的就是用 resolveInstanceMethod: 和 resolveClassMethod: 在运行时提供实现，这通常是@dynamic 合成属性的处理方式。当一个属性声明为@dynamic 时，其实是在向编译器保证，尽管它现在找不到实现，但在运行时会有可用的实现。这样编译器就不会自动合成一个 ivar 了。

这里有个例子说明如何用这种方法来为 NSMutableDictionary 中存储的属性动态创建获取方法和设置方法。

**Person.h（Person）**

```
@interface Person : NSObject
```

```
@property (copy) NSString *givenName;
@property (copy) NSString *surname;
@end
```

## Person.m ( Person )

```objc
@interface Person ()
@property (strong) NSMutableDictionary *properties;
@end

@implementation Person
@dynamic givenName, surname;

- (id)init {
  if ((self = [super init])) {
  _properties = [[NSMutableDictionary alloc] init];
  }
  return self;
}

static id propertyIMP(id self, SEL _cmd) {
  return [[self properties] valueForKey:
          NSStringFromSelector(_cmd)];
}

static void setPropertyIMP(id self, SEL _cmd, id aValue) {
  id value = [aValue copy];
  NSMutableString *key =
  [NSStringFromSelector(_cmd) mutableCopy];

  // 删除"set"和":", 并将第一个字母变为小写
  [key deleteCharactersInRange:NSMakeRange(0, 3)];
  [key deleteCharactersInRange:
                          NSMakeRange([key length] - 1, 1)];
  NSString *firstChar = [key substringToIndex:1];
  [key replaceCharactersInRange:NSMakeRange(0, 1)
                  withString:[firstChar lowercaseString]];

  [[self properties] setValue:value forKey:key];
}

+ (BOOL)resolveInstanceMethod:(SEL)aSEL {
  if ([NSStringFromSelector(aSEL) hasPrefix:@"set"]) {
    class_addMethod([self class], aSEL,
                    (IMP)setPropertyIMP, "v@:@");
  }
  else {
    class_addMethod([self class], aSEL,
                    (IMP)propertyIMP, "@@:");
  }
  return YES;
}
@end
```

24

**main.m（Person）**

```
int main(int argc, char *argv[]) {
  @autoreleasepool {
    Person *person = [[Person alloc] init];
    [person setGivenName:@"Bob"];
    [person setSurname:@"Jones"];
    NSLog(@"%@ %@", [person givenName], [person surname]);
  }
}
```

在本例中，`propertyIMP` 作为通用的获取方法，而 `setPropertyIMP` 作为通用的设置方法。注意这些函数如何利用选择器确定属性名。还要注意，`resolveInstanceMethod:`假设任何不能识别的选择器都是属性设置方法或获取方法。多数情况下这样没问题，但如果按以下方式传递未知方法，编译器会发出警告：

```
[person addObject:@"Bob"];
```

但如果这么做，结果可能会有点儿出乎意料：

```
NSArray *persons = [NSArray arrayWithObject:person];
id object = [persons objectAtIndex:0];
[object addObject:@"Bob"];
```

这里没有编译器警告是因为我们可以发送任何消息给 `id`，而且也不会有运行时错误发生。我们只是从 `properties` 字典中取出 `addObject:`键（包含冒号），然后什么都不做。这种 bug 很难追踪，你可能想在 `resolveInstanceMethod:`中增加更多的检查代码来防止这种错误，但它很强大。尽管动态获取和设置方法是 `resolveInstanceMethod:`的常见用途，但它也能在允许动态加载的环境中动态加载代码。iOS 不允许动态加载。但在 Mac 上，在第一次访问库中的某个类之前，我们可以用 `resolveInstanceMethod:`来避免加载整个库。对于很大又不常用的类来说，这很有用。

## 24.4.2　快速转发

在回退到标准的转发系统之前，运行时还会给我们一个更快的选择，可以实现 `forwardingTargetForSelector:`并返回另一个对象来传递消息，这对代理对象或者为其他对象添加功能的对象特别有用。下面的 `CacheProxy` 示例说明一个对象如何缓存其他对象的获取方法和设置方法。

**CacheProxy.h（Person）**

```
@interface CacheProxy : NSProxy
- (id)initWithObject:(id)anObject
          properties:(NSArray *)properties;
@end

@interface CacheProxy ()
@property (readonly, strong) id object;
@property (readonly, strong)
                    NSMutableDictionary *valueForProperty;
@end
```

CacheProxy 是 NSProxy 的子类，而不是 NSObject 的子类。NSProxy 是轻量级的根类，是为那些转发大部分方法调用的类（特别是那些会把方法转发到别的机器或别的线程上的类）设计的。它不是 NSObject 的子类，但遵循<NSObject>协议。NSObject 类实现了一系列可能很难代理的方法，比如，像 performSelector:withObject:afterDelay 等需要本地运行循环的方法，对代理对象可能就行不通。NSProxy 避开了大部分这类方法。

要实现 NSProxy 子类，必须覆盖 methodSignatureForSelector:和 forwardInvocation:，否则，调用它们就会抛出异常。

首先，就像 Person 中那样，我们需要创建获取方法和设置方法实现。在这个例子中，如果本地缓存字典中没有要找的值，就把请求转发到代理对象。

**CacheProxy.m（Person）**

```objc
@implementation CacheProxy

// setFoo: => foo
static NSString *propertyNameForSetter(SEL selector) {
  NSMutableString *name =
  [NSStringFromSelector(selector) mutableCopy];
  [name deleteCharactersInRange:NSMakeRange(0, 3)];
  [name deleteCharactersInRange:
                      NSMakeRange([name length] - 1, 1)];
  NSString *firstChar = [name substringToIndex:1];
  [name replaceCharactersInRange:NSMakeRange(0, 1)
                withString:[firstChar lowercaseString]];
  return name;
}

// foo => setFoo:
static SEL setterForPropertyName(NSString *property) {
  NSMutableString *name = [property mutableCopy];
  NSString *firstChar = [name substringToIndex:1];
  [name replaceCharactersInRange:NSMakeRange(0, 1)
                withString:[firstChar uppercaseString]];
  [name insertString:@"set" atIndex:0];
  [name appendString:@":"];
  return NSSelectorFromString(name);
}

// 获取方法实现
static id propertyIMP(id self, SEL _cmd) {
  NSString *propertyName = NSStringFromSelector(_cmd);
  id value = [[self valueForProperty] valueForKey:propertyName];
  if (value == [NSNull null]) {
    return nil;
  }

  if (value) {
    return value;
  }

  value = [[self object] valueForKey:propertyName];
```

```
         [[self valueForProperty] setValue:value
                                    forKey:propertyName];
         return value;
     }

     // 设置方法实现
     static void setPropertyIMP(id self, SEL _cmd, id aValue) {
       id value = [aValue copy];
       NSString *propertyName = propertyNameForSetter(_cmd);
       [[self valueForProperty] setValue:(value != nil ? value :
                                           [NSNull null])
                                    forKey:propertyName];
       [[self object] setValue:value forKey:propertyName];
     }
```

注意代码中用[NSNull null]来管理 nil 值，NSDictionary 不能存储 nil。在下一段代码中，要为被请求的属性合成存取方法。其他所有的方法都会转发到代理对象。

```
     - (id)initWithObject:(id)anObject
              properties:(NSArray *)properties {
       _object = anObject;
       _valueForProperty = [[NSMutableDictionary alloc] init];
       for (NSString *property in properties) {
       // 合成获取方法
       class_addMethod([self class],
                       NSSelectorFromString(property),
                       (IMP)propertyIMP,
                       "@@:");
       // 合成设置方法
       class_addMethod([self class],
                       setterForPropertyName(property),
                       (IMP)setPropertyIMP,
                         "v@:@");
       }
       return self;
     }
```

下面这段代码覆盖 NSProxy 实现的方法。NSProxy 有这些方法的默认实现，所以它们不会被 forwardingTargetForSelector:自动转发。

```
     - (NSString *)description {
       return [NSString stringWithFormat:@"%@ (%@)",
              [super description], self.object];
     }

     - (BOOL)isEqual:(id)anObject {
       return [self.object isEqual:anObject];
     }

     - (NSUInteger)hash {
       return [self.object hash];
     }

     - (BOOL)respondsToSelector:(SEL)aSelector {
       return [self.object respondsToSelector:aSelector];
```

```
}

- (BOOL)isKindOfClass:(Class)aClass {
  return [self.object isKindOfClass:aClass];
}
```

最后，要实现转发方法，每个转发方法只是把未知消息传递给代理对象。第4章讨论了更多关于消息签名和调用的内容。

无论什么时候有未知的选择器发送到 CacheProxy，objc_msgSend 都会调用 forwarding-TargetForSelector:，如果它返回一个对象，那么 objc_msgSend 会试着把选择器发送给那个对象，这被称为快速转发（fast forwarding）。在本例中，CacheProxy 把所有的未知选择器都发送给代理对象。如果代理对象不响应选择器，objc_msgSend 就会通过调用 methodSignatureForSelector: 和 forwardInvocation:回退到普通转发（下一节介绍）。CacheProxy 把这种请求也转发给代理对象。下面是 CacheProxy 剩余部分的代码：

```
- (id)forwardingTargetForSelector:(SEL)selector {
  return self.object;
}

- (NSMethodSignature *)methodSignatureForSelector:(SEL)sel
{
  return [self.object methodSignatureForSelector:sel];
}

- (void)forwardInvocation:(NSInvocation *)anInvocation {
  [anInvocation setTarget:self.object];
  [anInvocation invoke];
}
@end
```

## 24.4.3　普通转发

在试过前面几节中所述的所有方法之后，运行时环境才会尝试最慢的转发方式：forward-Invocation:。这可能比前面讲到的机制要慢上几十到几百倍，但也是最灵活的。我们会收到一个 NSInvocation 参数，这个类把目标、选择器、方法签名和参数打包在一起。接下来我们就可以随意使用这个参数了。最常见的是改变目标然后调用，就像 CacheProxy 示例那样。

如果实现了 forwardInvocation:，那必须同时实现 methodSignatureForSelector:。运行时环境需要这两个方法才能确定传递的 NSInvocation 参数中的方法签名。后一个方法一般是通过请求要转发消息的对象来实现的。

forwardInvocation:有一个特殊的限制，它不支持 vararg（可变长参数）方法。像 arrayWith-Objects:这类方法会接受变长参数。运行时环境无法为这类方法自动构建 NSInvocation，因为它无法知道到底传递多少参数。尽管很多 vararg 方法的参数列表以 nil 结尾，但是这并不是必需的，也不普遍（stringWithFormat:就不是），所以确定参数列表的长度取决于具体的实现。其他的转发方法（比如快速转发），则支持 vararg 方法。

尽管 forwardInvocation:本身什么都不返回，但运行时系统会把 NSInvocation 的结果返回给最初的调用者，这是通过在 forwardInvocation:返回后对 NSInvocation 调用 getReturn-

Value:实现的。一般来说，调用 invoke 时，NSInvocation 会存储被调用方法的返回值，但这不是必需的。我们也可以自己调用 setReturnValue:然后返回，这样有助于缓存计算量大的调用。

## 24.4.4    转发失败

好吧，整个消息解析链上都没有找到合适的方法,怎么办？从技术上来说,forwardInvocation: 是链上的最后一环，如果它不作为，那什么都不会发生。如果愿意的话，你可以用它来丢弃某些方法。不过，forwardInvocation:的默认实现确实会做一些事。它会调用 doesNotRecognizeSelector:，该方法的默认实现是抛出 NSInvalidArgumentException。我们可以覆盖这种行为,但不是很有用。因为这个方法必须抛出 NSInvalidArgumentException（要么直接抛出，要么通过调用 super 的方法），但是确实合法。

某些情况下我们也可以自己调用 doesNotRecognizeSelector:。比如说，如果你不想让任何人调用 init，可以如下所示覆盖 init 方法:

```
- (id)init {
  [self doesNotRecognizeSelector:_cmd];
}
```

这样导致调用 init 会产生运行时错误。我个人一般这么做:

```
- (id)init {
  NSAssert(NO, @"Use -initWithOptions:");
  return nil;
}
```

这种情况下，程序会在开发的时候而不是在生产环境中崩溃。这两种形式只是个人喜好问题。

当然，方法未知时，应该在 forwardInvocation:这样的方法中调用 doesNotRecognize-Selector:。除非想忽略错误，否则不要直接返回，那样会导致很难调试的 bug。

## 24.4.5    各种版本的 objc_msgSend

本章前面主要介绍的是 objc_msgSend,但实际上有好几个相关的函数:objc_msgSend_fpret、objc_msgSend_stret、objc_msgSendSuper 和 objc_msgSendSuper_stret。SendSuper 格式的函数很明显是把消息发送给父类，而带 stret 的在返回结构体时处理大部分情况。这里与特定的处理器相关，涉及通过寄存器或者栈传递和返回参数。我们不细讲了，对底层细节感兴趣的读者可以读一下 *Hamster Emporium*（参见 24.9 节）。类似地，在 Intel 处理器上返回浮点数时，带 fpret 的函数处理大部分情况，它不是用在 iOS 所运行的 ARM 处理器上的，不过模拟器编译会用到。没有 objc_msgSendSuper_fpret 是因为只有发送消息的对象是 nil 时,浮点数返回值才有影响( 在 Intel 处理器上 )；而发送消息给 super 时，那是不可能的。

显然，关键不是解决发送消息时处理器相关的复杂性。如果有兴趣，可以阅读 *Hamster Emporium*。关键是并非所有消息发送都是用 objc_msgSend 处理的，我们无法用 objc_msgSend 处理任意的方法调用。尤其是不能用 objc_msgSend 在任意处理器上返回 "大" 结构体，也不能用 objc_msgSend 在 Intel 处理器上（比如为模拟器编译时）安全地返回一个浮点数。说了这么多，意思只有一个:绕过编译器手动调用 objc_msgSend 时要小心。

## 24.5  方法混写

在 Objective-C 中，混写（swizzling）是指透明地把一个东西换成另一个。一般来说，这意味着要在运行时替换方法。利用方法混写可以改变那些没有源代码的对象（包括系统对象）的行为。在实践中，混写相当直观，但读起来可能会令人困惑。比如说，每次在 `NSNotificationCenter` 中添加观察者时打印日志。

> 从 iOS 4.0 开始，苹果 AppStore 已经拒绝一些使用这种技术的应用。

首先为 `NSObject` 添加分类来简化混写实现：

### RNSwizzle.h （MethodSwizzle）

```
@interface NSObject (RNSwizzle)
+ (IMP)swizzleSelector:(SEL)origSelector
                withIMP:(IMP)newIMP;
@end
```

### RNSwizzle.m （MethodSwizzle）

```
@implementation NSObject (RNSwizzle)
+ (IMP)swizzleSelector:(SEL)origSelector
                withIMP:(IMP)newIMP {
  Class class = [self class];
  Method origMethod = class_getInstanceMethod(class,
                                           origSelector);
IMP origIMP = method_getImplementation(origMethod);

if(!class_addMethod(self, origSelector, newIMP,
                    method_getTypeEncoding(origMethod))) {
  method_setImplementation(origMethod, newIMP);
}

  return origIMP;
}
@end
```

接下来看看细节。首先给这个方法传递一个选择器和一个函数指针（`IMP`）。我们要做的是把该方法的当前实现替换为新实现，并返回旧实现的指针以便以后调用。需要考虑三种情况：类可能直接实现了这个方法，方法可能是类层次结构中的某个父类实现的，或者方法根本没有实现。如果该类或某个父类实现了这个方法，调用 `class_getInstanceMethod` 会返回一个 `IMP`，否则就返回 `NULL`。

如果方法根本没有实现，或者是某个父类实现的，那就需要用 `class_addMethod` 添加方法，这跟通常的覆盖方法是一样的。如果 `class_addMethod` 失败了，我们就知道了是此类直接实现了正在混写的方法，那么就转而用 `method_setImplementation` 来把旧实现替换为新实现。

好了之后，返回原来的 `IMP`，调用者怎么用返回值是它自己的事。如下代码所示，用分类对目标类 `NSNotificationCenter` 实现方法混写。

**24**

### NSNotificationCenter+RNSwizzle.h （MethodSwizzle）

```objc
@interface NSNotificationCenter (RNSwizzle)
+ (void)swizzleAddObserver;
@end
```

### NSNotificationCenter+RNSwizzle.m （MethodSwizzle）

```objc
@implementation NSNotificationCenter (RNSwizzle)
typedef void (*voidIMP)(id, SEL, ...);
static voidIMP sOrigAddObserver = NULL;

static void MYAddObserver(id self, SEL _cmd, id observer,
                          SEL selector,
                          NSString *name,
                          id object) {
  NSLog(@"Adding observer: %@", observer);

  // 调用旧实现
  NSAssert(sOrigAddObserver,
           @"Original addObserver: method not found.");
  if (sOrigAddObserver) {
    sOrigAddObserver(self, _cmd, observer, selector, name,
                     object);
  }
}

+ (void)swizzleAddObserver {
  NSAssert(!sOrigAddObserver,
           @"Only call swizzleAddObserver once.");
SEL sel = @selector(addObserver:selector:name:object:);
sOrigAddObserver = (void *)[self swizzleSelector:sel
                            withIMP:(IMP)MYAddObserver];
}
@end
```

　　首先调用 swizzleSelector:withIMP:，传入新实现的函数指针，注意这是一个函数，不是方法。正如上一节所述，方法的实现只是接受对象指针和选择器的函数。还要注意 voidIMP 类型，24.2 节介绍了如何与 ARC 交互。如果没有这个类型，ARC 会试图保留一个不存在的返回值，导致崩溃。

　　然后把原来的实现保存在静态变量 sOrigAddObserver 中。在新实现中加上想要的功能，之后直接调用原来的函数。

　　最后，在程序开始的某个地方执行方法混写：

```objc
[NSNotificationCenter swizzleAddObserver];
```

　　有些人建议在分类的 +load 方法中做方法混写，那样会让混写更能浑然一体，但这也是我不推荐这么做的理由。方法混写可能会引发出人意料的行为。用 +load 意味着，只要链接分类的实现就会启用混写。我自己就在把旧代码用到新工程中时遇到过这种问题。旧工程中有个调试助手就有这种自动加载机制，但没有编译进去，只是放在了源代码目录中。当我在 Xcode 中使用 add folder 后，虽然没有改变任何工程设置，但是调试代码却开始运行。新工程突然开始在客户机器上生成大量调试文件，又很难搞清楚它们是从哪里来的。所以我的经验是用+load 实现混写很危险；另一方面，它又很方便，而且会自动确保这部分代码只运行一次。采用这种方法时需要认真权衡利弊。

方法混写是很强大的技术，可又会引发很难追踪的 bug。它允许我们修改苹果提供的框架行为，但那样又会导致代码更依赖于实现细节。采用混写总是导致代码更难理解，所以，除非万不得已，不建议在产品代码中用；但是对于调试、性能调优和探索苹果框架，它又是很有用的。

> 还有其他的方法混写技术。最常见的是用 method_exchangeImplementations 把一个实现替换为另一个。这种方法会修改选择器，有时候会出问题。它也会在源代码中产生很奇怪的伪递归调用，容易误导读者。这也是我在这里建议用函数指针的原因。要获得更多关于混写技术的信息，请参阅 24.9 节。

## 24.6  ISA 混写

24.1 节讨论过，对象的 ISA 指针定义了它的类。而 24.4 节也讨论过，消息分派是在运行时通过查看类中定义的方法列表实现的。到目前为止，我们已经知道了如何修改方法列表，而修改对象的类也是可能的,那就是 ISA 混写。下面这个例子说明通过 ISA 混写实现与上一节一样的 NSNotification-Center 日志功能。

首先，创建 NSNotificationCenter 的普通子类，我们要用这个子类来替换默认的 NSNotificationCenter。

**MYNotificationCenter.h（ISASwizzle）**

```
@interface MYNotificationCenter : NSNotificationCenter
// 这里绝对不要定义任何 ivar 或者合成属性
@end

@implementation MYNotificationCenter
- (void)addObserver:(id)observer selector:(SEL)aSelector
               name:(NSString *)aName object:(id)anObject
{
  NSLog(@"Adding observer: %@", observer);
  [super addObserver:observer selector:aSelector name:aName
              object:anObject];
}
@end
```

这个子类没什么特别的，可以像平常那样分配（+alloc）并使用它，但我们要用它来替换默认的 NSNotificationCenter。

接下来，在 NSObject 上创建一个分类以简化替换类的过程：

**NSObject+SetClass.h（ISASwizzle）**

```
@interface NSObject (SetClass)
- (void)setClass:(Class)aClass;
@end
```

24

**NSObject+SetClass.m（ISASwizzle）**

```
@implementation NSObject (SetClass)
- (void)setClass:(Class)aClass {
  NSAssert(
    class_getInstanceSize([self class]) ==
      class_getInstanceSize(aClass),
    @"Classes must be the same size to swizzle.");
  object_setClass(self, aClass);
}
@end
```

现在，可以改变默认的 `NSNotificationCenter` 类了：

```
id nc = [NSNotificationCenter defaultCenter];
[nc setClass:[MYNotificationCenter class]];
```

这里要注意的最重要的一点是，`MYNotificationCenter` 的大小必须和 `NSNotificationCenter` 一样。也就是说，不能声明任何 ivar 或者合成属性（合成属性就是变相的 ivar）。记住，被混写的对象已经分配好了，如果添加 ivar，那它们就会指向已分配内存以外的区域，那样很容易覆盖内存中这个对象后面的对象的 isa 指针。当你最终发现程序崩溃后，十有八九会以为问题出在那个对象身上（其实它是无辜的）。这是极其难以追踪的 bug，也是我不厌其烦要创建一个分类来包装 `object_setClass` 的原因。因此，有必要加上 `NSAssert` 来确保两个类大小相同。

混写好了以后，被混写的对象就跟通常创建的子类对象一样。对那些本来就设计为要被继承的类来说，这意味着低风险。正如第 22 章所述，键值观察（KVO）就是通过 ISA 混写实现的，这样系统框架就可以在我们的类中注入通知代码，一如把代码注入系统框架。

## 24.7 方法混写与 ISA 混写

方法混写和 ISA 混写都是强大的技术，但使用不正确都会导致大量问题。根据作者的经验，ISA 混写更好，应该尽可能用，因为它只影响瞄准的特定对象，而不是某个类的所有实例。不过，有时候我们的目标就是影响一个类的所有实例，那方法混写就是唯一的选择了。下面列出了方法混写和 ISA 混写的区别。

- 方法混写
- ❑ 影响一个类的所有实例
- ❑ 高度透明，所有对象的类都不变
- ❑ 需要特殊的覆盖方法实现
- ISA 混写
- ❑ 只影响目标实例
- ❑ 对象的类会变化（不过可以通过覆盖 class 方法隐藏）
- ❑ 覆盖方法是用标准的子类技术写的

## 24.8　小结

深入理解 Objective-C 运行时环境才能认识到它无与伦比的强大功能。Objective-C 运行时能让我们在运行时修改类和实例，注入新方法（甚至是整个新类）。贸然使用这类技术会引发棘手的 bug，但小心使用并注意隔离的话，Objective-C 运行时环境将成为高级 iOS 开发的得力工具。

## 24.9　扩展阅读

### 1. 苹果文档
下面的文档位于 iOS Developer Library（https://developer.apple.com/library/ios/navigation/index.html）中，通过 Xcode Documentation and API Reference 也可以找到。
- *Objective-C Runtime Programming Guide*

### 2. 其他资源
- Ash, Mike. *NSBlog*。非常有见地的博客，涵盖了各种底层技术。

    www.mikeash.com/pyblog
    - Friday Q&A 2009-03-20："Objective-C Messaging"。
    - Friday Q&A 2010-01-29："Method Replacement for Fun and Profit"。本章的方法混写就是从 Mike Ash 那儿提炼出来的。

- bbum. *weblog-o-mat*。bbum 是 Stackoverflow 上一位多产的贡献者，他的博客中有一些底层技术文章，我特别喜欢，尤其是从操作码级别分析 `objc_msgSend` 的 4 篇文章。

    friday.com/bbum
    - "Objective-C: Logging Messages to Nil"
    - "objc_msgSend() Tour"

- *CocoaDev*，"MethodSwizzling"。CocoaDev 是一个主打 Cocoa 的非常有价值的维基，以下方法混写页面讲到了本章列出的大部分实现。

    www.cocoadev.com/index.pl?MethodSwizzling

- Parker, Greg. *Hamster Emporium*。这里的文章虽不多，但每一篇都反映出作者对 Objective-C 运行时的深刻理解，应该对大家有帮助。

    www.sealiesoftware.com/blog/archive
    - "[objc explain]: Non-pointer isa"
    - "[objc explain]: objc_msgSend_vtable"
    - "[objc explain]: Classes and metaclasses"
    - "[objc explain]: objc_msgSend_fpret"
    - "[objc explain]: objc_msgSend_stret"
    - "[objc explain]: So you crashed in objc_msgSend()"
    - "[objc explain]: Non-fragile ivars"

24

欢迎加入

# 图灵社区 ituring.com.cn

## ——最前沿的IT类电子书发售平台

电子出版的时代已经来临。在许多出版界同行还在犹豫彷徨的时候，图灵社区已经采取实际行动拥抱这个出版业巨变。作为国内第一家发售电子图书的IT类出版商，图灵社区目前为读者提供两种DRM-free的阅读体验：在线阅读和PDF。

相比纸质书，电子书具有许多明显的优势。它不仅发布快，更新容易，而且尽可能采用了彩色图片（即使有的书纸质版是黑白印刷的）。读者还可以方便地进行搜索、剪贴、复制和打印。

图灵社区进一步把传统出版流程与电子书出版业务紧密结合，目前已实现作译者网上交稿、编辑网上审稿、按章发布的电子出版模式。这种新的出版模式，我们称之为"敏捷出版"，它可以让读者以较快的速度了解到国外最新技术图书的内容，弥补以往翻译版技术书"出版即过时"的缺憾。同时，敏捷出版使得作、译、编、读的交流更为方便，可以提前消灭书稿中的错误，最大程度地保证图书出版的质量。

优惠提示：现在购买电子书，读者将获赠书款20%的社区银子，可用于兑换纸质样书。

## ——最方便的开放出版平台

图灵社区向读者开放在线写作功能，协助你实现自出版和开源出版的梦想。利用"合集"功能，你就能联合二三好友共同创作一部技术参考书，以免费或收费的形式提供给读者。（收费形式须经过图灵社区立项评审。）这极大地降低了出版的门槛。只要你有写作的意愿，图灵社区就能帮助你实现这个梦想。成熟的书稿，有机会入选出版计划，同时出版纸质书。

图灵社区引进出版的外文图书，都将在立项后马上在社区公布。如果你有意翻译哪本图书，欢迎你来社区申请。只要你通过试译的考验，即可签约成为图灵的译者。当然，要想成功地完成一本书的翻译工作，是需要有坚强的毅力的。

## ——最直接的读者交流平台

在图灵社区，你可以十分方便地写作文章、提交勘误、发表评论，以各种方式与作译者、编辑人员和其他读者进行交流互动。提交勘误还能够获赠社区银子。

你可以积极参与社区经常开展的访谈、乐译、评选等多种活动，赢取积分和银子，积累个人声望。

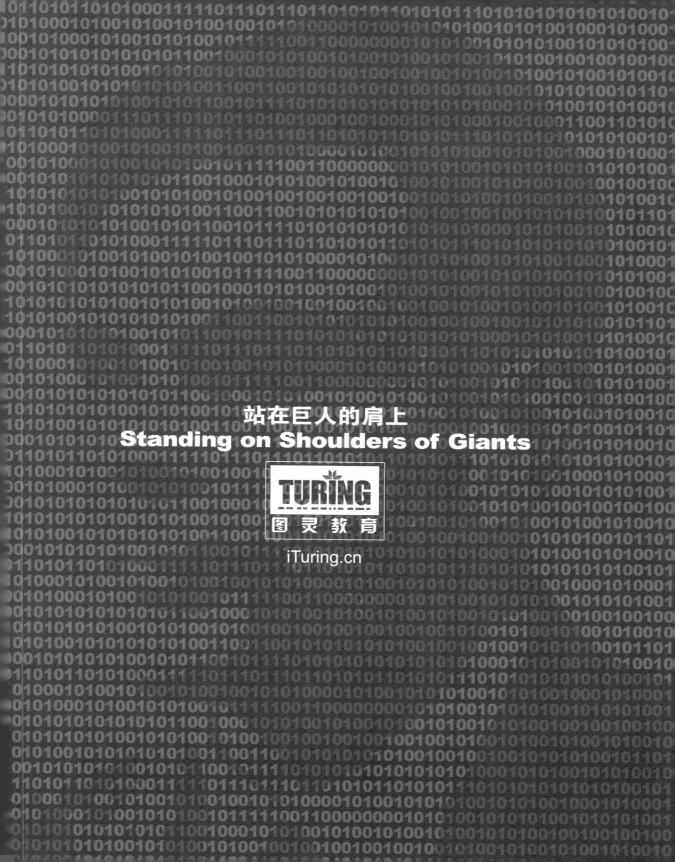

站在巨人的肩上
**Standing on Shoulders of Giants**

iTuring.cn

站在巨人的肩上
Standing on Shoulders of Giants

iTuring.cn